"101 计划" 核心教材
数学领域

数值分析

包刚　杨志坚　李铁香　编著
刘歆　武海军

中国教育出版传媒集团

高等教育出版社·北京

内容提要

本书是作者结合多年来的教学经验而编写的。全书共十二章，第一章介绍计算数学基础知识；第二、三、四章分别探讨线性方程组的直接解法、迭代法、矩阵特征值问题的数值解法等数值代数的基本问题；第五、六章介绍最优化问题及其经典的优化算法；第七、八、九、十章分别讨论多项式插值和逼近、数值微分和数值积分、快速 Fourier 变换等数值逼近的重要内容；第十一、十二章主要介绍微分方程初值问题和边值问题的数值算法。本书可以作为本科院校高水平数学类专业本科生学习计算数学的教材或者教学参考书。

总　序

　　自数学出现以来，世界上不同国家、地区的人们在生产实践中、在思考探索中以不同的节奏推动着数学的不断突破和飞跃，并使之成为一门系统的学科。尤其是进入 21 世纪之后，数学发展的速度、规模、抽象程度及其应用的广泛和深入都远远超过了以往任何时期。数学的发展不仅是在理论知识方面的增加和扩大，更是思维能力的转变和升级，数学深刻地改变了人类认识和改造世界的方式。对于新时代的数学研究和教育工作者而言，有责任将这些知识和能力的发展与革新及时体现到课程和教材改革等工作当中。

　　数学 "101 计划" 核心教材是我国高等教育领域数学教材的大型编写工程。作为教育部基础学科系列 "101 计划" 的一部分，数学 "101 计划" 旨在通过深化课程、教材改革，探索培养具有国际视野的数学拔尖创新人才，教材的编写是其中一项重要工作。教材是学生理解和掌握数学的主要载体，教材质量的高低对数学教育的变革与发展意义重大。优秀的数学教材可以为青年学生打下坚实的数学基础，培养他们的逻辑思维能力和解决问题的能力，激发他们进一步探索数学的兴趣和热情。为此，数学 "101 计划" 工作组统筹协调来自国内 16 所一流高校的师资力量，全面梳理知识点，强化协同创新，陆续编写完成符合数学学科 "教与学" 特点，体现学术前沿，具备中国特色的高质量核心教材。此次核心教材的编写者均为具有丰富教学成果和教材编写经验的数学家，他们当中很多人不仅有国际视野，还在各自的研究领域作出杰出的工作成果。在教材的内容方面，几乎是包括了分析学、代数学、几何学、微分方程、概率论、现代分析、数论基础、代数几何基础、拓扑学、微分几何、应用数学基础、统计学基础等现代数学的全部分支方向。考虑到不同层次的学生需要，编写组对个别教材设置了不同难度的版本。同时，还及时结合现代科技的最新动向，特别组织编写《人工智能的数学基础》等相关教材。

　　数学 "101 计划" 核心教材得以顺利完成离不开所有参与教材编写和审订的专家、学者及编辑人员的辛勤付出，在此深表感谢。希望读者们能通过数学 "101 计划" 核心教材更好地构建扎实的数学知识基础，锻炼数学思维能力，深化对数学的理解, 进一步生发出自主学习探究的能力。期盼广大青年学生受益于这套核心教材, 有更多的拔尖创新人才脱颖而出!

田 刚

数学 "101 计划" 工作组组长

中国科学院院士

北京大学讲席教授

前　言

华罗庚先生曾经用"宇宙之大, 粒子之微, 火箭之速, 化工之巧, 地球之变, 生物之谜, 日用之繁, 无处不用数学"来形象地描述数学在科学技术中的重要作用。在将数学理论应用于科技领域的核心工具及方法中, 电子计算机及其相应的科学计算方法发挥了极其重要的作用。计算数学便是通过研究算法, 将基础数学理论与现实世界应用相融合, 为解决科学工程问题搭建了桥梁。随着计算机硬件与高性能计算方法的不断进步, 计算数学所提供的工具, 依托于各种物理及工程模型, 催生了众多数值计算方法。

本书主要介绍计算数学中常见的方法, 通过解释算法的内在思路、核心想法, 并以具体问题引导同学们使用数值方法解决具体问题。课程内容包括计算数学的基础知识、数值线性代数、数值优化、数值逼近、微分方程数值解。

在计算数学基础知识方面, 重点介绍计算数学研究的对象和特点, 数值计算中误差的由来, IEEE 浮点数标准等。以此让同学们理解使用计算数学的工具和方法解决实际问题的基本流程, 了解建模和计算中误差分析方法, 熟悉 IEEE 浮点数的运算和舍入模式, 掌握数值计算中避免浮点舍入误差的基本原则。

在数值代数方面, 介绍向量范数和矩阵范数; 线性方程组的直接解法, 矩阵 LU 分解、Gauss 消去法和列主元 Gauss 消去法、Cholesky 分解; 最小二乘问题的直接解法, Householder 变换和 Givens 变换、QR 分解; 线性方程组的条件数和敏度分析; 求解线性方程组的一般迭代形式和收敛性分析, Jacobi 迭代法、Gauss-Seidel 迭代法、SOR 迭代法; 矩阵特征值问题的数值解法, Schur 分解、奇异值分解、幂法、反幂法、QR 方法、Jacobi 方法等。培养学生理解和掌握数值线性代数问题的基本算法, 学习证明算法的正确性并分析算法的理论误差。

在数值优化方面, 介绍最优性条件、一维优化与线搜索、三类特殊的二次优化问题及其最优性条件、梯度法与共轭梯度法、Newton 法与拟 Newton 法、信赖域方法、非线性最小二乘的算法、罚函数方法、投影梯度方法、次梯度与邻近点梯度法等内容。培养学生理解优化问题的刻画、优化方法的思想, 熟练掌握常用数值优化算法的特点和适用范围。

在数值逼近方面, 介绍整体多项式插值及其稳定性分析、分片多项式插值和三次样条插值、正交多项式、多项式空间的最佳一致与最佳平方逼近、数值微分、Newton-Cotes 和 Gauss 求积公式、快速 Fourier 变换等内容。培养学生理解简单函数近似复杂问题的方法和误差估计, 了解相同的数学公式在数值实现中的区别, 通过案例明白舍入误差在计算数学中的重要性。

在微分方程数值解中, 介绍常微分方程初值问题的 Euler 方法, Runge-Kutta 方法, 数值算法的相容性、稳定性、收敛性定义, 刚性问题的求解, 两点边值问题的差分法和打靶法, 二维 Poisson 方程的五点差分方法, 有限元方法等。培养学生数值求解微分方程的基本能力, 了解计算数学方法和实际工程问题的紧密联系。

限于作者水平和认识, 对书中可能的错漏敬请广大师生和读者指正。作者感谢高等教育出版社在本书出版过程中给予的支持和帮助。

编者

2024 年 11 月

目　录

第一章

概　　述

计算数学是一个研究通过计算机解决各种数学问题的数值计算方法、理论以及软件实现的数学分支. 在本章中, 我们介绍了使用计算数学方法解决实际问题的过程, 并且对过程中可能出现的误差来源进行了详细的介绍. 我们将讨论模型误差、观测误差、截断误差和舍入误差. 这些误差来源可能会对我们的计算结果产生重大影响, 因此需要在计算过程中加以考虑和控制.

为了更加深入地理解舍入误差, 我们介绍了 IEEE 浮点数系统的相关概念, 以更加详细地阐述其特点. IEEE 浮点数系统是一种广泛使用的浮点数表示方法, 它使用有限位数来表示实数, 并且对于不同的数值范围采用了不同的位数和精度. 在实际计算中, 我们需要注意舍入误差的产生, 并采取一些措施来减小其影响, 例如增加位数或采用更加精确的算法.

1.1   计算数学研究的对象和特点

计算数学在解决现实生活中的科学技术问题方面扮演着重要的角色, 采用计算数学的方法求解具体的实际工程科学问题通常需要经历以下几个步骤: 将一个复杂的实际问题抽象为数学问题, 即进行数学建模; 通过数学模型确定数值计算方法; 根据计算方法编写程序并在计算机上实现, 从而得出结果. 这个过程可以用图 1.1 所示的流程图来表示.

图 1.1   解决科学技术问题的基本流程

因为计算数学在实际问题的解决中具有如此重要的作用, 计算数学导论课程作为计算数学专业的基础课程显得极为重要. 在该课程中, 同学们将学习到最基本和最常用的数值计算方法以及它们的理论, 课程主要分为四个大的模块: 数值线性代数、数值优化、数值逼近和微分方程数值解. 其中在数值线性代数模块, 主要介绍了解线性方程组的直接法和古典迭代法、最小二乘问题的求解、特征值问题的求解等. 在数值优化模块, 主要介绍了无约束优化问题和有约束优化问题的数值方法, 包括梯度法、Newton 法、罚函数法、逐步二次规划法等. 在数值逼近模块, 主要考虑多项式插值和逼近、数值微分和数值积分以及快速 Fourier 变换等. 在微分方程数值解模块, 主要考虑常微分方程和简单偏微分方程的求解算法, 包括差分方法、有限元方法等. 在课程学习过程中, 同学们需要深入理解这些数值计算方法的原理和性质, 并掌握如何使用计算机实现这些方法.

对于数值算法的设计和应用, 算法的评估和优化是非常重要的一环. 在实际问题中, 有时候我们需要比较不同算法的性能或者对某个算法进行优化和改进, 这就需要对算法进行评估. 而算法的评估通常需要从多个方面进行, 如算法的时间复杂度、空间复杂度、稳定性和精度等. 通过对算法进行综合评估, 我们可以更好地了解算法的性能和优缺点.

另外, 理论分析对于算法的设计和应用也是非常重要的. 通过理论分析, 我们可以深入理解算法的原理和性质, 并预测算法在不同场景下的行为和性能. 在算法设计中, 理论分析可以帮助我们选择更加有效和高效的算法. 在算法应用中, 理论分析可以帮助我们理解算法为什么在某些问题中有效或者在某些问题中出现问题, 并对算法进行改进和优化.

本书的内容包括各种数值计算方法和理论, 并通过具体的实例和案例, 让学生了解算法的设计、理论分析和实践应用. 通过计算数学导论课程的学习, 学生将获得对数值计算方法和理论的深入了解, 并掌握如何应用这些方法解决实际问题, 培养出良好的数学思维和计算能力, 为日后从事科学研究和工程实践打下坚实的基础.

1.2 数值计算的误差

数值计算的误差是指在数值计算过程中, 得到的结果与实际真实结果之间的差异. 当我们遵循图 1.1 所示的流程解决实际问题时, 将会遇到四种主要的误差类型, 它们分别是模型误差、观测误差、截断误差和舍入误差.

- 模型误差. 模型误差源于数学模型无法精确描述实际问题. 在将实际问题抽象为数学模型的过程中, 这些模型往往只能近似实际情况, 并不能完全准确地表达. 例如, 在描述高速运动的物体时, 如果使用 Newton 第二定律, 就可能引入模型误差; 即使物理方程本身是精确的, 通过实验数据拟合得到的材料参数也可能不够精确, 这同样会导致模型误差.

- 观测误差. 观测误差来自测量实际物理量时的不确定性. 在构建数学模型时, 我们需要测量某些物理量来完善模型, 但这些测量值本身可能包含误差. 例如, 测量温度时, 仪器的精度限制可能会导致结果的不准确. 观测误差受测量工具的灵敏度影响, 而对测量数据的数学后处理有助于减少这种误差.

- 截断误差. 当数学模型无法得到精确解而采用数值方法求得近似解时, 将产生截断误差. 这类误差发生在近似解与实际解之间, 被称为截断误差或方法误差. 例如, 在进行无穷级数求和时, 由于实际计算仅包含有限数量的项, 便会引发截断误差, 详细情况可参见例 1.2.1.

- 舍入误差. 舍入误差是由计算机数字表示的有限精度造成的. 在数学建模和算法设计完成后, 我们常常需要用计算机来进行数值计算. 但是, 计算机在运算过程中只能表示有限数量的位数, 从而导致舍入误差. 例如, 在计算无理数的近似值时, 由于计算机只能处理有限位的小数, 因此会产生舍入误差, 具体情况可见例 1.2.2. 舍入误差与计算机处理实数的近似方法相关, 最常见的是 IEEE 浮点数表示法, 将在后续章节详细讨论. 此外, 原始数据转换为二进制数时产生的初始误差也归于舍入误差.

在数值计算的过程中, 我们会遇到多种类型的误差, 每一种误差都与图 1.1 中展示的基本流程的不同环节相对应. 在建模阶段, 模型误差源于数学模型无法完全精确描述实际问题; 在数据采集环节, 仪器和采集方法的限制会导致观测误差的产生; 在算法设计阶段, 采用数值近似方法对数学模型求解, 会产生截断误差; 最终, 在算法实现过程中, 计算机浮点数系统的有限精度会引入舍入误差.

误差估计在数值计算中扮演着重要的角色, 它帮助我们评估数值计算结果的精度是否达到了预定的标准. 在计算数学的学习中, 我们通常会假设数学模型的准确性并忽略模型误差, 而且大多数情况下也会假定观测误差为零, 主要关注截断误差和舍入误差. 截断误差通常与算法的迭代方法相关, 舍入误差则与计算机的浮点数系统以及数值计算的实现方式有关. 下面, 我们将通过一些简单的例子来阐释截断误差和舍入误差的不同及其影响.

例 1.2.1   (1) 多项式计算通常较为简单, 我们可以设计一个算法: 用光滑函数 $f(x)$ 的 Taylor 多项式 $p_n(x)$ 来近似 $f(x)$, 其中

$$p_n(x) = f(0) + \frac{f'(0)}{1!}x + \frac{f''(0)}{2!}x^2 + \cdots + \frac{f^{(n)}(0)}{n!}x^n, \tag{1.1}$$

那么该数值方法的截断误差就是

$$R_n(x) = f(x) - p_n(x) = \frac{f^{(n+1)}(\xi)}{(n+1)!}x^{n+1}, \quad \text{其中 } \xi \text{ 在 } 0 \text{ 与 } x \text{ 之间.} \tag{1.2}$$

(2) 考虑使用梯形公式求解定积分 $\int_0^1 e^x dx$ 的近似值. 梯形公式是将积分区间分成若干段等长度的小区间, 然后在每个小区间内用梯形面积近似代替曲线下面积 (细节可以参考第九章中数值积分的内容). 具体地, 梯形公式的近似值为

$$\int_0^1 e^x dx \approx \frac{1}{2}(e^0 + e^1) \approx 1.859\,14$$

然而, 这个近似值并不完全准确, 存在截断误差. 实际上, 精确值为 $e - 1 \approx 1.718\,28$. 我们可以通过计算两者之间的差异来评估近似值的误差大小.

例 1.2.2   (1) 为了方便计算, 我们用 3.141 59 近似代替 π, 这就会产生舍入误差

$$R = \pi - 3.141\,59 = 0.000\,002\,6 \cdots. \tag{1.3}$$

(2) 考虑计算表达式 $\sqrt{2} - \sqrt{3} + \sqrt{5} - \sqrt{7}$ 的值. 如果我们使用计算机进行计算, 那么由于计算机的浮点数系统的有限精度, 就会产生舍入误差. 具体地, 如果我们使用双精度浮点数 (具体定义参考下一节) 表示每个数, 那么计算结果为 $-0.791\,287\,847\,477\,92$. 然而精确值是无法用有限的小数表示的, 我们只能使用无限小数表示精确值, 这之间的误差就是舍入误差.

我们不妨将图 1.1 中左侧实际问题的解称为真实解记作 x^*; 图 1.1 中右侧程序实现后得到的解称为计算解, 记作 x. 在大多数情况下我们不能精确得到 x^*, 因而把计算解 x

作为 x^* 的一个近似估计. 那么为了衡量计算解 x 的好坏, 非常自然地, 我们需要一个度量来衡量计算解 x 与真实解 x^* 之间的距离. 这里我们分别给出绝对误差和相对误差的定义:

定义 1.2.1 我们把 $e = |x - x^*|$ 称为计算解 x 的**绝对误差**, 简称误差.

绝对误差越小, 计算解 x 越接近真实解 x^*. 然而当真实解 x^* 太大或者太小时, 绝对误差并不能很好地反映出计算解 x 对于真实解 x^* 的近似程度, 因此我们还需要考虑相对误差的概念. 相对误差则不仅考虑了误差的大小, 还考虑到真实解 x^* 本身的大小.

定义 1.2.2 我们把计算解的误差 e 与真实解 x^* 的比值

$$\left| \frac{e}{x^*} \right| = \left| \frac{x - x^*}{x^*} \right|$$

称为计算解 x 的**相对误差**.

在实际计算中, 由于我们并不知道真实解 x^* 的大小, 通常需要用一定的近似方法来计算绝对误差或者相对误差, 具体案例可以参考后续章节中的练习.

1.3 IEEE 浮点数系统

日常生活中我们通常使用十进制数进行计算, 但是使用电子计算机进行计算时, 一般采用二进制数. 类似于常见的十进制数的科学计数法, 二进制数也有科学计数法, 即任意一个实数 x 可以表达为

$$x = \pm 1.d_1 d_2 \cdots \times 2^k, \tag{1.4}$$

其中 $d_i \in \{0, 1\}$, $k \in \mathbb{Z}$. 一般的实数在二进制科学计数法中具有无限位数字, 由于计算机表达能力的限制, 只能使用有限的存储空间进行近似.

IEEE 浮点系统 (即 IEEE-754) 是由电气和电子工程师学会 (Institute of Electrical and Electronics Engineers, 简写为 IEEE) 于 1985 年制定的浮点系统标准, 是当今计算机上实数的最常见表示形式. IEEE 浮点数有三个基本组成部分 (参见图 1.2):

- 符号位, 占用一个字节, 0 表示正数, 1 表示负数.
- (偏置) 指数位, 表示 (1.4) 中指数 k 的大小. 因为指数字段需要表示正指数和负指数, 在存储指数中添加偏置以获得实际的指数.
- 尾数位, 表示 (1.4) 中截断后的小数部分. 尾数是科学计数法或浮点数中的一个数字部分, 由其有效数字组成. 在这里我们只有两个数字可能的选择即 0 和 1.

一般来说, 符号位仅仅占用一个字节, 根据指数位、尾数位占用字节数的不同 (分别令其为 e、m) 以及指数位偏置数字 (令其为 $bias$) 的不同, 可以给定一个二进制浮点数系统,

在计算机中的表示参考图 1.2. 在 IEEE 浮点数系统中, 最常见的两类浮点数是 Float 类型和 Double 类型, 即单精度浮点数和双精度浮点数, 我们有

- 单精度: $e = 8$, $m = 23$, $bias = -127$,
- 双精度: $e = 11$, $m = 52$, $bias = -1\,023$.

    $\forall x \in \mathbb{R}$, 它总可以写成

$$x = \pm 1.d_1 \cdots d_m d_{m+1} \cdots \times 2^k.$$

记 x 在一个浮点数系统 $\mathbb{F}$ 中的表示为 $fl(x)$. 一般来说, $fl(x)$ 只是 x 的某种近似. 常用的近似方法有两种: 一种是截断 (chop); 另一种是舍入 (round to nearest). 较为常见的近似为舍入 (即四舍五入), 于是有

$$\left| \frac{fl(x) - x}{x} \right| \leqslant 2^{-m}.$$

这就是实数的浮点数表示所产生的误差. 我们把常数 2^{-m} 称为机器精度 $\varepsilon_{\text{mach}}$, 例如双精度系统中 $\varepsilon_{\text{mach}} = 2^{-52}$ (具体计算可以找到非零的最小浮点数, 这就是机器精度).

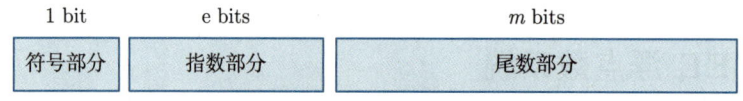

图 1.2   浮点数的计算机存储

当计算中都是正常浮点数时, 浮点运算可以理解为正常实数运算符合一次舍入运算, 由于舍入运算的非线性性质, 导致了对浮点数的精准分析比较困难. 在现在常用的双精度 (单精度) 浮点数系统中, 由于机器精度约为 $1e^{-16}(1e^{-7})$, 可以看到每次的舍入误差非常之小, 所以绝大部分的应用可以忽略舍入误差而不会对解造成肉眼可见的错误, 但是这一结论在特定的问题上并不成立. 在一些问题中, 选择不合适的模型、不恰当的算法、代码没有合理优化都有可能造成舍入误差的累计从而对数值结果造成巨大的错误, 具体的例子可以参考本书中多项式插值和逼近部分.

1.4   习题

1. 设 $x > 0$, 已知 x 的相对误差为 δ, 求 $\ln x$ 的误差.

2. 证明对于任意的数 2^{-N}, 其中 N 是正整数, 可以表示为 N 位十进制数, 即 $2^{-N} = 0.d_1 d_2 d_3 \cdots d_N$. 利用上述结论证明二进制下的有限小数总是十进制下的有限小数 (且位数不会增加), 但是反过来不一定成立.

3. 已知 $\mathrm{e} = 2.718\,2818\cdots$, 求以下近似值 x_A 的相对误差, 并说明它们各有多少位有效数字.

(1) $x = \mathrm{e}, x_A = 2.7$;

(2) $x = \mathrm{e}, x_A = 2.718$;

(3) $x = \dfrac{\mathrm{e}}{100}, x_A = 0.027$;

(4) $x = \dfrac{\mathrm{e}}{100}, x_A = 0.027\,18$.

4. 求解方程 $x^2 - 56x + 1 = 0$ 的两个根, 并且使其至少有四位有效数字, 计算中要求用 $\sqrt{783} \approx 27.982$.

5. 完成下列计算:

$$\int_0^{\frac{1}{4}} \mathrm{e}^{x^2}\,\mathrm{d}x \approx \int_0^{\frac{1}{4}} \left(1 + x^2 + \frac{x^2}{2!} + \frac{x^6}{3!}\right)\,\mathrm{d}x = \widehat{p}.$$

浮点计算过程采用 IEEE 单精度. 指出在这种情况下会出现哪种类型的误差, 并将计算结果与真实值 $p \approx 0.255\,307\,460\,6$ 进行比较.

6. 二次方程求根公式的选择. 设 $a \neq 0, b^2 - 4ac > 0$, 考虑二次方程 $ax^2 + bx + c = 0$ 的求根公式:

$$x_1 = \frac{-b + \sqrt{b^2 - 4ac}}{2a}, \quad x_2 = \frac{-b - \sqrt{b^2 - 4ac}}{2a}.$$

证明这些根也可通过下列等价公式解出:

$$x_1 = \frac{-2c}{b + \sqrt{b^2 - 4ac}}, \quad x_2 = \frac{-2c}{b - \sqrt{b^2 - 4ac}}.$$

请解释在什么情况下应该选用等价的求根公式保证数值稳定性.

第二章

线性方程组的直接解法

数值线性代数又称为矩阵计算, 在科学计算、工程应用和计算机图形学等领域中具有广泛应用. 它为处理大规模和复杂的线性代数问题提供了有效的数值方法, 并在现代科学和工程计算中起着重要的支撑作用. 数值线性代数主要研究三大类矩阵计算问题: 线性方程组、线性最小二乘问题和矩阵特征值问题, 在本章中我们将介绍线性方程组和线性最小二乘问题的直接解法.

如何快速有效地求解线性方程组是数值线性代数的核心问题之一, 也是目前仍在继续研究的重要课题之一. 给定 n 阶非奇异矩阵 A 和 n 维列向量 b, 求解一个 n 维列向量 x 满足

$$Ax = b, \tag{2.1}$$

其中

$$A = \begin{bmatrix} a_{11} & a_{12} & \cdots & a_{1n} \\ a_{21} & a_{22} & \cdots & a_{2n} \\ \vdots & \vdots & & \vdots \\ a_{n1} & a_{n2} & \cdots & a_{nn} \end{bmatrix}, \quad b = \begin{bmatrix} b_1 \\ b_2 \\ \vdots \\ b_n \end{bmatrix}, \quad x = \begin{bmatrix} x_1 \\ x_2 \\ \vdots \\ x_n \end{bmatrix}$$

分别称为方程组 (2.1) 的系数矩阵、右端向量和解向量.

线性方程组的数值方法大体上分为直接法和迭代法两大类. 直接法是指在没有舍入误差的情况下, 通过有限步的四则运算求得方程组精确解的方法. 因此, 直接法又称为精确法. 但是, 在实际利用计算机进行计算时, 由于初始数据变为机器数而产生的误差以及计算过程中所产生的舍入误差等都会对解的精度产生影响, 这就导致直接法实际上计算得到的只是方程组精确解的近似值. 迭代法则是一类通过反复改进近似解来求解线性方程组的方法, 即对任意给定的初始近似解向量 $x^{(0)}$, 通过迭代过程计算出越来越精确的近似解序列, 且满足 $\lim\limits_{k\to\infty} x^{(k)} = x^*$, 这里 x^* 为方程组 (2.1) 的精确解, 即 $Ax^* = b$. 迭代方法的选择取决于系数矩阵的性质和问题的规模, 通常有限步运算得不到方程组的精确解, 需要选取适当的收敛准则才能得到具有指定精度的近似解. 选择合适的迭代方法对于算法的有效性和效率至关重要. 此外, 迭代方法通常可以通过加入预处理等手段来加速收敛.

直接法和迭代法在求解线性方程组时有各自的适用范围和优势. 直接法对精度要求较高的情况有较好的数值稳定性, 并且可以事先估计计算量, 缺点是所需存储单元较多, 一般适用于系数矩阵没有任何特殊结构的中小型规模问题 (例如阶数不超过 1 000). 若系数矩阵具有某种特殊结构, 为了尽可能地减少计算量和存储量, 需采取其他专门的方法进行求解. 在本章中我们主要介绍直接法, 包括 Gauss 消去法、Cholesky 分解法 (平方根法) 等. 另外, 最小二乘问题通常通过解一个线性方程组来求解, 本章将介绍基于系数矩阵 QR 分解的正交变换方法, 该方法有较高的稳定性和效率.

在实际进行计算时, 除了解决如何求解方程组这一核心问题外, 还需要面对方程组

的性态问题. 要讨论这个问题, 我们需要一种工具来度量向量与矩阵的大小等概念. 所以, 接下来首先介绍向量范数和矩阵范数的概念及其基本性质.

2.1　向量范数和矩阵范数

向量范数和矩阵范数是衡量向量和矩阵 "大小" 或 "距离" 的重要工具, 是整个数值线性代数中衡量逼近和收敛性的尺度. 下面首先介绍向量范数的定义:

定义 2.1.1　一个从 $\mathbb{R}^n$ 到 $\mathbb{R}$ 的非负函数 $\|\cdot\|$ 叫做 $\mathbb{R}^n$ 上的**向量范数**, 如果它满足以下 3 个条件:

(1) **正定性**: 对所有的 $x \in \mathbb{R}^n$, 有 $\|x\| \geqslant 0$, 而且 $\|x\| = 0$ 当且仅当 $x = 0$;

(2) **齐次性**: 对所有的 $x \in \mathbb{R}^n$ 和 $\alpha \in \mathbb{R}$, 有 $\|\alpha x\| = |\alpha| \|x\|$;

(3) **三角不等式**: 对所有的 $x, y \in \mathbb{R}^n$, 有 $\|x + y\| \leqslant \|x\| + \|y\|$.

$\mathbb{R}^n$ 上最著名的向量范数是 p **范数** (亦称 **Hölder 范数**):

$$\|x\|_p = (|x_1|^p + |x_2|^p + \cdots + |x_n|^p)^{\frac{1}{p}}, \quad 1 \leqslant p \leqslant \infty,$$

其中 $p = 1, 2, \infty$ 是最重要的, 即

$$
\begin{aligned}
&\text{向量的 1 范数}: &&\|x\|_1 = |x_1| + |x_2| + \cdots + |x_n|; \\
&\text{向量的 2 范数}: &&\|x\|_2 = (|x_1|^2 + |x_2|^2 + \cdots + |x_n|^2)^{\frac{1}{2}} = \sqrt{x^{\mathrm{T}} x}; \\
&\text{向量的 } \infty \text{ 范数}: &&\|x\|_\infty = \max\{|x_i| : i = 1, 2, \cdots, n\}.
\end{aligned}
$$

这三个范数的正定性与齐次性是显然的, 而且也容易证明 $\|x\|_1$ 和 $\|x\|_\infty$ 满足三角不等式. 但要证明 2 范数的三角不等式, 需要用到 **Cauchy-Schwarz 不等式**

$$|x^{\mathrm{T}} y| \leqslant \|x\|_2 \|y\|_2, \quad x, y \in \mathbb{R}^n,$$

这个不等式是 Hölder 不等式

$$|x^{\mathrm{T}} y| \leqslant \|x\|_p \|y\|_q, \quad \frac{1}{p} + \frac{1}{q} = 1$$

的特殊情形. 事实上, 利用 Cauchy-Schwarz 不等式, 我们有

$$\|x + y\|_2^2 = (x + y)^{\mathrm{T}} (x + y) = \|x\|_2^2 + x^{\mathrm{T}} y + y^{\mathrm{T}} x + \|y\|_2^2$$

$$\leqslant \|x\|_2^2 + 2\|x\|_2 \|y\|_2 + \|y\|_2^2 = (\|x\|_2 + \|y\|_2)^2.$$

由此即知 2 范数满足三角不等式, 从而有 2 范数为向量范数.

定理 2.1.1 (向量范数的连续性)　设 $\|\cdot\|$ 为 $\mathbb{R}^n$ 上的任一向量范数, 则 $\|\cdot\|$ 为 $\mathbb{R}^n$ 上的连续函数.

证明   对任意的 $x, y \in \mathbb{R}^n$, 由向量范数定义中的性质 (2) 和 (3) 有

$$\big| \|x\| - \|y\| \big| \leqslant \|x - y\| \leqslant \max_{1 \leqslant i \leqslant n} \|e_i\| \sum_{i=1}^{n} |x_i - y_i|,$$

其中 e_i 指单位矩阵 I 的第 i 列. 由此即知, $\|\cdot\|$ 作为 $\mathbb{R}^n$ 上的实函数是连续的.   □

尽管在 $\mathbb{R}^n$ 上可以引进各种各样的范数, 但在下面的定义和定理所述的意义下所有的这些范数都是等价的.

定义 2.1.2   设 $\|\cdot\|_\alpha$ 和 $\|\cdot\|_\beta$ 是 $\mathbb{R}^n$ 上的两个任意范数, 如果存在两个正常数 c_1 和 c_2 使得对一切 $x \in \mathbb{R}^n$, 有

$$c_1 \|x\|_\alpha \leqslant \|x\|_\beta \leqslant c_2 \|x\|_\alpha,$$

则称 $\|\cdot\|_\alpha$ 和 $\|\cdot\|_\beta$ 是等价的.

定理 2.1.2 (向量范数的等价性)   设 $\|\cdot\|_\alpha$ 和 $\|\cdot\|_\beta$ 是 $\mathbb{R}^n$ 上的两个任意范数, 则 $\|\cdot\|_\alpha$ 和 $\|\cdot\|_\beta$ 是等价的.

证明   考虑集合

$$S = \{ y \in \mathbb{R}^n : \|y\|_2 = 1 \}$$

为 $\mathbb{R}^n$ 中的一个单位球表面, 则其为 $\mathbb{R}^n$ 中的一个有界闭集. 由于 $\|x\|_\alpha$ 为 S 上的连续函数, 则存在最小值 $m_1 > 0$ 和最大值 $M_1 > 0$ 使得

$$m_1 \leqslant \|y\|_\alpha \leqslant M_1, \quad \forall y \in S. \tag{2.2}$$

对任意 $x \in \mathbb{R}^n$, $x \neq 0$, 有 $\dfrac{x}{\|x\|_2} \in S$. 由式 (2.2) 有

$$m_1 \leqslant \left\| \frac{x}{\|x\|_2} \right\|_\alpha \leqslant M_1,$$

即

$$m_1 \|x\|_2 \leqslant \|x\|_\alpha \leqslant M_1 \|x\|_2. \tag{2.3}$$

显然, 上式对 $x = 0$ 也成立.

同理, 对范数 $\|x\|_\beta$, 存在正常数 m_2 和 M_2 使得

$$m_2 \|x\|_2 \leqslant \|x\|_\beta \leqslant M_2 \|x\|_2. \tag{2.4}$$

由式 (2.3) 和 (2.4) 知对任意 $x \in \mathbb{R}^n$, 有

$$\frac{m_2}{M_1} \|x\|_\alpha \leqslant \|x\|_\beta \leqslant \frac{M_2}{m_1} \|x\|_\alpha.$$

令 $c_1 = \dfrac{m_2}{M_1}$, $c_2 = \dfrac{M_2}{m_1}$, 定理得证.   □

注 2.1.1　定理 2.1.2 在无穷维空间上不成立.

在 $\|\cdot\|_1, \|\cdot\|_2, \|\cdot\|_\infty$ 这三种常用的向量范数上, 有

$$\|x\|_2 \leqslant \|x\|_1 \leqslant \sqrt{n}\|x\|_2,$$

$$\|x\|_\infty \leqslant \|x\|_2 \leqslant \sqrt{n}\|x\|_\infty,$$

$$\|x\|_\infty \leqslant \|x\|_1 \leqslant n\|x\|_\infty.$$

定理 2.1.2 说明 $\mathbb{R}^n$ 上的所有向量范数都是互相等价的, 因此后续讨论中用 $\|x\|$ 表示 x 的任一范数. 应用向量范数可以自然地定义 $\mathbb{R}^n$ 上两个向量之间的距离.

定义 2.1.3　设 $\|\cdot\|$ 为 $\mathbb{R}^n$ 上的任一向量范数, $x, y \in \mathbb{R}^n$ 为任意两个向量, 我们称 $\|x - y\|$ 为 x 和 y 之间的距离.

有了距离的概念, 便可以考虑线性方程组 $Ax = b$ 的近似解 $\tilde{x}$ 和精确解 x^* 之间的近似程度. 如果 $\|x^* - \tilde{x}\|$ 是小的, 则称 $\tilde{x}$ 的误差小或两者之间接近. 若考虑到 x^* 本身的大小, 则可以研究相对误差 $\dfrac{\|x^* - \tilde{x}\|}{\|x^*\|}$ 或者 $\dfrac{\|x^* - \tilde{x}\|}{\|\tilde{x}\|}$.

利用定理 2.1.2 可证如下的重要结果:

定理 2.1.3　设 $\{x^{(k)}\}$, $k = 0, 1, \cdots$ 为 $\mathbb{R}^n$ 中的一个向量序列, $x \in \mathbb{R}^n$ 为一常向量. 则 $\lim\limits_{k \to \infty} \|x^{(k)} - x\| = 0$ 的充分必要条件是

$$\lim_{k \to \infty} \left| x_i^{(k)} - x_i \right| = 0, \quad i = 1, 2, \cdots, n,$$

即向量序列的范数收敛等价于其分量收敛.

当然, 对于 $\mathbb{R}^{n \times n}$ 空间上的矩阵来说, 我们可以通过将列首尾相接得到一个 n^2 维的向量, 并使用 $\mathbb{R}^{n^2}$ 上的向量范数来度量这个矩阵的 "大小". 然而, 鉴于矩阵的乘法运算特性, 我们需要定义一种专门的矩阵范数, 这样不仅能度量矩阵的大小, 还要适应矩阵运算的结构. 一般的矩阵范数可通过如下方式定义:

定义 2.1.4　一个从 $\mathbb{R}^{n \times n}$ 到 $\mathbb{R}$ 的非负函数 $\|\cdot\|$ 可称为 $\mathbb{R}^{n \times n}$ 上的矩阵范数, 如果它满足:

(1) **正定性**: 对所有的 $A \in \mathbb{R}^{n \times n}$, $\|A\| \geqslant 0$, 而且 $\|A\| = 0$ 当且仅当 $A = O$;

(2) **非负性**: 对所有的 $A \in \mathbb{R}^{n \times n}$ 和 $\alpha \in \mathbb{R}$, 有 $\|\alpha A\| = |\alpha| \, \|A\|$;

(3) **三角不等式**: 对所有的 $A, B \in \mathbb{R}^{n \times n}$, 有 $\|A + B\| \leqslant \|A\| + \|B\|$;

(4) **相容性**: 对所有的 $A, B \in \mathbb{R}^{n \times n}$, 有 $\|AB\| \leqslant \|A\| \|B\|$.

为了讨论方便, 我们在本节中仅考虑了方阵的范数, 但其大部分结论都适宜于长方阵的情形.

由于 $\|I\| = \|I^2\| \leqslant \|I\|^2$, 因此对任何矩阵范数都有 $\|I\| \geqslant 1$. 如果 A 是非奇异的, 那么由 $\|I\| = \|AA^{-1}\| \leqslant \|A\| \|A^{-1}\|$ 可得 $\|A^{-1}\|$ 的下界为

$$\|A^{-1}\| \geqslant \frac{\|I\|}{\|A\|}.$$

因为 $\mathbb{R}^{n\times n}$ 上的矩阵范数亦可看做 $\mathbb{R}^{n^2}$ 上的向量范数, 所以矩阵范数具有向量范数的一切性质. 例如, 有

(1) $\mathbb{R}^{n\times n}$ 上的任意两个矩阵范数是等价的;

(2) 矩阵序列的范数收敛等价于其元素收敛, 即

$$\lim_{k\to\infty}\|A^{(k)}-A\|=0\Longleftrightarrow\lim_{k\to0}a_{ij}^{(k)}=a_{ij},\quad i,j=1,2,\cdots,n,$$

其中 $A^{(k)}=[a_{ij}^{(k)}]\in\mathbb{R}^{n\times n}$.

矩阵与向量的乘积在矩阵计算中经常出现, 因此我们还需要考虑矩阵范数与向量范数之间的协调性. 若将向量看做矩阵的特殊情形, 那么由矩阵范数的相容性, 我们便得到了这种协调性, 即矩阵范数与向量范数之间的相容性.

定义 2.1.5 若矩阵范数 $\|\cdot\|_m$ 和向量范数 $\|\cdot\|_v$, 满足

$$\|Ax\|_v\leqslant\|A\|_m\|x\|_v,\quad\forall A\in\mathbb{R}^{n\times n},\forall x\in\mathbb{R}^n,$$

则称矩阵范数 $\|\cdot\|_m$ 和向量范数 $\|\cdot\|_v$ 是**相容的**.

在本书中, 如果没有特别说明, 凡同时涉及向量范数和矩阵范数时均假定它们是相容的.

下面我们介绍一种由向量范数诱导出来的矩阵范数. 设 $A\in\mathbb{R}^{n\times n}$, $x\in\mathbb{R}^n$, $\|\cdot\|$ 为 $\mathbb{R}^n$ 上的向量范数. 由于 $\|Ax\|$ 为 $\mathbb{R}^n$ 上的连续函数, 则它在有界闭集合

$$S=\{y\in\mathbb{R}^n:\|y\|=1\}$$

上一定能取到最大值 M, 即存在 $\tilde{x}\in S$ 使得

$$\max_{y\in S}\|Ay\|=\|A\tilde{x}\|=M.$$

因此对任意的 $x\in\mathbb{R}^n,x\neq0$, 有

$$\max_{\substack{x\in\mathbb{R}^n\\x\neq0}}\frac{\|Ax\|}{\|x\|}=\max_{\substack{x\in\mathbb{R}^n\\x\neq0}}\left\|A\frac{x}{\|x\|}\right\|=M.$$

从而对任意给定的向量范数, 我们都可以构造一个与该向量范数相容的矩阵范数, 也称为由 $\mathbb{R}^n$ 上的向量范数诱导出的**算子范数**.

定义 2.1.6 设 $A\in\mathbb{R}^{n\times n}$, $\|\cdot\|$ 为 $\mathbb{R}^n$ 上的向量范数. 称

$$\|A\|=\max_{\|x\|=1}\|Ax\|$$

为矩阵 A 的范数.

矩阵 A 的范数可理解为 A 作用于 $\mathbb{R}^n$ 中任意向量的最大放大倍数. 显然对任意算子范数都有 $\|I\|=1$. 由定义直接求解矩阵范数 $\|A\|$ 很麻烦, 下面我们给出 $\mathbb{R}^n$ 上常用的向量范数 $\|\cdot\|_1,\|\cdot\|_2,\|\cdot\|_\infty$ 对应的算子范数的具体计算公式.

定理 2.1.4　设 $A = [a_{ij}] \in \mathbb{R}^{n \times n}$, 则有

$$\|A\|_1 = \max_{1 \leqslant j \leqslant n} \sum_{i=1}^{n} |a_{ij}|,$$

$$\|A\|_\infty = \max_{1 \leqslant i \leqslant n} \sum_{j=1}^{n} |a_{ij}|,$$

$$\|A\|_2 = \sqrt{\lambda_{\max}(A^{\mathrm{T}}A)},$$

其中, $\lambda_{\max}(A^{\mathrm{T}}A)$ 表示 $A^{\mathrm{T}}A$ 的最大特征值.

证明　$A = O$ 时定理显然成立, 因此在下面的证明中总假定 $A \neq O$. 对于 1 范数, 将给定的 $A \in \mathbb{R}^{n \times n}$ 按列分块为 $A = [a_1, a_2, \cdots, a_n]$, 并记 $\xi = \|a_{j_0}\|_1 = \max\limits_{1 \leqslant j \leqslant n} \|a_j\|_1$, 则对任一满足 $\|x\|_1 = \sum\limits_{i=1}^{n} |x_i| = 1$ 的 $x \in \mathbb{R}^n$, 有

$$\|Ax\|_1 = \|\sum_{j=1}^{n} x_j a_j\|_1 \leqslant \sum_{j=1}^{n} |x_j| \|a_j\|_1$$

$$\leqslant \left(\sum_{j=1}^{n} |x_j| \right) \max_{1 \leqslant j \leqslant n} \|a_j\|_1 = \|a_{j_0}\|_1 = \xi.$$

此外, 若取 e_{j_0} 为 n 阶单位矩阵的第 j_0 列, 则有 $\|e_{j_0}\|_1 = 1$, 且

$$\|Ae_{j_0}\|_1 = \|a_{j_0}\|_1 = \xi.$$

因此有

$$\|A\|_1 = \max_{\|x\|_1 = 1} \|Ax\|_1 = \xi = \max_{1 \leqslant j \leqslant n} \|a_j\|_1 = \max_{1 \leqslant j \leqslant n} \sum_{i=1}^{n} |a_{ij}|.$$

对于 ∞ 范数, 记 $\eta = \max\limits_{1 \leqslant j \leqslant n} |a_{ij}|$, 则对任意满足 $\|x\|_\infty = 1$ 的 $x \in \mathbb{R}^n$, 有

$$\|Ax\|_\infty = \max_{1 \leqslant i \leqslant n} |\sum_{j=1}^{n} a_{ij} x_j| \leqslant \max_{1 \leqslant i \leqslant n} \sum_{j=1}^{n} |a_{ij}| |x_j|$$

$$\leqslant \max_{1 \leqslant i \leqslant n} \sum_{j=1}^{n} |a_{ij}| = \eta.$$

设 A 的第 k 行的 1 范数最大, 即 $\eta = \sum\limits_{j=1}^{n} |a_{kj}|$. 令

$$y = (\mathrm{sgn}(a_{k1}), \mathrm{sgn}(a_{k2}), \cdots, \mathrm{sgn}(a_{kn}))^{\mathrm{T}},$$

则 $A \neq O$ 蕴涵着 $\|y\|_\infty = 1$, 同时易证 $\|Ay\|_\infty = \eta$. 这样, 我们就有

$$\|A\|_\infty = \eta = \max_{1 \leqslant i \leqslant n} \sum_{j=1}^{n} |a_{ij}|.$$

对于 2 范数, 应有

$$\|A\|_2 = \max_{\|x\|_2=1} \|Ax\|_2 = \max_{\|x\|_2=1} [(Ax)^{\mathrm{T}} Ax]^{\frac{1}{2}}$$
$$= \max_{\|x\|_2=1} [x^{\mathrm{T}}(A^{\mathrm{T}}A)x]^{\frac{1}{2}}.$$

注意, $A^{\mathrm{T}}A$ 是对称半正定的, 设其特征值为

$$\lambda_1 \geqslant \lambda_2 \geqslant \cdots \geqslant \lambda_n \geqslant 0$$

以及它们对应的正交规范特征向量为 $v_1, v_2, \cdots, v_n \in \mathbb{R}^n$, 则对任一满足 $\|x\|_2 = 1$ 的向量 $x \in \mathbb{R}^n$, 有

$$x = \sum_{i=1}^{n} \alpha_i v_i \quad \text{和} \quad \sum_{i=1}^{n} \alpha_i^2 = 1.$$

于是, 有

$$x^{\mathrm{T}} A^{\mathrm{T}} Ax = \sum_{i=1}^{n} \lambda_i \alpha_i^2 \leqslant \lambda_1.$$

另一方面, 若取 $x = v_1$, 则有

$$x^{\mathrm{T}} A^{\mathrm{T}} Ax = v_1^{\mathrm{T}} A^{\mathrm{T}} A v_1 = v_1^{\mathrm{T}} \lambda_1 v_1 = \lambda_1.$$

所以

$$\|A\|_2 = \max_{\|x\|_2=1} \|Ax\|_2 = \sqrt{\lambda_1} = \sqrt{\lambda_{\max}(A^{\mathrm{T}}A)}.$$

定理得证. □

　　我们通常称矩阵的 1 范数, ∞ 范数和 2 范数分别为**列和范数, 行和范数**和**谱范数**. 此外, 从定理 2.1.4 容易看出, 矩阵列和范数与行和范数是很容易计算的, 而矩阵的谱范数就不适宜于实际计算, 它需要计算 $A^{\mathrm{T}}A$ 的最大特征值. 但是, 谱范数所具有的许多好的性质, 使它在理论研究中很有用处.

　　此外, 在 $\mathbb{R}^{n \times n}$ 上的另一个常用且易于计算的矩阵范数为

$$\|A\|_F = \left(\sum_{i,j=1}^{n} |a_{ij}|^2 \right)^{\frac{1}{2}}.$$

通常称之为 **Frobenius 范数**, 它是向量 2 范数的自然推广.

　　下面我们来介绍几个经常使用的与范数有关的重要结果. 由于这些结果与谱半径有关, 为了方便起见, 接下来我们将在复数范围内展开讨论. 容易看出, 本节前面所讲的所有概念与结果都可毫无困难地推广至复空间上.

　　定义 2.1.7　设 $A \in \mathbb{C}^{n \times n}$, 则称

$$\rho(A) = \max\{|\lambda| : \lambda \in \lambda(A)\}$$

为 A 的**谱半径**, 这里 $\lambda(A)$ 表示 A 的特征值的全体.

谱半径与矩阵范数之间有如下关系:

定理 2.1.5 设 $A \in \mathbb{C}^{n \times n}$.

(1) 对 $\mathbb{C}^{n \times n}$ 上的任意矩阵范数 $\|\cdot\|$, 有

$$\rho(A) \leqslant \|A\|;$$

(2) 对任给的 $\varepsilon > 0$, 存在 $\mathbb{C}^{n \times n}$ 上的算子范数 $\|\cdot\|$, 使得

$$\|A\| \leqslant \rho(A) + \varepsilon.$$

证明 (1) 设 $0 \neq x \in \mathbb{C}^n$ 满足

$$Ax = \lambda x, \quad |\lambda| = \rho(A),$$

则有

$$\rho(A)\|xe_1^{\mathrm{T}}\| = \|\lambda xe_1^{\mathrm{T}}\| = \|Axe_1^{\mathrm{T}}\| \leqslant \|A\|\|xe_1^{\mathrm{T}}\|,$$

从而可得

$$\rho(A) \leqslant \|A\|.$$

(2) 这一结论的证明较为复杂, 这里略去. 有兴趣的读者可参看有关参考书. □

由定理 2.1.5 可知, 矩阵的任一范数都可以作为矩阵特征值模的上界.

定理 2.1.6 设 $A \in \mathbb{C}^{n \times n}$, 则

$$\lim_{k \to \infty} A^k = O \iff \rho(A) < 1.$$

证明 **必要性** 设 $\lim_{k \to \infty} A^k = O$, 并假定 $\lambda \in \lambda(A)$ 满足 $\rho(A) = |\lambda|$. 由于对任意的 k 有 $\lambda^k \in \lambda(A^k)$, 故由定理 2.1.5 知,

$$\rho(A)^k = |\lambda|^k \leqslant \rho(A^k) \leqslant \|A^k\|_2$$

对一切 k 成立, 从而必有 $\rho(A) < 1$.

充分性 设 $\rho(A) < 1$. 由定理 2.1.5 知, 必有算子范数 $\|\cdot\|$, 使得 $\|A\| < 1$, 从而

$$0 \leqslant \|A^k\| \leqslant \|A\|^k \to 0, \quad k \to \infty,$$

于是 $\lim_{k \to \infty} A^k = O$. □

利用定理 2.1.6 容易证明如下的重要结果:

定理 2.1.7 设 $A \in \mathbb{C}^{n \times n}$, 则有

(1) $\displaystyle\sum_{k=0}^{\infty} A^k$ 收敛的充分必要条件是 $\rho(A) < 1$;

(2) 当 $\displaystyle\sum_{k=0}^{\infty} A^k$ 收敛时, 有

$$\sum_{k=0}^{\infty} A^k = (I - A)^{-1}.$$

由这一定理立即得到如下常用的结果:

推论 2.1.1   设 $\|\cdot\|$ 是 $\mathbb{C}^{n \times n}$ 上的一个满足条件 $\|I\| = 1$ 的矩阵范数, 并假定 $A \in \mathbb{C}^{n \times n}$ 满足 $\|A\| < 1$, 则 $I - A$ 可逆, 且有

$$\|(I - A)^{-1}\| \leqslant \frac{1}{1 - \|A\|}.$$

2.2   Gauss 消去法

当我们面对线性方程组的求解问题时, 通常会首先考虑三角形方程组, 因为其结构简单易于求解, 而且三角形方程组的求解方法也是解决更一般线性方程组问题的基础, 鉴于此, 我们首先考虑这种特殊结构的线性方程组的解法.

考虑如下下三角方程组

$$Ly = b, \tag{2.5}$$

这里 $b = (b_1, b_2, \cdots, b_n)^{\mathrm{T}} \in \mathbb{R}^n$ 是给定向量, $y = (y_1, y_2, \cdots, y_n)^{\mathrm{T}} \in \mathbb{R}^n$ 是未知向量, 而 $L = [l_{ij}] \in \mathbb{R}^{n \times n}$ 是给定的非奇异下三角形矩阵, 即

$$L = \begin{bmatrix} l_{11} & & & \\ l_{21} & l_{22} & & \\ \vdots & \vdots & \ddots & \\ l_{n1} & l_{n2} & & l_{nn} \end{bmatrix},$$

其中 $l_{ii} \neq 0 \ (i = 1, 2, \cdots, n)$. 显然下三角方程组 (2.5) 有唯一解, 且从其第一个方程可以解出

$$y_1 = \frac{b_1}{l_{11}}.$$

将其代入第二个方程, 得到

$$y_2 = \frac{b_2 - l_{21}y_1}{l_{22}}.$$

如法炮制, 当我们已求出 $y_1, y_2, \cdots, y_{i-1}$, 则由方程组 (2.5) 的第 i 个方程可得

$$y_i = \frac{b_i - \sum_{j=1}^{i-1} l_{ij}y_j}{l_{ii}}.$$

这种解方程组 (2.5) 的方法称为**前代法** (见算 2.1).

算法 2.1　解下三角方程组: 前代法

输入: 下三角形矩阵 L 和右端向量 b

输出: 解向量 y

1: **for** $j = 1 : n - 1$ **do**

2:　$y(j) = \dfrac{b(j)}{L(j,j)}$

3:　$b(j+1:n) = b(j+1:n) - y(j)L(j+1:n,j)$

4: **end for**

5: $y(n) = \dfrac{b(n)}{L(n,n)}$

该算法所需要的加、减、乘、除运算次数为

$$\sum_{i=1}^{n}(2i-1) = 2 \times \frac{n(n+1)}{2} - n = n^2,$$

即该算法的运算量为 n^2.

类似地, 对上三角方程组

$$Ux = y,$$

其中 $U = [u_{ij}] \in \mathbb{R}^{n \times n}$ 是非奇异上三角形矩阵, 即

$$U = \begin{bmatrix} u_{11} & u_{12} & \cdots & u_{1n} \\ & u_{22} & \cdots & u_{2n} \\ & & \ddots & \vdots \\ & & & u_{nn} \end{bmatrix},$$

其中 $u_{ii} \neq 0(i = 1, 2, \cdots, n)$, $y = (y_1, y_2, \cdots, y_n)^{\mathrm{T}} \in \mathbb{R}^n$ 是给定向量, $x = (x_1, x_2, \cdots, x_n)^{\mathrm{T}} \in \mathbb{R}^n$ 是未知向量. 从方程组的最后一个方程出发依次求出 $x_n, x_{n-1}, \cdots, x_1$, 便得到**回代法** (见算法 2.2):

算法 2.2　解上三角方程组: 回代法

输入: 上三角形矩阵 U 和右端向量 y

输出: 解向量 x

1: **for** $j = n : -1 : 2$ **do**

2:　$x(j) = \dfrac{y(j)}{U(j,j)}$

3:　$y(1:j-1) = y(1:j-1) - x(j)U(1:j-1,j)$

4: **end for**

5: $x(1) = \dfrac{y(1)}{U(1,1)}$

显然, 该算法的运算量亦是 n^2.

对于一般的线性方程组

$$Ax = b,$$

其中 $A \in \mathbb{R}^{n \times n}$ 和 $b \in \mathbb{R}^n$ 是给定的, $x \in \mathbb{R}^n$ 是未知的. 如果我们能够将 A 分解为 $A = LU$, 其中 L 为下三角形矩阵, U 为上三角形矩阵, 那么原方程组的解 x 便可由下面两步得到:

1. 用前代法解 $Ly = b$ 得 y;

2. 用回代法解 $Ux = y$ 得 x.

所以, 上述求解一般线性方程组的方案的关键是如何将 A 分解为一个下三角形矩阵 L 与一个上三角形矩阵 U 的乘积. 这便是**矩阵的三角分解**或**矩阵的 LU 分解**.

为实现矩阵 A 的 LU 分解, 我们通常采用一系列初等变换, 逐步将 A 约化为上三角形式, 同时保证变换的累积结果是一个下三角形矩阵. 为此, 我们首先介绍一种称做 **Gauss 变换**的简洁下三角形矩阵, 它可以将给定向量 $x \in \mathbb{R}^n$ 的第 $k+1$ 至第 n 个分量约化为零.

令

$$L_k = I - l_k e_k^{\mathrm{T}},$$

其中

$$l_k = (0, \cdots, 0, l_{k+1,k}, \cdots, l_{nk})^{\mathrm{T}}$$

称做 **Gauss 向量**. 对于一个给定的向量 $x = (x_1, x_2, \cdots, x_n)^{\mathrm{T}} \in \mathbb{R}^n$, 我们有

$$L_k x = (x_1, \cdots, x_k, x_{k+1} - x_k l_{k+1,k}, \cdots, x_n - x_k l_{nk})^{\mathrm{T}},$$

由此可知, 只要取

$$l_{ik} = \frac{x_i}{x_k}, \ i = k+1, k+2, \cdots, n. \tag{2.6}$$

这里假设 $x_k \neq 0$, 便有

$$L_k x = (x_1, \cdots, x_k, 0, \cdots, 0)^{\mathrm{T}}.$$

Gauss 变换 L_k 具有许多良好的性质. 例如, 它的逆是很容易求解的. 事实上, 因为 $e_k^{\mathrm{T}} l_k = 0$, 所以

$$(I - l_k e_k^{\mathrm{T}})(I + l_k e_k^{\mathrm{T}}) = I - l_k e_k^{\mathrm{T}} l_k e_k^{\mathrm{T}} = I,$$

即

$$L_k^{-1} = I + l_k e_k^{\mathrm{T}}.$$

下面介绍怎样利用 Gauss 变换来实现 A 的 LU 分解.

对于一般的 n 阶矩阵 A, 在一定条件下, 我们也可以计算 $n-1$ 个 Gauss 变换 $L_1, L_2, \cdots, L_{n-1}$, 使得 $L_{n-1} \cdots L_1 A$ 为上三角形矩阵. 记 $A^{(0)} = A$, 并假设 $a_{11}^{(0)} \neq 0$. 首先令 $x = A^{(0)} e_1$, 即对矩阵 A 的第 1 列, 按照上述过程确定 Gauss 变换 $L_1 = I - l_1 e_1^{\mathrm{T}}$, 得到

$$A^{(1)} = L_1 A^{(0)} = \begin{bmatrix} a_{11}^{(1)} & A_{12}^{(1)} \\ 0 & A_{22}^{(1)} \end{bmatrix}.$$

假定已求出 $k-1$ 个 Gauss 变换 $L_1, L_2, \cdots, L_{k-1} \in \mathbb{R}^{n \times n} (k < n)$, 使得

$$A^{(k-1)} = L_{k-1} \cdots L_1 A = \begin{bmatrix} A_{11}^{(k-1)} & A_{12}^{(k-1)} \\ O & A_{22}^{(k-1)} \end{bmatrix},$$

其中 $A_{11}^{(k-1)}$ 是 $k-1$ 阶上三角形矩阵, $A_{22}^{(k-1)}$ 为

$$A_{22}^{(k-1)} = \begin{bmatrix} a_{kk}^{(k-1)} & \cdots & a_{kn}^{(k-1)} \\ \vdots & & \vdots \\ a_{nk}^{(k-1)} & \cdots & a_{nn}^{(k-1)} \end{bmatrix}.$$

若 $a_{kk}^{(k-1)} \neq 0$, 则可以利用 (2.6) 式确定 Gauss 变换 $L_k = I - l_k e_k^{\mathrm{T}}$, 使得 $L_k A^{(k-1)}$ 中第 k 列的最后 $n-k$ 个元素为 0. 其中

$$l_k = (0, \cdots, 0, l_{k+1,k}, \cdots, l_{nk})^{\mathrm{T}}, \quad l_{ik} = \frac{a_{ik}^{(k-1)}}{a_{kk}^{(k-1)}}, \quad i = k+1, k+2, \cdots, n.$$

对于这样的 L_k, 我们有

$$A^{(k)} = L_k A^{(k-1)} = \begin{bmatrix} A_{11}^{(k)} & A_{12}^{(k)} \\ O & A_{22}^{(k)} \end{bmatrix} \begin{matrix} k \\ n-k \end{matrix},$$
$$\begin{matrix} k & \quad n-k \end{matrix}$$

其中 $A_{11}^{(k)}$ 是 k 阶上三角形矩阵. 从 $k=1$ 出发, 如此进行 $n-1$ 步, 最终所得矩阵 $A^{(n-1)}$ 即为我们所要求的上三角形矩阵.

令

$$L = (L_{n-1} L_{n-2} \cdots L_1)^{-1}, \quad U = A^{(n-1)},$$

则有 $A = LU$. 接下来我们证明这样的 L 是下三角形矩阵. 因为对 $j < i$ 有 $e_j^{\mathrm{T}} l_i = 0$, 则有

$$\begin{aligned} L &= L_1^{-1} L_2^{-1} \cdots L_{n-1}^{-1} \\ &= (I + l_1 e_1^{\mathrm{T}})(I + l_2 e_2^{\mathrm{T}}) \cdots (I + l_{n-1} e_{n-1}^{\mathrm{T}}) \\ &= I + l_1 e_1^{\mathrm{T}} + \cdots + l_{n-1} e_{n-1}^{\mathrm{T}}, \end{aligned}$$

即 L 具有如下形状:

$$L = I + [l_1, l_2, \cdots, l_{n-1}, 0] = \begin{bmatrix} 1 & & & & \\ l_{21} & 1 & & & \\ l_{31} & l_{32} & 1 & & \\ \vdots & \vdots & \vdots & \ddots & \\ l_{n1} & l_{n2} & l_{n3} & \cdots & 1 \end{bmatrix}.$$

由此可见, L 不仅是一个单位下三角形矩阵, 而且非常容易得到. 这种三角分解的计算方法称为 **Gauss 消去法**.

在实际计算时, 由于

$$A^{(k)} = L_k A^{(k-1)} = (I - l_k e_k^{\mathrm{T}}) A^{(k-1)} = A^{(k-1)} - l_k e_k^{\mathrm{T}} A^{(k-1)}.$$

并注意到 l_k 的前 k 个分量为 0 以及 $e_k^{\mathrm{T}} A^{(k-1)}$ 是 $A^{(k-1)}$ 的第 k 行, 即知 $A^{(k)}$ 和 $A^{(k-1)}$ 的前 k 行元素相同, 且

$$a_{ik}^{(k)} = 0, \quad i = k+1, k+2, \cdots, n.$$

综合上面的讨论, 可得算法 2.3:

算法 2.3　计算 LU 分解: $[L, U] = \mathbf{lu}(A)$

输入: 矩阵 A
输出: 单位下三角形矩阵 L 和上三角形矩阵 U 使得 $A = LU$

1: $L = I, U = O$
2: **for** $k = 1 : n-1$ **do**
3: 　 $U(k, k:n) = A(k, k:n)$
4: 　 $L(k+1:n, k) = \dfrac{A(k+1:n, k)}{A(k, k)}$
5: 　 $A(k+1:n, k+1:n) = A(k+1:n, k+1:n) - L(k+1:n, k)U(k, k+1:n)$
6: **end for**
7: $U(n, n) = A(n, n)$

该算法所需要的加、减、乘、除运算次数为

$$\sum_{k=1}^{n} ((n-k) + 2(n-k)^2) = \frac{n(n-1)}{2} + \frac{n(n-1)(2n-1)}{3}$$

$$= \frac{2}{3} n^3 + \mathcal{O}(n^2).$$

即该算法的运算量为 $\dfrac{2}{3} n^3$.

我们称 Gauss 消去过程中的 $a_{kk}^{(k-1)}$ 为**主元**. 在上述计算过程中, 只有当 $a_{kk}^{(k-1)}$ 均不为零时, 算法 2.3 才能进行到底. 接下来, 我们回答矩阵 A 必须满足哪些条件时才能确保在 LU 分解过程中所有主元非零.

定理 2.2.1　给定线性方程组 $Ax = b$. 主元 $a_{kk}^{(k-1)}(k = 1, 2, \cdots, n-1)$ 均不为零的充分必要条件是 A 的 k 阶顺序主子阵 A_k $(k = 1, 2, \cdots, n-1)$ 均非奇异.

证明　采用数学归纳法. 当 $k = 1$ 时, $A_1 = a_{11}^{(0)}$, 定理显然成立.

假设定理直至 $k-1$ 成立, 下面只需证 "若 $A_1, A_2, \cdots, A_{k-1}$ 非奇异, 则 A_k 非奇异的充分必要条件是 $a_{kk}^{(k-1)} \neq 0$ 即可". 由归纳法假设知, $a_{ii}^{(i-1)} \neq 0$ $(i = 1, 2, \cdots, k-1)$. 因此, Gauss 消去过程至少可进行 $k-1$ 步, 即可得到 $k-1$ 个 Gauss 变换 $L_1, L_2, \cdots, L_{k-1}$, 使得

$$A^{(k-1)} = L_{k-1} \cdots L_1 A = \begin{bmatrix} A_{11}^{(k-1)} & A_{12}^{(k-1)} \\ O & A_{22}^{(k-1)} \end{bmatrix}, \tag{2.7}$$

其中 $A_{11}^{(k-1)}$ 是对角元为 $a_{ii}^{(i-1)}$ $(i = 1, 2, \cdots, k-1)$ 的上三角形矩阵. 若将 $L_1, L_2, \cdots, L_{k-1}$ 的 k 阶顺序主子阵分别记为 $(L_1)_k, (L_2)_k, \cdots, (L_{k-1})_k$, 则由上式可知 $A^{(k-1)}$ 的 k 阶顺序主子阵具有如下形状

$$(L_{k-1})_k (L_{k-2})_k \cdots (L_1)_k A_k = \begin{bmatrix} A_{11}^{(k-1)} & * \\ 0 & a_{kk}^{(k-1)} \end{bmatrix}.$$

由于 L_i 是单位下三角形矩阵, 可立即得到

$$\det A_k = a_{kk}^{(k-1)} \det A_{11}^{(k-1)},$$

从而 A_k 非奇异当且仅当 $a_{kk}^{(k-1)} \neq 0$. □

推论 2.2.1　若 $A \in \mathbb{R}^{n \times n}$ 的顺序主子阵 $A_k \in \mathbb{R}^{n \times n}(k = 1, 2, \cdots, n-1)$ 均非奇异, 则存在唯一的单位下三角形矩阵 $L \in \mathbb{R}^{n \times n}$ 和上三角形矩阵 $U \in \mathbb{R}^{n \times n}$, 使得 $A = LU$.

求解线性方程组时, Gauss 消去法是一种经典的方法, 但当计算过程中出现数值上较小的主元时, 可能会导致计算中的舍入误差放大. 为了提高算法的数值稳定性, 人们提出了**列主元 Gauss 消去法**. 它通过选取当前列绝对值最大的元素作为主元, 来减少误差并改善解的质量.

为了叙述方便, 我们引入初等变换矩阵 I_{pq}, 它是单位矩阵 I 的第 p 列与第 q 列交换得到的矩阵, 即

$$I_{pq} = [e_1, \cdots, e_{p-1}, e_q, e_{p+1}, \cdots, e_{q-1}, e_p, e_{q+1}, \cdots, e_n].$$

将 I_{pq} 左乘矩阵 A 即可交换 A 的第 p 行与第 q 行; 将 I_{pq} 右乘矩阵 A 即可交换 A 的第 p 列与第 q 列.

列主元 Gauss 消去法是一种改进的 Gauss 消去法, 它在每一步消去过程中, 不仅仅是简单地使用系数矩阵对角线上的元素作为主元, 而是在当前列选择一个绝对值最大的元素作为主元.

假设列主元 Gauss 消去法已经进行了 $k-1$ 步, 即有 Gauss 变换 $L_1, L_2, \cdots, L_{k-1}$ 和 $k-1$ 个初等变换 $P_1, P_2, \cdots, P_{k-1}$ 使得

$$A^{(k-1)} = L_{k-1} P_{k-1} \cdots L_1 P_1 A = \begin{bmatrix} A_{11}^{(k-1)} & A_{12}^{(k-1)} \\ O & A_{22}^{(k-1)} \end{bmatrix}.$$

在 $A_{22}^{(k-1)}$ 的第 1 列上寻找模最大元, 即选

$$\left| a_{pk}^{(k-1)} \right| = \max \left\{ \left| a_{ik}^{(k-1)} \right| : k \leqslant i \leqslant n \right\}.$$

通过交换 A 的第 p 行与第 k 行, 即执行 $I_{pk} A$, 将 $a_{pk}^{(k-1)}$ 移至 (k,k) 位置上. 消去过程用新的主元继续进行, 其中 $P_k = I_{kp}$.

从前面的讨论容易看出, 只要 A 非奇异, 则列主元 Gauss 消去法就可进行到底, 最终得到分解

$$PA = LU,$$

其中

$$U = A^{(n-1)},$$
$$P = P_{n-1} \cdots P_2 P_1,$$
$$L = P(L_{n-1} P_{n-1} \cdots L_2 P_2 L_1 P_1).$$

这一分解通常称为**列主元三角分解**或**列主元 LU 分解**, 其具体过程如算法 2.4:

算法 2.4 计算列主元 LU 分解: $[P, L, U] = \mathbf{plu}(A)$

输入: 矩阵 A

输出: 排列矩阵 P, 单位下三角形矩阵 L, 上三角形矩阵 U 使得 $PA = LU$

1: $L = I, U = O, P = I$

2: **for** $k = 1 : n-1$ **do**

3:    确定 $p(k \leqslant p \leqslant n)$, 使得

4:       $|A(p,k)| = \max \{|A(i,k)| : i = k : n\}$

5:    $A(k, 1:n) \leftrightarrow A(p, 1:n), P(k, 1:n) \leftrightarrow P(p, 1:n)$ (交换第 k 行和第 p 行)

6:    **if** $A(k,k) \neq 0$ **then**

7:       $U(k, k:n) = A(k, k:n)$

8:       $L(k+1:n, k) = A(k+1:n, k)/A(k,k)$

9:       $A(k+1:n, k+1:n) = A(k+1:n, k+1:n) - L(k+1:n, k)U(k, k+1:n)$

10:    **else**

11:       stop (矩阵奇异)

12:    **end if**

13: **end for**

14: $U(n,n) = A(n,n)$

设 $A \in \mathbb{R}^{n \times n}$ 非奇异, 那么利用列主元 Gauss 消去法求解线性方程组 $Ax = b$ 的计算过程就可按如下步骤进行:

1. 用算法 2.4 计算 A 的列主元 LU 分解:$PA = LU$;

2. 用前代法解下三角方程组 $Ly = Pb$;

3. 用回代法解上三角方程组 $Ux = y$.

实际计算的经验和理论分析的结果表明, 列主元 Gauss 消去法是解决中小型稠密线性方程组的首选算法之一, 在科学计算和工程领域备受青睐.

作为本节的结束, 我们给出一个计算的实例来说明 Gauss 消去法的计算效果.

例 2.2.1 考虑线性方程组 $Ax = b$, 其中右端项为

$$b = \frac{1 - a^n}{1 - a}(1, 1, \cdots, 1)^{\mathrm{T}},$$

而系数矩阵为 $A = B + \Delta B$, 这里

$$B = \begin{bmatrix} 1 & a & a^2 & \cdots & a^{n-2} & a^{n-1} \\ a & a^2 & a^3 & \cdots & a^{n-1} & 1 \\ \vdots & \vdots & \vdots & & \vdots & \vdots \\ a^{n-1} & 1 & a & \cdots & a^{n-3} & a^{n-2} \end{bmatrix},$$

矩阵 ΔB 的元素是服从标准正态分布的随机数.

现在取 $a = 1.01$, 对 $n = 500$ 和 $n = 1\,000$ 分别应用 Gauss 消去法和列主元 Gauss 消去法去求解该方程组. 当 $n = 500$ 时, Gauss 消去法耗时 $5.132\,4$ s 得到计算解 $\tilde{x}$ 满足 $\|b - A\tilde{x}\| = 3.110\,4 \times 10^3$, 而列主元 Gauss 消去法耗时 $5.538\,0$ s 得到计算解 $\tilde{x}$ 满足 $\|b - A\tilde{x}\| = 2.421\,9 \times 10^{-10}$; 当 $n = 1\,000$ 时, Gauss 消去法耗时 $39.655\,4$ s 得到计算解 $\tilde{x}$ 满足 $\|b - A\tilde{x}\| = 7.907\,8 \times 10^7$, 而列主元 Gauss 消去法耗时 $40.419\,8$ s 得到计算解 $\tilde{x}$ 满足 $\|b - A\tilde{x}\| = 6.494\,6 \times 10^{-8}$. 由此可见, 列选主元所付出的代价微乎其微, 但它却使计算解的精度大为提高.

2.3　Cholesky 分解法

Cholesky 分解法, 亦称为**平方根法**, 是一种用于求解对称正定线性方程组的有效方法.

定理 2.3.1 (Cholesky 分解定理)　若 $A \in \mathbb{R}^{n \times n}$ 对称正定, 则存在一个对角元均为正数的下三角形矩阵 $L \in \mathbb{R}^{n \times n}$, 使得

$$A = LL^{\mathrm{T}}.$$

上式称为 **Cholesky 分解**, 其中的 L 称作 A 的 **Cholesky 因子**.

证明 矩阵 A 对称正定意味着 A 的全部顺序主子阵均正定, 因此, 由定理 2.2.1 知, 存在一个单位下三角形矩阵 $\tilde{L}$ 和一个上三角形矩阵 U, 使得 $A = \tilde{L}U$. 令

$$D = \mathrm{diag}(u_{11}, u_{22}, \cdots, u_{nn}), \quad \tilde{U} = D^{-1}U,$$

则有

$$\tilde{U}^{\mathrm{T}} D \tilde{L}^{\mathrm{T}} = A^{\mathrm{T}} = A = \tilde{L} D \tilde{U},$$

从而

$$\tilde{L}^{\mathrm{T}} \tilde{U}^{-1} = D^{-1} \tilde{U}^{-\mathrm{T}} \tilde{L} D.$$

上式左边是一个单位上三角形矩阵, 而右边是一个下三角形矩阵, 故两边均为单位矩阵. 于是, $\tilde{U} = \tilde{L}^{\mathrm{T}}$, 从而 $A = \tilde{L} D \tilde{L}^{\mathrm{T}}$. 由此即知, D 的对角元均为正数. 令

$$L = \tilde{L} \mathrm{diag}(\sqrt{u_{11}}, \sqrt{u_{22}}, \cdots, \sqrt{u_{nn}}),$$

则 $A = LL^{\mathrm{T}}$, 且 L 的对角元 $l_{ii} = \sqrt{u_{ii}} > 0 (i = 1, 2, \cdots, n)$. $\qquad\square$

注 2.3.1 定理 2.3.1 证明过程中的 $A = \tilde{L} D \tilde{L}^{\mathrm{T}}$ 称为 A 的 **LDL^{T} 分解**.

因此, 若线性方程组 $Ax = b$ 的系数矩阵是对称正定的, 则我们自然可以通过如下的步骤求其解:

1. 计算 A 的 Cholesky 分解: $A = LL^{\mathrm{T}}$;
2. 求解 $Ly = b$ 得 y;
3. 求解 $L^{\mathrm{T}}x = y$ 得 x.

由定理 2.3.1 的证明可知, Cholesky 分解可用不选主元的 Gauss 消去法来实现. 而更简单的方法是通过直接比较 $A = LL^{\mathrm{T}}$ 两边的对应元素来计算 L. 设

$$L = \begin{bmatrix} l_{11} & & & \\ l_{21} & l_{22} & & \\ \vdots & \vdots & \ddots & \\ l_{n1} & l_{n2} & \cdots & l_{nn} \end{bmatrix}.$$

比较 $A = LL^{\mathrm{T}}$ 两边的对应元素, 得到关系式

$$a_{ij} = \sum_{p=1}^{j} l_{ip} l_{jp}, \quad 1 \leqslant j \leqslant i \leqslant n.$$

我们对 L 逐列进行观察. 首先, 由 $a_{11} = l_{11}^2$, 得

$$l_{11} = \sqrt{a_{11}}.$$

再由 $a_{i1} = l_{11} l_{i1}$, 得

$$l_{i1} = \frac{a_{i1}}{l_{11}}, \quad i = 1, 2, \cdots, n.$$

这样便得到了矩阵 L 的第一列元素. 假定已经算出 L 的前 $k-1$ 列元素, 由

$$a_{kk} = \sum_{p=1}^{k} l_{kp}^2$$

得

$$l_{kk} = \left(a_{kk} - \sum_{p=1}^{k-1} l_{kp}^2 \right)^{\frac{1}{2}}.$$

再由

$$a_{ik} = \sum_{p=1}^{k-1} l_{ip} l_{kp} + l_{ik} l_{kk}, \quad i = k+1, k+2, \cdots, n,$$

得

$$l_{ik} = \frac{a_{ik} - \sum_{p=1}^{k-1} l_{ip} l_{kp}}{l_{kk}}, \quad i = k+1, k+2, \cdots, n.$$

这样便又求出了 L 的第 k 列元素. 这种方法称为 **Cholesky 分解法**或者**平方根法** (见算法 2.5).

算法 2.5　计算 Cholesky 分解: $L = \mathbf{chol}(A)$

输入: 对称正定矩阵 A

输出: 下三角形矩阵 L 使得 $A = LL^{\mathrm{T}}$

1: $L = O$
2: **for** $k = 1 : n$ **do**
3: 　 $L(k,k) = \sqrt{A(k,k)}$
4: 　 $L(k+1:n,k) = \dfrac{A(k+1:n,k)}{L(k,k)}$
5: 　 **for** $j = k+1 : n$ **do**
6: 　　 $A(j:n,j) = A(j:n,j) - L(j:n,k)L(j,k)$
7: 　 **end for**
8: **end for**

该算法的运算量为 $\dfrac{1}{3}n^3$, 仅是 Gauss 消去法运算量的一半.

下面我们给一个具体例子来比较 Gauss 消去法与 Cholesky 分解法的计算效率.

例 2.3.1　考虑对称正定线性方程组 $Ax = b$, 其中向量 b 是随机生成的, 其元素是服从区间 $[0,1]$ 上均匀分布的随机数, 矩阵 $A = LL^{\mathrm{T}}$, 这里 L 是随机生成的一个下三角形矩阵, 其元素是服从区间 $[1,2]$ 上均匀分布的随机数.

对 $n = 10, 20, \cdots, 500$ 分别应用 Gauss 消去法、列主元 Gauss 消去法和 Cholesky 分解法求解该方程组. 图 2.1 画出了它们所用的 CPU 时间, 其中 "Gauss" 表示 Gauss 消去法, "PGauss" 表示列主元 Gauss 消去法, "Cholesky" 表示 Cholesky 分解法. 从图中可以看出, 对具有对称正定系数矩阵的线性方程组而言, Cholesky 分解法要比 Gauss 消去法快得多.

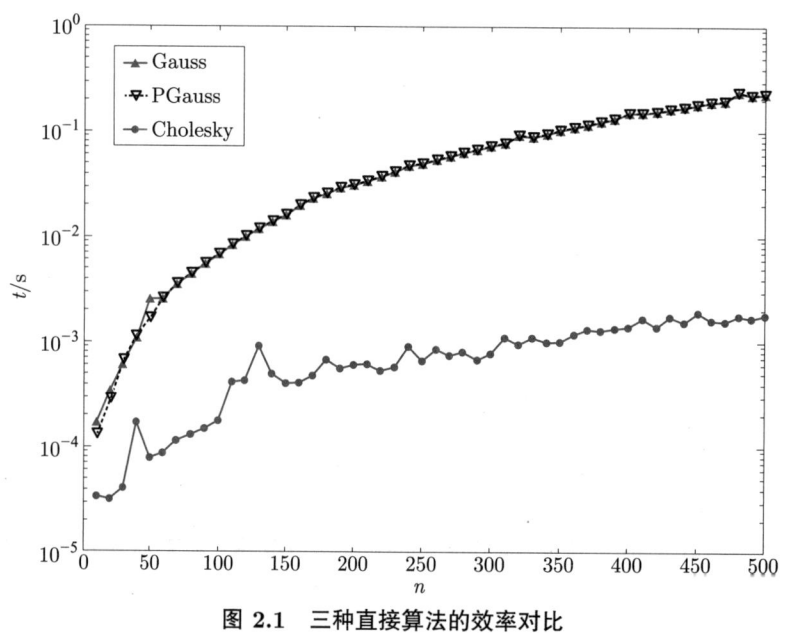

图 2.1　三种直接算法的效率对比

2.4　QR 分解和线性最小二乘问题

QR 分解是一种常用的线性代数算法, 可以用于求解线性方程组和最小二乘问题, 在数值计算和数值线性代数中具有广泛的应用. 这一节我们来介绍两个最基本的初等正交变换, 它们是数值线性代数中许多重要算法的基础. 对一个矩阵的上三角化任务, 便可以由一系列的初等正交变换来完成.

Householder 变换也叫做**初等反射矩阵**或**镜像变换**, 是由著名的数值分析专家 Householder 在 1958 年为讨论矩阵特征值问题而提出来的. Householder 变换是一种强大的初等正交变换, 可以将一个向量反射到另一个向量的方向上, 从而实现矩阵变换和消除元素. 例如对于任一个给定的向量 x, 可构造一个 Householder 矩阵 H, 使 $Hx = \alpha e_1, \alpha \in \mathbb{R}$.

<u>定义 2.4.1</u>　设 $w \in \mathbb{R}^n$ 满足 $\|w\|_2 = 1$, 定义 $H \in \mathbb{R}^{n \times n}$ 为

$$H = I - 2ww^{\mathrm{T}}, \tag{2.8}$$

则称 H 为 **Householder 变换**.

下面的定理给出了 Householder 变换的一些简单而又十分重要的性质.

定理 2.4.1　设 H 是由 (2.8) 定义的 Householder 变换, 那么 H 满足

(1) $H^{\mathrm{T}} = H$, $H^{\mathrm{T}}H = I$, $H^2 = I$;

(2) **反射性**: 对任意的 $x \in \mathbb{R}^n$, 如图 2.2 所示, Hx 是 x 关于 w 的垂直超平面 $\mathrm{span}\{w\}^{\perp}$ 的镜像反射.

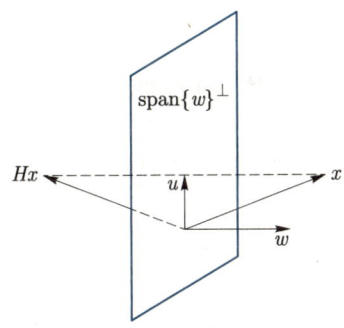

图 2.2　Householder 变换

利用 Householder 变换的反射性, 我们可以通过选取适当的单位向量 w, 把某一给定向量的若干指定分量变为零.

设 $0 \ne x \in \mathbb{R}^n$, 若要构造单位向量 $w \in \mathbb{R}^n$, 使得由 (2.8) 式定义的 Householder 变换 H 满足

$$Hx = (I - 2ww^{\mathrm{T}})x = x - 2(w^{\mathrm{T}}x)w = \alpha e_1,$$

其中 $\alpha = \pm\|x\|_2$, 则 w 应为

$$w = \frac{x - \alpha e_1}{\|x - \alpha e_1\|_2}.$$

由此可知, 对任意的 $x \in \mathbb{R}^n (x \ne 0)$, 可按如下的步骤来构造 Householder 变换 H 的单位向量 w, 使得 Hx 的后 $n-1$ 个分量为零:

1. 计算 $v = x \pm \|x\|_2 e_1$;
2. 计算 $w = \dfrac{v}{\|v\|_2}$.

关于 α 的选择. 令 v_1 和 x_1 分别表示向量 v 和 x 的第一个分量. 一般情况下, 如无特别要求, α 选择与 x_1 相反的符号. 但若遇到 α 的符号与 x_1 相同且当 x 接近 e_1 的正倍数时, 计算

$$v_1 = x_1 - \alpha$$

时, 就会出现两个相近的数相减, 而导致严重地损失有效数字. 此时可做一个简单的等价形式进行计算. 例如 $\alpha = \|x\|_2$, 则有

$$v_1 = x_1 - \|x\|_2 = \frac{x_1^2 - \|x\|_2^2}{x_1 + \|x\|_2} = \frac{-(x_2^2 + x_3^2 + \cdots + x_n^2)}{x_1 + \|x\|_2}.$$

另外, 注意到

$$H = I - 2ww^{\mathrm{T}} = I - \frac{2}{v^{\mathrm{T}}v}vv^{\mathrm{T}} = I - \beta vv^{\mathrm{T}},$$

其中 $\beta = \dfrac{2}{v^{\mathrm{T}}v}$, 所以我们没有必要非求出 w, 而只需求出 β 和 v 即可. 尤其在实际计算时, 可考虑将 v 规格化为第一个分量为 1 的向量.

根据上面的讨论, 可得算法 2.6:

算法 2.6　计算 Householder 变换: $H = \mathbf{house}(x)$

输入: 向量 $x \in \mathbb{R}^n$

输出: Householder 变换 $H = I - \beta vv^{\mathrm{T}}$ 使得 $Hx = \alpha e_1$

1:　　$\eta = \|x\|_\infty$; $x = \dfrac{x}{\eta}$

2:　　$\sigma = x(2:n)^{\mathrm{T}}x(2:n)$

3:　　$v(2:n) = x(2:n)$

4:　**if** $\sigma = 0$ **then**

5:　　$\beta = 0$

6:　**else**

7:　　$\alpha = \sqrt{x(1)^2 + \sigma}$

8:　　**if** $x(1) \leqslant 0$ **then**

9:　　　$v(1) = x(1) - \alpha$

10:　　**else**

11:　　　$v(1) = -\dfrac{\sigma}{x(1) + \alpha}$

12:　　**end if**

13:　　$\beta = \dfrac{2v(1)^2}{\sigma + v(1)^2}$; $v = \dfrac{v}{v(1)}$

14: **end if**

Householder 变换可以把一个向量中许多分量化为零, 但如果只将其中一个分量化为 0, 则可以用 **Givens 变换**, 它具有如下形式:

$$G(i,k,\theta) = I + s(e_ie_k^{\mathrm{T}} - e_ke_i^{\mathrm{T}}) + (c-1)(e_ie_i^{\mathrm{T}} + e_ke_k^{\mathrm{T}})$$

$$= \begin{bmatrix} 1 & & & & & & \\ & \ddots & & & & & \\ & & c & \cdots & s & & \\ & & \vdots & & \vdots & & \\ & & -s & \cdots & c & & \\ & & & & & \ddots & \\ & & & & & & 1 \end{bmatrix} \begin{matrix} \\ \\ i \\ \\ k \\ \\ \\ \end{matrix},$$

$$\quad\quad\quad\quad i\quad\quad\quad k$$

其中 $c = \cos\theta$, $s = \sin\theta$. 易证 $G(i, k, \theta)$ 是一个正交矩阵.

考虑 $x \in \mathbb{R}^n$. 令 $y = G(i, k, \theta)x$, 则有

$$y_i = cx_i + sx_k,$$

$$y_k = -sx_i + cx_k,$$

$$y_j = x_j, \quad j \neq i, k.$$

因此, 若要 $y_k = 0$, 只要取

$$c = \frac{x_i}{\sqrt{x_i^2 + x_k^2}}, \quad s = \frac{x_k}{\sqrt{x_i^2 + x_k^2}}. \tag{2.9}$$

此时有 $y_i = \sqrt{x_i^2 + x_k^2}$.

从几何上来看, $G(i, k, \theta)x$ 是在 (i, k) 坐标平面内将 x 按顺时针方向做了 θ 度的旋转. 所以 Givens 变换亦称为**平面旋转变换**.

若利用 (2.9) 式计算 c 和 s, 可能会发生溢出. 为了避免这种情形发生, 对给定的实数 a 和 b, 实际上是按算法 2.7 设计 Givens 变换:

算法 2.7 计算 Givens 变换: $G = \textbf{givens}(a, b)$

输入: a, b.

输出: $G = \begin{bmatrix} c & s \\ -s & c \end{bmatrix}$ 使得 $G\begin{bmatrix} a \\ b \end{bmatrix} = \begin{bmatrix} r \\ 0 \end{bmatrix}$

1: **if** $b = 0$ **then**
2:     $c = 1$; $s = 0$
3: **else**
4:     **if** $|b| > |a|$ **then**
5:        $\tau = \dfrac{a}{b}$; $s = \dfrac{1}{\sqrt{1 + \tau^2}}$; $c = s\tau$
6:     **else**
7:        $\tau = \dfrac{b}{a}$; $c = \dfrac{1}{\sqrt{1 + \tau^2}}$; $s = c\tau$
8:     **end if**
9: **end if**

显然 Givens 变换是正交且稀疏的, 如果用一个 Givens 变换左 (或右) 乘一个矩阵 $A \in \mathbb{R}^{n \times q}$, 则它只改变 A 的第 i, k 行 (或列) 的元素, 其余元素保持不变.

利用上面的 Householder 变换, 我们可以将一个矩阵分解为一个正交矩阵和一个上三角形矩阵的乘积, 这就是 QR 分解.

定理 2.4.2 (QR 分解定理) 设 $A \in \mathbb{R}^{m \times n}(m \geqslant n)$, 则 A 有 **QR 分解**

$$A = Q\begin{bmatrix} R \\ O \end{bmatrix}, \tag{2.10}$$

其中 $Q \in \mathbb{R}^{m \times m}$ 是正交矩阵, $R \in \mathbb{R}^{n \times n}$ 是具有非负对角元的上三角形矩阵; 而且当 $m = n$ 且 A 非奇异时, 上述的分解是唯一的.

与不选主元的 Gauss 消去法很类似, 利用 Householder 变换可逐步将 A 约化为上三角形矩阵, 从而实现矩阵的 QR 分解. 设 $m = 6, n = 4$, 该 QR 分解可示意如下:

$$
\begin{bmatrix}
+ & \times & \times & \times \\
+ & \times & \times & \times \\
+ & \times & \times & \times \\
+ & \times & \times & \times \\
+ & \times & \times & \times \\
+ & \times & \times & \times
\end{bmatrix}
\xrightarrow{\widetilde{H}_1}
\begin{bmatrix}
\times & \times & \times & \times \\
0 & + & \times & \times \\
0 & + & \times & \times \\
0 & + & \times & \times \\
0 & + & \times & \times \\
0 & + & \times & \times
\end{bmatrix}
\xrightarrow{\widetilde{H}_2}
\begin{bmatrix}
\times & \times & \times & \times \\
0 & \times & \times & \times \\
0 & 0 & + & \times \\
0 & 0 & + & \times \\
0 & 0 & + & \times \\
0 & 0 & + & \times
\end{bmatrix}
$$

$$
A \qquad\qquad\qquad H_1 A \qquad\qquad\qquad H_2 H_1 A
$$

$$
\xrightarrow{\widetilde{H}_3}
\begin{bmatrix}
\times & \times & \times & \times \\
0 & \times & \times & \times \\
0 & 0 & \times & \times \\
0 & 0 & 0 & + \\
0 & 0 & 0 & + \\
0 & 0 & 0 & +
\end{bmatrix}
\xrightarrow{\widetilde{H}_4}
\begin{bmatrix}
\times & \times & \times & \times \\
0 & \times & \times & \times \\
0 & 0 & \times & \times \\
0 & 0 & 0 & \times \\
0 & 0 & 0 & 0 \\
0 & 0 & 0 & 0
\end{bmatrix},
$$

$$
H_3 H_2 H_1 A \qquad\qquad\qquad H_4 H_3 H_2 H_1 A
$$

其中每一步的任务就是确定一个 Householder 变换 $\widetilde{H}_j \in \mathbb{R}^{(m-j+1) \times (m-j+1)}$, 使得上一步结果中由标为 "$+$" 的元素构成的列向量变为向量 αe_1, 即

$$
\widetilde{H}_j
\begin{bmatrix}
+ \\
+ \\
+ \\
+
\end{bmatrix}
=
\begin{bmatrix}
\times \\
0 \\
0 \\
0
\end{bmatrix},
$$

然后令 $H_j = \mathrm{diag}(I_{j-1}, \widetilde{H}_j) \in \mathbb{R}^{m \times m}$.

对于一般的矩阵 $A \in \mathbb{R}^{m \times n}$, 我们可以如法炮制利用一系列的 Householder 变换 $H_1, H_2, \cdots, H_n$, 实现 A 的 QR 分解

$$
A_n = H_n \cdots H_1 A = \begin{bmatrix} R \\ O \end{bmatrix},
$$

其中 R 是 $n \times n$ 上三角形矩阵. 记

$$
Q = H_1 H_2 \cdots H_n,
$$

则有

$$
A = Q \begin{bmatrix} R \\ O \end{bmatrix}.
$$

注意, 这样得到的上三角形矩阵 R 的对角元均是非负的.

综合上面的讨论, 可得算法 2.8:

算法 2.8　计算 QR 分解: $[Q, R] = \mathbf{qr}(A)$

输入: 矩阵 $A \in \mathbb{R}^{m \times n}$

输出: 正交矩阵 Q 和上三角形矩阵 R 使得 $A = Q \begin{bmatrix} R \\ O \end{bmatrix}$

1: $Q = I$
2: **for** $j = 1 : n$ **do**
3: 　**if** $j < m$ **then**
4: 　　$H = \mathbf{house}(A(j : m, j))$
5: 　　$A(j : m, j : n) = HA(j : m, j : n)$
6: 　　$Q(j : m, 1 : n) = HQ(j : m, 1 : n)$
7: 　**end if**
8: **end for**
9: $R = A(1 : n, 1 : n)$

容易算出, 这一算法的运算量为 $2n^2 \left(m - \dfrac{n}{3} \right)$. 此外, 该算法有良好的数值性态. 当 A 有较多的零元素时, 可以灵活地使用 Givens 变换使运算量大为减少. QR 分解亦可用来求解线性方程组, 但更重要的应用是用于求解最小二乘问题.

最小二乘问题是数学和统计学中常见的一个优化问题, 其目标是找到一个最优解, 使得给定的数据与某个数学模型的预测值之间的平方误差之和最小. 本节我们讨论如何用 QR 分解求解线性最小二乘问题.

定义 2.4.2　给定矩阵 $A \in \mathbb{R}^{m \times n}$ 和向量 $b \in \mathbb{R}^m$, 确定 $x \in \mathbb{R}^n$, 使得

$$\|b - Ax\|_2 = \|r(x)\|_2 = \min_{y \in \mathbb{R}^n} \|r(y)\|_2 = \min_{y \in \mathbb{R}^n} \|b - Ay\|_2. \tag{2.11}$$

这个问题即为**最小二乘问题**, 简称 LS (Least Squares) 问题, 问题的解集记为 $\mathcal{X}_{\mathrm{LS}}$.

定理 2.4.3　$x \in \mathcal{X}_{\mathrm{LS}}$ 当且仅当

$$A^{\mathrm{T}} A x = A^{\mathrm{T}} b. \tag{2.12}$$

证明　由于对任意的 $x, y \in \mathbb{R}^n$, 有

$$\|b - A(x + y)\|_2^2 = \|b - Ax\|_2^2 - 2y^{\mathrm{T}} A^{\mathrm{T}} (b - Ax) + \|Ay\|_2^2.$$

若 $x \in \mathcal{X}_{\mathrm{LS}}$, 则当且仅当对任意的 $y \in \mathbb{R}^n$ 有

$$\|Ay\|_2^2 - 2y^{\mathrm{T}} A^{\mathrm{T}} (b - Ax) \geqslant 0. \tag{2.13}$$

而对任意的 $y \in \mathbb{R}^n$ 都有 (2.13) 成立的充分必要条件是

$$A^{\mathrm{T}}(Ax - b) = 0. \tag{2.14}$$

易见, (2.14) 成立则有 (2.13) 成立; 反过来, 若 (2.14) 不成立, 令

$$y = \varepsilon A^{\mathrm{T}}(b - Ax),$$

其中 $\varepsilon \in \mathbb{R}$, 则有

$$\|Ay\|_2^2 - 2y^{\mathrm{T}}A^{\mathrm{T}}(b - Ax) = \varepsilon^2 \|AA^{\mathrm{T}}(b - Ax)\|_2^2 - 2\varepsilon\|A^{\mathrm{T}}(b - Ax)\|_2^2 < 0$$

对充分小的正数 ε 成立, 即 (2.13) 不成立. □

方程组 (2.12) 常被称为最小二乘问题的**正规方程组**或者**法方程组**. 在 A 列向量线性无关的条件下, $A^{\mathrm{T}}A$ 对称正定, 故可以用 Cholesky 分解法求解. 事实上, 用正规方程组求解最小二乘问题受到矩阵的条件数很大的影响. 如果矩阵的条件数很大, 即矩阵接近奇异, 那么数值求解可能会导致数值不稳定性, 使得解的精度下降. 下面介绍如何用矩阵 A 的 QR 分解来求解最小二乘问题.

设 $A \in \mathbb{R}^{m \times n} (m \geqslant n)$ 列线性无关, $b \in \mathbb{R}^m$, 并且假定已知 A 的 QR 分解 (2.10). 现将 Q 分块为

$$Q = \begin{bmatrix} Q_1 & Q_2 \\ \underset{n}{} & \underset{m-n}{} \end{bmatrix}$$

并且令

$$Q^{\mathrm{T}}b = \begin{bmatrix} Q_1^{\mathrm{T}} \\ Q_2^{\mathrm{T}} \end{bmatrix} b = \begin{bmatrix} c_1 \\ c_2 \end{bmatrix},$$

则由 2 范数的正交不变性, 有

$$\|b - Ax\|_2 = \|Q^{\mathrm{T}}(b - Ax)\|_2,$$
$$\|b - Ax\|_2^2 = \|Q^{\mathrm{T}}Ax - Q^{\mathrm{T}}b\|_2^2 = \|Rx - c_1\|_2^2 + \|c_2\|_2^2.$$

这样, 我们就通过 A 的 QR 分解使原最小二乘问题转化为

$$\underset{x \in \mathbb{R}^n}{\operatorname{argmin}} \|b - Ax\|_2 = \underset{x \in \mathbb{R}^n}{\operatorname{argmin}} \|Rx - c_1\|_2.$$

由此即知, x 是最小二乘问题 (2.11) 的解当且仅当 x 是 $Rx = c_1$ 的解. 这样一来, 最小二乘问题的解就可以很容易地从上三角方程组 $Rx = c_1$ 求得. 这就是**正交变换法**的基本思想.

综合上面的讨论, 可得正交变换法的基本步骤为:

1. 计算 A 的 QR 分解 (2.10);
2. 计算 $c_1 = Q_1^{\mathrm{T}}b$;
3. 求解上三角方程组 $Rx = c_1$.

2.5 线性方程组的敏度分析

线性方程组 $Ax = b$ 由其系数矩阵 A 和右端向量 b 确定. 在实际问题中, 这些数值通常是基于实验观测或计算得出的, 且往往包含一些小误差. 这就引出了线性方程组的敏度分析问题: 即当 A 和 b 中的元素发生小的变化时, 解向量 x 会产生什么样的变化? 读者也许会自然地认为, 既然 A, b 受到的扰动是微小的, 那么对应的解 x 的变化也应该是微小的. 但事实上, 不同问题的解对这些扰动的敏感程度是大不相同的. 观察下面两个例子.

例 2.5.1 线性方程组

$$\begin{bmatrix} 1 & -1 \\ 1 & 1 \end{bmatrix} \begin{bmatrix} x_1 \\ x_2 \end{bmatrix} = \begin{bmatrix} 0 \\ 2 \end{bmatrix}$$

的解为 $x_1 = x_2 = 1$. 若方程组系数矩阵略有误差, 变成

$$\begin{bmatrix} 1 & -1 \\ 1 & 1.0005 \end{bmatrix} \begin{bmatrix} \tilde{x}_1 \\ \tilde{x}_2 \end{bmatrix} = \begin{bmatrix} 0 \\ 2 \end{bmatrix},$$

其解为

$$\tilde{x}_1 = \tilde{x}_2 = \frac{2}{2.0005} = 0.99975006.$$

可以看到, 这个问题中系数矩阵的微小变化对解的影响不大.

例 2.5.2 线性方程组

$$\begin{bmatrix} 1.001 & 0.999 \\ 0.999 & 1.001 \end{bmatrix} \begin{bmatrix} x_1 \\ x_2 \end{bmatrix} = \begin{bmatrix} 2 \\ 2 \end{bmatrix}$$

的解为 $x_1 = x_2 = 1$. 若方程组系数矩阵略有误差, 变成

$$\begin{bmatrix} 1 & 1 \\ 0.999 & 1 \end{bmatrix} \begin{bmatrix} \hat{x}_1 \\ \hat{x}_2 \end{bmatrix} = \begin{bmatrix} 2 \\ 2 \end{bmatrix},$$

其解为

$$\hat{x}_1 = 0, \quad \hat{x}_2 = 2.$$

可以看到, 这个问题中系数矩阵的微小变化对解的影响很大. 这样, 我们有

$$\frac{\|\hat{x} - x\|_\infty}{\|x\|_\infty} = 1, \quad \frac{\|\delta A\|_\infty}{\|A\|_\infty} = \frac{1}{1000},$$

即解的相对误差是系数矩阵相对误差的 1000 倍. 另一方面, 若方程组的右端向量发生微小变化, 变成

$$\begin{bmatrix} 1.001 & 0.999 \\ 0.999 & 1.001 \end{bmatrix} \begin{bmatrix} \tilde{x}_1 \\ \tilde{x}_2 \end{bmatrix} = \begin{bmatrix} 2.001 \\ 1.999 \end{bmatrix},$$

其解为

$$\tilde{x}_1 = 1.5, \quad \tilde{x}_2 = 0.5.$$

这样, 我们有

$$\frac{\|\tilde{x} - x\|_\infty}{\|x\|_\infty} = \frac{1}{2}, \quad \frac{\|\delta b\|_\infty}{\|b\|_\infty} = \frac{1}{20\,000},$$

即解的相对误差是右端项相对误差的 $10\,000$ 倍.

这个例子表明, 确实有一些线性方程组其输入数据的微小变化会引起解的巨大变化. 下面我们就一般的非奇异线性方程组 $Ax = b$ 来讨论其敏感性问题.

定理 2.5.1 设 $\|\cdot\|$ 是 $\mathbb{R}^{n\times n}$ 上的一个满足条件 $\|I\| = 1$ 的矩阵范数, 并假定 $A \in \mathbb{R}^{n\times n}$ 非奇异, $b \in \mathbb{R}^n$ 非零; 再假定 $\delta A \in \mathbb{R}^{n\times n}$ 满足 $\|A^{-1}\|\|\delta A\| < 1$. 若 x 和 $x + \delta x$ 分别是线性方程组

$$Ax = b \quad \text{和} \quad (A + \delta A)(x + \delta) = b + \delta b$$

的解, 则有

$$\frac{\|\delta x\|}{\|x\|} \leqslant \frac{\text{cond}(A)}{1 - \text{cond}(A)\dfrac{\|\delta A\|}{\|A\|}} \left(\frac{\|\delta A\|}{\|A\|} + \frac{\|\delta b\|}{\|b\|} \right),$$

其中 $\text{cond}(A) - \|A^{-1}\|\,\|A\|$.

证明 将 $b = Ax$ 代入方程

$$(A + \delta A)(x + \delta x) = b + \delta b,$$

并整理可得

$$(A + \delta A)\delta x = \delta b - \delta Ax. \tag{2.15}$$

由于 A 非奇异, 故在 δA 充分小时, $A + \delta A$ 仍是非奇异的. 事实上, 由推论 2.1.1 知, 只要 $\|A^{-1}\|\|\delta A\| < 1$, 就有 $A + \delta A$ 可逆, 而且

$$\|(I + A^{-1}\delta A)^{-1}\| \leqslant \frac{1}{1 - \|A^{-1}\|\|\delta A\|}. \tag{2.16}$$

因此, 在此条件下, 有 $A + \delta A = A(I + A^{-1}\delta A)$ 是非奇异的, 而且由 (2.15) 式可得

$$\delta x = (A + \delta A)^{-1}(\delta b - \delta Ax)$$
$$= (I + A^{-1}\delta A)^{-1}A^{-1}(\delta b - \delta Ax).$$

两边取范数并利用 (2.16) 式可得

$$\|\delta x\| \leqslant \|(I + A^{-1}\delta A)^{-1}\|\,\|A^{-1}\|\,(\|\delta b\| + \|\delta A\|\,\|x\|)$$
$$\leqslant \frac{\|A^{-1}\|}{1 - \|A^{-1}\|\,\|\delta A\|}(\|\delta b\| + \|\delta A\|\,\|x\|).$$

上式两边都除以 $\|x\|$(当然, 这里假定 $x \neq 0$), 并注意到 $\|b\| \leqslant \|A\|\|x\|$, 便有

$$\frac{\|\delta x\|}{\|x\|} \leqslant \frac{\|A^{-1}\|\|A\|}{1 - \|A^{-1}\|\|\delta A\|}\left(\frac{\|\delta A\|}{\|A\|} + \frac{\|\delta b\|}{\|b\|}\right).$$

定理得证. □

当 $\dfrac{\|\delta A\|}{\|A\|}$ 较小时, 有

$$\frac{\operatorname{cond}(A)}{1 - \operatorname{cond}(A)\dfrac{\|\delta A\|}{\|A\|}} \approx \operatorname{cond}(A).$$

从而有

$$\frac{\|\delta x\|}{\|x\|} \leqslant \operatorname{cond}(A)\left(\frac{\|\delta A\|}{\|A\|} + \frac{\|\delta b\|}{\|b\|}\right).$$

由此可知, 线性方程组的解 x 的相对误差的上界是右端项 b 和系数矩阵 A 的相对误差之和乘一个放大倍数 $\operatorname{cond}(A)$ 而得到的. 因此, 解的稳定性或对扰动的敏感性与 $\operatorname{cond}(A)$ 密切相关. 于是, 我们有如下定义:

定义 2.5.1　称数 $\operatorname{cond}(A) = \|A\|\|A^{-1}\|$ 为线性方程组 $Ax = b$ 的**条件数**.

条件数在一定程度上刻画了扰动对方程组解的影响程度. 通常, 若线性方程组的系数矩阵 A 的条件数 $\operatorname{cond}(A)$ 很大, 则我们就说该线性方程组的求解问题是**病态**的, 有时亦说 A 是病态的; 反之, 若 $\operatorname{cond}(A)$ 很小, 则我们就说该线性方程组的求解问题是**良态**的, 或说 A 是良态的.

显然, 条件数与范数有关, 当要强调使用什么样的范数时, 可在条件数上加下标, 如

$$\operatorname{cond}(A)_2 = \|A\|_2\|A^{-1}\|_2.$$

对于不同的矩阵范数, 由于范数的等价性, $\mathbb{R}^{n \times n}$ 上任意两个范数下的条件数也是等价的, 即一个矩阵在 α 范数下是病态的, 则它在 β 范数下也是病态的.

在实际计算中, 设用某种计算方法求解线性方程组 $Ax = b$ 得到的近似解为 $\hat{x}$, 其可靠性并不能用定理 2.5.1 进行分析. 实用的方法是将求得的 $\hat{x}$ 代入方程组 $Ax = b$ 求出**残量** r:

$$r = b - A\hat{x}.$$

若 $r = 0$, 则 $\hat{x}$ 为精确解. 但一般来说, $r \neq 0$. 由于 r 是容易求得的, 我们可用下面的定理依据 $\|r\|$ 的大小来判定近似解 $\hat{x}$ 的精确程度.

定理 2.5.2　设 $\hat{x}$ 为方程组 $Ax = b$ 的一个近似解, 令 x^* 为精确解, r 为残量. 则有

$$\frac{\|x^* - \hat{x}\|}{\|x^*\|} \leqslant \operatorname{cond}(A)\frac{\|r\|}{\|b\|}.$$

证明 由

$$r = Ax^* - A\hat{x} = A(x^* - \hat{x})$$

可得

$$\|x^* - \hat{x}\| = \|A^{-1}r\| \leqslant \|A^{-1}\|\|r\|.$$

再由

$$\|b\| \leqslant \|A\|\|x^*\|,$$

即有

$$\frac{\|x^* - \hat{x}\|}{\|x^*\|} \leqslant \|A^{-1}\|\|r\|\frac{\|A\|}{\|b\|} = \|A^{-1}\|\|A\|\frac{\|r\|}{\|b\|}. \qquad \Box$$

定理 2.5.2 说明, 若 A 的条件数很大, 即使 $\|r\|$ 很小, 相对误差限仍然可能很大, 因此利用残量 r 的大小来判定近似解的精确程度仅对良态方程组适用, 对病态方程组是不可靠的.

特别地, 在上式中取 ∞ 范数便有

$$\frac{\|x - \hat{x}\|_\infty}{\|x\|_\infty} \leqslant \operatorname{cond}(A)_\infty \frac{\|r\|_\infty}{\|b\|_\infty}.$$

若计算解 $\hat{x}$ 的精度太低, 可将 $\hat{x}$ 作为初值, 应用 Newton 迭代法于函数 $f(x) = Ax - b$ 上, 来改进其精度. 具体计算过程可按如下步骤进行:

1. 计算 $r = b - A\hat{x}$ (用双精度和原始矩阵 A).
2. 求解 $Az = r$ (利用 A 的三角分解).
3. 计算 $x = \hat{x} + z$.
4. 若 $\frac{\|x - \hat{x}\|_\infty}{\|x\|_\infty} \leqslant \varepsilon$, 则结束; 否则, 令 $\hat{x} = x$, 转步 1.

实际计算的经验表明, 当 A 的病态并不是十分严重时, 利用这一方法最终可使其解的计算精度达到机器精度. 可是, 当 A 十分病态时, 这样做对解的精度并不会有太大的改进.

2.6 习题

1. 若 $P \in \mathbb{R}^{n \times n}$ 是任意的非奇异矩阵, 对任意一种向量范数 $\|\cdot\|$, 则

$$\|x\|_P = \|Px\|$$

也是 $\mathbb{R}^n$ 上的一种向量范数.

2. 设 $x \in \mathbb{R}^n$, 证明

$$\|x\|_2 \leqslant \|x\|_1 \leqslant \sqrt{n}\|x\|_2,$$

$$\|x\|_\infty \leqslant \|x\|_2 \leqslant \sqrt{n}\|x\|_\infty,$$

$$\|x\|_\infty \leqslant \|x\|_1 \leqslant n\|x\|_\infty.$$

3. 证明: 在 $\mathbb{R}^n$ 上, 当且仅当 A 是正定矩阵时, 函数 $f(x) = (x^{\mathrm{T}}Ax)^{\frac{1}{2}}$ 是一个向量范数.

4. 设 $\|A\|_\mu$ 和 $\|A\|_\nu$ 为 $\mathbb{R}^{n \times n}$ 上任意两种矩阵范数, 证明存在正常数 c_1, c_2, 使得

$$c_1\|A\|_\mu \leqslant \|A\|_\nu \leqslant c_2\|A\|_\mu.$$

5. 证明: 如果 $A = [a_1, a_2, \cdots, a_n]$ 是按列分块的, 那么

$$\|A\|_F^2 = \|a_1\|_2^2 + \|a_2\|_2^2 + \cdots + \|a_n\|_2^2.$$

6. 证明定理 2.1.7.

7. 设 $A^{\mathrm{T}} = A \in \mathbb{R}^{n \times n}$, 证明: $\|A\|_2 = \rho(A)$.

8. 证明推论 2.1.1.

9. 确定一个 3×3 的 Gauss 变换 L, 使得

$$L \begin{bmatrix} 2 \\ 3 \\ 4 \end{bmatrix} = \begin{bmatrix} 2 \\ 7 \\ 8 \end{bmatrix}.$$

10. 用列主元 Gauss 消去法求解线性方程组

$$\begin{bmatrix} -2 & 3 & 1 \\ 4 & -1 & -1 \\ 1 & -1 & 1 \end{bmatrix} \begin{bmatrix} x_1 \\ x_2 \\ x_3 \end{bmatrix} = \begin{bmatrix} 2 \\ 10 \\ -1 \end{bmatrix}.$$

11. 给定三对角线性方程组

$$\begin{bmatrix} b_1 & c_1 & & & \\ a_2 & b_2 & c_2 & & \\ & \ddots & \ddots & \ddots & \\ & & a_{n-1} & b_{n-1} & c_{n-1} \\ & & & a_n & b_n \end{bmatrix} \begin{bmatrix} x_1 \\ x_2 \\ \vdots \\ x_{n-1} \\ x_n \end{bmatrix} = \begin{bmatrix} d_1 \\ d_2 \\ \vdots \\ d_{n-1} \\ d_n \end{bmatrix},$$

设 $|b_1| > |c_1| > 0, |b_n| > |a_n| > 0, |b_i| \geqslant |a_1| + |b_1| > 0, i = 2, 3, \cdots, n-1$. 写出上述方程组的 Gauss 消去法, 并讨论运算量.

12. 对任意的 $A \in \mathbb{R}^{n \times n}$ 和正交矩阵 $Q \in \mathbb{R}^{n \times n}$, 证明:

$$\|AQ\|_2 = \|A\|_2, \quad \|AQ\|_F = \|A\|_F.$$

该性质称为 2 范数和 F 范数的正交不变性.

13. 证明: 对于任意对称正定矩阵 A, Cholesky 分解是唯一的.

14. 对向量 $x = (4,\ 0,\ 2,\ -3,\ 4)^{\mathrm{T}}$, 求解一个正数 α 和一个 Householder 变换矩阵 H, 使得

$$Hx = (4,\ \alpha,\ 2,\ 0,\ 0)^{\mathrm{T}}.$$

15. 设 $A = [a_{ij}] \in \mathbb{R}^{n \times n}$ 对称且严格对角占优 (见定义 3.2.2), $a_{11} \neq 0$, 并假设经过一步 Gauss 消去后, A 具有如下形状:

$$\begin{bmatrix} a_{11} & a_1^{\mathrm{T}} \\ 0 & A_2 \end{bmatrix}.$$

证明:

(1) A_2 仍严格对角占优;

(2) A 有三角分解 $A = LDL^{\mathrm{T}}$ 且有 $l_{ij} < 1$.

16. 设

$$A = \begin{bmatrix} A_{11} & A_{12} \\ A_{21} & A_{22} \end{bmatrix} \begin{matrix} k \\ n-k \end{matrix},$$
$$\begin{matrix} k & n-k \end{matrix}$$

其中 A_{11} 非奇异. 矩阵

$$S = A_{22} - A_{21} A_{11}^{-1} A_{12}$$

称为 A_{11} 在 A 中的 **Schur 余阵**. 证明: 如果 A_{11} 有三角分解, 经过 k 步 Gauss 消去以后, S 恰好等于 (2.7) 式中的矩阵 $A_{22}^{(k)}$.

17. 若 A 和 $A + E$ 都是非奇异的, 证明:

$$\|(A+E)^{-1} - A^{-1}\| \leqslant \|E\| \|A^{-1}\| \|(A+E)^{-1}\|.$$

18. 验证等式

$$\|A(x + \alpha u) - b\|_2^2 = \|Ax - b\|_2^2 + 2\alpha u^{\mathrm{T}} A^{\mathrm{T}}(Ax - b) + \alpha^2 \|Au\|_2^2.$$

并利用该等式证明: 若 $x \in \mathcal{X}_{\mathrm{LS}}$, 那么 $A^{\mathrm{T}}(Ax - b) = 0$.

19. 设 $x = (3, 4, 5)^{\mathrm{T}}$, 用 Givens 变换化 x 为与 e_1 同方向的向量, 其中 $e_1 = (1, 0, 0)^{\mathrm{T}}$.

20. 求最小二乘问题 $\|Ax - b\|_2 = \min\{\|Av - b\|_2 : v \in \mathbb{R}^n\}$ 的解, 其中

$$A = \begin{bmatrix} -3 & 2 \\ 1 & 4 \\ 2 & -1 \end{bmatrix}, \quad b = \begin{bmatrix} 1 \\ -2 \\ 5 \end{bmatrix}.$$

第三章

线性方程组的迭代法

线性方程组的直接法的优点是能够精确地求解线性方程组, 但对于大规模问题或稀疏系统, 直接法可能面临存储需求高和计算复杂度高的问题. 此时则适合用迭代方法, 其优点是它们通常不需要存储完整的系数矩阵且适应并行计算, 这对于大型稀疏系统尤其适用, 而其缺点是可能需要多步迭代才能收敛到可接受的解.

3.1 三种迭代格式

迭代方法一般充分利用原始的系数矩阵, 基于逐步逼近解的思想, 通过反复应用某种迭代更新规则, 逐渐改善解的近似值, 直到满足某个收敛准则为止. 下面介绍迭代格式的一般形式.

给定线性方程组

$$Ax = b, \tag{3.1}$$

其中 $A \in \mathbb{R}^{n \times n}$, $b \neq 0$, 方程组存在唯一解 x^*.

考虑 A 的分裂

$$A - M - N,$$

其中 M 非奇异. 方程 (3.1) 等价于

$$x = M^{-1}Nx + M^{-1}b. \tag{3.2}$$

任取一个向量 $x_0 \in \mathbb{R}^n$ 作为**迭代初值**, 利用 (3.2) 式构造如下**迭代格式**

$$x_{k+1} = Tx_k + f, \tag{3.3}$$

其中 $T = M^{-1}N$ 称为**迭代矩阵**, $f = M^{-1}b$ 称为**常数项**, x_k 称为**第 k 次迭代近似解**. 称 $\varepsilon_k = x^* - x_k$ 为**第 k 次迭代误差**.

如果迭代格式 (3.3) 对任意的初值向量 x_0 所产生的向量序列 $\{x_k\}$ 是收敛的, 则称该迭代格式是**收敛的**, 否则称之为**发散的**. 这里为了避免 $M^{-1}N$ 和 $M^{-1}b$ 的计算, (3.3) 也可按如下方式进行迭代

$$Mx_{k+1} = Nx_k + b, \quad k = 0, 1, \cdots. \tag{3.4}$$

这样一来, 每次迭代就必须解一个系数矩阵为 M 的线性方程组. 所以我们一般要求 M 具有良好的结构特征及性态, 比如对角形、上三角形、块对角形或块三角形等.

如果迭代格式 (3.3) 是收敛的, 则必有

$$\lim_{k \to \infty} x_k = x^*, \tag{3.5}$$

即 x^* 满足

$$x^* = Tx^* + f. \tag{3.6}$$

基于上述思想, 对 A 进行不同的分裂, 就可以构造出各种各样的迭代格式. 对迭代法来说, 一般有下面几个关键问题:

1. 如何构造迭代格式 (3.3)?

2. 构造的迭代格式是否收敛? 在什么情况下收敛?

3. 迭代格式如果收敛, 收敛的速度如何?

本节将简要介绍三种古典迭代法, 分别为 Jacobi 迭代法、Gauss-Seidel 迭代法和 SOR 迭代法. 先从最简单的 Jacobi 迭代法开始.

Jacobi 迭代法是一种简单而基础的迭代方法. 设非奇异线性方程组 $Ax = b$ 的系数矩阵满足 $a_{ii} \neq 0$, $i = 1, 2, \cdots, n$. 将 A 分裂为

$$A = D - (L + U), \tag{3.7}$$

其中

$$A = [a_{ij}], \quad D = \mathrm{diag}(a_{11}, a_{22}, \cdots, a_{nn}),$$

$$L = - \begin{bmatrix} 0 & & & & \\ a_{21} & 0 & & & \\ a_{31} & a_{32} & 0 & & \\ \vdots & \vdots & \ddots & \ddots & \\ a_{n1} & a_{n2} & \cdots & a_{n,n-1} & 0 \end{bmatrix}, \quad U = - \begin{bmatrix} 0 & a_{12} & a_{13} & \cdots & a_{1n} \\ & 0 & a_{23} & \cdots & a_{2n} \\ & & \ddots & \ddots & \vdots \\ & & & 0 & a_{n-1,n} \\ & & & & 0 \end{bmatrix}.$$

那么 (3.1) 式可以写成

$$x = Jx + f_J, \tag{3.8}$$

其中 $J = D^{-1}(L + U)$, $f_J = D^{-1}b$. 给定初值向量 x_0 并代入 (3.8) 则可构造迭代格式

$$x_{k+1} = Jx_k + f_J, \quad k = 1, 2, \cdots. \tag{3.9}$$

这就是所谓的 **Jacobi 迭代法**, 其中 J 叫做 Jacobi 迭代法的迭代矩阵, f_J 叫做 Jacobi 迭代法的常数项.

若将 A 分裂为

$$A = (D - L) - U, \tag{3.10}$$

给定初值向量 x_0 则可以构造 (3.1) 的另一种迭代格式

$$x_{k+1} = Gx_k + f_G, \tag{3.11}$$

其中 $G = (D - L)^{-1}U$, $f_G = (D - L)^{-1}b$. 迭代格式 (3.11) 被称为 **Gauss-Seidel 迭代法**, 简称为 **G-S 迭代法**, 这里 G 叫做 G-S 迭代法的迭代矩阵, f_G 叫做 G-S 迭代法的常

数项.

迭代格式 (3.11) 又可以被表示为

$$x_{k+1} = D^{-1}Lx_{k+1} + D^{-1}Ux_k + D^{-1}b. \tag{3.12}$$

事实上, 我们注意到 Jacobi 迭代法中各分量的计算顺序是没有关系的, 即当计算到 $x_i^{(k+1)}$ 时, $x_1^{(k+1)}, x_2^{(k+1)}, \cdots, x_{i-1}^{(k+1)}$ 都已求出但却被束之高阁, 迭代仍在用旧的分量 $x_1^{(k)}, x_2^{(k)}, \cdots, x_{i-1}^{(k)}$ 进行计算. 而从 (3.12) 可以看到, G-S 迭代格式在计算 x_{k+1} 的第 1 个分量时用 x_k 的各个分量计算, 但当计算 x_{k+1} 的第 2 个分量时, 因 $x_1^{(k+1)}$ 已经算出, 用它代替 $x_1^{(k)}$, 其他分量仍用 $x_i^{(k)}$. 类似地, 计算 $x_l^{(k+1)}$ 时, 因 $x_1^{(k+1)}, x_2^{(k+1)}, \cdots, x_{l-1}^{(k+1)}$ 都已算出, 用它们代替 $x_1^{(k)}, x_2^{(k)}, \cdots, x_{l-1}^{(k)}$, 其他分量仍用 x_k 的分量, 因此我们说 G-S 迭代法是 Jacobi 迭代法的一种改进. 对 G-S 迭代法来说, 计算分量的次序是不能改变的.

再考虑将 A 分裂为

$$A = M_\omega - N_\omega, \tag{3.13}$$

其中

$$M_\omega = \frac{1}{\omega}D - L, \quad N_\omega = \frac{1-\omega}{\omega}D + U,$$

参数 ω 叫做松弛因子. 给定初值向量 x_0 则可以构造 (3.1) 的含参数的迭代格式

$$x_{k+1} = S_\omega x_k + f_\omega, \tag{3.14}$$

其中 $S_\omega = (D - \omega L)^{-1}[(1-\omega)D + \omega U]$, $f_\omega = \omega(D - \omega L)^{-1}b$. 迭代格式 (3.14) 称为**松弛迭代法**, 简称为 **SOR 迭代法**. S_ω 叫做 SOR 迭代法的迭代矩阵, f_ω 叫做 SOR 迭代法的常数项. 当 $\omega > 1$ 时, 相应的迭代法叫做**超松弛迭代法**; 当 $\omega < 1$ 时, 叫做**低松弛迭代法**; 当 $\omega = 1$ 时, 就是 G-S 迭代法.

迭代格式 (3.14) 又可以被表示为

$$\begin{aligned}
x_{k+1} &= (D - \omega L)^{-1}[(1-\omega)D + \omega U]x_k + \omega(D - \omega L)^{-1}b \\
&= (1-\omega)x_k + \omega(D^{-1}Lx_{k+1} + D^{-1}Ux_k + D^{-1}b),
\end{aligned}$$

与式 (3.12) 对比可以看到, SOR 迭代法可被看做是 G-S 迭代法的引申和推广.

3.2 收敛性分析

这一节我们来讨论如何判定迭代法的收敛性问题. 我们将先介绍一些这方面的最基本结果, 而后再给出 Jacobi 迭代法和 G-S 迭代法的收敛性理论. 设 x^* 为方程组 $Ax = b$

的精确解, 并且假定向量 x_k 是由迭代格式 (3.3) 所产生的. 令

$$\varepsilon_k = x^* - x_k \tag{3.15}$$

为 x_k 的**误差向量**. 由 (3.6) 式减去 (3.3) 式得

$$\varepsilon_{k+1} = T\varepsilon_k, \quad k = 0, 1, \cdots. \tag{3.16}$$

进一步易得

$$\varepsilon_k = T^k \varepsilon_0. \tag{3.17}$$

由 (3.17) 式可知, 对任意给定的 ε_0 都有 $\varepsilon_k \to 0$ (即 $x_k \to x^*$) 的充分必要条件是 $T^k \to 0$. 结合定理 2.1.6, 我们可以得到迭代格式收敛的基本定理:

定理 3.2.1 解方程组 (3.1) 的迭代格式 (3.3) 收敛的充分必要条件是其迭代矩阵 T 的谱半径小于 1, 即

$$\rho(T) < 1. \tag{3.18}$$

从上面的定理看到, 迭代序列收敛取决于迭代矩阵的谱半径, 而与初值向量的选取和常数项无关. 在实际应用中, 由于谱半径 $\rho(T)$ 一般不容易计算, 我们通常希望给出一些方便使用的判断条件. 根据定理 2.1.5, 如果已经求出 $\|T\|$, 只要 $\|T\| < 1$ 则必有 $\rho(T) < 1$. 常用的矩阵范数有 $\| \cdot \|_1$ 范数, $\| \cdot \|_\infty$ 范数和 $\| \cdot \|_F$ 范数, 这是因为当矩阵确定后它们是很容易计算的, 因此用 $\|T\| < 1$ 作为收敛的充分条件的判别标准是很方便的.

定理 3.2.2 若迭代矩阵 T 的范数 $\|T\| < 1$, 则迭代法 (3.3) 收敛, 且有

$$\|x^* - x_k\| \leqslant \|T\| \|x^* - x_{k-1}\|;$$

$$\|x^* - x_k\| \leqslant \frac{\|T\|^k}{1 - \|T\|} \|x_1 - x_0\|; \tag{3.19}$$

$$\|x^* - x_k\| \leqslant \frac{\|T\|}{1 - \|T\|} \|x_k - x_{k-1}\| \tag{3.20}$$

对一切的自然数 k 成立.

证明留给读者.

从近似解的误差估计 (3.19) 可以计算出要得到满足精度要求的近似解大约需要迭代多少次, 但这种估计往往偏高, 在实际计算时用它控制并不方便. 不等式 (3.20) 表明: 只要迭代矩阵 T 的范数不是很接近 1, 当相邻两次迭代向量 x_k 和 x_{k-1} 很接近时, 则 x_k 与 x^* 也很接近. 因此, 在实际迭代计算过程中我们可以用量 $\|x_k - x_{k-1}\|$ 是否适当小来判断迭代是否应该终止. 这里需要特别指出的是, 当 $\|T\|$ 很接近 1 时, 即使 $\|x_k - x_{k-1}\|$ 很小, 我们也不能断定 $\|x^* - x_k\|$ 很小.

尽管用范数来判定迭代过程是否收敛只是一个充分条件, 但用起来比较方便. 需要注意的是, 这种方法只是一个充分条件, 不是必要条件. 即使迭代矩阵的范数大于等于 1, 也

不能说明迭代过程一定发散. 但在实际应用中, 通常可以作为一个快速的筛选方法来评估迭代法的收敛性.

对于一个收敛的迭代法 (3.3), 其收敛的快慢也是我们关心的问题. 因此我们需要引进收敛速度的概念.

由 (3.17) 可知

$$\|\varepsilon_k\| \leqslant \|T^k\| \|\varepsilon_0\|.$$

于是有

$$\frac{\|\varepsilon_k\|}{\|\varepsilon_0\|} \leqslant \|T^k\|,$$

该式表明 $\|T^k\|$ 是迭代 k 次后误差与初始误差之比的上界. 初始误差 $\|\varepsilon_0\|$ 一般是不知道的, 而平均来说, 每次迭代造成的误差的压缩率正比于 $\|T^k\|^{\frac{1}{k}}$. 所以我们定义

$$R_k(T) = -\frac{\ln \|T^k\|}{k},$$

并称其为 k 次迭代的**平均收敛速度**. 显然平均收敛速度不仅与迭代次数有关, 也与所用的范数有关, 在理论分析和实际应用中很不方便. 为此我们引入

定义 3.2.1 迭代法 (3.3) 的**渐近收敛速度**定义为

$$R_\infty(T) = \lim_{k \to \infty} R_k(T) = -\ln \rho(T).$$

从该渐近收敛速度的定义可知, $\rho(T)$ 的大小刻画了迭代法的收敛速度. $\rho(T)$ 越小, 收敛速度 $R_\infty(T)$ 越大, 迭代法 (3.3) 也收敛越快.

当给定线性方程组后, 对 Jacobi 迭代法来说, 由于其迭代矩阵容易直接得到, 前面给出的判别法基本上能令人满意了. 而对 G-S 迭代法来说, 其迭代矩阵需要求 $(D-L)^{-1}U$, 并不容易直接得到, 因此 G-S 迭代法的收敛性并不容易判别. 实际应用中, 我们希望直接利用系数矩阵的性质帮助判断. 为此, 下面介绍一种易于判断的矩阵性质.

定义 3.2.2 设矩阵 $A = [a_{ij}] \in \mathbb{R}^{n \times n}$. 若对所有的 $i(1 \leqslant i \leqslant n)$ 都有

$$|a_{ii}| \geqslant \sum_{\substack{j=1 \\ j \neq i}}^{n} |a_{ij}|, \tag{3.21}$$

并且 (3.21) 式中至少对一个 i 有严格不等号成立, 则称 A 是**弱严格对角占优**的; 如果 (3.21) 式对所有 i 都有严格不等号成立, 则称 A 是**严格对角占优**的.

定义 3.2.3 设矩阵 $A \in \mathbb{R}^{n \times n}$. 如果存在 n 阶排列方阵 P, 使得

$$PAP^{\mathrm{T}} = \begin{bmatrix} A_{11} & O \\ A_{21} & A_{22} \end{bmatrix}, \tag{3.22}$$

其中, A_{11} 是 r 阶方阵, A_{22} 是 $n-r$ 阶方阵, 则称 A 是**可约**的 (或**可分**的); 反之, 如果不

存在这样的排列矩阵, 则称 A 是**不可约**的 (或**不可分**的).

如果 A 可约, 则可将方程组 $Ax = b$ 化为

$$PAP^{\mathrm{T}}Px = Pb.$$

记 $Px = y, Pb = f$, 则有

$$\begin{bmatrix} A_{11} & O \\ A_{21} & A_{22} \end{bmatrix} \begin{bmatrix} y_1 \\ y_2 \end{bmatrix} = \begin{bmatrix} f_1 \\ f_2 \end{bmatrix},$$

其中 y_1 和 f_1 是 r 维向量, y_2 和 f_2 是 $n - r$ 维向量. 我们就可以利用前代法的思路把求解一个 n 阶方程组的问题转化为求解两个低阶方程组的问题. 这也正是可约这一概念的由来.

如果一个矩阵不可约, 并且是弱严格对角占优的, 则称该矩阵为**不可约对角占优**的. 例如, 三对角矩阵

$$A = \begin{bmatrix} 2 & -1 & 0 & 0 \\ -1 & 2 & -1 & 0 \\ 0 & -1 & 2 & -1 \\ 0 & 0 & -1 & 2 \end{bmatrix}$$

是不可约对角占优的.

定理 3.2.3　若矩阵 A 是严格对角占优的或不可约对角占优的, 则 A 非奇异.

证明　先证 A 为严格对角占优情形. 用反证法. 假设 A 奇异, 则齐次方程组 $Ax = 0$ 有非零解 x. 不妨假设 $|x_k| = \|x\|_\infty = 1$, 则有

$$|a_{kk}| = |a_{kk}x_k| = \left| \sum_{\substack{j=1 \\ j \neq k}}^n a_{kj}x_j \right| \leqslant \sum_{\substack{j=1 \\ j \neq k}}^n |a_{kj}|.$$

这与 A 为严格对角占优矛盾.

对于 A 为不可约对角占优时的情况, 请参考文献 [35].　　　□

定理 3.2.4　若 A 是严格对角占优的或不可约对角占优的, 则 Jacobi 迭代法和 G-S 迭代法都收敛.

证明　若 A 是严格对角占优的或不可约对角占优的, 则对每个 i, 必有 $|a_{ii}| > 0$, 因此 D 可逆. 现在假设 Jacobi 迭代矩阵 J 的某个特征值 $|\lambda| \geqslant 1$, 考察矩阵 $\lambda D - L - U$. 显然, $\lambda D - L - U$ 也是严格对角占优的或不可约对角占优的, 因此 $\lambda D - L - U$ 非奇异. 再由

$$\lambda I - J = \lambda I - D^{-1}(L + U) = D^{-1}(\lambda D - L - U)$$

可推出 J 的特征方程

$$\det(\lambda I - J) = \det(D^{-1})\det(\lambda D - L - U) \neq 0,$$

这与 λ 是 J 的特征值矛盾. 于是有 $\rho(J) < 1$, 即 Jacobi 迭代法收敛.

关于 G-S 迭代法, 我们只要考虑其迭代矩阵 $G = (D - L)^{-1}U$ 的特征方程 $\det(\lambda I - G) = \det((D - L)^{-1})\det(\lambda D - \lambda L - U)$, 用同样的方法可以证明 G 的特征值的模均小于 1, 即 G-S 迭代法收敛. 详细的证明留作练习. □

如果线性方程组的系数矩阵正定, 我们还能推出如下结论.

定理 3.2.5 若线性方程组 (3.1) 的系数矩阵 A 是对称正定的, 则 G-S 迭代法收敛.

接下来我们来研究 SOR 迭代法的收敛性判别和松弛因子 ω 的选取范围. 首先应用定理 3.2.1 于 SOR 迭代法, 便有下面的定理.

定理 3.2.6 SOR 迭代法收敛的充分必要条件是 $\rho(S_\omega) < 1$.

定理 3.2.7 SOR 迭代法收敛的必要条件是 $0 < \omega < 2$.

证明 如果 SOR 迭代法收敛, 则有 $\rho(S_\omega) < 1$, 从而

$$|\det(S_\omega)| = |\lambda_1\lambda_2\cdots\lambda_n| < 1,$$

其中 $\lambda_1, \lambda_2, \cdots, \lambda_n$ 是 S_ω 的 n 个特征值. 再由

$$S_\omega = (I - \omega D^{-1}L)^{-1}[(1 - \omega)I + \omega D^{-1}U]$$

和

$$\det[(1 - \omega)I + \omega D^{-1}U] = (1 - \omega)^n, \quad \det(I - \omega D^{-1}L) = 1,$$

易知

$$|\det(S_\omega)| = |\det(I - \omega D^{-1}L)^{-1}| \, |\det[(1 - \omega)I + \omega D^{-1}U]|$$
$$= |(1 - \omega)^n| = |\lambda_1\lambda_2\cdots\lambda_n| < 1,$$

从而有 $|1 - \omega| < 1$, 即 $0 < \omega < 2$. 定理得证. □

这个定理说明, 对任何系数矩阵, 若要 SOR 迭代法收敛则必须选取松弛因子 $\omega \in (0, 2)$. 下面再给出选择 ω 的两个充分条件.

定理 3.2.8 若系数矩阵 A 是严格对角占优的或不可约对角占优的, 且松弛因子 $\omega \in (0, 1)$, 则 SOR 迭代法收敛.

定理 3.2.9 若系数矩阵 A 是实对称的正定矩阵, 则当 $0 < \omega < 2$ 时, SOR 迭代法收敛.

证明 设 λ 是迭代矩阵 S_ω 的任一特征值, x 为对应的特征向量, 则有

$$(D - \omega L)^{-1}[(1 - \omega)D + \omega U]x = \lambda x$$

或

$$[(1 - \omega)D + \omega L^{\mathrm{T}}]x = \lambda(D - \omega L)x.$$

用 x^* 左乘上式两边, 得

$$x^*[(1-\omega)D + \omega L^{\mathrm{T}}]x = \lambda x^*(D - \omega L)x.$$

令 $x^*Dx = \delta, x^*Lx = \alpha + \mathrm{i}\beta$, 则有 $x^*L^{\mathrm{T}}x = \alpha - \mathrm{i}\beta$. 因此可推出

$$(1-\omega)\delta + \omega(\alpha - \mathrm{i}\beta) = \lambda[\delta - \omega(\alpha + \mathrm{i}\beta)].$$

上式两边取模可求得

$$|\lambda|^2 = \frac{[(1-\omega)\delta + \omega\alpha]^2 + \omega^2\beta^2}{(\delta - \omega\alpha)^2 + \omega^2\beta^2}.$$

因为

$$[(1-\omega)\delta + \omega\alpha]^2 + \omega^2\beta^2 - (\delta - \omega\alpha)^2 - \omega^2\beta^2 = [\delta - \omega(\delta - \alpha)]^2 - (\delta - \omega\alpha)^2$$
$$= \omega\delta(\delta - 2\alpha)(\omega - 2),$$

并注意到当 A 正定时有 $\delta - 2\alpha > 0$, 且由 D 正定亦有 $\delta > 0$. 所以, 当 $0 < \omega < 2$ 时, 就有 $|\lambda|^2 < 1$, 也就是说 SOR 迭代法收敛. $\qquad\square$

3.3 习题

1. 讨论求解方程组 $Ax = b$ 的 Jacobi 迭代法和 G-S 迭代法的收敛性:

(1) $A = \begin{bmatrix} 2 & -1 & 1 \\ 1 & 1 & 1 \\ 1 & 1 & -2 \end{bmatrix}$; (2) $A = \begin{bmatrix} 1 & 2 & -2 \\ 1 & 1 & 1 \\ 2 & 2 & 1 \end{bmatrix}$.

2. 考虑线性方程组 $Ax = b$, 其中 $\begin{bmatrix} 1 & a & a \\ a & 1 & a \\ a & a & 1 \end{bmatrix}$. 证明:

(1) 当 $a \in \left(-\dfrac{1}{2}, 1\right)$ 时, A 为正定矩阵;

(2) Jacobi 迭代法收敛的充分必要条件为 $a \in \left(-\dfrac{1}{2}, \dfrac{1}{2}\right)$.

3. 对 Jacobi 迭代法引进参数 $w > 0$, 即

$$x_{k+1} = x_k - wD^{-1}(Ax_k - b),$$

或者

$$x_{k+1} = (I - wD^{-1}A)x_k + wD^{-1}b,$$

称之为 Jacobi 松弛法 (简称 **JOR 方法**). 证明:

(1) 当 $Ax = b$ 的 Jacobi 迭代法收敛时,JOR 方法对 $0 < w < 1$ 收敛;

(2) 若 A 为具有正对角元的实对称矩阵, 则 JOR 方法收敛的充分必要条件是 A 及 $2w^{-1}D - A$ 均为正定对称矩阵.

4. 证明: 若 A 是严格对角占优的或不可约对角占优的, 则 G-S 迭代法收敛.

5. 若存在对称正定矩阵 P, 使得

$$B = P - H^{\mathrm{T}}PH$$

为对称正定矩阵, 证明:

$$x_{k+1} = Hx_k + b, \quad k = 0, 1, \cdots$$

收敛.

6. 证明定理 3.2.2.

7. 用 SOR 迭代法求解方程组

$$\begin{bmatrix} 4 & -1 & 0 \\ -1 & 4 & -1 \\ 0 & -1 & 4 \end{bmatrix} \begin{bmatrix} x_1 \\ x_2 \\ x_3 \end{bmatrix} = \begin{bmatrix} 1 \\ 2 \\ 4 \end{bmatrix}.$$

其精确解为 $x^* = (0.5, 1, \ 0.5)^{\mathrm{T}}$. 取初值向量 $x_0 = (0, 0, 0)^{\mathrm{T}}$, 分别取 $\omega = 1.03$, $\omega = 1$, $\omega = 1.1$ 进行计算, 要求 $\|x_k - x^*\|_\infty \leqslant \frac{1}{2} \times 10^{-5}$, 并确定每一个 ω 值对应的迭代次数.

8. 设 A 为对称正定矩阵, 考虑迭代格式

$$x_{k+1} = x_k - w\left[\frac{1}{2}A(x_k + x_{k+1}) - b\right], \quad \omega > 0.$$

证明:

(1) 对任意的初值向量 x_0, 该迭代格式都收敛;

(2) 迭代序列 x_k 收敛到 $Ax = b$ 的解.

9. 证明: 若系数矩阵 A 是严格对角占优的, 且松弛因子 $\omega \in (0, 1)$, 则 SOR 迭代法收敛.

10. 设方程组 $Ax = b$, A 为对称正定矩阵, 迭代格式取为

$$x_{k+1} = x_k + \omega(b - Ax_k), \quad k = 0, 1, \cdots.$$

设 A 的所有特征值都在 $[\alpha, \beta]$ 中, $\alpha > 0$. 当 $0 < \omega < \frac{2}{\beta}$ 时, 证明上述迭代格式收敛.

第四章

特征值问题的数值解法

矩阵特征值问题在科学与工程的许多领域扮演着至关重要的角色, 这一章我们来介绍特征值和特征向量的计算方法. 标准特征值问题可描述为: 给定矩阵 $A \in \mathbb{C}^{n \times n}$, 求解 $\lambda \in \mathbb{C}$ 和非零向量 $x \in \mathbb{C}^n$, 使其满足

$$Ax = \lambda x, \tag{4.1}$$

其中, λ 称做 A 的一个**特征值**, x 称做 A 的属于 λ 的一个**特征向量**. 在理论上, 求解一个矩阵的特征值本质上是求解该矩阵的特征多项式的根, 而数学上已经证明 5 阶及以上的多项式方程一般无法通过有限次运算求得其根. 因此, 矩阵特征值的计算方法基本上都是基于迭代过程的, 尤其对于大型矩阵. 目前, 已有不少非常成熟的数值方法用于计算矩阵的全部或部分特征值和特征向量. 本章将介绍几类最常用的基本方法. 由于篇幅所限, 有兴趣的读者可参阅有关的参考书.

4.1   基本概念与性质

为了推导和分析算法方便起见, 我们先简要地介绍一些与矩阵特征值和特征向量有关的基本概念和重要结果, 作为对初等线性代数有关内容的复习和补充.

设 $A \in \mathbb{C}^{n \times n}$. 记 A 的特征值的全体为 $\lambda(A)$, 通常称之为 A 的**谱集**. $\lambda \in \lambda(A)$ 的充分必要条件是

$$\det(\lambda I - A) = 0.$$

因此, 多项式 $p_A(\lambda) = \det(\lambda I - A)$ 称为 A 的**特征多项式**. 由行列式的性质易知, $p_A(\lambda)$ 是一个首项为 λ^n 的 n 次多项式, 因而由代数基本定理知 $p_A(\lambda) = 0$ 在复数域上有 n 个根, 即 A 有 n 个特征值.

显然有 $\det(\lambda I - A) = \det(\lambda I - A^{\mathrm{T}})$. 因此, $\lambda(A) = \lambda(A^{\mathrm{T}})$. 于是, 对任意的 $\lambda \in \lambda(A)$, 必存在非零向量 $y \in \mathbb{C}^n$, 使得 $A^{\mathrm{T}} y = \lambda y$, 即 $y^{\mathrm{T}} A = \lambda y^{\mathrm{T}}$, 故称 y 为 A 的属于 λ 的**左特征向量**; 相应地, (4.1) 中的特征向量亦称为 A 的属于 λ 的**右特征向量**. 通常左、右特征向量是不相同的.

假定 A 有 r 个互不相同的特征值 $\lambda_1, \lambda_2, \cdots, \lambda_r$, 则 $p_A(\lambda)$ 有如下的分解:

$$p_A(\lambda) = (\lambda - \lambda_1)^{n_1} (\lambda - \lambda_2)^{n_2} \cdots (\lambda - \lambda_r)^{n_r},$$

其中 $n_1 + n_2 + \cdots + n_r = n$, 我们称 n_i 为 λ_i 的**代数重数** (简称**重数**), 而称数

$$m_i = n - \mathrm{rank}(\lambda_i I - A)$$

为 λ_i 的**几何重数**, 它表示 A 的属于 λ_i 的线性无关的特征向量的个数. 显然有, $1 \leqslant m_i \leqslant$

$n_i \leqslant n (i = 1, 2, \cdots, r)$. 如果 $n_i = 1$, 则称 λ_i 是 A 的一个**单特征值**; 否则, 称 λ_i 是 A 的一个**重特征值**. 对于一个特征值 λ_i, 如果 $n_i = m_i$, 则称其是 A 的一个**半单特征值**. 显然, 单特值必是半单特征值. 如果 A 的所有特征值都是半单的, 则称 A 是**非亏损的**, 否则称 A 是**亏损的**. 容易证明, A 是非亏损的充分必要条件是 A 有 n 个线性无关的特征向量 (即 A 是可对角化矩阵).

对于 $A, B \in \mathbb{C}^{n \times n}$, 若存在非奇异矩阵 $X \in \mathbb{C}^{n \times n}$, 使得

$$B = XAX^{-1},$$

则称 A 与 B 是**相似的**, 而上述变换称做**相似变换**. 若 A 与 B 相似, 则 A 和 B 有相同的特征多项式, 也就是说 A 和 B 有相同的特征值, 而且 x 是 A 的一个特征向量的充分必要条件为 $y = Xx$ 是 B 的一个特征向量. 这样, 如果能够找到一个适当的变换矩阵 X, 使 B 的特征值和特征向量易于求得, 则我们就可立即得到 A 的特征值和相应的特征向量. 很多计算矩阵特征值和特征向量的方法正是基于这一基本思想而得到的.

理论上, 利用相似变换可以将一个矩阵约化成的最简单形式是 Jordan 标准形, 即:

定理 4.1.1 (Jordan 分解定理) 设 $A \in \mathbb{C}^{n \times n}$ 有 r 个互不相同的特征值 λ_1, $\lambda_2, \cdots, \lambda_r$, 其重数分别为 $n(\lambda_1), n(\lambda_2), \cdots, n(\lambda_r)$, 则必存在一个非奇异矩阵 $P \in \mathbb{C}^{n \times n}$, 使得

$$P^{-1}AP = \mathrm{diag}(J(\lambda_1), J(\lambda_2), \cdots, J(\lambda_r)),$$

其中

$$J(\lambda_i) = \mathrm{diag}(J_i(\lambda_i), \cdots, J_{k_i}(\lambda_i)) \in \mathbb{C}^{n(\lambda_i) \times n(\lambda_i)}, \quad i = 1, 2, \cdots, r,$$

$$J_j(\lambda_i) = \begin{bmatrix} \lambda_i & 1 & & \\ & \lambda_i & \ddots & \\ & & \ddots & 1 \\ & & & \lambda_i \end{bmatrix} \in \mathbb{C}^{n_j(\lambda_i) \times n_j(\lambda_i)}, \quad j = 1, 2, \cdots, k_i,$$

$$n_1(\lambda_i) + n_2(\lambda_i) + \cdots + n_{k_i}(\lambda_i) = n(\lambda_i), \quad i = 1, 2, \cdots, r.$$

并且除了 $J_j(\lambda_i)$ 的排列次序可以改变外, J 是唯一确定的.

上述定理中的矩阵 J 称为 A 的 **Jordan 标准形**, 其中每个子矩阵 $J_j(\lambda_i)$ 称为 **Jordan 块**. 如果 A 的 Jordan 标准形中每个 Jordan 块都是一阶的就等价于 A 是非亏损的. 另外, 对于每个特征值 λ_i, Jordan 分解中的 Jordan 块的总大小 $n(\lambda_i)$ 等于 λ_i 的代数重数, λ_i 的 Jordan 块的数量 k_i 等于 λ_i 的几何重数.

下述定理对于估计某些特征值的界限是十分方便而有用的.

定理 4.1.2 (Gerschgorin 圆盘定理) 设 $A = [a_{ij}] \in \mathbb{C}^{n \times n}$, 令

$$G_i(A) = \left\{ z \in \mathbb{C}: \quad |z - a_{ii}| \leqslant \sum_{j \neq i} |a_{ij}| \right\}, \quad i = 1, 2, \cdots, n,$$

则有

$$\lambda(A) \subset G_1(A) \cup G_2(A) \cup \cdots \cup G_n(A).$$

圆盘定理是一个在数值线性代数中非常有用的定理, 它提供了一个简单的方法来估计一个复数方阵的特征值可能位于复平面上的位置. 但它并不能给出特征值的精确位置, 也不能保证每个圆盘内一定含有特征值. 然而, 如果所有的圆盘都是分离的 (即它们不相交), 那么每个 Gerschgorin 圆盘内恰好包含一个特征值. 这使得圆盘定理成为理解和分析方阵特征值的一个强大工具.

从数值计算的角度来看, 首先应弄清的问题是要计算的特征值和特征向量是否是病态的, 也就是说矩阵的元素有微小的变化, 是否会引起所关心的特征值和特征向量的巨大变化. 对于一般的方阵来说, 这一问题是非常复杂的, 限于篇幅, 这里我们只介绍一个简单而又非常重要的结果.

定理 4.1.3 (Bauer-Fike 定理) 设 $A, B \in \mathbb{C}^{n \times n}$, 其中 A 可对角化, 即 $A = Q^{-1} \Lambda Q$, Λ 为对角矩阵, Q 为非奇异矩阵. 则对任意的 $\mu \in \lambda(B)$, 必存在 $\lambda \in \lambda(A)$, 使得

$$|\lambda - \mu| \leqslant \|Q^{-1}\|_2 \|Q\|_2 \|A - B\|_2. \tag{4.2}$$

Bauer-Fike 定理提供了一种估计的特征值对矩阵扰动的敏感性方法, 虽然它仅适用于可对角化矩阵, 但对于理解和分析计算结果的稳定性至关重要. 事实上, 矩阵的结构特性对其特征值的性质和计算的难易程度有着显著的影响, 如对称性、稀疏性、正定性等, 也对数值算法的选择和计算的稳定性产生影响. 因此, 深入理解矩阵的结构特性是设计高效且稳定数值算法的基础.

对称性就是一种非常重要的结构特性. 在矩阵计算中, 只要涉及实对称矩阵的计算问题, 就会使得求解它的算法变得简洁高效, 相关的理论也变得深刻而优美. 接下来, 我们来简要地介绍几个关于对称矩阵的特征值和特征向量的基本性质. 大家知道, 实对称矩阵的特征值均为实数, 而且其特征向量可以构成 $\mathbb{R}^n$ 的一组标准正交基, 即有下面的结论.

定理 4.1.4 (谱分解定理) 若 $A \in \mathbb{R}^{n \times n}$ 是对称的, 则存在正交矩阵 $Q \in \mathbb{R}^{n \times n}$, 使得

$$Q^{\mathrm{T}} A Q = \Lambda = \mathrm{diag}(\lambda_1, \lambda_2, \cdots, \lambda_n). \tag{4.3}$$

通常称上述分解为 A 的**谱分解**. 设 $Q = [q_1, q_2, \cdots, q_n]$, $\Lambda = \mathrm{diag}(\lambda_1, \lambda_2, \cdots, \lambda_n)$. (4.3) 可改写为

$$A = \lambda_1 q_1 q_1^{\mathrm{T}} + \lambda_2 q_2 q_2^{\mathrm{T}} + \cdots + \lambda_n q_n q_n^{\mathrm{T}}, \tag{4.4}$$

且 (4.3) 蕴涵着

$$A q_j = \lambda_j q_j, \; j = 1, 2, \cdots, n. \tag{4.5}$$

这说明对角矩阵 Λ 的对角元是 A 的特征值, 而 Q 的列向量是 A 的特征向量, 这就是我们称 (4.3) 为 A 的**谱分解**的缘故. 此外, 对称矩阵还有如下定理所述的极小极大性质.

定理 4.1.5 (极小极大定理) 设 $A \in \mathbb{R}^{n \times n}$ 是对称矩阵, 并假定 A 的特征值为 $\lambda_1 \geqslant \lambda_2 \geqslant \cdots \geqslant \lambda_n$, 则有

$$\lambda_k = \max_{\mathcal{X} \in \mathcal{G}_k^n} \min_{0 \neq u \in \mathcal{X}} \frac{u^{\mathrm{T}} A u}{u^{\mathrm{T}} u} = \min_{\mathcal{X} \in \mathcal{G}_{n-k+1}^n} \max_{0 \neq u \in \mathcal{X}} \frac{u^{\mathrm{T}} A u}{u^{\mathrm{T}} u}, \tag{4.6}$$

其中 $\mathcal{G}_k^n$ 表示 $\mathbb{R}^n$ 中所有 k 维子空间的全体.

极小极大定理有许多的应用. 特别地, 在 (4.6) 中分别取 k 为 n 和 1, 就有

定理 4.1.6 (Rayleigh-Ritz 定理) 设 n 阶实对称矩阵 A 的最大和最小特征值分别为 λ_1 和 λ_n, 则有

$$\lambda_1 = \max_{x \in \mathbb{R}^n, \|x\|_2 = 1} x^{\mathrm{T}} A x, \quad \lambda_n = \min_{x \in \mathbb{R}^n, \|x\|_2 = 1} x^{\mathrm{T}} A x. \tag{4.7}$$

关于对称矩阵的特征值的敏感性, 我们有如下定理:

定理 4.1.7 (Weyl 定理) 设 n 阶对称矩阵 A 和 B 的特征值分别为

$$\lambda_1 \geqslant \lambda_2 \geqslant \cdots \geqslant \lambda_n \quad \text{和} \quad \mu_1 \geqslant \mu_2 \geqslant \cdots \geqslant \mu_n,$$

则有

$$|\lambda_i - \mu_i| \leqslant \|A - B\|_2, \quad i = 1, 2, \cdots, n.$$

从这一定理可以看出, 如果一个对称矩阵的元素有微小的对称扰动, 则其特征值的变化也是微小的. 从这个意义上来说, 对称矩阵之特征值的计算问题总是十分良态的.

4.2 Schur 分解和奇异值分解

这一节我们介绍两个理论上和应用上都非常重要的矩阵分解定理, 即 Schur 分解定理和奇异值分解定理.

如果限定定理 4.1.1 中的矩阵 P 为酉矩阵, 则有如下著名的 Schur 分解定理:

定理 4.2.1 (Schur 分解定理) 设 $A \in \mathbb{C}^{n \times n}$, 则存在酉矩阵 $U \in \mathbb{C}^{n \times n}$, 使得

$$U^* A U = T, \tag{4.8}$$

其中 T 是上三角形矩阵; 而且适当选取 U, 可使 T 的对角元按任意指定的顺序排列.

分解式 (4.8) 称为 A 的 **Schur 分解**, 其右端的 T 称为 A 的 **Schur 上三角标准形**, 显然 T 的对角元素即为 A 的特征值. Schur 分解定理无论在理论上还是在实际应用中都

是非常重要的, 后文中的 QR 迭代方法就是基于这一定理而设计的.

由于实际应用中所遇到的大量的特征值问题都是关于实矩阵的, 我们自然希望相关的计算都在实数域进行, 因此我们有必要将 Schur 分解定理推广至实数情况.

定理 4.2.2 (实 Schur 分解)　设 $A \in \mathbb{R}^{n \times n}$, 则存在正交矩阵 $Q \in \mathbb{R}^{n \times n}$, 使得

$$Q^{\mathrm{T}} A Q = \begin{bmatrix} T_{11} & T_{12} & \cdots & T_{1m} \\ & T_{22} & \cdots & T_{2m} \\ & & \ddots & \vdots \\ & & & T_{mm} \end{bmatrix}, \tag{4.9}$$

其中 T_{ii} 是一个 1×1 或者 2×2 矩阵, 当其为 2×2 矩阵时, 其特征值是一对共轭复数.

通常分解式 (4.8) 称为矩阵 A 的**实 Schur 分解**, 而其右边的拟上三角形矩阵称为 A 的**实 Schur 标准形**. 显然只要求得一个实矩阵的实 Schur 标准形, 我们就可以通过求解 T_{ii}, $i = 1, 2, \cdots, m$ 的特征值得到 A 的全部特征值.

与对称矩阵的特征值有密切关系的还有矩阵的奇异值. 奇异值分解 (singular value decomposition, 简称 SVD) 是线性代数中另一种重要的矩阵分解方法, 在信号处理、统计学、机器学习等多个领域都有广泛的应用. 一个矩阵的奇异值分解与实对称矩阵的谱分解有着密切的关系.

设 $A \in \mathbb{R}^{m \times n}$, 称 $A^{\mathrm{T}} A$ 的特征值的非负平方根为 A 的奇异值. 设 $A^{\mathrm{T}} A$ 的特征值为 $\lambda_1 \geqslant \lambda_2 \geqslant \cdots \geqslant \lambda_n \geqslant 0$, 则 A 的奇异值为 $\sigma_j = \sqrt{\lambda_j}$, $j = 1, 2, \cdots, n$. A 的奇异值的全体记作 $\sigma(A)$. 应用对称矩阵的谱分解定理于 $A^{\mathrm{T}} A$, 可得奇异值分解定理.

定理 4.2.3 (奇异值分解定理)　　设 $A \in \mathbb{R}^{m \times n}$, 则存在正交矩阵 $U \in \mathbb{R}^{m \times m}$ 和 $V \in \mathbb{R}^{n \times n}$, 使得

$$U^{\mathrm{T}} A V = \begin{bmatrix} \Sigma_r & O \\ O & O \end{bmatrix} \begin{matrix} r \\ m-r \end{matrix}, \tag{4.10}$$
$$\begin{matrix} r & n-r \end{matrix}$$

其中 $\Sigma_r = \mathrm{diag}(\sigma_1, \sigma_2, \cdots, \sigma_r)$, $\sigma_1 \geqslant \sigma_2 \geqslant \cdots \geqslant \sigma_r > 0$.

分解式 (4.10) 叫做矩阵 A 的**奇异值分解**. 设 $A \in \mathbb{R}^{m \times n}$ 有上述定理所述的奇异值分解, 那么我们称数

$$\sigma_1 \geqslant \sigma_2 \geqslant \cdots \geqslant \sigma_r > \sigma_{r+1} = \cdots = \sigma_n = 0$$

为 A 的**奇异值**; 令 $V = [v_1, v_2, \cdots, v_n]$, 其第 j 列 v_j 称为 A 的属于奇异值 σ_j 的一个**右奇异向量**; 令 $U = [u_1, u_2, \cdots, u_n]$, 其第 i 列 u_i 称为 A 的属于奇异值 σ_i 的一个**左奇异向量**.

需要指出的是, 分解式 (4.10) 中的 Σ_r 是由 A 唯一确定的, 但 U 和 V 一般不是唯一的. 从 (4.10) 可得

$$A^{\mathrm{T}}AV = V \operatorname{diag}(\sigma_1^2, \cdots, \sigma_r^2, 0, \cdots, 0).$$

由此可知, v_j $(j = 1, 2, \cdots, n)$ 是 $A^{\mathrm{T}}A$ 的特征向量; 而从

$$AA^{\mathrm{T}}U = U \operatorname{diag}(\sigma_1^2, \cdots, \sigma_r^2, 0, \cdots, 0)$$

可知, u_i $(i = 1, 2, \cdots, n)$ 是 AA^{T} 的特征向量. 于是, 仅当 σ_j^2 是 $A^{\mathrm{T}}A$ 的单特征值时, v_j 才唯一 (除去一个常数因子 ± 1 外). 一旦 v_j 确定下来, u_j 便亦随之确定下来: $\sigma_j u_j = A v_j (\sigma_j \neq 0)$. 反过来, 一旦 u_j 确定下来, v_j 亦可由 $\sigma_j v_j = A^{\mathrm{T}} u_j (\sigma_j \neq 0)$ 而唯一确定.

奇异值分解的应用之所以极其广泛, 是因为一旦一个矩阵的 A 的奇异值分解确定下来, 便可以得到 A 的一些非常有用的信息. 例如, 若记

$$U_1 = [u_1, u_2, \cdots, u_r], \quad U_2 = [u_{r+1}, u_{r+2}, \cdots, u_n],$$

$$V_1 = [v_1, v_2, \cdots, v_r], \quad V_2 = [v_{r+1}, v_{r+2}, \cdots, v_n],$$

则有

- A 的秩等于非零奇异值的个数, 即 $\operatorname{rank} A = r$;
- $\{u_1, u_2, \cdots, u_r\}$ 是 A 的值域的一组标准正交基, 即

$$\mathcal{R}(A) = \operatorname{span}\{u_1, u_2, \cdots, u_r\}, \ U_1^{\mathrm{T}} U_1 = I_r;$$

- $\{v_{r+1}, v_{r+2}, \cdots, v_n\}$ 是 A 的零空间的一组标准正交基, 即

$$\mathcal{R}(N) = \operatorname{span}\{v_{r+1}, v_{r+2}, \cdots, v_n\}, \ V_2^{\mathrm{T}} V_2 = I_{n-r};$$

- $A = U_1 \Sigma_r V_1^{\mathrm{T}} = \sigma_1 u_1 v_1^{\mathrm{T}} + \sigma_2 u_2 v_2^{\mathrm{T}} + \cdots + \sigma_r u_r v_r^{\mathrm{T}}$, 常称之为 A 的**满秩奇异值分解 (reduced SVD)**;
- $\|A\|_2 = \sigma_1$, $\|A\|_F^2 = \sigma_1^2 + \sigma_2^2 + \cdots + \sigma_r^2$;
- A 的一个秩为 k 的低秩近似 $\hat{A}$ 可以写为: $\hat{A} = U_k \Sigma_k V_k^{\mathrm{T}}$, 其中 U_k 是 U 的前 k 列, Σ_k 是一个 $k \times k$ 的对角矩阵, 仅包含最大的 k 个奇异值, V_k 是 V 的前 k 列. 则 $\|A - \hat{A}\|_F^2 = \sigma_{k+1}^2 + \sigma_{k+2}^2 + \cdots + \sigma_r^2$.

作为定理 4.1.7 的简单推论, 我们有如下结论:

推论 4.2.1　设 $A, B \in \mathbb{R}^{m \times n}$, 并假定它们的奇异值分别为

$$\sigma_1 \geqslant \sigma_2 \geqslant \cdots \geqslant \sigma_n \quad \text{和} \quad \tau_1 \geqslant \tau_2 \geqslant \cdots \geqslant \tau_n,$$

则有

$$|\sigma_i - \tau_i| \leqslant \|A - B\|_2, \quad i = 1, 2, \cdots, n.$$

从这一定理可以看出, 如果一个矩阵的元素有微小的扰动, 则其奇异值的变化也是微小的. 从这个意义上来说, 矩阵之奇异值的计算问题亦是十分良态的.

4.3   幂法

幂法是计算一个矩阵的模最大特征值 (称为主特征值) 和对应的特征向量的一种迭代方法, 适用于大型稀疏矩阵. 为了说明幂法的基本思想, 我们先假定 $A \in \mathbb{C}^{n \times n}$ 是可对角化的, 即 A 有如下分解

$$A = X\Lambda X^{-1}, \tag{4.11}$$

其中 $\Lambda = \operatorname{diag}(\lambda_1, \lambda_2, \cdots, \lambda_n), X = [x_1, x_2, \cdots, x_n] \in \mathbb{C}^{n \times n}$ 非奇异, 即 $Ax_j = \lambda_j x_j$, $j = 1, 2, \cdots, n$. 再假定

$$|\lambda_1| > |\lambda_2| \geqslant \cdots \geqslant |\lambda_n|. \tag{4.12}$$

现任取一向量 $u_0 \in \mathbb{C}^n$. 由于 X 的列向量构成 $\mathbb{C}^n$ 的一组基, 故 u_0 可以表示为

$$u_0 = \alpha_1 x_1 + \alpha_2 x_2 + \cdots + \alpha_n x_n, \tag{4.13}$$

这里 $\alpha_i \in \mathbb{C}$. 这样, 我们有

$$A^k u_0 = \sum_{j=1}^{n} \alpha_j A^k x_j = \sum_{j=1}^{n} \alpha_j \lambda_j^k x_j = \lambda_1^k \left[\alpha_1 x_1 + \sum_{j=2}^{n} \alpha_j \left(\frac{\lambda_j}{\lambda_1} \right)^k x_j \right]. \tag{4.14}$$

由 $|\lambda_1| > |\lambda_j|, j = 2, 3, \cdots, n$ 可知

$$\lim_{k \to \infty} \frac{A^k u_0}{\lambda_1^k} = \alpha_1 x_1.$$

这表明, 当 $\alpha_1 \neq 0$ 且 k 充分大时, 向量

$$u_k - \frac{A^k u_0}{\lambda_1^k} \tag{4.15}$$

就是 A 的一个很好的近似特征向量, 且当 k 足够大时有

$$u_k \approx \alpha_1 \lambda_1^k x_1 \tag{4.16}$$

和

$$u_{k+1} \approx \alpha_1 \lambda_1^{k+1} x_1. \tag{4.17}$$

式 (4.16) 和式 (4.17) 表示向量 u_{k+1} 和 u_k 近似地线性相关, 其比例系数接近主特征值 λ_1.

当然, 直接利用 (4.15) 式进行计算是不可行的. 主要有两方面原因: 一是我们事先并不知道 A 的特征值 λ_1, 因此无法直接使用它来规范化向量; 二是随着 k 的增大, 计算 A^k 所需的计算量变得非常大.

针对上述问题, 我们可以做出以下调整以实现幂方法. 注意到 λ_1^k 仅改变向量 $A^k u_0$ 的长度, 而不影响其方向. 因为我们的目标是确定特征向量的方向, 所以可以用其他常数代替 λ_1^k 来规范化向量长度, 这样做可以防止在迭代过程中发生数值溢出, 这是必要的. 另外, 我们不需要先计算出 A^k, 再计算 $A^k u_0$, 而是可以通过迭代的方法逐步构建 $A^k u_0$.

由此, 我们给出幂法的基本思想:

$$\begin{cases} v_k = Au_{k-1}, \\ \mu_k = \varphi(v_k), \\ u_k = \dfrac{v_k}{\mu_k}, \end{cases} \tag{4.18}$$

其中 φ 为 $\mathbb{C}^n \to \mathbb{C}$ 的一个线性泛函, $u_0 \in \mathbb{C}^n$ 是任意给定的初值向量, 通常要求 $\|u_0\|_\infty = 1$.

这一迭代方法称为**幂法**, 其收敛性定理如下:

定理 4.3.1 设 $A \in \mathbb{C}^{n \times n}$ 有 p 个互不相同的特征值满足 $|\lambda_1| > |\lambda_2| \geqslant \cdots \geqslant |\lambda_p|$, 并且模最大特征值 λ_1 是半简的 (即 λ_1 的几何重数等于它的代数重数). 令 A 有 Jordan 分解 $A = X \operatorname{diag}(J_1, J_2, \cdots, J_p) X^{-1}$, 其中 $J_j \in \mathbb{C}^{n_j \times n_j}$ 是由属于 λ_j 的 Jordan 块构成的块上三角形矩阵, $X_1 = X(:, 1:n_1)$, $y = X^{-1} u_0$ 且 $y_1 = y(1:n_1)$. 假设初值向量 u_0 在 λ_1 的特征子空间上的投影不为零且 $\varphi(X_1 y_1) \neq 0$, 且迭代格式 (4.18) 产生的向量序列满足 $\varphi(v_k) \neq 0$, 则 $\{u_k\}$ 和数值序列 $\{\mu_k\}$ 收敛且分别有如下极限:

$$\lim_{k \to \infty} u_k = \frac{X_1 y_1}{\varphi(X_1 y_1)} \tag{4.19}$$

和

$$\lim_{k \to \infty} \mu_k = \lambda_1. \tag{4.20}$$

证明 由假定知 A 有如下的 Jordan 分解:

$$A = X \operatorname{diag}(J_1, J_2, \cdots, J_p) X^{-1}, \tag{4.21}$$

其中 $X \in \mathbb{C}^{n \times n}$ 是非奇异矩阵, $J_j \in \mathbb{C}^{n_j \times n_j}$ 是由属于 λ_j 的 Jordan 块构成的块上三角形矩阵, $n_1 + n_2 + \cdots + n_p = n$. 而 λ_1 为半简的假定蕴涵着 $J_1 = \lambda_1 I_{n_1}$, 这里 I_{n_1} 表示 $n_1 \times n_1$ 单位矩阵.

将 $y = X^{-1} u_0 X$ 做如下分块:

$$y = \begin{bmatrix} y_1^{\mathrm{T}}, y_2^{\mathrm{T}}, \cdots, y_p^{\mathrm{T}} \\ {\scriptstyle n_1 \quad n_2 \quad\quad n_p} \end{bmatrix}^{\mathrm{T}}, \quad X = \begin{bmatrix} X_1, X_2, \cdots, X_p \\ {\scriptstyle n_1 \quad n_2 \quad\quad n_p} \end{bmatrix},$$

则由 (4.21) 得

$$\begin{aligned} A^k u_0 &= X \operatorname{diag}(J_1^k, J_2^k, \cdots, J_p^k) X^{-1} u_0 \\ &= X_1 J_1^k y_1 + X_2 J_2^k y_2 + \cdots + X_p J_p^k y_p \end{aligned}$$

$$= \lambda_1^k X_1 y_1 + X_2 J_2^k y_2 + \cdots + X_p J_p^k y_p$$

$$= \lambda_1^k \left[X_1 y_1 + X_2 \left(\frac{J_2}{\lambda_1} \right)^k y_2 + \cdots + X_p \left(\frac{J_p}{\lambda_1} \right)^k y_p \right]. \tag{4.22}$$

注意到矩阵 $\lambda_1^{-1} J_j$ 的谱半径为 $\rho(\lambda_1^{-1} J_j) = \dfrac{|\lambda_j|}{|\lambda_1|} < 1$, 即有 $\lim\limits_{k \to \infty} \left(\dfrac{J_j}{\lambda_1} \right)^k = 0$ ($j = 2, 3, \cdots, p$). 利用 (4.18) 从初值向量 u_0 开始迭代可得到如下序列:

$$u_1 = \frac{A u_0}{\varphi(A u_0)}, \; v_2 = \frac{A^2 u_0}{\varphi(A u_0)}, \; \mu_2 = \frac{\varphi(A^2 u_0)}{\varphi(A u_0)}, \; u_2 = \frac{A^2 u_0}{\varphi(A u_0)} \frac{\varphi(A u_0)}{\varphi(A^2 u_0)} = \frac{A^2 u_0}{\varphi(A^2 u_0)}, \; \cdots,$$

$$v_k = \frac{A^k u_0}{\varphi(A^{k-1} u_0)}, \; \mu_k = \frac{\varphi(A^k u_0)}{\varphi(A^{k-1} u_0)}, \; u_k = \frac{A^k u_0}{\varphi(A^k u_0)}, \; k = 1, 2, \cdots. \tag{4.23}$$

这样, 可由式 (4.22) 得到

$$\lim_{k \to \infty} u_k = \lim_{k \to \infty} \frac{\lambda_1^k X_1 y_1 + X_2 J_2^k y_2 + \cdots + X_p J_p^k y_p}{\varphi(\lambda_1^k X_1 y_1 + X_2 J_2^k y_2 + \cdots + X_p J_p^k y_p)}$$

$$= \lim_{k \to \infty} \frac{\lambda_1^k \left[X_1 y_1 + X_2 \left(\frac{J_2}{\lambda_1} \right)^k y_2 + \cdots + X_p \left(\frac{J_p}{\lambda_1} \right)^k y_p \right]}{\lambda_1^k \left[\varphi(X_1 y_1) + \varphi\left(X_2 \left(\frac{J_2}{\lambda_1} \right)^k y_2 \right) + \cdots + \varphi\left(X_p \left(\frac{J_p}{\lambda_1} \right)^k y_p \right) \right]}$$

$$= \frac{1}{\varphi(X_1 y_1)} X_1 y_1 \tag{4.24}$$

和

$$\lim_{k \to \infty} \mu_k = \lim_{k \to \infty} \frac{\varphi(\lambda_1^k X_1 y_1 + X_2 J_2^k y_2 + \cdots + X_p J_p^k y_p)}{\varphi(\lambda_1^{k-1} X_1 y_1 + X_2 J_2^{k-1} y_2 + \cdots + X_p J_p^{k-1} y_p)}$$

$$= \lim_{k \to \infty} \frac{\lambda_1^k \left[\varphi(X_1 y_1) + \varphi\left(X_2 \left(\frac{J_2}{\lambda_1} \right)^k y_2 \right) + \cdots + \varphi\left(X_p \left(\frac{J_p}{\lambda_1} \right)^k y_p \right) \right]}{\lambda_1^{k-1} \left[\varphi(X_1 y_1) + \varphi\left(X_2 \left(\frac{J_2}{\lambda_1} \right)^{k-1} y_2 \right) + \cdots + \varphi\left(X_p \left(\frac{J_p}{\lambda_1} \right)^{k-1} y_p \right) \right]}$$

$$= \lambda_1. \tag{4.25}$$

而假定 u_0 在 λ_1 的特征子空间上投影不为零蕴涵着 $X_1 y_1 \neq 0$. 由于 λ_1 是半单的, 所以 X_1 的列向量张成了 λ_1 的特征子空间, 由此可知 $X_1 y_1$ 是属于 λ_1 的一个特征向量. □

注 4.3.1 关于迭代格式 (4.18) 中的线性泛函 φ, 尽管定理 4.3.1 中给出了一些假设条件, 但事实上 φ 的选择并不困难, 例如选 $\varphi(v) = l^{\mathrm{T}} v, l \in \mathbb{R}^n$ 为一个固定的向量, 比如 $l = e_1$ 或 e_n. 也可以迭代一定步数 k 以后重新固定一个新的 φ, 比如选 $\varphi(v) = e_m^{\mathrm{T}} v$, m 表示 v_k 的第 m 个分量为模最大的分量.

注 4.3.2 由上述分析可知幂法的收敛速度与 $\left|\dfrac{\lambda_2}{\lambda_1}\right|$ 有关, 这个值越小, 收敛也就越快. 我们称比值 $\left|\dfrac{\lambda_2}{\lambda_1}\right|$ 为幂法的收敛速率.

注 4.3.3 很多教科书中会用 $\mu_k = \max\{v_k\}$ 代替迭代格式 (4.18) 中的 $\mu_k \varphi(v_k)$, 其中 $\max\{v_k\}$ 表示 v_k 中首次出现的绝对值最大的分量. 例如, $\max\{(1, -7, 4, 7)^{\mathrm{T}}\} = -7$. 这种做法多数情况下是有效的, 但下面的反例说明这种取法也有会失效的情况.

例 4.3.1 令

$$A = \frac{1}{4}\begin{bmatrix} 1 & -3 \\ -3 & 1 \end{bmatrix}, u_0 = \begin{bmatrix} 2 \\ 1 \end{bmatrix}.$$

该矩阵的特征值为 $\lambda_1 = 1$, $\lambda_2 = -\dfrac{1}{2}$, 对应的特征向量分别为 $x_1 = (1, -1)^{\mathrm{T}}$, $x_2 = (1, 1)^{\mathrm{T}}$. 用迭代格式 (4.18) 以及用 $\mu_k = \max\{v_k\}$ 替换其中 μ_k 的方式计算矩阵的主特征值及对应的特征向量.

解 方法 1 对矩阵 A 用幂法 (4.18). 令 $\varphi(v) = l^{\mathrm{T}}v$, 其中 $l = (1, 0)^{\mathrm{T}}$.

方法 2 对矩阵 A 用 $\mu_k = \max\{v_k\}$ 替换幂法 (4.18) 中的第 2 行.

从表 4.1 可以看到, 方法 1 用幂法 (4.18) 经过 17 步迭代得到主特征值的近似值 $\lambda_1 = 1.000$, 对应的特征向量为

$$x_1 = (1.000\,0, -1.000\,0)^{\mathrm{T}},$$

它的收敛率为 $\dfrac{1}{2}$.

从表 4.1 也可以发现, 方法 2 生成的数值序列 $\{\mu_k\}$ 收敛到 $-1.000\,0$, 但这个极限并不是 A 的任何特征值. 事实上, 在 $\mu_k = \max\{v_k\}$ 的取法下, 向量序列

$$z^{(k)} = A^k u_0 = \begin{bmatrix} 1 + (-1)^{k+1}2^{-(k+1)}3 \\ -1 + (-1)^{k+1}2^{-(k+1)}3 \end{bmatrix} \to \begin{bmatrix} 1 \\ -1 \end{bmatrix},$$

且当 k 为奇数时, 有 $|z_1^{(k)}| > |z_2^{(k)}|$; 当 k 为偶数时, 有 $|z_2^{(k)}| > |z_1^{(k)}|$, 即模最大分量的位置反复跳动. 因此方法 2 对这个矩阵 A 失败.

当定理 4.3.1 的假设不满足时, 由幂法 (4.18) 产生的序列的收敛性分析变得非常复杂. 另外, 定理 4.3.1 的假设应用在式 (4.12) 和 (4.13) 中即假设 $\alpha_1 \neq 0$. 如果选取初值时, α_1 的绝对值较小, 则会影响迭代的收敛速度. 在没有特征向量的先验信息的情况下, 至今没有什么好的方法保证取到一个理想的初值向量. 此时, 可以采用另取一个初值向量 u_0 再进行试算.

现在我们考虑一种特别但常见的情况. 当 $A \in \mathbb{R}^{n \times n}$ 且其特征值满足 $\lambda_1 = \bar{\lambda}_2$, $|\lambda_1| > |\lambda_3| \geqslant \cdots \geqslant |\lambda_n|$. 因为 A 为实矩阵, 所以复共轭的特征值 λ_1 和 λ_2 的特征向量 x_1 和 x_2

表 4.1 用两种幂法求矩阵 A 的主特征值

k	方法 1		方法 2	
	u_k^{T} (归一化向量)	$\mu_k = \varphi(v_k)$	u_k^{T} (归一化向量)	$\mu_k = \max\{v_k\}$
0	$(1.0000, 5.0000)$	-0.2500	$(0.2000, 1.0000)$	-1.2500
1	$(1.0000, -0.1429)$	-3.5000	$(1.0000, -0.1429)$	-0.7000
2	$(1.0000, -2.2000)$	0.3571	$(-0.4545, 1.0000)$	-0.7857
3	$(1.0000, -0.6842)$	1.9000	$(1.0000, -0.6842)$	-0.8636
4	$(1.0000, -1.2069)$	0.7632	$(-0.8286, 1.0000)$	-0.9211
5	$(1.0000, -0.9104)$	1.1552	$(1.0000, -0.9104)$	-0.9571
6	$(1.0000, -1.0480)$	0.9328	$(-0.9542, 1.0000)$	-0.9776
7	$(1.0000, -0.9768)$	1.0360	$(1.0000, -0.9768)$	-0.9885
8	$(1.0000, -1.0118)$	0.9826	$(-0.9883, 1.0000)$	-0.9942
9	$(1.0000, -0.9942)$	1.0088	$(1.0000, -0.9942)$	-0.9971
10	$(1.0000, -1.0029)$	0.9956	$(-0.9971, 1.0000)$	-0.9985
11	$(1.0000, -0.9985)$	1.0022	$(1.0000, -0.9985)$	-0.9993
12	$(1.0000, -1.0007)$	0.9989	$(-0.9993, 1.0000)$	-0.9996
13	$(1.0000, -0.9996)$	1.0005	$(1.0000, -0.9996)$	-0.9998
14	$(1.0000, -1.0002)$	0.9997	$(-0.9998, 1.0000)$	-0.9999
15	$(1.0000, -0.9999)$	1.0001	$(1.0000, -0.9999)$	-1.0000
16	$(1.0000, -1.0000)$	0.9999	$(-1.0000, 1.0000)$	-1.0000
17	$(1.0000, -1.0000)$	1.0000	$-$	$-$

也是互相共轭的. 即

$$Ax_1 = \lambda_1 x_1, \quad A\bar{x}_1 = \bar{\lambda}_1 \bar{x}_1 = \lambda_2 \bar{x}_1.$$

令 $\lambda_1 = \rho \mathrm{e}^{\mathrm{i}\theta}$, 且 u_0 为实的初值向量

$$u_0 = \alpha_1 x_1 + \bar{\alpha}_1 \bar{x}_1 + \sum_{j \geqslant 3}^{n} \alpha_j x_j, \quad \alpha_1 = \gamma \mathrm{e}^{\mathrm{i}\beta}.$$

由式 (4.15) 我们有

$$A^k u_0 = \alpha_1 \lambda_1^k x_1 + \bar{\alpha}_1 \bar{\lambda}_1^k \bar{x}_1 + \sum_{j \geqslant 3}^{n} \alpha_j \lambda_j^k x_j$$

$$= \rho^k \left[\gamma \mathrm{e}^{\mathrm{i}(\beta + k\theta)} x_1 + \gamma \mathrm{e}^{-\mathrm{i}(\beta + k\theta)} \bar{x}_1 + \sum_{j \geqslant 3}^{n} \alpha_j \left(\frac{\lambda_j}{\rho} \right)^k x_j \right]. \tag{4.26}$$

由上式可见, 当 $k \to \infty$ 时, $\dfrac{A^k u_0}{\rho^k}$ 不会收敛, 但求和号中每一项 $\left(\dfrac{\lambda_j}{\rho} \right)^k$ 均趋于零.
令

$$h(\lambda) = (\lambda - \lambda_1)(\lambda - \bar{\lambda}_1) = \lambda^2 - p\lambda - q, \quad p = \lambda_1 + \bar{\lambda}_1 \quad q = -\lambda_1 \bar{\lambda}_1. \tag{4.27}$$

则有

$$(A^{k+2} - pA^{k+1} - qA^k)u_0 = h(A)A^k u_0$$

$$= \alpha_1 \lambda_1^k \underbrace{h(\lambda_1)}_{=0} x_1 + \bar{\alpha}_1 \bar{\lambda}_1^k \underbrace{h(\bar{\lambda}_1)}_{=0} \bar{x}_1 + \sum_{j=3}^n \alpha_j h(\lambda_j)\lambda_j^k x_j$$

$$= \sum_{j=3}^n \alpha_j h(\lambda_j)\lambda_j^k x_j. \tag{4.28}$$

再由式 (4.26) 得

$$\varphi(A^k u_0) = \rho^k \left[\gamma e^{i(\beta+k\theta)}\varphi(x_1) + \gamma e^{-i(\beta+k\theta)}\varphi(\bar{x}_1) + \sum_{j=3}^n \alpha_j \left(\frac{\lambda_j}{\rho}\right)^k \varphi(x_j) \right], \tag{4.29}$$

继而有

$$\lim_{k\to\infty} \frac{(A^{k+2} - pA^{k+1} - qA^k)u_0}{\varphi(A^k u_0)} = 0. \tag{4.30}$$

结合式 (4.23), 即当 k 足够大时, 有

$$\mu_{k+2}\mu_{k+1}u_{k+2} - p\mu_{k+1}u_{k+1} - qu_k \approx 0,$$

也就是说, 此时 u_{k+2}, u_{k+1} 和 u_k 近似线性相关. 对一个固定的 k, 我们可以通过求解下面的优化问题得到 p_k 和 q_k.

$$\min_{p_k, q_k \in \mathbb{R}} \|\mu_{k+2}\mu_{k+1}u_{k+2} - p_k\mu_{k+1}u_{k+1} - q_k u_k\|_2,$$

将其写成最小二乘问题的正规方程组形式有

$$\begin{bmatrix} u_{k+1}^{\mathrm{T}}u_{k+1} & u_{k+1}^{\mathrm{T}}u_k \\ u_k^{\mathrm{T}}u_{k+1} & u_k^{\mathrm{T}}u_k \end{bmatrix} \begin{bmatrix} p_k\mu_{k+1} \\ q_k \end{bmatrix} = \mu_{k+2}\mu_{k+1} \begin{bmatrix} u_{k+1}^{\mathrm{T}}u_{k+2} \\ u_k^{\mathrm{T}}u_{k+2} \end{bmatrix}. \tag{4.31}$$

求得 p_k 和 q_k 以后, 特征值 λ_1 和 $\bar{\lambda}_1$ 可用下式计算

$$\lambda_1 = \frac{p_k}{2} + \sqrt{\frac{p_k^2}{4} + q_k},$$

$$\bar{\lambda}_1 = \frac{p_k}{2} - \sqrt{\frac{p_k^2}{4} + q_k}.$$

再利用式 (4.27), (4.23) 和 (4.30) 有

$$\frac{(A^{k+2} - p_k A^{k+1} - q_k A^k)u_0}{\varphi(A^k u_0)} = (A^2 - p_k A - q_k I)\frac{A^k u_0}{\varphi(A^k u_0)}$$

$$= (A - \lambda_1 I)\left[(A - \bar{\lambda}_1 I)u_k\right] \approx 0,$$

即可计算特征向量 x_1 为

$$x_1 = (A - \bar{\lambda}_1 I) u_k.$$

用幂法计算矩阵主特征值的最大优点是简单, 但幂法的计算效果依赖于矩阵特征值的分布情况, 因此实际使用时很不方便, 必须随时加以分析和判断. 但幂法的基本思想是重要的, 由它可以诱导出一些更有效的算法.

4.4 反幂法

反幂法, 就是将幂法应用于 A^{-1} 上求 A 的模最小的特征值和对应的特征向量.

若矩阵 A 非奇异, 则 A^{-1} 存在且特征值均非零. 设 A 有 n 个线性无关的特征向量 $x_1, \cdots, x_{n-1}, x_n$, 且对应的特征值满足

$$|\lambda_1| \geqslant \cdots \geqslant |\lambda_{n-1}| > |\lambda_n|,$$

则由 $Ax_j = \lambda_j x_j$ 有

$$A^{-1} x_j = \frac{1}{\lambda_j} x_j,$$

即 A^{-1} 的特征值为 $\dfrac{1}{\lambda_j}$ 且满足

$$\left| \frac{1}{\lambda_n} \right| > \left| \frac{1}{\lambda_{n-1}} \right| \cdots \geqslant \left| \frac{1}{\lambda_1} \right|.$$

可见, A^{-1} 的主特征值为 $\dfrac{1}{\lambda_n}$, 主特征向量为 x_n.

由上一节的讨论可知, 令 φ 为 $\mathbb{C}^n$ 上的一个线性泛函, $u_0 \in \mathbb{C}^n$ 是任意给定的初值向量, 应用幂法于 A^{-1}, 则有如下迭代格式

$$\begin{cases} A v_k = u_{k-1}, \\ \mu_k = \varphi(v_k), \\ u_k = \dfrac{v_k}{\mu_k}. \end{cases} \tag{4.32}$$

迭代格式 (4.32) 称为**反幂法**, $\{u_k\}$ 收敛到 A 的对应于 λ_n 的一个特征向量 x_n, 而 $\{\mu_k\}$ 收敛于 λ_n^{-1}, 其收敛速度由 $\dfrac{|\lambda_n|}{|\lambda_{n-1}|}$ 的大小来决定. 需注意的是, (4.32) 中的第一行相当于 $v_k = A^{-1} u_{k-1}$ 的线性方程组形式.

注意到 $\lambda(A - \sigma I) = \lambda(A) - \sigma$. 如果存在 $1 \leqslant s \leqslant n$ 使得 $|\lambda_s - \sigma| < |\lambda_j - \sigma|$, 则有

$$\left| \frac{1}{\lambda_s - \sigma} \right| > \left| \frac{1}{\lambda_j - \sigma} \right|, \ \forall 1 \leqslant j \neq s \leqslant n.$$

由此, 我们可以对矩阵 $A - \sigma I$ 应用反幂法

$$\begin{cases} (A - \sigma I) v_k = u_{k-1}, \\ \mu_k = \varphi(v_k), \\ u_k = \dfrac{v_k}{\mu_k}. \end{cases} \tag{4.33}$$

迭代格式 (4.33) 称为**带位移 σ 的反幂法**, $\{u_k\}$ 收敛到 A 的对应于 λ_s 的一个特征向量 x_s, 而 $\{\mu_k\}$ 收敛于 $\dfrac{1}{\lambda_s - \sigma}$. 该算法常被用来计算最靠近某个给定数值 σ 的特征值和对应的特征向量.

在实际应用中, 带位移的反幂法主要是用来求特征向量的. 当我们用某种方法求得 A 的某个特征值 λ_s 的近似值 $\tilde{\lambda}_s$ 之后, 应用反幂法于 $A - \tilde{\lambda}_s I$ 上, 也就是说, 在实际计算中常用带位移的反幂法修正近似的特征值并求得相应的特征向量.

从迭代格式 (4.33) 可以看出, 反幂法每迭代一次就需要解一个线性方程组, 这要比幂法的运算量大得多. 但是, 由于方程组的系数矩阵不随 k 的变化而变化, 所以能够事先对它进行列选主元的 LU 分解, 然后每次迭代就只需解两个三角形方程组即可.

假定我们将 A 的特征值排序为

$$0 < |\lambda_1 - \sigma| < |\lambda_2 - \sigma| \leqslant |\lambda_3 - \sigma| \leqslant \cdots \leqslant |\lambda_n - \sigma|,$$

则由前一节对幂法的讨论知, 迭代格式 (4.33) 产生的向量序列 $\{u_k\}$ 将收敛到 λ_1 的一个特征向量, 其收敛速度取决于 $\dfrac{|\lambda_1 - \sigma|}{|\lambda_2 - \sigma|}$ 的大小, σ 与 λ_1 越靠近, 其收敛速度就越快.

由此可见, 从收敛速度的角度来考虑, 用迭代格式 (4.33) 进行迭代时, σ 取得越靠近 A 的某个特征值越好. 但是当 σ 与 A 的特征值很靠近时, $A - \sigma I$ 就与一个奇异矩阵很靠近, 每迭代一步就需解一个非常病态的线性方程组. 然而, 实际计算的经验和理论分析的结果表明: $A - \sigma I$ 的病态性并不影响其收敛速度, 而且当 σ 与 A 的某个特征值很靠近时, 常常只需迭代一次就可以得到相当好的近似特征向量.

例 4.4.1　用带原点位移的反幂法求矩阵

$$A = \begin{bmatrix} 2 & 4 & 2 \\ 4 & 3 & 4 \\ 2 & 4 & 6 \end{bmatrix}$$

最靠近数值 2 的特征值及其对应的特征向量.

解　矩阵 A 的特征值为 $\lambda_1 = -1.769\,852\,42$, $\lambda_2 = 2.122\,705\,15$, $\lambda_3 = 10.647\,147\,28$. 取初值向量 $u_0 = (1,1,1)^{\mathrm{T}}$, $l = (1,1,1)^{\mathrm{T}}$, $\varphi(v) = l^{\mathrm{T}} v$, 用带原点位移的反幂法 (4.33) 计算, 结果列于表 4.2:

表 4.2 带位移的反幂法求最靠近 $\sigma = 2$ 的特征值

k	u_k(归一化向量)	$\lambda = \dfrac{1}{\mu_k} + \sigma$
1	$(1.500\,000, 1.000\,000, -1.500\,000)$	$3.000\,000$
2	$(2.136\,364, 1.272\,727, -2.409\,090)$	$2.181\,818$
3	$(2.148\,876, 1.280\,998, -2.429\,775)$	$2.123\,596$
4	$(2.149\,087, 1.280\,937, -2.430\,024)$	$2.122\,716$
5	$(2.149\,088, 1.280\,940, -2.430\,029)$	$2.122\,705$

从表中可知, 反幂法 (4.33) 迭代 4 次即可得到具有 7 位有效数字的最靠近 2 的近似特征值 $\tilde\lambda_2 = 2.122\,705$, 对应的特征向量为

$$x_2 \approx (2.149\,088, 1.280\,940, -2.430\,029)^{\mathrm T}.$$

此外, 我们看到带原点位移 σ 的反幂法中, σ 是固定的值, 但如果 σ 是一个用来近似矩阵特征值的数值的话, 我们还可以给出**带变动位移的反幂法**:

$$
\begin{cases}
给定\ \sigma_1, u_0,\ 令\ k = 1, 2, \cdots, \\
(A - \sigma_k I)v_k = u_{k-1}, \\
\mu_k = \varphi(v_k), \\
u_k = \dfrac{\upsilon_k}{\mu_k}, \\
\sigma_{k+1} = \sigma_k - \dfrac{1}{\mu_k}.
\end{cases}
\tag{4.34}
$$

理论上可以证明, 带变动位移的反幂法具有局部二阶收敛速度. 感兴趣的读者可以参考相关文献加以了解.

*4.5　QR 方法

本节我们介绍用于求解矩阵全部特征值的 QR 方法. 该方法基于矩阵的 QR 分解 (2.10), 利用酉相似变换或者正交相似变换把一个给定矩阵逐步约化为一个近似上三角形矩阵或近似拟上三角形矩阵, 从而实现该矩阵的近似 Schur 分解或近似实 Schur 分解. 其基本收敛速度是二次的, 当原矩阵实对称时, 可达到三次收敛, 是求解特征值问题的重要工具之一.

对给定的矩阵 $A_0 = A \in \mathbb{C}^{n \times n}$, QR 方法的基本迭代格式为

$$
\begin{cases}
A_{m-1} = Q_m R_m, \\
A_m = R_m Q_m, \quad m = 1, 2, \cdots,
\end{cases}
\tag{4.35}
$$

其中 Q_m 为酉矩阵, R_m 为上三角形矩阵. 由 QR 分解定理 2.4.2, 我们可以要求 R_m 的对角元都是非负的. 由迭代格式 (4.35) 易推出矩阵序列 $\{Q_m\}$, $\{R_m\}$, $\{A_m\}$ 满足以下关系:

$$A_m = Q_m^* A_{m-1} Q_m, \tag{4.36}$$

即矩阵序列 $\{A_m\}$ 中每一个矩阵都与原矩阵 A 相似, 因此每个矩阵的特征值都与原矩阵的特征值完全相同. 令

$$\widetilde{Q}_m = Q_1 Q_2 \cdots Q_m, \quad \widetilde{R}_m = R_m R_{m-1} \cdots R_1, \tag{4.37}$$

则有

$$A_m = \widetilde{Q}_m^* A \widetilde{Q}_m. \tag{4.38}$$

若矩阵 A 非奇异, 则亦有

$$A_m = R_m A_{m-1} R_m^{-1}, \quad A_m = \widetilde{R}_m A \widetilde{R}_m^{-1}. \tag{4.39}$$

在适当的条件下, 可以证明 $\{A_m\}$ 中矩阵的对角线以下元素会逐步趋向于零, 从而该矩阵序列本质上收敛于 A 的 Schur 标准型. 然而, 从实际操作的角度看, 使用公式 (4.35) 进行的迭代收敛速度较慢, 并且每次迭代都需要大量的计算. 因此, 接下来我们要想办法减少每次迭代所需的计算量, 并尽可能提高算法的收敛速度.

由于实际应用中所遇到的大多数特征值问题都是关于实矩阵的, 因此我们接下来讨论实矩阵的 QR 迭代, 即实 Schur 分解问题. 为减少每一步迭代的运算量, 我们先利用正交相似变换将原矩阵 A 约化为一个上 Hessenberg 矩阵 H, 然后对 H 进行 QR 迭代.

矩阵上 Hessenberg 化的过程可通过 Householder 变换逐步进行正交相似变换来实现, 即

$$H = H_{n-2} \cdots H_2 H_1 A H_1 H_2 \cdots H_{n-2} = Q_0^{\mathrm{T}} A Q_0, \tag{4.40}$$

其中 $Q_0 = H_1 H_2 \cdots H_{n-2}$, 分解式 (4.40) 称为 A 的**上 Hessenberg 分解**. 设 $n=5$, 该分解过程可示意如下:

$$A = \begin{bmatrix} \times & \times & \times & \times & \times \\ + & \times & \times & \times & \times \\ + & \times & \times & \times & \times \\ + & \times & \times & \times & \times \\ + & \times & \times & \times & \times \end{bmatrix} \xrightarrow{\widetilde{H}_1} H_1 A H_1 = \begin{bmatrix} \times & \times & \times & \times & \times \\ \times & \times & \times & \times & \times \\ 0 & + & \times & \times & \times \\ 0 & + & \times & \times & \times \\ 0 & + & \times & \times & \times \end{bmatrix} \xrightarrow{\widetilde{H}_2} H_2(H_1 A H_1) H_2$$

$$= \begin{bmatrix} \times & \times & \times & \times & \times \\ \times & \times & \times & \times & \times \\ 0 & \times & \times & \times & \times \\ 0 & 0 & + & \times & \times \\ 0 & 0 & + & \times & \times \end{bmatrix} \xrightarrow{\widetilde{H}_3} H_3(H_2 H_1 A H_1 H_2) H_3 = \begin{bmatrix} \times & \times & \times & \times & \times \\ \times & \times & \times & \times & \times \\ 0 & \times & \times & \times & \times \\ 0 & 0 & \times & \times & \times \\ 0 & 0 & 0 & \times & \times \end{bmatrix} = H,$$

其中每一步的 Householder 变换 $\widetilde{H}_j \in \mathbb{R}^{(n-j)\times(n-j)}$ 都使得上一步正交相似变换结果中标为 "+" 的元素所构成的向量变为向量 αe_1, 再令 $H_j = \mathrm{diag}(I_j, \widetilde{H}_j)$, 最后即得到上 Hessenberg 矩阵 H.

结合 Householder 变换算法 2.6, 算法 4.1 给出矩阵上 Hessenberg 化的算法.

算法 4.1   计算上 Hessenberg 分解: $[H, Q] = \mathbf{hess}(A)$

输入: 矩阵 $A \in \mathbb{R}^{n\times n}$

输出: 正交矩阵 $Q \in \mathbb{R}^{n\times n}$ 和上 Hessenberg 矩阵 H, 使得 $H = Q^{\mathrm{T}}AQ$

1: $H = A; Q = I$
2: **for** $k = 1 : n - 2$ **do**
3:    $U = \mathbf{house}(H(k+1:n, k))$
4:    $H(k+1:n, k:n) = UH(k+1:n, k:n)$
5:    $H(1:n, k+1:n) = H(1:n, k+1:n)U$
6:    $Q(1:n, k+1:n) = Q(1:n, k+1:n)U$
7: **end for**

一般来说, 一个矩阵的上 Hessenberg 分解不是唯一的, 但下面的定理说明其在某种意义下具有唯一性.

定理 4.5.1   设 $A \in \mathbb{R}^{n\times n}$ 有两个上 Hessenberg 分解

$$U^{\mathrm{T}}AU = H, \quad V^{\mathrm{T}}AV = G,$$

其中 $U = [u_1, u_2, \cdots, u_n]$ 和 $V = [v_1, v_2, \cdots, v_n]$ 是正交矩阵, H 和 G 是上 Hessenberg 矩阵. 若 $u_1 = v_1$, 且 H 的次对角元素 $h_{i+1,i}$ 均不为零, 则存在对角元为 ± 1 的对角矩阵 D, 使得

$$U = VD, \quad H = DGD.$$

注 4.5.1   一个上 Hessenberg 矩阵 $H = [h_{ij}] \in \mathbb{R}^{n\times n}$ 的次对角元素均不为零时称它是**不可约的**. 上述定理表明, 如果 A 的分解 $Q^{\mathrm{T}}AQ = H$ 中上 Hessenberg 矩阵 H 是不可约的, 其中 Q 是正交矩阵, 则 Q 和 H 完全由 Q 的第一列确定 (在相差一个正负号的意义下唯一).

现在对上 Hessenberg 矩阵 $H \in \mathbb{R}^{n\times n}$ 进行一次 QR 迭代, $H = QR$, $\widetilde{H} = RQ$. 由于 H 的结构特殊, 其 QR 分解可以通过 $n-1$ 个 Givens 变换实现. 设 $n = 5$, 该分解过程可示意如下:

$$H = \begin{bmatrix} + & \times & \times & \times & \times \\ + & \times & \times & \times & \times \\ 0 & \times & \times & \times & \times \\ 0 & 0 & \times & \times & \times \\ 0 & 0 & 0 & \times & \times \end{bmatrix} \xrightarrow{G_{12}} G_{12}H = \begin{bmatrix} \times & \times & \times & \times & \times \\ 0 & + & \times & \times & \times \\ 0 & + & \times & \times & \times \\ 0 & 0 & \times & \times & \times \\ 0 & 0 & 0 & \times & \times \end{bmatrix} \xrightarrow{G_{23}} G_{23}(G_{12}H)$$

$$
= \begin{bmatrix} \times & \times & \times & \times & \times \\ 0 & \times & \times & \times & \times \\ 0 & 0 & + & \times & \times \\ 0 & 0 & + & \times & \times \\ 0 & 0 & 0 & \times & \times \end{bmatrix} \xrightarrow{G_{34}} \cdots \xrightarrow{G_{45}} G_{45}(G_{34}G_{23}G_{12}H) = \begin{bmatrix} \times & \times & \times & \times & \times \\ 0 & \times & \times & \times & \times \\ 0 & 0 & \times & \times & \times \\ 0 & 0 & 0 & \times & \times \\ 0 & 0 & 0 & 0 & \times \end{bmatrix} = R,
$$

其中每一步的 Givens 变换 $G_{i,i+1}$, 都使得上一步正交变换结果中标为 "+" 的元素所构成的向量 $(h_{ii}, h_{i+1,i})^{\mathrm{T}}$ 变为 $(*, 0)^{\mathrm{T}}$, 最后得到的 R 为上三角形矩阵. 对于一般的上 Hessenberg 矩阵 H, 我们可以如法炮制实现 H 的 QR 分解 $H = QR$, 其中 $Q = (G_{n-1,n} \cdots G_{23}G_{12})^{\mathrm{T}}$.

要完成 H 的一次 QR 迭代, 接下来我们还需要计算 $\widetilde{H} = RQ = RG_{12}^{\mathrm{T}}G_{23}^{\mathrm{T}} \cdots G_{n-1,n}^{\mathrm{T}}$. 由于一个矩阵右乘 $G_{i,i+1}^{\mathrm{T}}$ 时只会改变该矩阵的第 i 和 $i+1$ 列, 这使得上例中的 R 和 RG_{12}^{T} 变为

$$
RG_{12}^{\mathrm{T}} = \begin{bmatrix} \times & \times & \times & \times & \times \\ \times & \times & \times & \times & \times \\ 0 & 0 & \times & \times & \times \\ 0 & 0 & 0 & \times & \times \\ 0 & 0 & 0 & 0 & \times \end{bmatrix}, \quad (RG_{12}^{\mathrm{T}})G_{23}^{\mathrm{T}} = \begin{bmatrix} \times & \times & \times & \times & \times \\ \times & \times & \times & \times & \times \\ 0 & \times & \times & \times & \times \\ 0 & 0 & 0 & \times & \times \\ 0 & 0 & 0 & 0 & \times \end{bmatrix},
$$

并最终使得

$$
\widetilde{H} = RG_{12}^{\mathrm{T}}G_{23}^{\mathrm{T}} \cdots G_{45}^{\mathrm{T}} = \begin{bmatrix} \times & \times & \times & \times & \times \\ \times & \times & \times & \times & \times \\ 0 & \times & \times & \times & \times \\ 0 & 0 & \times & \times & \times \\ 0 & 0 & 0 & \times & \times \end{bmatrix}.
$$

由此可知, 我们得到的 $\widetilde{H} = RQ = RG_{12}^{\mathrm{T}}G_{23}^{\mathrm{T}} \cdots G_{n-1,n}^{\mathrm{T}}$ 仍然是一个上 Hessenberg 矩阵, 也就是说,**QR 迭代可以保持上 Hessenberg 矩阵结构不变**. 这样进行的一次 QR 迭代的运算量是 $O(n^2)$, 而一般矩阵的一次 QR 迭代的运算量是 $O(n^3)$, 这样我们就做到了减少每次 QR 迭代的运算量的目的. 而且可以证明, 若 H 是不可约的, 这样的一次 QR 迭代后得到的 $\widetilde{H}$ 也是不可约的.

进一步地, 为了加快 QR 迭代的收敛速度, 我们可以引进带位移的反幂法. 设在第 m 步的位移为 μ_m, 则有如下带原点位移的 QR 迭代:

$$
\begin{aligned}
H_m - \mu_m I &= Q_m R_m, \\
H_{m+1} &= R_m Q_m + \mu_m I,
\end{aligned} \tag{4.41}
$$

其中 $H_0 = H$ 是给定的上 Hessenberg 矩阵. 容易证明, 迭代中的 H_m 依然是上 Hessenberg 矩阵, 且满足如下的相似关系

$$H_{m+1} = Q_m^T(H_m - \mu_m I)Q_m + \mu_m I = Q_m^T H_m Q_m.$$

关于其中位移 μ_m 的选择, 可选择 **Rayleigh 商位移** $\mu_m = h_{nn}^{(m)}$, 或者一种称为 **Wilkinson 位移**的值, 即选择位移 μ_m 为 H_m 右下角的 2×2 子矩阵

$$G_m = \begin{bmatrix} h_{n-1,n-1}^{(m)} & h_{n-1,n}^{(m)} \\ h_{n,n-1}^{(m)} & h_{nn}^{(m)} \end{bmatrix} \tag{4.42}$$

的最靠近 $h_{nn}^{(m)}$ 的那个特征值. 综上所述, 带原点位移的 QR 迭代算法为

$$\begin{cases} H_1 = Q_0^T A Q_0, & (\text{上 Hessenberg 分解}) \\ H_m - \mu_m I = Q_m R_m, & (\text{QR 分解}) \\ H_{m+1} = R_m Q_m + \mu_m I, & m = 1, 2, \cdots. \end{cases} \tag{4.43}$$

在一定条件下, 可以证明带原点位移的 QR 迭代可使特征值具有二次收敛的效果.

虽然 Rayleigh 商位移简单易用, 但当实矩阵 H 具有复共轭特征值时, Rayleigh 商位移并不能逼近这些复特征值. 另一方面, 若此时选择了复数的 Wilkinson 位移, 则迭代步 (4.41) 变成了复数域上的计算. 因此, 为保证在实数域上实现加速的 QR 迭代, 我们下面介绍双重步位移的 QR 算法.

令 μ_1 和 μ_2 为实矩阵 H_m 右下角的 2×2 子矩阵 G_m 的特征值, 记 $H = H_m$. 用 μ_1 和 μ_2 连续做两次位移, 即进行

$$\begin{aligned} H - \mu_1 I &= U_1 R_1, & H_1 &= R_1 U_1 + \mu_1 I, \\ H_1 - \mu_2 I &= U_2 R_2, & H_2 &= R_2 U_2 + \mu_2 I. \end{aligned} \tag{4.44}$$

易得到

$$\begin{aligned} M &= U_1 U_2 R_2 R_1 = U_1(H_1 - \mu_2 I)R_1 = U_1(R_1 U_1 + \mu_1 I)R_1 - \mu_2 U_1 R_1 \\ &= (H - \mu_1 I)(H - \mu_1 I) + (\mu_1 - \mu_2)(H - \mu_1 I) \\ &= (H - \mu_1 I)(H - \mu_2 I). \end{aligned} \tag{4.45}$$

又因为

$$M = (H - \mu_1 I)(H - \mu_2 I) = H^2 - sH + tI, \tag{4.46}$$

其中 $s = \mu_1 + \mu_2 = h_{n-1,n-1} + h_{nn} \in \mathbb{R}$, $t = \mu_1 \mu_2 = h_{n-1,n-1}h_{nn} - h_{n,n-1}h_{n-1,n} \in \mathbb{R}$, 我们知道 M 实际上为实矩阵. 若在迭代 (4.44) 中选取 R_1 和 R_2 的对角元为正数, 则根据 QR 分解定理 2.4.2 可知, (4.46) 为一个实矩阵的 QR 分解 $M = QR$, 其中 $Q = U_1 U_2$ 和 $R = R_2 R_1$ 均为实矩阵, 且有

$$H_2 = U_2^* H_1 U_2 = U_2^* U_1^* H U_1 U_2 = Q^T H Q. \tag{4.47}$$

由此可见, 实上 Hessenberg 矩阵 H_2 可通过下列方式得到:

1. 计算 $M = H^2 - sH + tI$;

2. 计算 M 的 QR 分解: $M = QR$;

3. 计算 $H_2 = Q^{\mathrm{T}} H Q$.

注意到, 步骤 1 中形成 M 的运算量为 $O(n^3)$, 因此该方法不实用. 幸运的是, 利用定理 4.5.1, 我们可以通过如下隐式途径实现 H 到 H_2 的变换:

1. 计算 M 的第 1 列中的非零部分: $Me_1 = (x, y, z, 0, \cdots, 0)^{\mathrm{T}}$;

2. 确定 Householder 矩阵 P_0 使得 $P_0(Me_1) = \alpha e_1$;

3. 计算 Householder 矩阵 $P_1, P_2, \cdots, P_{n-2}$, 使得

$$\widetilde{H} = P_{n-2} \cdots P_1 (P_0 H P_0) P_1 \cdots P_{n-2} = P^{\mathrm{T}} H P \tag{4.48}$$

为上 Hessenberg 矩阵, 其中 $P = P_0 P_1 \cdots P_{n-2}$.

上述过程被称为**带双重步位移的隐式 QR 迭代**. 下面举例介绍该过程并说明 (4.48) 中的 $\widetilde{H}$ 与 (4.47) 中的 H_2 相同, 且正交矩阵 P 和 Q 的第一列相同.

首先确定一个 3 阶 Householder 矩阵 $\widetilde{P}_0$ 使得

$$\widetilde{P}_0 \begin{bmatrix} x \\ y \\ z \end{bmatrix} = \begin{bmatrix} \alpha \\ 0 \\ 0 \end{bmatrix}, \tag{4.49}$$

再令 $P_0 = \mathrm{diag}(\widetilde{P}_0, I_{n-3}) \in \mathbb{R}^{n \times n}$. 注意到, $Me_1 = Q(Re_1) = P_0(\alpha e_1)$, 因此 P_0 和 Q 的第一列共线, P_0 的第一列可作为 Q 的第一列. 接下来我们来确定一系列 Householder 相似变换逐步实现 $P_0 H P_0$ 的上 Hessenberg 分解. 设 $n = 6$, 则有

$$P_0 H P_0 = \begin{bmatrix} \times & \times & \times & \times & \times & \times \\ + & \times & \times & \times & \times & \times \\ + & \times & \times & \times & \times & \times \\ + & \times & \times & \times & \times & \times \\ 0 & 0 & 0 & \times & \times & \times \\ 0 & 0 & 0 & 0 & \times & \times \end{bmatrix} \xrightarrow{\widetilde{P}_1} \begin{bmatrix} \times & \times & \times & \times & \times & \times \\ \times & \times & \times & \times & \times & \times \\ 0 & + & \times & \times & \times & \times \\ 0 & + & \times & \times & \times & \times \\ 0 & + & \times & \times & \times & \times \\ 0 & 0 & 0 & 0 & \times & \times \end{bmatrix}$$

$$\xrightarrow{\widetilde{P}_2} \begin{bmatrix} \times & \times & \times & \times & \times & \times \\ \times & \times & \times & \times & \times & \times \\ 0 & \times & \times & \times & \times & \times \\ 0 & 0 & + & \times & \times & \times \\ 0 & 0 & + & \times & \times & \times \\ 0 & 0 & + & \times & \times & \times \end{bmatrix} \xrightarrow{\widetilde{P}_3} \begin{bmatrix} \times & \times & \times & \times & \times & \times \\ \times & \times & \times & \times & \times & \times \\ 0 & \times & \times & \times & \times & \times \\ 0 & 0 & \times & \times & \times & \times \\ 0 & 0 & 0 & + & \times & \times \\ 0 & 0 & 0 & + & \times & \times \end{bmatrix}$$

$$\xrightarrow{\widetilde{P}_4} \begin{bmatrix} \times & \times & \times & \times & \times & \times \\ \times & \times & \times & \times & \times & \times \\ 0 & \times & \times & \times & \times & \times \\ 0 & 0 & \times & \times & \times & \times \\ 0 & 0 & 0 & \times & \times & \times \\ 0 & 0 & 0 & 0 & \times & \times \end{bmatrix} = \widetilde{H},$$

其中每一步的 Householder 变换 $\widetilde{P}_i$ 都使得上一步正交相似变换结果中标为 "+" 的元素所构成的向量变为 αe_1, 并记

$$P_i = \begin{cases} \operatorname{diag}(I_i, \widetilde{P}_i, I_{n-i-3}), & i = 1, 2, \cdots, n-3; \\ \operatorname{diag}(I_i, \widetilde{P}_i), & i = n-2. \end{cases} \tag{4.50}$$

最终, 我们实现了 H 的另一种上 Hessenberg 分解 $\widetilde{H} = P^{\mathrm{T}}HP$, 其中 $P = P_0 P_1 \cdots P_{n-2}$. 结合 (4.50) 中 P_i 的第一列为 e_1 的特殊结构, 易知 $Pe_1 = P_0 e_1$, 从而有 P 和 Q 的第一列相同, 并进一步得到 $\widetilde{H} = H_2$.

综合上面的讨论, 就得到了算法 4.2——著名的 Francis 双重步位移的 QR 迭代算法:

算法 4.2　双重步位移隐式 QR 迭代

输入: 不可约上 Hessenberg 矩阵 $H \in \mathbb{R}^{n \times n}$

输出: 正交矩阵 $P \in \mathbb{R}^{n \times n}$ 和上 Hessenberg 矩阵 $P^{\mathrm{T}}HP$

1: $P = I$
2: $m = n - 1$
3: $s = H(m, m) + H(n, n)$
4: $t = H(m, m)H(n, n) - H(m, n) + H(n, m)$
5: $x = H(1, 1)H(1, 1) + H(1, 2)H(2, 1) - sH(1, 1) + t$
6: $y = H(2, 1)(H(1, 1) + H(2, 2) - s)$
7: $z = H(2, 1)H(3, 2)$
8: **for** $k = 0 : n - 3$ **do**
9: 　　$q = \max\{1, k\}$
10: 　　$\widetilde{P} = \mathbf{house}((x, y, z)^{\mathrm{T}})$
11: 　　$H(k+1 : k+3, q : n) = \widetilde{P}H(k+1 : k+3, q : n)$
12: 　　$H(1 : n, k+1 : k+3) = H(1 : n, k+1 : k+3)\widetilde{P}$
13: 　　$P(1 : n, k+1 : k+3) = P(1 : n, k+1 : k+3)\widetilde{P}$
14: 　　$x = H(k+2, k+1)$
15: 　　$y = H(k+3, k+1)$
16: 　　**if** $k < n - 3$ **then**
17: 　　　　$z = H(k+4, k+1)$
18: 　　**end if**
19: **end for**
20: $\widetilde{P} = \mathbf{house}((x, y)^{\mathrm{T}})$
21: $H(n-1 : n, n-2 : n) = \widetilde{P}H(n-1 : n, n-2 : n)$
22: $H(1 : n, n-1 : n) = H(1 : n, n-1 : n)\widetilde{P}$
23: $P(1 : n, n-1 : n) = P(1 : n, n-1 : n)\widetilde{P}$

注 4.5.2　该算法实现了 (4.47) 式中的 $H_2 = Q^T H Q$, 相当于隐式地实现了 (4.44), 其的运算量为 $O(n^2)$. 理论上可以证明, 当 (4.44) 中的 μ_1 和 μ_2 都不是 H 的特征值时, 若 H 是不可约上 Hessenberg 矩阵, 则 H_2 也是不可约上 Hessenberg 矩阵.

综合上面的讨论, 我们知道, 对原始的矩阵 $A \in \mathbb{R}^{n \times n}$, 经过对它进行上 Hessenberg 化得到 H 来降低每一步 QR 迭代的运算量, 再利用双重步位移隐式 QR 迭代来加快收敛的速度. 下面, 我们结合适当的收敛准则, 给出实用的 QR 算法 (算法 4.3):

算法 4.3　带双重步位移的隐式 QR 算法

输入: 矩阵 $A \in \mathbb{R}^{n \times n}$

输出: 正交矩阵 $Q \in \mathbb{R}^{n \times n}$ 和拟上三角形矩阵 T 满足 Schur 分解 $T = Q^T A Q$

1: 对 A 上 Hessenberg 化: 利用算法 4.1 产生上 Hessenberg 化得到 H 和正交矩阵 U 满足 $H = U^T A U$; $Q = U$

2: 收敛性判定:

(1) 若 $h_{i+1,i}$ 满足下面的条件, 则将其置为零

$$|h_{i+1,i}| \leqslant (|h_{ii}| + |h_{i+1,i+1}|u),$$

其中 u 为机器精度.

(2) 确定最大的非负整数 m 和最小的非负整数 ℓ, 使得

$$H = \begin{bmatrix} H_{11} & H_{12} & H_{13} \\ O & H_{22} & H_{23} \\ O & O & H_{33} \end{bmatrix} \begin{matrix} \ell \\ n-\ell-m, \\ m \end{matrix}$$
$$\quad\quad \ell \quad\ n-\ell-m \quad m$$

其中 H_{33} 为拟上三角形矩阵, H_{22} 为不可约上 Hessenberg 矩阵.

(3) 如果 $m \doteq n$, 则迭代结束; 否则, 进行下一步.

3: QR 迭代:

(1) 对 H_{22} 应用算法 4.2 进行一次双重步位移隐式 QR 迭代, 得到 $H_{22} = P^T H_{22} P$, 其中 P 为正交矩阵.

(2) 计算

$$Q = QP, \quad H_{12} = H_{12}P, \quad H_{23} = P^T H_{23}.$$

然后转向第 2 步.

4.6　Jacobi 方法

Jacobi 方法是由德国数学家 Jacobi 于 1846 年提出的一种求实对称矩阵全部特征值和特征向量的经典算法. 大家知道, 任何一个实对称矩阵 $A \in \mathbb{R}^{n \times n}$ 都存在一个正交矩阵 U 将其相似变换约化为对角矩阵

$$U^{\mathrm{T}} A U = \mathrm{diag}(\lambda_1, \lambda_2, \cdots, \lambda_n).$$

Jacobi 方法利用对称矩阵的这一特点, 通过一系列适当选取的 Givens 变换, 逐步将给定的实对称矩阵约化为对角矩阵. 虽然在收敛速度方面, Jacobi 方法不及著名的对称 QR 方法, 但它的编程简洁性和高并行效率使其近年来再次受到关注. 此外, 对于某些几乎是对角形的实对称矩阵, Jacobi 方法亦是十分有效的.

设 $A = [\alpha_{ij}]$ 是 $n \times n$ 实对称矩阵. Jacobi 方法的目标就是将 A 的非对角 "范数"

$$E(A) = \left(\|A\|_F^2 - \sum_{i=1}^{n} \alpha_{ii}^2 \right)^{\frac{1}{2}} = \left(\sum_{i=1}^{n} \sum_{\substack{j=1 \\ j \neq i}}^{n} \alpha_{ij}^2 \right)^{\frac{1}{2}} \tag{4.51}$$

逐步约化为零 (这里 $E(A)$ 不是一个范数, 因为 $E(A) = 0$ 不意味着 $A = O$, 即它不满足正定性), 所用的基本工具就是如下的平面旋转变换:

$$J(p, q, \theta) = I + (\cos\theta - 1)(e_p e_p^{\mathrm{T}} + e_q e_q^{\mathrm{T}}) + \sin\theta(e_p e_q^{\mathrm{T}} - e_q e_p^{\mathrm{T}}), \tag{4.52}$$

其中假定 $p < q$, e_k 表示单位矩阵的第 k 列. 我们称该平面旋转变换为 (p, q) 平面的 Jacobi 变换.

令 $B = [\beta_{ij}] = J^{\mathrm{T}} A J$, 则 $J(p, q, \theta)$ 的选择要使得 $E(B)$ 尽可能小. 注意到 A 与 B 只在第 p 行 (列) 和第 q 行 (列) 不同, 且它们之间有如下关系:

$$\begin{aligned}
\beta_{ip} &= \beta_{pi} = c\alpha_{ip} - s\alpha_{iq}, i \neq p, q, \\
\beta_{iq} &= \beta_{qi} = s\alpha_{ip} + c\alpha_{iq}, i \neq p, q, \\
\beta_{pp} &= c^2 \alpha_{pp} - 2sc\alpha_{pq} + s^2 \alpha_{qq}, \\
\beta_{qq} &= s^2 \alpha_{pp} + 2sc\alpha_{pq} + c^2 \alpha_{qq}, \\
\beta_{pq} &= \beta_{qp} = (c^2 - s^2)\alpha_{pq} + sc(\alpha_{pp} - \alpha_{qq}).
\end{aligned} \tag{4.53}$$

Jacobi 方法一次约化的基本步骤是

1. 选择旋转平面 (p, q), $1 \leqslant p < q \leqslant n$;

2. 确定旋转角 θ, 使得

$$\begin{bmatrix} \beta_{pp} & \beta_{pq} \\ \beta_{qp} & \beta_{qq} \end{bmatrix} = \begin{bmatrix} c & s \\ -s & c \end{bmatrix}^{\mathrm{T}} \begin{bmatrix} \alpha_{pp} & \alpha_{pq} \\ \alpha_{qp} & \alpha_{qq} \end{bmatrix} \begin{bmatrix} c & s \\ -s & c \end{bmatrix} \tag{4.54}$$

是对角矩阵 (即 $\beta_{pq} = \beta_{qp} = 0$), 其中 $c = \cos\theta, s = \sin\theta$;

3. 对 A 作相似变换, $B = J^{\mathrm{T}}AJ$, 其中 $J = J(p, q, \theta)$.

在选取旋转平面 (p, q) 之前, 我们首先考虑在选定 (p, q) 之后如何计算 $s = \sin\theta$ 和 $c = \cos\theta$, 使得 $\beta_{pq} = \beta_{qp} = 0$. 由 (4.53) 中的最后一个等式可知 s 和 c 满足

$$\alpha_{pq}(c^2 - s^2) + (\alpha_{pp} - \alpha_{qq})cs = 0. \tag{4.55}$$

如果 $\alpha_{pq} = 0$, 则只需取 $c = 1, s = 0$ 即可. 如果 $\alpha_{pq} \neq 0$, 则令

$$\tau = \frac{\alpha_{qq} - \alpha_{pp}}{2\alpha_{pq}}, t = \tan\theta = \frac{s}{c},$$

并代入 (4.55) 式可知, t 为如下二次方程的解:

$$t^2 + 2\tau t - 1 = 0.$$

该方程有两个根, 这里我们选择旋转角 $\theta \in \left(-\dfrac{\pi}{4}, \dfrac{\pi}{4}\right]$ 的根, 即绝对值最小的根,

$$t = \frac{\mathrm{sgn}(\tau)}{|\tau| + \sqrt{1 + \tau^2}}, \tag{4.56}$$

这对 Jacobi 方法的收敛性是至关重要的. 由式 (4.56) 确定 t 之后, c 和 s 可由下面的公式确定:

$$c = \frac{1}{\sqrt{1 + t^2}}, \quad s = tc. \tag{4.57}$$

现在我们再来看怎样选取旋转平面. 由于 Frobenius 范数在正交变换下保持不变, 故有 $\|B\|_F = \|A\|_F$. 另一方面, 由式 (4.54) 可知

$$\alpha_{pp}^2 + \alpha_{qq}^2 + 2\alpha_{pq}^2 = \beta_{pp}^2 + \beta_{qq}^2 + 2\beta_{pq}^2 = \beta_{pp}^2 + \beta_{qq}^2.$$

这样再结合 $\beta_{jj} = \alpha_{jj}, j \neq p, q$, 我们有

$$\begin{aligned}
E(B)^2 &= \|B\|_F^2 - \sum_{i=1}^{n} \beta_{ii}^2 \\
&= \|A\|_F^2 - \sum_{i=1}^{n} \alpha_{ii}^2 + (\alpha_{pp}^2 + \alpha_{qq}^2 - \beta_{pp}^2 - \beta_{qq}^2) \\
&= E(A)^2 - 2\alpha_{pq}^2.
\end{aligned}$$

由于我们的目标就是使 $E(B)$ 尽可能小, 因此从上式可知, (p, q) 的最佳选择应使

$$|\alpha_{pq}| = \max_{1 \leqslant i < j \leqslant n} |\alpha_{ij}|, \tag{4.58}$$

即应选取非对角元中绝对值最大者所在的行列为旋转平面.

按照式 (4.58) 来确定旋转平面 (p, q), 再由式 (4.56) 和式 (4.57) 来确定 c 和 s 的方法就是**经典 Jacobi 方法**, 其基本迭代格式如下:

$$A_k = [\alpha_{ij}^{(k)}] = J_k^{\mathrm{T}} A_{k-1} J_k, \quad k = 1, 2, \cdots, \tag{4.59}$$

其中 $A_0 = A$, J_k 是对 A_{k-1} 应用式 (4.56)—(4.58) 所确定的 Jacobi 变换.

引理 4.6.1   若 $A = [\alpha_{ij}] \in \mathbb{R}^{n \times n}$ 为对称矩阵, J 为 (4.52) 中所定义的平面旋转变换, 其中 (p, q) 满足 (4.58). 令 $B = J^{\mathrm{T}} A J$. 则有

$$E(B)^2 \leqslant m^2 E(A)^2, \tag{4.60}$$

其中 $m = \sqrt{\dfrac{n^2 - n - 2}{n^2 - n}} < 1$.

证明   在 n 阶对称矩阵 A 中共有 $n^2 - n$ 个非对角元素, 则有 $E(A)^2 \leqslant (n^2 - n)\alpha_{pq}^2$, 即 $\alpha_{pq}^2 \geqslant \dfrac{1}{n^2 - n} E(A)^2$. 由此可知

$$E(B)^2 = E(A)^2 - 2\alpha_{pq}^2 \leqslant \frac{n^2 - n - 2}{n^2 - n} E(A)^2. \qquad \square$$

经典 Jacobi 方法有如下的收敛性定理:

定理 4.6.1   存在 A 的特征值的一个排列 $\lambda_1, \lambda_2, \cdots, \lambda_n$, 使得 (4.59) 式所产生的矩阵序列满足

$$\lim_{k \to \infty} A_k = \mathrm{diag}(\lambda_1, \lambda_2, \cdots, \lambda_n). \tag{4.61}$$

证明   由式 (4.60) 可知, 随着迭代次数 k 的增加, A_k 的非对角元 "范数" $E(A_k)$ 趋于 0, 这意味着 $\alpha_{ij}^{(k)} \to 0$, $i \neq j$. 再证序列 $\{A_k\}$ 收敛至一个对角矩阵.

由式 (4.53), (4.55) 和 (4.58) 可知

$$\begin{aligned}
|\beta_{pp} - \alpha_{pp}| &= |s^2(\alpha_{qq} - \alpha_{pp}) - 2sc\alpha_{pq}| \\
&= |\alpha_{pq}| \left| s^2 \frac{\alpha_{qq} - \alpha_{pp}}{\alpha_{pq}} - 2sc \right| \\
&= |\alpha_{pq}| \left| \frac{s}{c} \right| \leqslant |\alpha_{pq}|.
\end{aligned}$$

同理可证, $|\beta_{qq} - \alpha_{qq}| \leqslant |\alpha_{pq}|$. 若 $(p^{(k)}, q^{(k)})$ 为 A_k 中满足 (4.58) 的下标, 则由引理 4.6.1 可得

$$|\alpha_{jj}^{(k+1)} - \alpha_{jj}^{(k)}| \leqslant |\alpha_{pq}^{(k)}| \leqslant E(A_k) \leqslant m^k E(A),$$

并由此可知,

$$\left| \alpha_{jj}^{(k+\ell)} - \alpha_{jj}^{(k)} \right| \leqslant (m^k + m^{k+1} + \cdots + m^{k+\ell-1}) E(A) \leqslant \frac{m^k}{1-m} E(A), \quad \forall \ell \geqslant 1, \ j = 1, 2, \cdots, n.$$

这蕴涵着序列 $\{A_k\}$ 收敛至一个对角矩阵. 又因为 Jacobi 变换是正交变换, 因此该对角矩阵的对角元素为 A 的特征值. $\qquad \square$

从这一定理的证明我们可以看出, 选择 $|t| = \left| \dfrac{s}{c} \right| \leqslant 1$ 对经典 Jacobi 方法的收敛起

了至关重要的作用. 此外, 引理 4.6.1 亦给出经典 Jacobi 方法的收敛速度的一个粗略的估计:

$$E(A_k)^2 \leqslant m^k E(A_0), \tag{4.62}$$

这表明经典 Jacobi 方法是线性收敛的. 然而, 实际上, 其渐近收敛速度是二次的, 更具体一点讲, 我们可以证明, 存在常数 c, 使得

$$E(A_{k+N}) \leqslant cE(A_k)^2 \tag{4.63}$$

对充分大的自然数 k 成立, 其中 $N = \frac{1}{2}n(n-1)$, 关于这一结果的证明, 有兴趣的读者可以参看 Golub 和 Van Loan 合著的《矩阵计算》(见 [36]) 的第八章及所引用的参考文献. 这里需要说明的一点是, 通常将 N 次 Jacobi 迭代称为一次扫描, 因此, 式 (4.63) 说明, 至某一时刻之后, 每扫描一次, 其非对角 "范数" 将以平方收敛的速度接近于 0. 请看如下实例:

例 4.6.1 应用经典 Jacobi 方法于矩阵上

$$\begin{bmatrix} 1 & 1 & 1 & 1 \\ 1 & 2 & 3 & 4 \\ 1 & 3 & 6 & 10 \\ 1 & 4 & 10 & 20 \end{bmatrix}$$

其结果如表 4.3 所示.

表 4.3 经典 Jacobi 方法

扫描次数	$\mathcal{O}(E(A_{kN}))$
0	10^2
1	10
2	10^{-2}
3	10^{-11}
4	10^{-17}

经典 Jacobi 方法每进行一次相似变换, 所需的运算量仅为 $O(n)$, 而确定旋转平面 (p, q) 却需要进行 $\frac{n(n-1)}{2}$ 个元素之间的比较, 这个过程虽然可以提高收敛速度, 但在大规模问题上是得不偿失的. 因此, 下面介绍的循环 Jacobi 方法可通过简化选择旋转平面的过程来加速矩阵对角化. 循环 Jacobi 方法采用固定顺序逐个消除每个非对角元素, 虽然可能在单次迭代中的收敛效果不如经典 Jacobi 方法选择最佳旋转平面的策略, 但整体计算效率更高, 特别是在大规模矩阵中.

一种最自然的循环 Jacobi 方法是按照如下的顺序来进行扫描的:

$$(p, q) = (1, 2), (1, 3), \cdots, (1, n); (2, 3), \cdots, (2, n); \cdots; (n-1, n).$$

对于这种特殊的循环 Jacobi 方法, 已经证明了它是渐近平方收敛的. 但是, 由于这里不需要寻找最佳的旋转平面, 因此要比经典 Jacobi 方法快得多.

在实际计算中用得多的是上述特殊循环 Jacobi 方法的一种变形 —— **过关 Jacobi 方法**: 首先确定一个 "关值" (即一个正数), 在特殊循环的一次扫描中, 只对那些绝对值超过关值的非对角元所在的平面进行 Jacobi 变换; 这样反复扫描, 当所有的非对角元的绝对值都不超过关值时, 减小关值, 再按这新的关值进行扫描; 如此继续, 直至关值充分小而达到过程的收敛. 常用的关值是按如下方式选取的:

$$\delta_0 = E(A), \quad \delta_k = \frac{\delta_{k-1}}{\sigma}, \quad k = 1, 2, \cdots,$$

其中 $\sigma \geqslant n$ 是一个固定的常数. 可以证明: 按照这样选取的关值, 过关 Jacobi 方法是收敛的.

Jacobi 方法的优点之一就是计算特征向量特别方便. 如果经过 k 次变换后迭代停止了, 则我们有

$$A_k = J_k^{\mathrm{T}} J_{k-1}^{\mathrm{T}} \cdots J_1^{\mathrm{T}} A J_1 J_2 \cdots J_k.$$

记

$$Q_k = J_1 J_2 \cdots J_k,$$

则有

$$A Q_k = Q_k A_k.$$

由于 A_k 的非对角元已经非常小, 其对角元就是 A 的很好的近似特征值, 所以上式表明矩阵 Q_k 的列向量就是 A 的很好的近似特征向量, 并且所有的近似特征向量都是正交规范的. 这样要计算 A 的特征向量, 只需将变换矩阵 J_i 累积起来即可, 累积可以在迭代过程中同时进行.

4.7 习题

1. 设 A 是 $n \times m$ 实矩阵, B 是 $m \times n$ 实矩阵, 且 $m \geqslant n$. 证明:

$$\lambda(BA) = \lambda(AB) \cup \underbrace{\{0, \cdots, 0\}}_{m-n}.$$

2. 设

$$R = \begin{bmatrix} R_{11} & R_{12} \\ & R_{22} \end{bmatrix} \begin{matrix} k \\ n-k \end{matrix}.$$
$$\quad\quad k \quad\quad n-k$$

证明: $\sigma_{k+1}(R) \leqslant \|R_{22}\|_2$, 其中 $\sigma_{k+1}(R)$ 表示 R 的第 $k+1$ 个奇异值.

3. 设 A 为 n 阶实对称矩阵, 其特征值为 $\lambda_1 \geqslant \lambda_2 \geqslant \cdots \geqslant \lambda_n$, 任取 $x \in \mathbb{R}^n$ 且 $\|x\|_2 = 1$, 令 $\mu(x) = x^{\mathrm{T}} A x$. 证明:

(1) $\lambda_n \leqslant \mu(x)$;

(2) $\min\limits_{1 \leqslant k \leqslant n} |\lambda_k - \mu(x)| \leqslant \|(A - \mu(x)I)x\|_2$.

4. 设 A 为 n 阶实对称矩阵, 其特征值为 $\lambda_1 \geqslant \lambda_2 \geqslant \cdots \geqslant \lambda_n$, 任取 $x \in \mathbb{R}^n$ 且 $\|x\|_2 = 1$, 令 $\mu(x) = x^{\mathrm{T}} A x$. 证明:

$$\lambda_1 \geqslant \mu(x).$$

5. 证明: 设 $A \in \mathbb{C}^{n \times n}$. 对于给定的非零向量 $x \in \mathbb{C}$, 定义

$$R(x) = \frac{x^* A x}{x^* x},$$

称为 x 对 A 的 **Rayleigh 商**. 证明: 对任意的 $0 \neq x \in \mathbb{C}^n$ 有

$$\|Ax - R(x)x\|_2 = \min_{\mu \in \mathbb{C}} \|Ax - \mu x\|_2.$$

6. 设 $A \in \mathbb{C}^{m \times n}$, rank$(A) = r$. 证明:

$$\|A\|_2 = \sigma_1, \|A\|_F^2 = \sigma_1^2 + \sigma_2^2 + \cdots + \sigma_r^2.$$

7. 用幂法求下列矩阵的主特征值及其相应的特征向量 (取 $u_0 = (0,1,0)^{\mathrm{T}}$, $\varphi(x) = l^{\mathrm{T}}x$, $l = (1,0,0)^{\mathrm{T}}$, 迭代 3 次):

(1) $\begin{bmatrix} 1 & -1 & 0 \\ -1 & 2 & -1 \\ 0 & -1 & 1 \end{bmatrix}$; (2) $\begin{bmatrix} 2 & -1 & 0 \\ -2 & 0 & -2 \\ 1 & 1 & 3 \end{bmatrix}$.

8. 用反幂法求矩阵的

$$\begin{bmatrix} 1 & -1 & 0 \\ 2 & 2 & 3 \\ -1 & 3 & 2 \end{bmatrix}$$

的模最小的特征值及其相应的特征向量 (取 $u_0 = (0,1,0)^{\mathrm{T}}$, $\varphi(x) = l^{\mathrm{T}}x$, $l = (1,0,0)^{\mathrm{T}}$, 迭代 3 次).

9. 设 H 是一个不可约的上 Hessenberg 矩阵. 证明: 存在一个对角矩阵 D, 使得 $D^{-1}HD$ 的次对角元均为 1. $\kappa_2(D) = \|D\|_2\|D^{-1}\|_2$ 是多少?

10. 设 R 是一个非奇异上三角形矩阵, C 是一个上 Hessenberg 矩阵, 证明 RCR^{-1} 亦是一个上 Hessenberg 矩阵.

11. 证明: 若给定 $H = H_0$, 并由

$$H_k - \mu_k I = U_k R_k$$

和

$$H_{k+1} = R_k U_k + \mu_k I$$

产生矩阵序列 $\{H_k\}$, 则有

$$(U_0 U_1 \cdots U_j)(R_j \cdots R_1 R_0) = (H - \mu_0 I)(H - \mu_1 I) \cdots (H - \mu_j I).$$

12. 若存在非奇异矩阵 W, 使得 $W(I - G)W^{-1}$ 是对称正定矩阵, 则称迭代方法

$$x_{k+1} = Gx_k + g$$

是可对称化的. 现假定上述方法是可对称化的, 证明:

(1) G 的特征值全部为实数, 且都小于 1;

(2) 存在 γ, 使得下面的外推迭代方法收敛

$$x_{k+1} = (1 - \gamma)x_k + \gamma(Gx_k + g).$$

第五章

优化问题概述

最优化问题是指在给定的一组约束条件下, 寻找一些函数自变量的取值, 使得某个特定目标函数取得最大值或最小值的问题. 这类问题广泛应用在材料科学、量子化学、生命科学、信息科学、大数据与人工智能、经济与金融、工程计算等领域. 最优化问题的计算方法不仅广泛使用插值和其他数值逼近工具, 这些方法还与求解线性代数方程和特征值问题紧密相关, 甚至也被用于求解微分方程, 因此它们是计算数学的一个重要组成部分.

在本章中, 我们将介绍最优化问题的定义与最优性条件、迭代方法和搜索方法中的基本概念以及一类典型的优化问题——二次函数的优化问题. 这些都是最优化计算方法的基础.

5.1　最优化问题

这一节将给出最优化问题的描述和最优化问题解存在性的理论. 在引入最优化问题之前, 我们首先介绍与拓展实值函数相关的一些概念以及函数的下半连续性.

我们定义拓展实数集合为 $[-\infty, +\infty] := \mathbb{R} \cup \{-\infty, +\infty\}$, 也记作 $\overline{\mathbb{R}}$. 相应地, 拓展实数运算如下: 对任意 $a \in \mathbb{R}$,

$$a + \infty = +\infty = \infty + a, \quad a - \infty = -\infty = -\infty + a,$$

$$a \cdot \infty = \operatorname{sgn}(a)\infty = \infty \cdot a, \quad a \cdot (-\infty) = -\operatorname{sgn}(a)\infty = -\infty \cdot a.$$

同时, 我们额外规定 $0 \cdot \infty = 0, \infty - \infty = -\infty + \infty = \infty$.

此外, 上确界 (supremum) 和下确界 (infimum) 的概念也相应拓展. 对于集合 $S \subseteq \mathbb{R}$, 其上下界定义与原来相同. 而对于 $\varnothing$ 而言, 我们规定 $\inf \varnothing = +\infty, \sup \varnothing = -\infty$.

对于拓展实值函数 $f : \mathbb{R}^n \to \overline{\mathbb{R}}$, 我们介绍如下若干概念.

定义 5.1.1 (拓展实值函数的定义域、适定性、上图和水平集)

(1) 定义域 (domain): $\operatorname{dom}(f) := \{x \mid f(x) < +\infty\}$.

(2) 适定性 (properness): 我们称 f 是适定的, 如果 $\operatorname{dom}(f) \neq \varnothing$ 且 $f(x) > -\infty$, $\forall x \in \mathbb{R}^n$.

(3) 上图 (epigraph): $\operatorname{epi}(f) := \{(x, \alpha) \in \mathbb{R}^n \times \mathbb{R} \mid f(x) \leqslant \alpha\}$.

(4) 水平集 (level set): $\forall \alpha \in \mathbb{R}, \operatorname{lev}_{\leqslant \alpha}(f) := \{x \in \mathbb{R}^n \mid f(x) \leqslant \alpha\}$.

(5) 称 f 水平集有界 (level-bounded), 如果 $\forall \alpha \in \mathbb{R}, \operatorname{lev}_{\leqslant \alpha}(f)$ 有界.

例 5.1.1 (集合的指示函数 (indicator function))　设 $S \subseteq \mathbb{R}^n$, 定义 $\delta_S : \mathbb{R}^n \to \overline{\mathbb{R}}$ 为

$$\delta_S(x) = \begin{cases} 0, & x \in S, \\ +\infty, & \text{其他}. \end{cases}$$

从指示函数的定义可知: $\mathrm{dom}(\delta_S) = S$, 故 δ_S 适定当且仅当 $S \neq \varnothing$. 另外, $\mathrm{epi}(\delta_S) = S \times [0, +\infty)$,

$$\mathrm{lev}_{\leqslant \alpha}(\delta_S) = \begin{cases} S, & \alpha \geqslant 0, \\ \varnothing, & \alpha < 0. \end{cases}$$

δ_S 水平集有界的充分必要条件就是 S 有界.

函数的下半连续性在分析极小化问题解的存在性时具有重要作用. 下面, 我们给出函数上半连续性和下半连续性的定义.

定义 5.1.2 (函数的上半连续性与下半连续性 (upper & lower semi-continuity)) 设 $f : \mathbb{R}^n \to \overline{\mathbb{R}}, \overline{x} \in \mathbb{R}^n$, 称 f 在 $\overline{x}$ 处

(1) 下半连续, 若 $\liminf\limits_{x \to \overline{x}} f(x) \geqslant f(\overline{x})$;

(2) 上半连续, 若 $\limsup\limits_{x \to \overline{x}} f(x) \leqslant f(\overline{x})$.

事实上, 我们也可以等价地将 f 在 $\overline{x}$ 处下半连续或上半连续写成

$$\liminf\limits_{x \to \overline{x}} f(x) = f(\overline{x}) \quad \text{或} \quad \limsup\limits_{x \to \overline{x}} f(x) = f(\overline{x}).$$

基于以上内容, 不难得到函数在某一点连续的充分必要条件.

命题 5.1.1 f 在 $\overline{x}$ 处连续当且仅当 f 在 $\overline{x}$ 处既上半连续也下半连续.

命题 5.1.2 (下半连续性的等价刻画) 令 $f : \mathbb{R}^n \to \overline{\mathbb{R}}$, 则下述命题等价

(1) f 在 $\mathbb{R}^n$ 上是下半连续的;

(2) $\mathrm{epi}(f)$ 是闭的;

(3) $\mathrm{lev}_{\leqslant \alpha}(f)$ 对任意 $\alpha \in \mathbb{R}$ 是闭的[①].

证明 (1)$\Rightarrow$(2): 对 $\mathrm{epi}(f)$ 中的任一序列 $\{(x_k, \alpha_k)\} \to (x, \alpha) \in \mathbb{R}^n \times \mathbb{R}$, 有

$$f(x) \leqslant \liminf\limits_{k \to \infty} f(x_k) \leqslant \lim\limits_{k \to \infty} \alpha_k = \alpha.$$

即 $(x, \alpha) \in \mathrm{epi}(f)$. 故 $\mathrm{epi}(f)$ 是闭的.

(2)$\Rightarrow$(3): 对任意 $\alpha \in \mathbb{R}$, $\mathrm{lev}_{\leqslant \alpha}(f)$ 中的任一序列 $\{x_k\} \to x$, 有

$$(x_k, \alpha) \to (x, \alpha) \Rightarrow (x, \alpha) \in \mathrm{epi}(f) \Rightarrow f(x) \leqslant \alpha \Rightarrow x \in \mathrm{lev}_{\leqslant \alpha}(f),$$

即 $\mathrm{lev}_{\leqslant \alpha}(f)$ 是闭的.

(3)$\Rightarrow$(1): 假设 f 不是下半连续的, 则存在 $\{x_k\} \to x$ 使得 $f(x_k) \to \alpha < f(x)$. 于是存在 $\gamma \in (\alpha, f(x))$, $K > 0$, 对任意 $k > K$, $f(x_k) < \gamma < f(x)$, 也即 $\{x_k\}_{k>K} \subseteq \mathrm{lev}_{\leqslant \gamma}(f)$ 但 $x \notin \mathrm{lev}_{\leqslant \gamma}(f)$. 这与 $\mathrm{lev}_{\leqslant \gamma}(f)$ 的闭性矛盾. 故 f 是下半连续的. $\square$

推论 5.1.1 (指示函数的下半连续性) $C \subseteq \mathbb{R}^n$, δ_C 是适定且下半连续的当且仅当 C 非空且闭.

---

① 有些文献上称满足这一条的函数是闭函数. 因此命题 5.1.2 告诉我们, 下半连续函数就是闭函数.

有了拓展实值函数和下半连续的概念, 我们可以进而定义极小化问题并初步分析极小化问题的极小值点的存在性.

定义 5.1.3 (极小化与极大化问题)   假设 $f : \mathbb{R}^n \to \overline{\mathbb{R}}$, $X \subseteq \mathbb{R}^n$,

$$\text{极小化问题:}\quad \inf_X f = \inf_{x \in X} f(x) := \inf\{f(x) : x \in X\},$$

$$\text{极大化问题:}\quad \sup_X f = \sup_{x \in X} f(x) := \sup\{f(x) : x \in X\}.$$

在相差一个负号的意义下, 极小化与极大化可以互相转化. 因此不失一般性, 后面只讨论极小化问题. 当 $X = \mathbb{R}^n$ 时, 对应的极小化问题是无约束优化问题 (unconstrained optimization problem); 当 $X \neq \mathbb{R}^n$ 时, 对应的极小化问题是有约束优化问题 (constrained optimization problem). 利用指示函数, 约束优化问题可以转化为无约束优化问题:

$$\inf_X f = \inf_{\mathbb{R}^n} f + \delta_X.$$

上面定义极小 (大) 化问题时, 我们用的是下 (上) 确界. 这是个极限语言, 即不一定真正能在 X 中某个点取到, 但若可以取到, 我们就可以定义极值点集.

$$\text{极小值点集合:}\quad \operatorname*{argmin}_X f = \operatorname*{argmin}_{x \in X} f(x) := \{x \in X : f(x) = \inf_X f\};$$

$$\text{极大值点集合:}\quad \operatorname*{argmax}_X f = \operatorname*{argmax}_{x \in X} f(x) := \{x \in X : f(x) = \sup_X f\}.$$

下面的定理 5.1.1 给出了极小值点存在的一个充分条件.

定理 5.1.1 (极小值存在定理)   设 $f : \mathbb{R}^n \to \overline{\mathbb{R}}$ 是适定, 下半连续且水平集有界的函数, 则 $\operatorname*{argmin}_{\mathbb{R}^n} f \neq \varnothing$ 并且 $\inf_{\mathbb{R}^n} f \in \mathbb{R}$.

证明   记 $f^* = \inf_{\mathbb{R}^n} f$. 因为 $\operatorname{dom}(f) \neq \varnothing$, 故 $f^* < +\infty$. 根据 inf 的定义, $\exists \{x_k\} \subseteq \mathbb{R}^n$ 使得 $f(x_k) \to f^*$. 于是无论 f^* 是否是 $-\infty$, 都存在足够大的 $K > 0$, 使得 $\forall k > K$, 有 $x_k \in \operatorname{lev}_{\leqslant \max\{f^*+1, 1\}}(f)$ 成立. 由于 f 是下半连续的, $\operatorname{lev}_{\leqslant \max\{f^*+1, 1\}}(f)$ 是闭集, 由假设它是有界的, 因此 $\operatorname{lev}_{\leqslant \max\{f^*+1, 1\}}(f)$ 是紧集. 由 Bolzano-Weierstrass 定理, $\exists \{x_{k_j}\} \to \overline{x} \in \operatorname{lev}_{\leqslant \max\{f^*+1, 1\}}(f)$, 使得

$$f(\overline{x}) \leqslant \liminf_{x \to \overline{x}} f(x) \leqslant \lim_{j \to \infty} f(x_{k_j}) = f^* \leqslant f(\overline{x}),$$

则 $f^* = f(\overline{x}) \in \mathbb{R}$, 即 $\overline{x} \in \operatorname*{argmin}_{\mathbb{R}^n} f$.   □

> **注 5.1.1**   上述定理中的下半连续, inf, argmin 分别改成上半连续, sup, argmax, 结论仍然成立. 利用指示函数, 上述定理的结论可自然推广到约束极小化问题 $\inf_X f$ 上.

推论 5.1.2   设 $f : \mathbb{R}^n \to \overline{\mathbb{R}}$ 是适定, 下半连续的函数, X 为紧集, 且 $X \cap \operatorname{dom}(f) \neq \varnothing$. 则 $\operatorname*{argmin}_X f \neq \varnothing$ 并且 $\inf_X f \in \mathbb{R}$.

在接下来的章节里, 我们假定所研究的极小化问题的极小值点存在, 因此定义 5.1.3 中的极小化问题也称作最优化问题, 记作

$$\min_{x \in X} f(x). \tag{5.1}$$

其中, x 称作变量, $f: \mathbb{R}^n \to \mathbb{R}$ 是适定的目标函数, X 为可行域. 我们将可行域中包含的点称为可行解或可行点.

下面, 我们给出问题 (5.1) 的全局极小值点 (global minimizer) 和局部极小值点 (local minimizer) 的定义.

定义 5.1.4 (全局极小值点和局部极小值点)

(1) 我们称 x^* 是问题 (5.1) 的全局极小值点或全局最优解, 若 $x^* \in X$ 且 $f(x^*) \leqslant f(x)$ 对所有 $x \in X$ 均成立. 此时, 称 $f(x^*)$ 是问题 (5.1) 的全局极小值.

(2) 我们称 x^* 是问题 (5.1) 的局部极小值点或局部最优解, 若 $x^* \in X$ 且存在 x^* 的一个邻域 $\mathcal{N}(x^*)$, 使得 $f(x^*) \leqslant f(x)$ 对所有 $x \in \mathcal{N}(x^*) \cap X$ 均成立.

(3) 我们称 x^* 是问题 (5.1) 的严格局部极小值点, 若 $x^* \in X$ 且存在 x^* 的一个邻域 $\mathcal{N}(x^*)$, 使得 $f(x^*) < f(x)$ 对所有 $x \in \mathcal{N}(x^*) \cap X \backslash \{x^*\}$ 均成立.

根据定义, 全局极小值点一定是局部极小值点, 反之则不一定成立. 如果 X 是凸集, 目标函数 f 是凸函数, 则局部极小值点也是全局极小值点. 我们将全局极小值点和局部极小值点统称为极小值点; 亦将全局最优解和局部最优解统称为最优解.

5.2 最优性条件

在这一节中, 我们首先给出锥的定义, 并介绍极锥、切锥和法锥的概念, 然后我们引入最优化问题的基本一阶最优性条件, 讨论无约束优化问题和有约束优化问题的最优性条件.

定义 5.2.1 称非空集合 $K \subseteq \mathbb{R}^n$ 是锥, 如果对任意 $\lambda \geqslant 0$, $\lambda K \subseteq K$, 也即 K 对非负数乘封闭.

根据我们的定义, 锥包含原点. 但在有些文献中, 锥的定义有所不同, 不必包含原点. 因此在我们的定义下, 线性变换保持锥但仿射变换不一定保持.

命题 5.2.1 设 $K \subseteq \mathbb{R}^n$ 是锥. 则 K 是凸锥当且仅当 $K + K \subseteq K$.

常见的凸锥包括: $\mathbb{R}^n$ 的线性子空间, 非负卦限, 对称半正定矩阵集合等.

定义 5.2.2 (极锥) $K \subseteq \mathbb{R}^n$ 是锥, 其极锥 (polar cone) 定义为 $K^\circ := \{d \in \mathbb{R}^n : \langle d, x \rangle \leqslant 0, \forall x \in K\}$. 进一步, 二次极锥 (bipolar cone) 定义为 $K^{\circ\circ} := (K^\circ)^\circ$.

定义 5.2.3 (凸锥包与闭凸锥包) 设 $S \subseteq \mathbb{R}^n$ 非空. S 的凸锥包 (convex conical hull)

定义为

$$\text{cone}(S) := \bigcap_{\substack{S \subseteq M \\ M \text{是凸锥}}} M.$$

进一步定义闭凸锥包 (closed convex conical hull) $\overline{\text{cone}}(S)$ 为 $\text{cone}(S)$ 的闭包.

定义 5.2.4 (切锥) 设 $S \subseteq \mathbb{R}^n, x \in S$, 则我们称

$$T_S(x) := \left\{ d \in \mathbb{R}^n : \exists S \supseteq \{x_k\} \to x, \{t_k\} \to 0^+, \lim_{k \to \infty} \frac{x_k - x}{t_k} = d \right\}$$

为 S 在 x 处的切锥 (tangent cone).

命题 5.2.2 设 $S \subseteq \mathbb{R}^n, x \in S$, 则 $T_S(x)$ 是闭锥.

定义 5.2.5 (法锥) 设 $C \subseteq \mathbb{R}^n, x \in C$. 我们称 $N_C(x) := (T_C(x))^\circ$ 为 C 在 x 处的 (Fréchet) 法锥 (normal cone).

定理 5.2.1 (基本一阶最优性条件) 假设 $f : \mathbb{R}^n \to \mathbb{R}$ 连续可微, $X \subseteq \mathbb{R}^n$ 是非空集合. 若 x^* 是优化问题 (5.1) 的局部极小值点, 则

(1) 对任意 $d \in T_X(x^*)$, $\langle \nabla f(x^*), d \rangle \geqslant 0$;

(2) $0 \in \nabla f(x^*) + N_X(x^*)$.

证明 (1) 对任意 $d \in T_X(x^*)$, 存在 X 中 $\{x_k\} \to x^*$, $\{t_k > 0\} \to 0$ 使得 $\dfrac{x_k - x^*}{t_k} \to d$. 由微分中值定理, 对任意 $k \in \mathbb{N}$, 存在 $\lambda_k \in [0,1]$ 以及 $\xi_k = \lambda_k x_k + (1 - \lambda_k)x^*$, 使得

$$f(x_k) - f(x^*) = \langle \nabla f(\xi_k), x_k - x^* \rangle.$$

由于 x^* 是局部极小值点, 当 k 充分大时, 有 $0 \leqslant f(x_k) - f(x^*)$. 再由 ∇f 的连续性,

$$0 \leqslant \lim_{k \to \infty} \left\langle \nabla f(\xi_k), \frac{x_k - x^*}{t_k} \right\rangle = \langle \nabla f(x^*), d \rangle.$$

(2) 由 (1) 及法锥的定义, $-\nabla f(x^*) \in N_X(x^*)$. 这等价于 $0 \in \nabla f(x^*) + N_X(x^*)$. $\square$

在问题 (5.1) 中, 当 $X = \mathbb{R}^n$ 时, (5.1) 是一个无约束优化问题. 此时, 我们根据定理 5.2.1 可以得到无约束优化问题的一阶最优性条件.

定理 5.2.2 (一阶最优性条件) 假设 $f : \mathbb{R}^n \to \mathbb{R}$ 连续可微, $X = \mathbb{R}^n$. 若 x^* 是 (5.1) 的局部极小值点. 则 $\nabla f(x^*) = 0$. 我们称这样的 x^* 是 (5.1) 的一阶稳定点.

证明 直接由基本一阶最优性条件, 令其中 $X = \mathbb{R}^n$, 并注意到 $N_{\mathbb{R}^n}(x^*) = \{0\}$ 即得证. $\square$

接下来, 我们不加证明地给出无约束优化问题的二阶最优性条件.

定理 5.2.3 (二阶必要性条件) 假设 $f : \mathbb{R}^n \to \mathbb{R}$ 连续可微, $X = \mathbb{R}^n$, $x^* \in \mathbb{R}^n$ 是 $f(x)$ 的一个局部极小值点. 如果 $f(x)$ 在 x^* 的一个开邻域中二次连续可微, 则有

$$d^{\mathrm{T}}\nabla^2 f(x^*)d \geqslant 0, \quad \forall d \in \mathbb{R}^n.$$

我们称这样的 x^* 为二阶稳定点.

定理 5.2.4 (二阶充分性条件) 假设 $f : \mathbb{R}^n \to \mathbb{R}$ 连续可微, $X = \mathbb{R}^n$, $x^* \in \mathbb{R}^n$. 如果 $f(x)$ 在 x^* 的一个开邻域中二次连续可微, 并且对任意 $d \in \mathbb{R}^n \setminus \{0\}$ 都有

$$d^{\mathrm{T}}\nabla^2 f(x^*)d > 0.$$

则 x^* 是无约束优化问题的局部 (严格) 极小值点.

接下来, 我们考虑可行域由等式约束和不等式约束组成的情况, 即如下约束优化问题:

$$
\begin{aligned}
\min \quad & f(x), \\
\text{s. t.} \quad & c_i(x) = 0, \quad i = 1, 2, \cdots, m_e, \\
& c_i(x) \geqslant 0, \quad i = m_e + 1, m_e + 2, \cdots, m.
\end{aligned}
\tag{5.2}
$$

其中 $f : \mathbb{R}^n \to \mathbb{R}, c = (c_1, c_2, \cdots, c_m) : \mathbb{R}^n \to \mathbb{R}^m$, $f(x)$ 和 $c(x)$ 连续可微. 另外, 我们记 $\mathcal{E} := \{1, 2, \cdots, m_e\}$, $\mathcal{I} := \{m_e + 1, m_e + 2, \cdots, m\}$ 以及 $X := \{x \in \mathbb{R}^n : c_i(x) = 0, i \in \mathcal{E}; c_i(x) \geqslant 0, i \in \mathcal{I}\}$ 为 (5.2) 的可行集. 对于任何 $x \in X$, 我们称 $\mathcal{A}(x) := \mathcal{I}(x) \cup \mathcal{E}$ 为 x 的积极集, 其中 $\mathcal{I}(x) := \{i \in \{m_e + 1, m_e + 2, \cdots, m\} : c_i(x) = 0\} \subseteq \mathcal{I}$.

我们首先介绍一个重要的引理, 称为 Farkas 引理.

引理 5.2.1 (Farkas 引理) 设 $A \in \mathbb{R}^{m \times n}, b \in \mathbb{R}^n$, 则以下结论等价:

(1) 多面体 $P = \{x \in \mathbb{R}^m : A^{\mathrm{T}}x = b, x \geqslant 0\}$ 非空;

(2) $\forall d \in \mathbb{R}^n$, 若 $Ad \geqslant 0$, 则有 $b^{\mathrm{T}}d \geqslant 0$.

证明 $(1) \Rightarrow (2)$ 取 $x \in P, \forall d \in \mathbb{R}^n, Ad \geqslant 0$, 则

$$b^{\mathrm{T}}d = x^{\mathrm{T}}Ad \geqslant 0.$$

$(2) \Rightarrow (1)$ 记 $S = \{A^{\mathrm{T}}x : x \geqslant 0\}$, 则 S 是闭凸集. 假设 P 为空集, 则 $b \notin S$. 由凸集的严格分离超平面定理知, $\exists d \in \mathbb{R}^n, \alpha \in \mathbb{R}$ 使得

$$d^{\mathrm{T}}b < \alpha \leqslant d^{\mathrm{T}}A^{\mathrm{T}}x, \quad \forall x \geqslant 0.$$

若存在 Ad 的某个分量小于 0, 则存在 Ad 某个分量小于 0, 如 $(Ad)_j < 0$. 取 $x_i = 0$, $\forall i \neq j$, 同时 $x_j \to \infty$, 则 α 只能为 $-\infty$. 但 $d^{\mathrm{T}}b > -\infty$, 矛盾. 故 $Ad \geqslant 0$. 于是有 $d^{\mathrm{T}}b \geqslant 0$, 进而 $\alpha > 0$. 再取 $x = 0$, 又有 $\alpha \leqslant 0$, 矛盾. 故 P 非空. $\quad\square$

引理 5.2.1 的几何意义是直观的: 设 A^{T} 有分块 $A^{\mathrm{T}} = [a_1, a_2, \cdots, a_m]$, 则 (1) 等价于 $b \in \operatorname{cone}\{a_1, a_2, \cdots, a_m\}$; (2) 等价于如果 d 与 $a_i, i = 1, 2, \cdots, m$ 都成锐角, 则 d 与 b 必成锐角. 引理 5.2.1 也称作是 "二择一" 定理. 事实上, 稍微改变命题的陈述即可有: 线性系统 (I): $A^{\mathrm{T}}x = b, x \geqslant 0$ 与线性系统 (II): $b^{\mathrm{T}}d < 0, Ad \geqslant 0$ 中有且只有一个有解. Farkas 引理与 "二择一" 定理均有许多不同的推广形式.

基于基本一阶最优性条件, 我们想要为问题 (5.2) 得到一个计算上更易验证的形式, 下面的 KKT 定理给出了这样的形式.

定理 5.2.5 (KKT 条件 (Karush-Kuhn-Tucker Conditions))   假设 x^* 是问题 (5.2) 的一个局部极小值点. 如果切锥 $T_X(x^*)$ 和

$$L(x^*) := \left\{ d \in \mathbb{R}^n : \begin{array}{l} \nabla c_i(x^*)^{\mathrm{T}} d \geqslant 0, \forall i \in \mathcal{I}(x^*), \\ \nabla c_i(x^*)^{\mathrm{T}} d = 0, \forall i \in \mathcal{E} \end{array} \right\}$$

相同, 那么存在 Lagrange 乘子 $\lambda^* \in \mathbb{R}^m$ 使得如下条件成立:

$$\begin{aligned} \text{稳定性条件:} \quad & \nabla f(x^*) - \sum_{i \in \mathcal{I} \cup \mathcal{E}} \lambda_i^* \nabla c_i(x^*) = 0; \\ \text{原始可行性条件:} \quad & c_i(x^*) = 0, \ \forall i \in \mathcal{E}; \\ \text{原始可行性条件:} \quad & c_i(x^*) \geqslant 0, \ \forall i \in \mathcal{I}; \\ \text{对偶可行性条件:} \quad & \lambda_i^* \geqslant 0, \ \forall i \in \mathcal{I}; \\ \text{互补松弛条件:} \quad & \lambda_i^* c_i(x^*) = 0, \ \forall i \in \mathcal{I}. \end{aligned} \tag{5.3}$$

这些条件称为 KKT 条件, 满足 KKT 条件的点 x^* 称为 KKT 点, (x^*, λ^*) 称为 KKT 对.

证明   由 x^* 是局部极小值点, 可知原始可行性条件成立. 再根据基本一阶最优性条件有

$$\nabla f(x^*)^{\mathrm{T}} d \geqslant 0, \quad \forall d \in T_X(x^*). \tag{5.4}$$

记

$$A = \begin{pmatrix} \nabla c_i(x^*)^{\mathrm{T}} \ (i \in \mathcal{I}(x^*)) \\ -\nabla c_j(x^*)^{\mathrm{T}} \ (j \in \mathcal{E}) \\ \nabla c_j(x^*)^{\mathrm{T}} \ (j \in \mathcal{E}) \end{pmatrix} \in \mathbb{R}^{(m'+2m_e) \times n},$$

其中 $m' := |\mathcal{I}(x^*)|$. 根据线性化可行方向锥的定义, 有 $\{d : Ad \geqslant 0\} = L(x^*)$. 进而, 由假设 $L(x^*) = T_X(x^*)$, 我们知道所有满足 $Ad \geqslant 0$ 的 d, 必定满足 $d \in T_X(x^*)$, 于是由 (5.4) 知 $\nabla f(x^*)^{\mathrm{T}} d \geqslant 0$ 成立. 由 Farkas 引理, 存在

$$0 \leqslant \begin{pmatrix} \lambda \\ \mu_- \\ \mu_+ \end{pmatrix} \in \mathbb{R}_+^{m'+2m_e},$$

使得

$$A^{\mathrm{T}} \begin{pmatrix} \lambda \\ \mu_- \\ \mu_+ \end{pmatrix} = \nabla f(x^*)$$

成立. 令 $\lambda_i^* = \lambda_i, \forall i \in \mathcal{I}(x^*)$; $\lambda_i^* = \mu_+ - \mu_-, \forall i \in \mathcal{E}$; $\lambda_i^* = 0, \forall i \in \mathcal{I} \backslash \mathcal{I}(x^*)$, 则

$$\nabla f(x^*) - \sum_{i \in \mathcal{I} \cup \mathcal{E}} \lambda_i^* \nabla c_i(x^*) = 0.$$

从而稳定性条件成立.

再由 Farkas 引理知 $\lambda_i^* \geqslant 0, \forall i \in \mathcal{I}$. 若 $c_i(x^*) = 0$, 则 $\lambda_i^* c_i(x^*) = 0$; 若 $c_i(x^*) > 0$, 则 $i \in \mathcal{I} \backslash \mathcal{I}(x^*)$, 从而 $\lambda_i^* = 0$, 仍有 $\lambda_i^* c_i(x^*) = 0$. 故对偶可行性条件和互补松驰性条件成立.

综上, 结论得证. $\qquad\qquad\qquad\qquad\qquad\qquad\qquad\qquad\qquad\qquad\qquad$ □

事实上, 我们一般只能得到

$$T_X(x) \subseteq L(x).$$

使得上式等号成立的条件称为约束规范 (constraint qualification), 下面我们介绍一些常见的约束规范.

注 5.2.1 如果局部极小值点 x^* 处 $T_X(x^*) \neq L(x^*)$, 那么 x^* 不一定是 KKT 点. KKT 条件只是必要性条件, 因此 KKT 点也不一定是局部极小值点.

<u>**定义 5.2.6**</u> (线性无关约束规范性条件) 如果如下向量

$$\{\nabla c_i(x), \ i \in \mathcal{I}(x) \cup \mathcal{E}\}$$

线性无关, 则我们称问题 (5.2) 在 $x \in X$ 中满足线性无关约束规范性条件.

<u>**定义 5.2.7**</u> (Mangasarian-Fromowitz 约束规范性条件) 如果如下向量

$$\{\nabla c_i(x), \ i \in \mathcal{E}\}$$

线性无关, 并且

$$\{d : d^{\mathrm{T}} \nabla c_i(x) = 0, \ i \in \mathcal{E}; \ d^{\mathrm{T}} \nabla c_i(x) > 0, \ i \in \mathcal{I}(x)\}$$

非空, 则我们称 Mangasarian-Fromowitz 约束规范性条件在 $x \in X$ 处满足.

例 5.2.1 (反例: 切锥未必包含线性化可行锥)

$$\min_{x \in \mathbb{R}} \quad f(x) = x,$$
$$\text{s. t.} \quad c(x) = -x + 3 \leqslant 0.$$

则 $T_X(3) = \{d : d \geqslant 0\}, L(3) = \{d : d \geqslant 0\}$, 于是 $T_X(3) = L(3)$. 将问题的约束变形为

$$c(x) = (-x + 3)^3 \leqslant 0.$$

因为可行域不变, 故点 $x^* = 3$ 处, 切锥 $T_X(x^*) = \{d : d \geqslant 0\}$ 不变. 由 $c'(x^*) = -3(x^* - 3)^2 = 0$ 知线性化可行锥 $L(x^*) = \{d : d \in \mathbb{R}\}$. 此时, $L(x^*) \supset T_X(x^*)$ (严格包含).

与 (5.3) 关系密切的一个函数是

$$L(x, \lambda) = f(x) - \lambda^{\mathrm{T}} c(x).$$

这里, $c(x) = (c_1(x), c_2(x), \cdots, c_m(x))^{\mathrm{T}}$, $L(x, \lambda)$ 称为是 Lagrange 函数.

若 x^* 是 KKT 点, 假设 $T_X(x^*) = L(x^*)$, 则 $\forall d \in L(x^*)$,

$$d^{\mathrm{T}} \nabla f(x^*) = \sum_{i \in \mathcal{E}} \underbrace{\lambda_i^* d^{\mathrm{T}} \nabla c_i(x^*)}_{=0} + \sum_{i \in \mathcal{A}(x^*) \cap \mathcal{I}} \underbrace{\lambda_i^* d^{\mathrm{T}} \nabla c_i(x^*)}_{\geqslant 0} \geqslant 0,$$

若 $d^{\mathrm{T}} \nabla f(x^*) = 0$, 则一阶条件无法判断 x^* 是否是最优解, 需要利用二阶信息来进一步判断在其可行邻域内的目标函数值. 而同时注意到, Lagrange 函数在这些方向上的曲率即可用来判断 x^* 的最优性.

接下来, 我们给出序列零约束方向和线性化稳定可行方向的定义, 从而方便地得出二阶必要性与充分性条件.

定义 5.2.8　假设 x^* 是问题 (5.2) 的 KKT 点, λ^* 是相应的 Lagrange 乘子. 如果存在序列 $d_k(k = 1, 2, \cdots)$ 和 $\delta_k(k = 1, 2, \cdots)$, 使得

$$x^* + \delta_k d_k \in X,$$

$$\sum_{i=1}^{m} \lambda_i^* c_i(x^* + \delta_k d_k) = 0, \tag{5.5}$$

且有 $d_k \to d$ 和 $\delta_k \to 0$, 则称 d 是在 x^* 处的序列零约束方向. 在 x^* 处的所有序列零约束方向的集合记为 $S(x^*, \lambda^*)$.

定义 5.2.9　假设 x^* 是问题 (5.2) 的 KKT 点, 如果 $d \in L(x^*)$ 而且

$$d^{\mathrm{T}} \nabla f(x^*) = 0,$$

则称 d 是在 x^* 处的线性化稳定可行方向. 在 x^* 处的所有线性化稳定可行方向的集合记为 $G(x^*)$.

显然可以看出,

$$S(x^*, \lambda^*) \subseteq T_X(x^*) \cap \nabla f(x^*)^{\perp},$$
$$G(x^*) = L(x^*) \cap \nabla f(x^*)^{\perp},$$

由于 Lagrange 函数在所有满足 (5.5) 的可行点 $x^* + \delta_k d_k$ 上与目标函数是相等的, 不难证明如下二阶必要性条件.

定理 5.2.6 (二阶必要性条件)　设 x^* 是问题 (5.2) 的局部极小值点, 并且 $T_X(x^*) = L(x^*)$ 成立. 令 λ^* 是相应的 Lagrange 乘子, 即 (x^*, λ^*) 满足 KKT 条件. 如果 $f(x), c(x)$ 在 x^* 处二次可微, 则必有

$$d^{\mathrm{T}} W(x^*, \lambda^*) d \geqslant 0, \quad \forall d \in S(x^*, \lambda^*),$$

其中 $W(x^*, \lambda^*)$ 是 Lagrange 函数的二阶导数:

$$W(x^*, \lambda^*) = \nabla^2 f(x^*) - \sum_{i=1}^{m} (\lambda^*)_i \nabla^2 c_i(x^*).$$

从定义可知, 如果 $d \in S(x^*, \lambda^*)$, 则必有 $d \in L(x^*)$, 而且

$$d^{\mathrm{T}} \nabla c_i(x^*) = 0, \quad i \in \mathcal{I}(x^*), \ \lambda_i^* > 0.$$

定义强积极约束如下:

定义 5.2.10 设 $x^* \in X$ 是问题 (5.2) 的 KKT 点, λ^* 是相应的 Lagrange 乘子. 如果 $i \in \mathcal{E}$ 或者 $\lambda_i^* > 0$, 则称 $c_i(x)$ 是在 x^* 处 (相对于 λ^*) 是强积极的. 我们称

$$\mathcal{A}_+(x^*, \lambda^*) = \mathcal{E} \cup \{i : i \in \mathcal{I}(x^*), \lambda_i^* > 0\}$$

是在 x^* 处的强积极集合.

利用强积极集合的定义, 有

$$G(x^*) = L(x^*) \cap \nabla f(x^*)^\perp$$
$$= L(x^*) \cap \left\{d : d^{\mathrm{T}} \nabla c_i(x^*) = 0, \forall i \in \mathcal{A}_+(x^*, \lambda^*)\right\}.$$

正因为这一关系, 我们把线性化稳定可行方向也称为线性化零约束方向. 另外, 可以给出如下二阶充分性条件:

定理 5.2.7 (二阶充分性条件) 设 x^* 是问题 (5.2) 的 KKT 点, λ^* 是相应的 Lagrange 乘子. 如果 $f(x)$ 在 x^* 处二次可微而且

$$d^{\mathrm{T}} W(x^*, \lambda^*) d > 0, \quad \forall 0 \neq d \in G(x^*),$$

则 x^* 是问题 (5.2)的局部严格极小值点.

在 $T_X(x^*) = L(x^*)$ 时, 有

$$S(x^*, \lambda^*) = G(x^*).$$

这时, 定理 5.2.6 所给出的二阶必要性条件和定理 5.2.7 给出的二阶充分性条件已经非常接近了. 在一个 KKT 点, 如果二阶必要性条件满足而二阶充分性条件不满足, 则需要借助更高阶的优化条件来判断它是否为局部极小值点. 但是, 因为计算高阶导数的效率较低, 绝大多数求解约束优化的方法都不计算高阶导数, 研究更高阶的最优性条件对实际计算的指导意义不大.

5.3 迭代方法与收敛速度

求解优化问题的常用方法是迭代方法, 它由三个关键部分组成: 初值 x_0, 迭代步和终止准则. 其中终止准则决定迭代方法何时终止, 主要检查当前迭代点处, 某种最优性条件是否在一定精度范围内成立. 而迭代步是迭代方法的核心, 它描述在当前迭代点 x_k 处, 如何由该点及它之前的若干个迭代点 $x_{k'}, x_{k'+1}, \cdots, x_{k-1} (0 \leqslant k' < k)$ 处的函数值、梯

度值等信息构造下一个迭代点 x_{k+1}. 不同的迭代步决定不同的算法, 我们将在下一章介绍经典的最优化计算方法.

在本节, 我们着重讨论迭代方法中的收敛性和收敛速度等若干概念.

定义 5.3.1 $\mathrm{dist}(x, Y) := \inf\limits_{y \in Y}\{\|x - y\|_2\}$ 定义为点 x 到集合 Y 的欧氏距离.

定义 5.3.2 设 $\{x_k \in \mathbb{R}^n\}, (k = 1, 2, \cdots)$ 是一无穷点列, $Y \subseteq \mathbb{R}^n$ 是一个非空集合. 如果

$$\liminf_{k \to \infty} \mathrm{dist}(x_k, Y) = 0,$$

则称 $\{x_k\}$ 子列收敛于 Y; 如果

$$\lim_{k \to \infty} \mathrm{dist}(x_k, Y) = 0,$$

则称 x_k 弱收敛于 Y; 如果存在 $x^* \in Y$, 使得

$$\lim_{k \to \infty} \|x_k - x^*\|_2 = 0,$$

则称序列 $\{x_k\}$ 依范数收敛或强收敛到 x^*, 简称收敛到 x^*.

事实上, 强收敛必是弱收敛, 弱收敛必是子列收敛. 为了讨论收敛速度, 我们假定 $x_k \to x^*$, 令 $\varepsilon_k = \|x_k - x^*\|_2$, 那么 x_k 趋于 x^* 的速度就是 ε_k 趋于 0 的速度. 如果某一优化算法, 在第 k 次迭代有 $x_k = x^*$, 则称该算法在第 k 次迭代终止, 或者简称该算法有限终止. 下面我们介绍由 Ortega 和 Rheinboldt 在 1970 年提出的收敛阶和收敛速度概念[19].

定义 5.3.3 对于 $p \in [1, +\infty)$, 称

$$Q_p := \limsup_{k \to \infty} \frac{\varepsilon_{k+1}}{\varepsilon_k^p}$$

为点列 $\{x_k\}$ 的商收敛因子, 也称为 Q 因子. 称

$$O_Q := \inf\{p : p \in [1, +\infty), Q_p = +\infty\}$$

为点列 x_k 的商收敛阶, 简称 Q 收敛阶.

定义 5.3.4 如果 $Q_1 = 0$, 则称 $\{x_k\}$ 是 Q 超线性收敛于 x^*; 如果 $0 < Q_1 < 1$, 则称 $\{x_k\}$ 是 Q 线性收敛于 x^*; 如果 $Q_1 \geqslant 1$, 则称 $\{x_k\}$ 是 Q 次线性收敛于 x^*.

定义 5.3.5 如果 $Q_2 = 0$, 则称 $\{x_k\}$ 是 Q 超平方收敛于 x^*; 如果 $0 < Q_2 < +\infty$, 则称 $\{x_k\}$ 是 Q 平方收敛于 x^*; 如果 $Q_2 = +\infty$, 则称 $\{x_k\}$ 是 Q 次平方收敛于 x^*.

类似于 Q 平方收敛可以定义 Q 立方收敛.

定义 5.3.6 称

$$R_p := \begin{cases} \limsup\limits_{k \to \infty} \varepsilon_k^{\frac{1}{k}}, & p = 1, \\ \limsup\limits_{k \to \infty} \varepsilon_k^{\frac{1}{p^k}}, & p > 1 \end{cases}$$

为 $\{x_k\}$ 的根收敛因子, 简称 R 因子. 称

$$O_R := \inf\{p \mid p \in [1, +\infty), R_p = 1\}$$

为点列 x_k 的根收敛阶, 简称 R 收敛阶.

定义 5.3.7　如果 $R_1 = 0$, 则称 $\{x_k\}$ 是 R 超线性收敛于 x^*; 如果 $0 < R_1 < 1$, 则称 $\{x_k\}$ 是 R 线性收敛于 x^*; 如果 $R_1 \geqslant 1$, 则称 $\{x_k\}$ 是 R 次线性收敛于 x^*.

定义 5.3.8　如果 $R_2 = 0$, 则称 $\{x_k\}$ 是 R 超平方收敛于 x^*; 如果 $0 < R_2 < 1$, 则称 $\{x_k\}$ 是 R 平方收敛于 x^*; 如果 $R_2 \geqslant 1$, 则称 $\{x_k\}$ 是 R 次平方收敛于 x^*.

类似地可以定义 R 立方收敛. 在下文对于具体算法的分析中, 我们将借助这些概念讨论算法的收敛速度.

5.4　一维优化与线搜索

一维优化问题是指变量在一维空间上的优化问题, 求解这类问题的方法称为是一维优化方法, 它包括了多类求根方法和插值方法. 同时一维优化方法是高维优化的线搜索方法的基础.

Newton 法　我们考虑优化问题

$$\min_{x \in \mathbb{R}} \quad f(x). \tag{5.6}$$

其中, $f : \mathbb{R} \to \mathbb{R}$ 二阶连续可微. 根据一阶最优性条件, 该问题的局部最优解一定是 $f'(x) = 0$ 的根. 接下来我们通过一个例子展示 Newton 法求根的思想.

例 5.4.1　计算方程 $x^2 = 2$ 的根, 也是优化问题 $\min_{x \in \mathbb{R}} \frac{1}{3}|x|^3 - 2x$ 一个局部最优解.

解　由于 $\sqrt{2} \approx 1$, 设 $\sqrt{2} = 1 + \varepsilon$, 代入方程得 $1 + 2\varepsilon + \varepsilon^2 = 2$; 省略 ε^2, 求得 $\varepsilon \approx \frac{1}{2}$, 因此 $\sqrt{2} \approx \frac{3}{2}$. 设 $\sqrt{2} = \frac{3}{2} + \delta$, 代入方程得 $\frac{9}{4} + 3\delta + \delta^2 = 2$; 省略 δ^2, 求得 $\delta \approx -\frac{1}{12}$, 因此 $\sqrt{2} \approx \frac{17}{12}$ (1.416 7). 重复上述步骤, 求得近似解.

对于一般的多项式 $P(x)$, 如果 x_k 是 $P(x) = 0$ 的一个近似根, Newton 法的思想是设根为 $x_k + \varepsilon$, 从而得到

$$P(x_k + \varepsilon) = P(x_k) + P'(x_k)\varepsilon + O(\varepsilon^2) = 0.$$

舍去高阶项 $O(\varepsilon^2)$, 即知 $\varepsilon \approx -\dfrac{P(x_k)}{P'(x_k)}$. 因此新的近似根为

$$x_{k+1} = x_k - \frac{P(x_k)}{P'(x_k)}.$$

该方法可推广到一般非线性方程求根, 将其应用到优化问题 (5.6), 即得到一维优化问题的 Newton 法 (见算法 5.1).

算法 5.1　Newton 法

输入: 函数 $f(x)$, 初值 x_0

输出: $f'(x) = 0$ 的解

1: 令 $k := 0$
2: **while** $f'(x_k) \neq 0$ **do**
3: 　计算 $f''(x_k)$
4: 　更新迭代点

$$x_{k+1} = x_k - \frac{f'(x_k)}{f''(x_k)}$$

5: 　令 $k := k+1$
6: **end while**

下面这个定理阐释了 Newton 法的收敛速率.

定理 5.4.1 (Newton 法局部二次收敛速率)　设 $f(x)$ 二次连续可微, x^* 是 $f(x)$ 的局部极小点. $f'(x^*) = 0$, $f''(x^*) \neq 0$, 且 $f''(x)$ 在 x^* 的一个邻域 $\mathcal{N}_\delta(x^*) := [x^* - \delta, x^* + \delta]$ 上 Lipschitz 连续, 即存在 $C_1 > 0$, 使

$$|f''(x) \quad f''(y)| \leqslant C_1|x \quad y|, \quad \forall x, y \subset \mathcal{N}_\delta(x^*)$$

成立. 那么, 若初值 x_1 离 x^* 足够近, 则序列 $\{x_k\}$ 依 Q 平方收敛到 x^*, 即 $x_k \to x^*$, 且存在 $C_2 > 0$, 使得

$$\limsup_{k \to \infty} \frac{|x_{k+1} - x^*|}{|x_k - x^*|^2} \leqslant C_2.$$

证明　根据 Newton 法迭代公式以及 $f'(x^*) = 0$, 有

$$
\begin{aligned}
x_{k+1} - x^* &= x_k - x^* - \frac{f'(x_k)}{f''(x_k)} \\
&= x_k - x^* - \frac{1}{f''(x_k)} \left(f'(x^*) + \int_{x^*}^{x_k} f''(x) \mathrm{d}x \right) \\
&= \frac{1}{f''(x_k)} \int_{x^*}^{x_k} f''(x_k) - f''(x) \mathrm{d}x.
\end{aligned}
$$

由于 $f''(x)$ 在 $\mathcal{N}_\delta(x^*)$ 内 Lipschitz 连续, 故 $\exists r > 0$ 使得对任意的 $|x - x^*| \leqslant r$, 都有 $|f''(x)| \geqslant \frac{1}{2}|f''(x^*)|$. 于是有

$$
\begin{aligned}
|x_{k+1} - x^*| &\leqslant \frac{1}{f''(x_k)} \int_{x^*}^{x_k} |f''(x_k) - f''(x^*)| \mathrm{d}x \\
&\leqslant \frac{1}{f''(x_k)} C_1 |x_k - x^*|^2.
\end{aligned}
$$

因此, 当初值 x_1 满足

$$|x_1 - x^*| \leqslant \min \left\{ \delta, r, \frac{|f''(x^*)|}{2C_1} \right\} := \hat{\delta}$$

时, 可保证迭代点列一直处于邻域 $N_{\hat{\delta}}(x^*)$ 内, 且有

$$\limsup_{k \to \infty} \frac{|x_{k+1} - x^*|}{|x_k - x^*|^2} \leqslant \frac{C_1}{|f''(x^*)|}.$$

Q 平方收敛得证. □

Newton 法的局部 Q 平方收敛, 一定需要 $f''(x^*) \neq 0$, 否则只能有线性收敛. 比如: $f(x) = x^4$,

$$x_{k+1} = x_k - \frac{4x_k^3}{12x_k^2} = \frac{2}{3} x_k.$$

而对于 $f(x)$ 三次连续可微, Newton 法的收敛速度是局部二次的, 因为定理 5.4.1 中的 Lipschitz 连续这一条件被自动满足. 更进一步, 对于强凸函数, 不难证明 Newton 法全局收敛. 对于一般的非线性函数 $f(x)$, Newton 法仅仅是一个局部算法, 即要求初值充分靠近某一稳定点. 比如: $f(x) = \frac{1}{4}x^4 - \frac{1}{2}x^2$,

$$x_{k+1} = x_k - \frac{x_k^3 - x}{3x_k^2 - 1} = \frac{2x_k^3}{3x_k^2 - 1}.$$

给定同样的初值, 该算法应用到 $\min f(x)$ 和 $\min -f(x)$ 产生相同的迭代点列, 也就是说算法也可以收敛到极大值点.

下面给出一个全局的 Newton 法, 并给出全局收敛性定理.

引理 5.4.1 设 $f(x)$ 三次连续可微并且存在 M, 使得对任意 x, 都有 $|f''(x)| \leqslant M$. 如果存在 $x \in \mathbb{R}$, $\alpha > 0$, $c_1 \in (0, 1)$ 满足

$$f(x - \alpha f'(x)) > f(x) - c_1 \alpha f'(x)^2,$$

则必有

$$\alpha > \frac{2(1 - c_1)}{M}.$$

证明 利用 Taylor 公式以及 $f''(x)$ 的有界性可得

$$f(x - \alpha f'(x)) \leqslant f(x) - \alpha f'(x)^2 + \frac{M}{2} \alpha^2 f'(x)^2.$$

再结合条件

$$f(x - \alpha f'(x)) > f(x) - c_1 \alpha f'(x)^2,$$

即得

$$f(x) - c_1 \alpha f'(x)^2 < f(x) - \alpha f'(x)^2 + \frac{M}{2} \alpha^2 f'(x)^2,$$

因此有

$$\alpha > \frac{2(1-c_1)}{M}. \qquad\qquad\qquad \square$$

定理 5.4.2 (Newton 法全局收敛性)   设 $f(x)$ 三次连续可微, 并且算法 5.2 产生的点列 $\{x_k\}$ 有界. 如果算法有限终止于 x_k, 则 $f'(x_k) = 0, f''(x_k) \geqslant 0$; 否则在 x_k 的任一聚点 x^* 都有 $f'(x^*) = 0$, 且 $f''(x^*) \geqslant 0$.

算法 5.2   全局 Newton 法

输入: 函数 $f(x)$, 初值 $x_1 \in \mathbb{R}, \delta > 0$

输出: $f(x)$ 的近似最优解 $\hat{f}$

 1: 计算 $f'(x_k), f''(x_k)$

 2: **if** $f'(x_k) \neq 0$ **then**

 3:　　**go to** line 15

 4: **end if**

 5: **if** $f''(x_k) \geqslant 0$ **then**

 6:　　算法终止

 7: **else**

 8:　　令 $\overline{\delta} := \delta$

 9: **end if**

10: 令 $\overline{\delta} := \dfrac{\delta}{2}$

11: **if** $f(x_k + \overline{\delta}) \geqslant f(x_k)$ **then**

12:　　**go to** line 10

13: **end if**

14: $x_{k+1} = x_k + \overline{\delta}$, 令 $k := k+1$, **go to** line 1

15: 令 $\alpha_k = 1, \beta_k = f''(x_k)$

16: **if** $\beta_k < 0$ **then**

17:　　$\beta_k = 1$

18: **end if**

19: **if** $f\left(x_k - \alpha_k \dfrac{f'(x_k)}{\beta_k}\right) \leqslant f(x_k) - \dfrac{\alpha_k f'(x_k)^2}{4\beta_k}$ **then**

20:　　**go to** line 24

21: **else**

22:　　$\alpha_k := \dfrac{\alpha_k}{4}$, **go to** line 19

23: **end if**

24: $x_{k+1} = x_k - \alpha_k \dfrac{f'(x_k)}{\beta_k}$, 令 $k := k+1$, **go to** line 1

证明   算法如果在第 k 次迭代终止, 则易见 $f'(x_k) = 0, f''(x_k) \geqslant 0$. 因为点列 $\{x_k\}$ 有界, 则必存在 $a \leqslant b$, 使得 $x_k \in [a,b]\,(k=1,2,\cdots)$. 令 $M = \max\limits_{x \in [a,b]} |f''(x)| + 1$. 首先,

我们试图证明

$$\frac{\alpha_k}{\beta_k} \geqslant \frac{3}{8M}, \quad k = 1, 2, \cdots. \tag{5.7}$$

如果 $\alpha_k = 1$, 由于 $\beta_k \leqslant M$, 所以 (5.7) 成立. 如果 $\alpha_k < 1$, 则不等式 $f\left(x_k - \alpha_k \dfrac{f'(x_k)}{\beta_k}\right) \leqslant$ $f(x_k) - \dfrac{\alpha_k f'(x_k)^2}{4\beta_k}$ 在 α_k 换成 $4\alpha_k$ 时不成立. 利用上述引理, 我们有

$$4 \cdot \frac{\alpha_k}{\beta_k} \geqslant 2 \cdot \frac{1 - \frac{1}{4}}{M},$$

从而 (5.7) 也成立. 如果 x_{k+1} 是由算法 5.2 line 24 给出, 则有

$$f(x_{k+1}) \leqslant f(x_k) - \frac{3}{32M} f'(x_k)^2,$$

也就是说

$$f'(x_k)^2 \leqslant \frac{32}{3} M(f(x_k) - f(x_{k+1})). \tag{5.8}$$

如果 x_{k+1} 不是由算法 5.2 line 24 给出, 则 $f'(x_k) = 0$. 所以 (5.8) 总是成立. 因为 x_k 有界且 $f(x_k)$ 单调不增, 故 (5.8) 保证了 $\lim\limits_{k \to \infty} f'(x_k) = 0$. 于是, 在 $\{x_k\}$ 的任何一个聚点 x^* 都有 $f'(x^*) = 0$. 由算法的单调性知

$$\lim\limits_{k \to \infty} f(x_k) = f(x^*)$$

且 $f(x_k) \geqslant f(x^*)$ 对一切 k 成立. 如果 $f''(x^*) < 0$, 并且已知 $f'(x^*) = 0$, 则对充分靠近 x^* 的所有 x 都有 $f(x) < f(x^*)$, 这和 x^* 是聚点矛盾, 故定理得证. $\qquad \square$

> **注 5.4.1** 迭代点列有界主要为保证 $|f''(x_k)|$ 有界, 该条件可被水平集有界代替. 在实际计算中 $f'(x_k) = 0$ 往往被代替为 $|f'(x_k)| \leqslant \varepsilon$. 其中 $\varepsilon > 0$ 是一个容许的误差.

割线法 Newton 法需要计算二阶导数, 采取利用差商代替导数的策略, 即

$$f''(x_k) \approx \frac{f'(x_k) - f'(x_{k-1})}{x_k - x_{k-1}},$$

从 Newton 法可导出下列迭代公式

$$x_{k+1} = x_k - \frac{f'(x_k)(x_k - x_{k-1})}{f'(x_k) - f'(x_{k-1})}.$$

这即是割线法的更新公式, 其几何意义就是求 $(x_{k-1}, f'(x_{k-1}))$ 和 $(x_k, f'(x_k))$ 两点的曲线 $y = f'(x)$ 的割线的零点. 设 $x^* \in \mathbb{R}$, 并假定

(1) $f(x)$ 三次连续可微;

(2) $f'(x^*) = 0, f''(x^*) > 0$;

(3) x_k 和 x_{k-1} 充分靠近 x^*, 那么我们有

$$
\begin{aligned}
x_{k+1} - x^* &= x_k - x^* - \frac{f'(x_k)(x_k - x_{k-1})}{f'(x_k) - f'(x_{k-1})} \\
&= \frac{1}{f'(x_k) - f'(x_{k-1})} \left[f'(x_k)\varepsilon_{k-1} - f'(x_{k-1})\varepsilon_k \right] \\
&= \frac{1}{f'(x_k) - f'(x_{k-1})} \left[\left(\frac{f'(x_k)}{x_k - x^*} - \frac{f'(x_{k-1})}{x_{k-1} - x^*} \right) \varepsilon_k \varepsilon_{k-1} \right] \\
&= \frac{(x_k - x_{k-1})}{f'(x_k) - f'(x_{k-1})} \left[\left(\frac{f''(\xi)(\xi - x^*) - f'(\xi)}{(\xi - x^*)^2} \right) \varepsilon_k \varepsilon_{k-1} \right] \\
&= \frac{(x_k - x_{k-1})}{f'(x_k) - f'(x_{k-1})} \left[\frac{f'''(x^*)}{2} \varepsilon_k \varepsilon_{k-1} + o(|\varepsilon_k \varepsilon_{k-1}|) \right] \\
&= \frac{f'''(x^*)}{2f''(x^*)} \varepsilon_k \varepsilon_{k-1} + o(|\varepsilon_k \varepsilon_{k-1}|).
\end{aligned}
$$

这里, $\varepsilon_k = x_k - x^*$, $\varepsilon_{k-1} = x_{k-1} - x^*$, $\xi \in (x_{k-1}, x_k)$.

根据上式, 我们知道存在 $\delta > 0$, 当 $x_1, x_2 \in (x^* - \delta, x^* + \delta)$ 且 $x_1 \neq x_2$ 时, 有 $x_k \to x^*$ 以及

$$
|x_{k+1} - x^*| = \beta_k |x_k - x^*||x_{k-1} - x^*|,
$$

其中,

$$
\lim_{k \to \infty} \beta_k - \left| \frac{f'''(x^*)}{2f''(x^*)} \right|.
$$

那么割线法的收敛速度究竟有多快呢, 下面一个引理给出了刻画.

引理 5.4.2 设 $\varepsilon_k > 0 (k = 1, 2, \cdots)$ 是一趋于 0 的数列且满足

$$
\varepsilon_{k+1} = \beta_k \varepsilon_k \varepsilon_{k-1}, \tag{5.9}
$$

其中

$$
\beta_k \to \beta^* > 0.
$$

则必有

$$
\lim_{k \to \infty} \frac{\varepsilon_{k+1}}{\varepsilon_k^\tau} = (\beta^*)^{\frac{1}{\tau}},
$$

$\tau = \dfrac{\sqrt{5}+1}{2}$ 是方程 $\tau^2 = \tau + 1$ 的正根.

证明 从 (5.9) 可得

$$
\log(\varepsilon_{k+1}) = \log(\varepsilon_k) + \log(\varepsilon_{k-1}) + \log(\beta_k).
$$

因为 $\tau^2 = \tau + 1$, 故

$$
\log(\varepsilon_{k+1}) - \tau \log(\varepsilon_k) = -\frac{1}{\tau} \left(\log(\varepsilon_k) - \tau \log(\varepsilon_{k-1}) \right) + \log(\beta_k).
$$

定义 $\eta_k = \log(\varepsilon_{k+1}) - \tau \log(\varepsilon_k)$, 则有

$$\eta_k = -\frac{1}{\tau}\eta_{k-1} + \log\beta_k$$

和

$$\eta_{k+1} - \eta_k = -\frac{1}{\tau}(\eta_k - \eta_{k-1}) + \log\left(\frac{\beta_{k+1}}{\beta_k}\right).$$

于是, $\eta_{k+1} - \eta_k \to 0$. 注意到

$$\eta_k = -\frac{1}{\tau}(\eta_{k+1} - \eta_k - \log\beta_{k+1}).$$

故 $\lim\limits_{k\to\infty}\eta_k = \frac{1}{\tau}\log\beta^*$, 从而

$$\lim_{k\to\infty}\frac{\varepsilon_{k+1}}{\varepsilon_k^\tau} = (\beta^*)^{\frac{1}{\tau}}. \qquad\qquad \square$$

从引理 5.4.2 可知, 如果 $f'(x^*) = 0, f''(x^*) \neq 0, f'''(x^*) \neq 0$ 而且当 $x_1 \neq x_2$ 充分靠近 x^* 时, 割线法的收敛阶是 τ 且

$$\lim_{k\to\infty}\frac{|x_{k+1} - x^*|}{|x_k - x^*|^\tau} = \left|\frac{f'''(x^*)}{2f''(x^*)}\right|^{\frac{1}{\tau}}.$$

显然, 割线法比 Newton 法收敛要慢, 后者的收敛阶是 2. 注意到, 若 $f'''(x^*) \neq 0$, 则定理 5.4.1 中的 C_2 可取为 $\frac{|f'''(x^*)|}{|f''(x^*)|}$, 从而有

$$\limsup_{k\to\infty}\frac{|x_{k+1} - x^*|}{|x_k - x^*|^2} \leqslant \left|\frac{f'''(x^*)}{f''(x^*)}\right|.$$

以上两个关系式说明, 要使 x_k 达到相同精度, 割线法与 Newton 法所需的迭代次数之比大约是 $\frac{2}{\tau}$. 但割线法每次迭代只需要计算 $f'(x_k)$, 而 Newton 法需要计算 $f'(x_k)$ 和 $f''(x_k)$, 所以 Newton 法所需的求值总次数约是割线法的 τ 倍. 例 5.4.2 展示了 Newton 法和割线法的迭代误差比较.

例 5.4.2

$$\min_{x\in\mathbb{R}} -x\,\mathrm{e}^{-x}.$$

此问题有唯一的极小点 $x^* = 1$. 取初值 $x_1 = 0$, 用 Newton 法 (2.1.5) 可得 $x_2 = 0.5$. 所以, 用割线法时, 取 $x_1 = 1, x_2 = 0.5$. 表 5.1 给出 Newton 法和割线法的计算结果. 为了便于比较两个方法的收敛速度, 我们只给出真解和迭代点之间的误差 $1 - x_k$. 迭代的终止条件是

$$|f'(x_k)| \leqslant 10^{-11}.$$

从表 5.1 中可知, Newton 法只需 6 次迭代, 而割线法需要 8 次迭代. Newton 法计算导数和二阶导数的总次数与割线法计算函数导数的次数比是 $\frac{2\times 6 + 1}{8 + 1} = \frac{13}{9} \approx 1.444$,

这与我们所估计的比值 $\tau \approx 1.618$ 相差不大. 事实上, 割线法也是局部算法. 当 $f(x)$ 不满足二次连续可微时, 收敛速度可能没有超线性.

区间分割法 接下来我们介绍区间分割法的概念以及一些具体的算法. 我们首先从单峰函数的定义讲起.

表 5.1 Newton 法与割线法的比较: $f(x) = -x\mathrm{e}^{-x}$

	Newton 法	割线法
$1-x_1$	1.0	1.0
$1-x_2$	0.5	0.5
$1-x_3$	0.166 666 66	0.282 366 70
$1-x_4$	$0.238\,095\,24 \times 10^{-1}$	0.101 197 47
$1-x_5$	$0.553\,709\,86 \times 10^{-3}$	$0.239\,216\,56 \times 10^{-1}$
$1-x_6$	$0.306\,424\,93 \times 10^{-6}$	$0.227\,721\,64 \times 10^{-2}$
$1-x_7$	$0.938\,971\,12 \times 10^{-13}$	$0.537\,683\,53 \times 10^{-4}$
$1-x_8$		$0.122\,299\,58 \times 10^{-6}$
$1-x_9$		$0.657\,567\,06 \times 10^{-11}$

定义 5.4.1 设实值函数 $f(x)$ 在 $[a,b]$ 上有定义, 如果存在 $x^* \in [a,b]$, 使得 $f(x)$ 在 $[a,x^*]$ 上严格单调下降和在 $[x^*,b]$ 上严格单调上升, 则称 $f(x)$ 是区间 $[a,b]$ 上的单峰函数.

利用单峰函数的定义, 我们知道它在区间 $[a,b]$ 上有唯一的极小点 x^*, 而且有如下结果.

引理 5.4.3 设 $f(x)$ 是 $[a,b]$ 上的单峰函数, x^* 是 $f(x)$ 在 $[a,b]$ 上的唯一极小点, 则对任何 $a' \in [a,x^*], b' \in [x^*,b], f(x)$ 也是 $[a',b']$ 上的单峰函数.

引理 5.4.4 设 $f(x)$ 是 $[a,b]$ 上的单峰函数, x^* 是 $f(x)$ 在 $[a,b]$ 上的唯一极小点, 对任何 $x_1, x_2 \in [a,b]$ 满足 $x_1 < x_2$, 如果 $f(x_1) < f(x_2)$, 则 $x^* \in [a,x_2]$; 如果 $f(x_1) > f(x_2)$, 则 $x^* \in [x_1,b]$; 如果 $f(x_1) = f(x_2)$, 则 $x^* \in [x_1,x_2]$.

区间分割法就是利用以上两个引理使得包含极小点 x^* 的区间通过分割不断缩小, 直至达到所需精度为止.

假设 $f(x)$ 是 $[a,b]$ 上的单峰函数, 任取 $x_1, x_2 \in [a,b]$ 满足 $x_1 < x_2$, 令

$$[a',b'] = \begin{cases} [a,x_2], & f(x_1) < f(x_2), \\ [x_1,b], & f(x_1) > f(x_2), \\ [x_1,x_2], & f(x_1) = f(x_2). \end{cases}$$

则 $f(x)$ 是 $[a',b']$ 上的单峰函数, 且 $f(x)$ 在 $[a,b]$ 上的唯一极小点 x^* 必属于 $[a',b']$. 新区间的长度 $b' - a'$ 满足:

$$b' - a' \leqslant \max\{x_2 - a, b - x_1\}.$$

下面, 对于单峰函数 $f(x)$, 我们给出一个最优的区间分割法, 即 Fibonacci 法 (见算法 5.3), 该算法可以使得区间分割法得到的最终区间在最坏 (区间最长) 情况下最小. 具体而言, 对于给定的误差允许 $\varepsilon > 0$, 算法可找到 $[a, b]$ 上的一个子区间, 使其包含 $f(x)$ 在 $[a, b]$ 上的极小值而且区间长度不超过 ε.

算法 5.3 Fibonacci 法

输入: 给定 $a < b, \varepsilon > 0$. 令 $k := 1$, 取 $0 < \delta < \varepsilon$

输出: 最小的 n 使得 $F_n \geqslant \dfrac{b - a}{\varepsilon - \delta}$

1: **if** $n = 1$ **then**
2:    $\alpha := \dfrac{a + b}{2}$, 计算 $\hat{f} := f(\alpha)$, **go to** line 21
3: **else if** $n \geqslant 3$ **then**
4:    **go to** line 6
5: **end if**
6: $\alpha := a + (b - a)\dfrac{F_{n-1}}{F_n}, \beta := a + b - \alpha$, 计算 $f(\alpha), f(\beta)$, 令 $k := 0$
7: $k := k + 1$
8: **if** $f(\beta) > f(\alpha)$ **then**
9:    **go to** step 16
10: **end if**
11: $b := \alpha, \alpha := \beta$
12: **if** $n - k = 2$ **then**
13:    $\hat{f} := f(\beta)$, **go to** line 21
14: **end if**
15: $\beta := a + (b - a)\dfrac{F_{n-k-2}}{F_{n-k}}$, 计算 $f(\beta)$. **go to** line 7
16: $a := \beta, \beta := \alpha$
17: **if** $n - k = 2$ **then**
18:    $\hat{f} := f(\alpha)$, **go to** line 21
19: **end if**
20: $\alpha := a + (b - a)\dfrac{F_{n-k-1}}{F_{n-k}}$, 计算 $f(\alpha)$, **go to** line 7
21: $\beta := \alpha - \delta$, 计算 $f(\beta)$
22: **if** $f(\beta) \leqslant \hat{f}$ **then**
23:    $b := \alpha$
24: **else**
25:    $a := \beta$, 算法停止
26: **end if**

在算法 5.3 中, 分划比 $\dfrac{F_k}{F_{k+1}}$ 会变化, Fibonacci 数列的位数与精度和区间长度有关. 那么是否存在具有恒定分化比的区间分割算法呢? 给定 $[0, 1]$ 以及 $\alpha \geqslant \dfrac{1}{2}$, 两个分化点 $\alpha, 1 - \alpha$. 此时我们需要 $1 - \alpha$ 依然是新区间 $[0, \alpha]$ 上的具有分划比 α 的点, 即

$$\frac{1-\alpha}{\alpha} = \alpha.$$

不难看出, 上式的唯一正根是 $\alpha = \dfrac{1}{\tau}$, 其中 $\tau = \dfrac{\sqrt{5}+1}{2}$. 于是, 我们由此给出黄金分割法 (见算法 5.4).

算法 5.4　黄金分割法

输入: 函数 $f(x)$, 区间端点 a, b, 满足 $a < b$, $\varepsilon > 0$

输出: $f'(x) = 0$ 的近似解 α

1: 计算 $\tau = \dfrac{\sqrt{5}+1}{2}$; $\alpha := a + \dfrac{b-a}{\tau}, \beta = a + b - \alpha$

2: 计算 $f(\alpha), f(\beta)$

3: **if** $b - a \leqslant \tau\varepsilon$ **then**

4:　　**go to** line 11

5: **end if**

6: **if** $f(\beta) > f(\alpha)$ **then**

7:　　**go to** line 9

8: **end if**

9: 令 $b := \alpha, \alpha := \beta$, $\beta := b - \dfrac{b-a}{\tau}$; 计算 $f(\beta)$, **go to** line 3

10: 令 $a := \beta, \beta := \alpha, \alpha := a + \dfrac{b-a}{\tau}$; 计算 $f(\alpha)$, **go to** line 3

11: **if** $f(\beta) \leqslant f(\alpha)$ **then**

12:　　令 $b := \alpha$

13: **else**

14:　　令 $a := \beta$; 算法停止

15: **end if**

事实上黄金分割法可以看成是 Fibonacci 法的极限情形, 这是由于

$$\lim_{k \to \infty} \frac{F_k}{F_{k+1}} = \frac{1}{\tau}.$$

黄金分割法不需要计算 Fibonacci 级数, 所以它的应用远比 Fibonacci 法广泛. 黄金分割比 $\dfrac{1}{\tau}$ 可溯源到 Euclid 的《几何原本》, 文艺复兴时期的著名学者 Leonardo da Vinci 非常推崇这一比值, 但 "黄金分割" 这一名词是由 Helmes 最早使用的.

上面介绍的两个区间分割法仅利用函数值信息. 如果可以利用导数信息就能更简便地对区间进行分割. 事实上, 设 $f(x)$ 在区间 $[a, b]$ 上可微且 $f'(a)f'(b) < 0$, 则 $f'(x) = 0$ 在 (a, b) 内必有根. 任意取 $\alpha \in (a, b)$, 如果 $f'(\alpha) = 0$, 则 α 即是所要求的解. 否则, 有 $f'(a)f'(\alpha) < 0$ 或者 $f'(b)f'(\alpha) < 0$. 令

$$[a', b'] = \begin{cases} [a, \alpha], & f'(a)f'(\alpha) < 0, \\ [\alpha, b], & f'(b)f'(\alpha) < 0. \end{cases}$$

则知在 $[a', b']$ 上 $f'(x) = 0$ 有根. 为了让缩小后的区间的长度在最坏情形下达到最小, 我们应当取 $\alpha = \dfrac{a+b}{2}$. 这实质上就是将原来的区间分成对半. 所以该分割法也称为对分法 (见算法 5.5).

算法 5.5 对分法

输入: 函数 $f(x)$, 区间端点 a, b, 使得 $f'(a)f'(b) < 0$, $\varepsilon > 0$

输出: $f'(x) = 0$ 的近似解 α

1: **while** $b - a > \varepsilon$ **do**
2:   令 $\alpha := \dfrac{a+b}{2}$, 计算 $f'(\alpha)$; 若 $f'(\alpha) = 0$, 算法停止
3:   **if** $f'(a)f'(\alpha) < 0$ **then**
4:    令 $b := \alpha$
5:   **else**
6:    令 $a := \alpha$
7:   **end if**
8: **end while** 算法停止

下面, 我们介绍线搜索方法. 线搜索方法是一类特殊的一维优化方法. 对于一个多维函数, 线搜索方法在一个一维子空间上寻找一个 "好" 点. 在数学上, 它是求解 (或者非精确地求解) n 维函数在一个一维子空间上的极小值, 即

$$\min_{\alpha \in \mathbb{R}} f(x + \alpha d), \tag{5.10}$$

其中 $x \in \mathbb{R}^n, d \in \mathbb{R}^n$. 由于对称性, 可假设 $d^{\mathrm{T}} \nabla f(x) < 0$, 通常只需对 $\alpha > 0$ 求极小. 大多数非线性规划计算方法每次迭代时都要进行线搜索, 所以, 线搜索方法的好坏就直接影响非线性规划计算方法的效率.

精确线搜索 精确线搜索 (exact line search) 是指精确求解 (5.10), 即计算 $\alpha^* > 0$, 使得

$$f(x + \alpha^* d) = \min_{\alpha > 0} f(x + \alpha d). \tag{5.11}$$

注意, 在假设 $d^{\mathrm{T}} \nabla f(x) < 0$ 成立时, 通常 $\alpha > 0$ 这个约束不起作用, 即关于 α 的函数 $f(x + \alpha d)$ 在通常情况下都在大于 0 的 α 处取到最小值. 方便起见, 我们用 θ 表示向量 d 与 $-\nabla f(x)$ 之间的角度, 则有

$$\cos \theta = -\frac{d^{\mathrm{T}} \nabla f(x)}{\|d\|_2 \|\nabla f(x)\|_2}.$$

引理 5.4.5 设 α^* 是 (5.11) 的解, $\left\|\nabla^2 f(x + \alpha d)\right\|_2 \leqslant M$ 对一切 $\alpha \in [0, \alpha^*]$ 都成立, 则有

$$f(x) - f(x + \alpha^* d) \geqslant \frac{1}{2M} \|\nabla f(x)\|_2^2 \cos^2 \theta. \tag{5.12}$$

证明　由假定可知

$$f(x + \alpha d) \leqslant f(x) + \alpha d^{\mathrm{T}} \nabla f(x) + \frac{\alpha^2}{2} M \|d\|_2^2$$

对一切 $\alpha \in [0, \alpha^*]$ 都成立. 另一面, 由微分中值定理, 存在 $\bar{\alpha} \in (0, \alpha^*)$ 使得

$$d^{\mathrm{T}} \nabla f(x) - d^{\mathrm{T}} \nabla f(x + \alpha^* d) = -\alpha^* d^{\mathrm{T}} \nabla^2 f(x + \bar{\alpha} d) d$$

根据 α^* 的最优性, $d^{\mathrm{T}} \nabla f(x + \alpha^* d) = 0$, 于是我们有

$$-d^{\mathrm{T}} \nabla f(x) \leqslant M \alpha^* \|d\|_2^2.$$

令 $\bar{\alpha} := -\dfrac{d^{\mathrm{T}} \nabla f(x)}{M \|d\|_2^2} \in (0, \alpha^*]$, 因而

$$
\begin{aligned}
f(x) - f(x + \alpha^* d) &\geqslant f(x) - f(x + \bar{\alpha} d) \\
&\geqslant -\bar{\alpha} d^{\mathrm{T}} \nabla f(x) - \frac{\bar{\alpha}^2}{2} M \|d\|^2 \\
&= \frac{1}{2M} \|\nabla f(x)\|_2^2 \cos^2 \theta.
\end{aligned}
$$

所以引理成立. □

(5.12) 给出在精确搜索下目标函数下降的一个下界. 只要搜索方向不是太坏, 即 d 与 $-\nabla f(x)$ 的夹角不靠近 $\frac{\pi}{2}$, 则目标函数的下降在量级上至少也有 $\|\nabla f(x)\|_2^2$. 精确搜索的另一个优点是满足正交条件:

$$d^{\mathrm{T}} \nabla f(x + \alpha^* d) = 0. \tag{5.13}$$

精确搜索是一个特殊形式的一维优化问题, 它可用本章以上几节的方法求解. 计算单参数函数 $\phi(\alpha) = f(x + \alpha d)$ 的函数值和导数值实际上是需要计算 n 维函数的函数值和它的方向导数. 当 n 非常大时, 精确求解 (5.11) 的计算量是相当大的. 由于线搜索只是多维优化方法每次迭代中的一个子问题, 精确求解有可能降低整个方法的效率, 特别是在当前迭代点远离原问题之解时, 精确求解子问题很有可能得不偿失.

非精确线搜索　非精确线搜索 (inexact line search) 是指不精确求解 (5.11), 而是求一个 $\alpha > 0$, 使它满足某些条件. 非精确线搜索有很多种, 但其基本思想是使得某种类似 (5.12) 的充分下降条件能够得以满足. 最常见的一种非精确搜索是 Wolfe 线搜索, 它要求 $\alpha > 0$ 满足

$$f(x) - f(x + \alpha d) \geqslant -\alpha b_1 d^{\mathrm{T}} \nabla f(x), \tag{5.14}$$

$$d^{\mathrm{T}} \nabla f(x + \alpha d) \geqslant b_2 d^{\mathrm{T}} \nabla f(x), \tag{5.15}$$

其中 b_1 和 b_2 是两个常数且满足 $0 < b_1 \leqslant b_2 < 1$. 首先, 我们证明在大多数情形下这一非精确搜索有解.

定理 5.4.3 如果函数 $\phi(\alpha) = f(x + \alpha d)$ 连续可微, $\phi'(0) = d^{\mathrm{T}}\nabla f(x) < 0$ 以及 $\phi(\alpha)(\alpha > 0)$ 下方有界, 则必存在 $\alpha > 0$, 使得 (5.14) 和 (5.15) 成立.

证明 由于 $\phi(\alpha)(\alpha > 0)$ 下方有界, 必存在 $\hat{\alpha} > 0$, 使得

$$f(x) - f(x + \hat{\alpha}d) = -\hat{\alpha}b_1 d^{\mathrm{T}}\nabla f(x), \tag{5.16}$$

取满足 (5.16) 的最小的 $\hat{\alpha}$, 那么 (5.14) 对一切 $\alpha \in (0, \hat{\alpha})$ 都成立. 利用中值定理和上式可知, 存在 $\bar{\alpha} \in (0, \hat{\alpha})$ 使得

$$\phi'(\bar{\alpha}) = \frac{\phi(0) - \phi(\hat{\alpha})}{-\hat{\alpha}} = b_1 d^{\mathrm{T}}\nabla f(x).$$

显然, $\bar{\alpha}$ 满足 (5.14) 和 (5.15). $\qquad\square$

事实上, 我们可以理解条件 (5.14) 是 (5.12) 的推广. 不等式 (5.15) 是 (5.13) 的近似. 所以, 有的非精确搜索要求 (5.14) 和

$$\left| d^{\mathrm{T}}\nabla f(x + \alpha d) \right| \leqslant -b_2 d^{\mathrm{T}}\nabla f(x). \tag{5.17}$$

上式当 $b_2 \to 0$ 时就是正交性条件 (5.13). 如果线搜索要求 (5.14) 和 (5.17), 我们就称为强 Wolfe 线搜索.

引理 5.4.6 设函数 $f(x)$ 连续可微且 $\nabla f(x)$ Lipschitz 连续:

$$\|\nabla f(y) - \nabla f(z)\|_2 \leqslant M\|y - z\|_2, \tag{5.18}$$

如果 $f(x + \alpha d)(\alpha > 0)$ 下方有界, 则对任何满足 (5.14) 和 (5.15) 的 $\alpha > 0$, 都有

$$f(x) - f(x + \alpha d) \geqslant \frac{b_1(1 - b_2)}{M}\|\nabla f(x)\|_2^2 \cos^2\theta. \tag{5.19}$$

证明 由 (5.18) 和 (5.15) 可知

$$\alpha M\|d\|_2^2 \geqslant d^{\mathrm{T}}(\nabla f(x + \alpha d) - \nabla f(x)) \geqslant -(1 - b_2)d^{\mathrm{T}}\nabla f(x).$$

利用上式和 (5.14) 即知 (5.19) 成立. $\qquad\square$

对于强凸函数, 精确线搜索与非精确线搜索均可得到与步长有关的函数下降量的估计式. 设 $f(x)$ 是强凸函数, 即存在常数 $\eta > 0$, 使得

$$(y - z)^{\mathrm{T}}(\nabla f(y) - \nabla f(z)) \geqslant \eta\|y - z\|_2^2 \tag{5.20}$$

对任何 $y, z \in \mathbb{R}^n$ 都成立. 对精确搜索我们有如下结果:

定理 5.4.4 设 $\alpha^* > 0$ 是 (5.11) 的解, 函数 $f(x)$ 满足 (5.20), 则必有

$$f(x) - f(x + \alpha^* d) \geqslant \frac{1}{2}\eta\|\alpha^* d\|_2^2.$$

证明 由 $d^{\mathrm{T}}\nabla f(x + \alpha^* d) = 0$ 与 (5.20) 可得

$$f(x) - f(x + \alpha^* d) = \int_0^{\alpha^*} -d^{\mathrm{T}} \nabla f(x + td) \mathrm{d}t$$

$$= \int_0^{\alpha^*} d^{\mathrm{T}} \big(\nabla f(x + \alpha^* d) - \nabla f(x + td)\big) \mathrm{d}t$$

$$\geqslant \|d\|_2^2 \int_0^{\alpha^*} \eta(\alpha^* - t) \mathrm{d}t$$

$$= \frac{1}{2} \eta \|\alpha^* d\|_2^2. \tag{5.21}$$

于是定理成立. □

对于非精确搜索, 也有类似结果:

定理 5.4.5 设 $\alpha > 0$ 满足非精确线搜索条件 (5.14), 如果函数 $f(x)$ 满足 (5.18) 和 (5.20), 则必有

$$f(x) - f(x + \alpha d) \geqslant \frac{b_1 \eta}{1 + \sqrt{\frac{M}{\eta}}} \|\alpha d\|_2^2. \tag{5.22}$$

证明 先假定 $d^{\mathrm{T}} \nabla f(x + \alpha d) \leqslant 0$, 这时与 (5.21) 类似, 可证明

$$f(x) - f(x + \alpha d) \geqslant \frac{1}{2} \eta \|\alpha d\|_2^2.$$

从 $b_1 < 1, M \geqslant \eta$ 和上式可知 (5.22) 成立. 现假定 $d^{\mathrm{T}} \nabla f(x + \alpha d) > 0$, 则必存在 $0 < \alpha^* < \alpha$, 使得 $d^{\mathrm{T}} \nabla f(x + \alpha^* d) = 0$. 由 (5.18) 可得

$$f(x) - f(x + \alpha^* d) \leqslant \frac{1}{2} M \|\alpha^* d\|_2^2. \tag{5.23}$$

另一方面, 利用 (5.20) 可得到

$$f(x + \alpha d) - f(x + \alpha^* d) \geqslant \frac{1}{2} \eta (\alpha - \alpha^*)^2 \|d\|_2^2. \tag{5.24}$$

由于 $f(x + \alpha d) < f(x)$, 从 (5.23) 和 (5.24) 可推出

$$\alpha \leqslant \left(1 + \sqrt{\frac{M}{\eta}}\right) \alpha^*.$$

从而有

$$f(x) - f(x + \alpha d) \geqslant -\alpha b_1 d^{\mathrm{T}} \nabla f(x)$$

$$= b_1 \alpha d^{\mathrm{T}} \big(\nabla f(x + \alpha^* d) - \nabla f(x)\big)$$

$$\geqslant \eta b_1 \alpha \alpha^* \|d\|_2^2 \geqslant \frac{b_1 \eta}{1 + \sqrt{\frac{M}{\eta}}} \|\alpha d\|_2^2.$$

所以定理为真. □

非精确线搜索还有 Armijo 和 [14] 的技术. Armijo 搜索令 $\alpha = \delta \beta^i$, 其中 $\delta > 0$, $\beta \in (0, 1)$ 是初始步长参数, i 是使得

$$f(x) - f\left(x + \delta\beta^i d\right) \geqslant -b_1 \delta\beta^i d^{\mathrm{T}}\nabla f(x) \tag{5.25}$$

成立的最小非负整数, $b_1 \in (0, 1)$. Goldstein 搜索是令步长 α 满足

$$-b_2\alpha d^{\mathrm{T}}\nabla f(x) > f(x) - f(x + \alpha d) \geqslant -b_1\alpha d^{\mathrm{T}}\nabla f(x),$$

其中 $b_1 < b_2$ 是两个正常数. 对于这两个非精确搜索, 同样可以对函数的下降给出类似 (5.19) 和 (5.22) 的估计. 请注意, 我们的各种线搜索, 其最终目的都是满足某种充分下降性. 同时也应注意到, 当 d 和 $-\nabla f(x)$ 的夹角不超过 $\frac{\pi}{2} - \delta$ $\left(\delta \in \left(0, \frac{\pi}{2}\right)\right)$ 时, $\|\nabla^2 f(x)\|_2^2$、$\|\alpha d\|_2^2$ 和 $-\alpha d^{\mathrm{T}}\nabla f(x)$ 是同一个量级的.

算法 5.6 给出一般非精确线搜索算法的步骤.

算法 5.6 一般非精确线搜索算法

输入: 函数 $f(x)$, 初始位置 $x_1 \in \mathbb{R}^n$, $0 < \varepsilon \ll 1$, 迭代步数 $k := 1$

输出: $f'(x) = 0$ 的近似解 α

1: **while** $\|\nabla f(x_k)\|_2 > \varepsilon$ **do**
2:     求出搜索方向 $d_k \in \mathbb{R}^n$, 使其满足 $d_k^{\mathrm{T}}\nabla f(x_k) < 0$
3:     利用某种线搜索条件求出步长 α_k
4:     更新迭代点 $x_{k+1} = x_k + \alpha_k d_k$
5: **end while**
6: 算法停止

注意到, 算法 5.6 没给出如何求搜索方向和计算搜索步长的具体方法, 它是所有无约束优化的下降方向线搜索方法的概括形式, 最速下降法和共轭梯度法都是上述算法的特殊形式. 记 θ_k 为方向 d_k 和负梯度方向 $-\nabla f(x_k)$ 之间的夹角, 有

$$\cos\theta_k = -\frac{d_k^{\mathrm{T}}\nabla f(x_k)}{\|d_k\|_2 \|\nabla f(x_k)\|_2}.$$

定理 5.4.6 设函数 $f(x)$ 连续可微且下方有界, 且 $\nabla f(x)$ 满足 Lipschitz 条件

$$\|\nabla f(y) - \nabla f(z)\|_2 \leqslant M\|y - z\|_2.$$

如果上述一般的线搜索算法产生的搜索方向 d_k 满足

$$\sum_{k=1}^{\infty}\cos^2\theta_k = +\infty, \tag{5.26}$$

而且 Wolfe 线搜索条件 (5.14) 和 (5.15) 每次迭代都满足, 则上述算法产生的点列 $\{x_k\}$ 必有限终止或者满足

$$\liminf_{k\to\infty}\|\nabla f(x_k)\|_2 = 0. \tag{5.27}$$

证明 由 Wolfe 线搜索条件可以保证的充分下降性引理可知

$$f(x_k) - f(x_{k+1}) \geqslant \beta \cos^2 \theta_k \|\nabla f(x_k)\|_2^2,$$

其中 $\beta = \dfrac{b_1(1 - b_2)}{M}$ 是一与 k 无关的正常数. 如果算法不是有限终止, 则对一切 $k > 1$, 都有

$$f(x_1) - f(x_k) = \sum_{i=1}^{k-1} (f(x_i) - f(x_{i+1}))$$

$$\geqslant \beta \min_{1 \leqslant i \leqslant k} \|\nabla f(x_i)\|_2^2 \sum_{i=1}^{k-1} \cos^2 \theta_i. \tag{5.28}$$

因为 (5.26) 成立, 由不等式 (5.28) 即知极限 (5.27) 成立. □

5.5　二次函数的优化问题

本节将介绍两类经典的二次函数的优化问题, 二次规划问题和球约束二次极小问题. 在此之前, 我们首先通过最简单的二次函数极小问题引入.

$$\min_{x \in \mathbb{R}^n} Q(x) = g^{\mathrm{T}} x + \frac{1}{2} x^{\mathrm{T}} H x. \tag{5.29}$$

二次函数极小问题 (5.29) 是具有二次目标函数的无约束优化问题, 在 H 为半正定矩阵时存在极小值点. 当 H 是正定矩阵时, 问题 (5.29) 有唯一的全局极小值点; 而当 H 是具有零特征值的半正定矩阵时, 问题 (5.29) 的全局极小值点有无穷多个. 接下来, 我们分析一类具有二次目标函数和最简单的线性约束的优化问题 —— 二次规划问题.

二次规划问题　二次规划问题是一类特殊的数学优化问题, 其目标函数为二次形式, 约束条件是线性的. 具体来说, 二次规划问题可以表述为在一组线性等式或不等式约束下, 寻找一组变量的值以最小化 (或最大化) 一个二次目标函数. 二次规划问题在理论和实践中都非常重要, 因为它们允许目标函数具有更复杂的曲率形式, 这比线性规划问题提供了更大的灵活性. 二次规划广泛应用于各个领域, 如金融、工程设计、能源管理和物流等, 用于解决投资组合优化、资源分配、生产计划和网络流量优化等问题. 我们在本节中将详细讨论二次规划问题的最优性条件与对偶问题.

二次规划问题的一般形式如下:

$$\min_{x \in \mathbb{R}^n} \quad Q(x) = g^{\mathrm{T}} x + \frac{1}{2} x^{\mathrm{T}} H x, \tag{5.30}$$

$$\text{s. t.} \quad a_i^{\mathrm{T}} x = b_i, \quad i = 1, 2, \cdots, m_e, \tag{5.31}$$

$$a_i^{\mathrm{T}} x \geqslant b_i, \quad i = m_e + 1, m_e + 2, \cdots, m, \tag{5.32}$$

其中 $m \geqslant m_e \geqslant 0$; $g \in \mathbb{R}^n$, $H \in \mathbb{R}^{n \times n}$ 且为对称矩阵, $a_i \in \mathbb{R}^n$, $b_i \in \mathbb{R}(i = 1, 2, \cdots, m)$.

有时一些约束是上下界形式:

$$l_i \leqslant x_j \leqslant u_j, \quad j = 1, 2, \cdots, n,$$

其中 x_j 是 x 的第 j 个分量, $l_j \leqslant u_j$ 是变量 x_j 的下界和上界. 还有的问题要求变量是非负的:

$$x_j \geqslant 0, \quad j = 1, 2, \cdots, n. \tag{5.33}$$

此时条件 (5.33) 可写成如下形式:

$$x \geqslant 0.$$

二次规划有着广泛的应用. 不少实际问题, 如带约束的线性最小二乘问题, 都可表示为二次规划问题. 此外, 求解非线性约束优化问题的逐步二次规划方法在每次迭代中都需要求解一个二次规划问题, 这也凸显了二次规划问题的重要地位. 在二次规划问题中, 目标函数的 Hesse 矩阵和约束函数的 Jacobi 矩阵都是常量, 所以它的最优性条件有其特殊形式, 相应的求解方法也具有其独特性. 下面我们来介绍二次规划问题的最优性条件.

二次规划的最优性条件

定理 5.5.1 设 x^* 是二次规划问题 (5.30)—(5.32) 的局部解, 则必存在乘子 $\lambda_i^*(i = 1, 2, \cdots, m)$, 使得

$$g + Hx^* = \sum_{i=1}^{m} \lambda_i^* a_i, \tag{5.34}$$

$$\lambda_i^*(a_i^{\mathrm{T}} x^* - b_i) = 0, \quad i = m_e + 1, m_e + 2, \cdots, m, \tag{5.35}$$

$$\lambda_i^* \geqslant 0, \quad i = m_e + 1, m_e + 2, \cdots, m, \tag{5.36}$$

且对一切满足

$$d^{\mathrm{T}} a_i = 0, \quad i \in \mathcal{I} \cup \mathcal{E}$$

的向量 d 均有

$$d^{\mathrm{T}} H d \geqslant 0,$$

其中 $\mathcal{E} = \{1, 2, \cdots, m_e\}$ 以及

$$\mathcal{I} = \{i : a_i^{\mathrm{T}} x^* = b_i, i = m_e + 1, m_e + 2, \cdots, m\}.$$

定义 5.5.1 二次规划问题 (5.30)—(5.32) 的可行集在 x^* 处的临界锥 (critical cone) $C(x^*, \lambda^*)$ 为一切满足如下条件的方向 d 构成的集合:

$$\begin{aligned} d^{\mathrm{T}} a_i &= 0, \quad i \in \mathcal{E}, \\ d^{\mathrm{T}} a_i &\geqslant 0, \quad i \in \mathcal{I}, \\ d^{\mathrm{T}} a_i &= 0, \quad i \in \mathcal{I}, \lambda_i^* > 0. \end{aligned} \tag{5.37}$$

定理 5.5.2 设 x^* 是问题 (5.30)—(5.32) 的一个可行点, 如果存在乘子 $\lambda_i^*(i = 1, 2, \cdots, m)$ 满足 (5.34)—(5.36), 且对一切临界锥内的非零向量 $0 \neq d \in C(x^*, \lambda^*)$, 均有

$$d^{\mathrm{T}} H d > 0,$$

则 x^* 必是问题 (5.30)—(5.32) 的局部严格极小值点.

二次规划的约束都是线性的, 从而约束规范条件自然满足. 而且, 与一般的非线性规划相比, 另一个特殊之处是它有如下既充分又必要的最优性条件.

定理 5.5.3 设 x^* 是 (5.30)—(5.32) 的可行点, 则它是局部极小点当且仅当存在乘子 $\lambda_i^*(i = 1, 2, \cdots, m)$ 满足 (5.34)—(5.36), 且对一切 $0 \neq d \in C(x^*, \lambda^*)$ 均有

$$d^{\mathrm{T}} H d \geqslant 0. \tag{5.38}$$

证明 必要性 设 x^* 是局部极小点, 因此 KKT 条件 (5.34)—(5.36) 成立. 设 $d \neq 0$ 满足 (5.37). 则对充分小的 $t > 0$, 有 $x^* + td \in X$; 这里 X 为可行集合. 由 (5.37), 不难得到

$$Q(x^*) \leqslant Q(x^* + td) = Q(x^*) + \frac{1}{2} t^2 d^{\mathrm{T}} H d$$

对所有充分小的 $t > 0$ 均成立. 因此 (5.38) 对 d 成立. 由 d 的任意性, 必要性得证.

充分性 要证 x^* 是 (5.30)—(5.32) 的局部极小点, 只需证明 x^* 是 Q 在 $x^* + T_X(x^*)$ 上的局部极小点, 这里 $T_X(x^*)$ 是 X 在 x^* 处的切锥. 由于 $T_X(x^*)$ 是多面体锥, 因此存在矩阵 $C := (c_1, c_2, \cdots, c_m) \in \mathbb{R}^{n \times m}$, 使得

$$T_X(x^*) = C(\mathbb{R}_+^m) := \{Cy : y \geqslant 0\}.$$

所以, 我们只需证明原点是

$$h(y) := Q(x^* + Cy) - Q(x^*) = \frac{1}{2} y^{\mathrm{T}} C^{\mathrm{T}} H C y + y^{\mathrm{T}} C^{\mathrm{T}} (H x^* + g)$$

在 $\mathbb{R}_+^m$ 上的局部极小点, 也即在原点附近有 $h(y) \geqslant 0$.

令 $p := C^{\mathrm{T}}(H x^* + g) \in \mathbb{R}^m$. 因为 $-(H x^* + g) \in (T_X(x^*))^\circ$ 而 $b_j \in T_X(x^*)$ (对任意 $1 \leqslant j \leqslant m$), 所以 $p \geqslant 0$. 这里 $(T_X(x^*))^\circ$ 是 $T_X(x^*)$ 的极锥. 下面分两种情形讨论.

情形 1 $p = 0$. 此时 $h(y)$ 仅剩二次项. 因为 $p = 0$, 结合 KKT 条件与 $T_X(x^*)$ 的定义, $\{b_j\}_{j=1}^m$ 满足 (5.37). 进而, 对任意 $y \in \mathbb{R}_+^m$, Cy 满足 (5.37). 由条件 (5.38), 就有 $h(y) \geqslant 0$. 得证.

情形 2 $p \neq 0$. 令 $\mathcal{I}_1 := \{i : p_i > 0\} \neq \varnothing$, $\mathcal{I}_2 := \{i : p_i = 0\}$, 从而 $\mathcal{I}_1 \cup \mathcal{I}_2 = \mathcal{E} \cup \mathcal{I}$. 据此, 将 y 分解为 $y = y_1 + y_2$, 其中 $y_1 \geqslant 0$ 在 I_1 中的分量为 0, $y_2 \geqslant 0$ 在 I_2 中的分量为 0. 注意到 $p^{\mathrm{T}} y_1 = 0$, 从而 Cy_1 满足 (5.37). 由条件 (5.38) 即有 $\langle C^{\mathrm{T}} H C y_1, y_1 \rangle \geqslant 0$. 基于此, 经计算可得

$$h(y) = \frac{1}{2} \left\langle C^{\mathrm{T}}HC(y_1 + y_2), y_1 + y_2 \right\rangle + \langle p, y_2 \rangle$$

$$\geqslant \frac{1}{2} \left\langle C^{\mathrm{T}}HCy_2, y_2 + 2y_1 \right\rangle + \langle p, y_2 \rangle$$

$$\geqslant \frac{1}{2} \left\langle C^{\mathrm{T}}HCy_2, y_2 + 2y_1 \right\rangle + \inf_{i \in \mathcal{I}_1} p_i \cdot \|y_2\|_1.$$

不妨假设 $y_2 \neq 0$, 否则已有 $h(y) \geqslant 0$. 下面我们证明当

$$\|y\|_\infty \leqslant \frac{\inf_{i \in \mathcal{I}_1} p_i}{\|C^{\mathrm{T}}HC\|_1}$$

时, 有 $h(y) \geqslant 0$.

$$h(y) \geqslant \frac{1}{2} \left\langle C^{\mathrm{T}}HCy_2, y_2 + 2y_1 \right\rangle + \|C^{\mathrm{T}}HC\|_1 \|y_2\|_1 \|y\|_\infty$$

$$\geqslant \frac{1}{2} \left(\left\langle C^{\mathrm{T}}HCy_2, y_2 + 2y_1 \right\rangle + \|C^{\mathrm{T}}HCy_2\|_1 \|y_2 + 2y_1\|_\infty \right)$$

$$\geqslant \frac{1}{2} \left(\left\langle C^{\mathrm{T}}HCy_2, y_2 + 2y_1 \right\rangle + \left| \left\langle C^{\mathrm{T}}HCy_2, y_2 + 2y_1 \right\rangle \right| \right)$$

$$\geqslant 0.$$

故充分性得证. □

如取 H 是 (正定) 半正定矩阵, (5.30) 中的目标函数是 (严格) 凸函数, 这时问题 (5.30)—(5.32) 被称为 (严格) 凸的二次规划问题. 由于二次规划的可行域非空则必为凸集, 所以当目标函数是凸函数时, 任何 KKT 点必为二次规划的全局极小点.

定理 5.5.4 设 H 为半正定矩阵, 则 x^* 是二次规划问题 (5.30)—(5.32) 的全局极小点当且仅当 x^* 是一个 KKT 点.

二次规划的对偶问题　设 H 是正定矩阵, 由定理 5.5.4 可知, 求解 (5.30)—(5.32) 等价于求解

$$g + Hx = A\lambda, \tag{5.39}$$

$$a_i^{\mathrm{T}} x = b_i, \quad i \in \mathcal{E}, \tag{5.40}$$

$$a_i^{\mathrm{T}} x \geqslant b_i, \quad i \in \mathcal{I}, \tag{5.41}$$

$$\lambda_i (a_i^{\mathrm{T}} x - b_i) = 0, \quad i \in \mathcal{I}, \tag{5.42}$$

$$\lambda_i \geqslant 0, \quad i \in \mathcal{I}, \tag{5.43}$$

其中 $\lambda = (\lambda_1, \lambda_2, \cdots, \lambda_m) \in \mathbb{R}^m$ 以及

$$A := (a_1, a_2, \cdots, a_m) \in \mathbb{R}^{n \times m}.$$

记

$$\begin{aligned} y &= A\lambda - g, \\ t_i &= a_i^{\mathrm{T}} x - b_i, \quad i \in \mathcal{I}. \end{aligned} \tag{5.44}$$

则 (5.39)—(5.43) 可写成下列形式:

$$\begin{pmatrix} -b \\ H^{-1}y \end{pmatrix} = \begin{pmatrix} A^{\mathrm{T}} \\ -I \end{pmatrix} (-x) + (0, \cdots, 0, t_{m_e+1}, \cdots, t_m, 0, \cdots, 0)^{\mathrm{T}}, \qquad (5.45)$$

$$A\lambda - y = g,$$
$$\lambda_i \geqslant 0, \quad i \in \mathcal{I},$$
$$t_i\lambda_i = 0, \quad i \in \mathcal{I},$$
$$t_i \geqslant 0, \quad i \in \mathcal{I}.$$

由定理 5.5.4 可知 (5.45) 等价于求解

$$\max_{\lambda \in \mathbb{R}^m, \, y \in \mathbb{R}^n} \quad \bar{Q}(\lambda, y) = b^{\mathrm{T}}\lambda - \frac{1}{2}y^{\mathrm{T}}H^{-1}y, \qquad (5.46)$$

$$\text{s. t.} \quad A\lambda - y = g, \qquad (5.47)$$

$$\lambda_i \geqslant 0, \quad i \in \mathcal{I}. \qquad (5.48)$$

由于问题 (5.46)—(5.48) 与 (5.30)—(5.32) 的等价性, 称 (5.46)—(5.48) 为 (5.30)—(5.32) 的对偶 (dual) 问题, 称 (5.30)—(5.32) 为原始 (primal) 问题.

对偶问题 (5.46)—(5.48) 还可化成更简单的形式:

$$\max_{\lambda \in \mathbb{R}^m} \quad \left(b + A^{\mathrm{T}}H^{-1}g\right)^{\mathrm{T}}\lambda - \frac{1}{2}\lambda^{\mathrm{T}}\left(A^{\mathrm{T}}H^{-1}A\right)\lambda, \qquad (5.49)$$

$$\text{s. t.} \quad \lambda_i \geqslant 0, \quad i \in \mathcal{I}. \qquad (5.50)$$

假定 (λ, y) 是对偶问题 (5.46)—(5.48) 的可行点, x 是原始问题 (5.30)—(5.32) 的可行点, 有

$$Q(x) - \bar{Q}(\lambda, y) = x^{\mathrm{T}}(A\lambda - y) + \frac{1}{2}x^{\mathrm{T}}Hx - \left(\lambda^{\mathrm{T}}A^{\mathrm{T}}x - \sum_{i \in \mathcal{I}}\lambda_i t_i - \frac{1}{2}yH^{-1}y\right)$$

$$= \sum_{i \in \mathcal{I}}\lambda_i t_i + \frac{1}{2}\left(x^{\mathrm{T}}Hx + y^{\mathrm{T}}H^{-1}y - 2x^{\mathrm{T}}y\right), \qquad (5.51)$$

其中 t_i 由 (5.44) 定义. 由于 H 正定, 不难看出

$$Q(x) \geqslant \bar{Q}(\lambda, y),$$

该不等式两端相等当且仅当

$$\sum_{i \in \mathcal{I}}\lambda_i t_i = 0$$

和

$$x = H^{-1}y,$$

而上式显然等价于

$$Hx + g = A\lambda.$$

因此, 当原始问题有可行点时, 我们证明了原始问题 (5.30)—(5.32) 与对偶问题 (5.46)—(5.48) 的等价性, 将其叙述为下面的定理.

定理 5.5.5 设 H 正定, 如果原始问题 (5.30)—(5.32) 有可行点, 那么 x^* 是原始问题的解当且仅当存在 (λ^*, y^*) 为对偶问题 (5.46)—(5.48) 的解且 $x^* = H^{-1}y^*$.

对于原始问题无可行点的情形, 我们有以下结果:

定理 5.5.6 设 H 正定, 原始问题无可行点当且仅当对偶问题无界.

证明 如果原始问题有可行点, 由 (5.51) 即知, 对偶问题的目标函数在满足 (5.47) 与 (5.48) 的集合上一致有界. 现在假定原始问题无可行点, 于是

$$(a_i^{\mathrm{T}}, b_i)\tilde{x} = 0, \quad i \in \mathcal{E},$$

$$(a_i^{\mathrm{T}}, b_i)\tilde{x} \geqslant 0, \quad i \in \mathcal{I},$$

$$(0, \cdots, 0, 1)\tilde{x} < 0$$

关于 $\tilde{x} \in \mathbb{R}^{n+1}$ 无解. 由 Farkas 引理即知, 存在 $\bar{\lambda}_i(i = 1, 2, \cdots, m)$, 使得

$$\sum_{i=1}^{m} \bar{\lambda}_i a_i = 0,$$

$$\sum_{i=1}^{m} \bar{\lambda}_i b_i = 1,$$

$$\bar{\lambda}_i \geqslant 0, \quad i \in \mathcal{I}.$$

此时令 $\lambda_i = t\bar{\lambda}_i$, $y = -g$, 则当 $t \to +\infty$ 时, 有

$$\bar{Q}(\lambda, y) = t - \frac{1}{2}g^{\mathrm{T}}H^{-1}g \to +\infty.$$

所以对偶问题无界, 定理为真. □

原始问题 (5.30)—(5.32) 的 Lagrange 函数是

$$L(x, \lambda) = Q(x) - \sum_{i=1}^{m} \lambda_i(a_i^{\mathrm{T}}x - b_i).$$

不难看出, 求解 (5.39)—(5.43) 等价于求 $L(x, \lambda)$ 在区域 $\{(x, \lambda) : \lambda_i \geqslant 0, i \in \mathcal{I}\}$ 上的稳定点. 由于 $L(x, \lambda)$ 的 Hesse 矩阵为

$$\nabla^2 L = \begin{pmatrix} H & -A \\ -A^{\mathrm{T}} & O \end{pmatrix},$$

故有

$$\begin{pmatrix} I & O \\ A^{\mathrm{T}}H^{-1} & I \end{pmatrix} \nabla^2 L \begin{pmatrix} I & H^{-1}A \\ O & I \end{pmatrix} = \begin{pmatrix} H & O \\ O & -A^{\mathrm{T}}H^{-1}A \end{pmatrix}.$$

由于 H 正定, 故 $A^{\mathrm{T}}H^{-1}A$ 必为半正定的. 从 (5.5) 可知 $\nabla^2 L$ 恰有 n 个正特征值, 且其负特征值的个数为矩阵 A 的秩, 所以 $L(x, \lambda)$ 的稳定点总是一个鞍点 (saddle point). 只有在退化情形 $A = O, b = 0$ 时, $L(x, \lambda) = Q(x)$, 这时 $L(x, \lambda)$ 的稳定点是 $L(x, \lambda)$ 的极小点. 而下面的定理指出, 上述关于鞍点的必要条件也是充分的, 即求解凸二次规划问题 (5.30)—(5.32) 等价于求它的 Lagrange 函数 $L(x, \lambda)$ 的鞍点.

定理 5.5.7　设 H 正定, 则 x^* 是二次规划问题 (5.30)—(5.32) 的解当且仅当在满足可行性要求的 $\lambda_i^*(i = 1, 2, \cdots, m)$ 处, 对一切可行的 x 和 $\lambda(\lambda_i \geqslant 0, i \in \mathcal{I})$, 都有

$$L(x, \lambda^*) \geqslant L(x^*, \lambda^*) \geqslant L(x^*, \lambda) \tag{5.52}$$

成立.

证明　设 (x^*, λ^*) 是 (5.39)—(5.43) 的解. 一方面, 对任何满足 (5.31) 与 (5.32) 的可行点 x, 有

$$\begin{aligned}
L(x, \lambda^*) &= Q(x) - \sum_{i=1}^m \lambda_i^*(a_i^{\mathrm{T}}x - b_i) \\
&= Q(x^*) - \sum_{i=1}^m \lambda_i^*(a_i^{\mathrm{T}}x^* - b_i) + Q(x) - \\
&\quad Q(x^*) - \sum_{i \in \mathcal{I}} \lambda_i^* a_i^{\mathrm{T}}(x - x^*) \\
&= L(x^*, \lambda^*) + \frac{1}{2}(x - x^*)^{\mathrm{T}}H(x - x^*) \\
&\geqslant L(x^*, \lambda^*).
\end{aligned}$$

另一方面, 对任何对偶问题 (5.49) 与 (5.50) 的可行点 λ, 不难得到

$$\begin{aligned}
L(x^*, \lambda) &= Q(x^*) - \sum_{i=1}^m \lambda_i(a_i^{\mathrm{T}}x^* - b_i) \\
&= L(x^*, \lambda^*) - \sum_{i \in I} \lambda_i(a_i^{\mathrm{T}}x^* - b_i) \\
&\leqslant L(x^*, \lambda^*).
\end{aligned}$$

将以上两个不等式结合即得 (5.52).

反过来, 给定 $x^* \in \mathbb{R}^n$ 与 $\lambda^* \in \mathbb{R}^m$. 如果对于一切可行的 x 和 $\lambda(\lambda_i \geqslant 0, i \in \mathcal{I})$, 不等式 (5.52) 都成立, 则有

$$Q(x) - \sum_{i=1}^m \lambda_i^*(a_i^{\mathrm{T}}x - b_i) \geqslant Q(x^*) - \sum_{i=1}^m \lambda_i^*(a_i^{\mathrm{T}}x^* - b_i), \tag{5.53}$$

$$(\lambda - \lambda^*)^{\mathrm{T}}\nabla_\lambda L(x^*, \lambda^*) \leqslant 0. \tag{5.54}$$

将 $\nabla_\lambda L(x^*, \lambda^*) = -(A^{\mathrm{T}}x^* - b)$ 代入 (5.54), 可得:

$$(\lambda - \lambda^*)^{\mathrm{T}}(A^{\mathrm{T}}x^* - b) \geqslant 0.$$

由此即知关于 λ 的不等式

$$\lambda^{\mathrm{T}}(A^{\mathrm{T}}x^* - b) < \lambda^{*\mathrm{T}}(A^{\mathrm{T}}x^* - b), \tag{5.55}$$

$$\lambda_i \geqslant 0, \quad i \in \mathcal{I} \tag{5.56}$$

无解. 若 x^* 不满足 (5.40), 不妨设 $a_1^{\mathrm{T}}x^* - b_1 \neq 0$, 则可构造 λ 满足

$$\lambda_1 = \frac{\lambda^{*\mathrm{T}}(A^{\mathrm{T}}x^* - b) - 1}{a_1^{\mathrm{T}}x^* - b_1}, \quad \lambda_i = 0 \; (i = 2, 3, \cdots, m).$$

容易验证, λ 是 (5.55)—(5.56)的解, 矛盾. 若 x^* 不满足 (5.41), 不妨设 $a_m^{\mathrm{T}}x^* - b_m < 0$, 类似地, 我们构造 λ 满足

$$\lambda_m = \max\left\{\frac{\lambda^{*\mathrm{T}}(A^{\mathrm{T}}x^* - b) - 1}{a_m^{\mathrm{T}}x^* - b_m}, 0\right\}, \quad \lambda_i = 0 \; (i = 1, 2, \cdots, m-1).$$

同样可以验证 λ 是 (5.55)—(5.56)的解, 矛盾. 另一方面, 如果对某个 $i \in \mathcal{I}$

$$\lambda_i^*(a_i^{\mathrm{T}}x^* - b_i) = 0 \tag{5.57}$$

不成立, 也可类似上面构造例子使得 (5.55)—(5.56) 有解. 综上, 我们得到 x^* 可行且互补松弛条件 (5.57) 成立. 于是对于满足可行性要求的 λ^*, 我们可知

$$\sum_{i=1}^{m} \lambda_i^*(a_i^{\mathrm{T}}x - b_i) \geqslant \sum_{i=1}^{m} \lambda_i^*(a_i^{\mathrm{T}}x^* - b_i) = 0 \tag{5.58}$$

对一切满足 (5.31) 与 (5.32) 的 x 均成立. 从 (5.53) 和 (5.58) 即可推出 $Q(x) \geqslant Q(x^*)$, 证毕. $\qquad\qquad\qquad\qquad\qquad\qquad\qquad\qquad\qquad\qquad\qquad\qquad\qquad\qquad\square$

接下来, 我们将探讨另一类常见的二次函数优化问题——球约束的二次极小问题, 这类问题与下一章要介绍的信赖域算法密切相关. 具体来说, 在信赖域算法的每步迭代中都需要求解一个球约束的二次极小问题. 区别于二次规划问题中的线性约束, 这里我们讨论的约束形式为欧氏范数下的球约束.

球约束二次极小问题　球约束二次极小问题是指带有半径为 r 的球约束且以二次函数为目标函数的约束优化问题,

$$\begin{aligned}
\min_{d \in \mathbb{R}^n} \quad & \varphi(d) := g^{\mathrm{T}}d + \frac{1}{2}d^{\mathrm{T}}Bd, \\
\text{s. t.} \quad & \|d\|_2 \leqslant r,
\end{aligned} \tag{5.59}$$

其中 $g \in \mathbb{R}^n$, $B \in \mathbb{R}^{n \times n}$ 为对称矩阵.

下面的定理 5.5.8 阐释球约束二次极小问题 (5.59) 的最优性条件.

定理 5.5.8　d^* 是问题 (5.59)的解, 当且仅当存在 $\lambda^* \geqslant 0$ 使得

$$(B + \lambda^* I)d^* = -g, \tag{5.60}$$

$$\|d^*\|_2 \leqslant r,$$

$$\lambda^* (r - \|d^*\|_2) = 0, \tag{5.61}$$

而且 $(B + \lambda^* I)$ 是半正定矩阵.

证明   由约束优化问题的最优性条件知存在乘子 $\lambda^* \geqslant 0$ 使得 (5.60)—(5.61) 成立, 我们需证明 $(B + \lambda^* I)$ 是半正定矩阵. 如果 $\|d^*\|_2 < r$, 则 $\lambda^* = 0$ 且 d^* 是 $\varphi(d)$ 的局部极小点, 由二阶必要性条件知 B 半正定, 因而 $(B + \lambda^* I)$ 半正定. 如果 $\|d^*\|_2 = r$, 一方面, 由二阶必要性条件知

$$d^{\mathrm{T}}(B + \lambda^* I)d \geqslant 0$$

对一切满足 $d^{\mathrm{T}}d^* = 0$ 的 d 都成立. 另一方面, 对于满足 $d^{\mathrm{T}}d^* \neq 0$ 的 d, 取 $t = -\dfrac{2d^{\mathrm{T}}d^*}{\|d\|_2^2}$, 则 $\|d^* + td\|_2 = r$. 由 d^* 的定义, 我们有 $\varphi(d^* + td) \geqslant \varphi(d^*)$, 于是

$$\varphi(d^* + td) + \frac{1}{2}\lambda^* \|d^* + td\|_2^2 \geqslant \varphi(d^*) + \frac{1}{2}\lambda^* \|d^*\|_2^2.$$

将其展开并结合关系式 (5.60) 可得 $d^{\mathrm{T}}(B + \lambda^* I)d \geqslant 0$, 因此 $d^{\mathrm{T}}(B + \lambda^* I)d \geqslant 0$ 对一切 d 都成立, 从而 $B + \lambda^* I$ 是半正定的.

反之, 假设 d^* 满足 (5.60)—(5.61) 且 $B + \lambda^* I$ 半正定, 考虑函数

$$\widetilde{\varphi}(d) := g^{\mathrm{T}}d + \frac{1}{2}d^{\mathrm{T}}(B + \lambda^* I)d.$$

由于 $B + \lambda^* I$ 半正定, $\widetilde{\varphi}(d)$ 为凸函数, 并且在 d^* 处有

$$\nabla\widetilde{\varphi}(d^*) = g + (B + \lambda^* I)d^* = 0,$$

从而 d^* 为 $\tilde{\varphi}(d)$ 的全局极小点. 对任何 $\|d\|_2 \leqslant r$, 我们有

$$\begin{aligned}
\varphi(d) &= g^{\mathrm{T}}d + \frac{1}{2}d^{\mathrm{T}}(B + \lambda^* I)d - \frac{1}{2}\lambda^* \|d\|_2^2 \\
&\geqslant g^{\mathrm{T}}d^* + \frac{1}{2}(d^*)^{\mathrm{T}}(B + \lambda^* I)d^* - \frac{1}{2}\lambda^* \|d\|_2^2 \\
&= \varphi(d^*) + \frac{1}{2}\lambda^*(r^2 - \|d\|_2^2) \geqslant \varphi(d^*),
\end{aligned}$$

因此 d^* 是问题 (5.59) 的解. 综上, 定理得证. $\square$

上述定理提供了一个寻找 d^* 的方法: 当 $\lambda = 0$ 时, 检验 $B \succeq O$ 是否成立, 是否存在 d 满足 $Bd = -g$ 且 $\|d\|_2 \leqslant r$. 否则, 一定存在 λ 使得 $B + \lambda I \succeq O$ 并且 $\|d(\lambda)\|_2 = r$, 其中

$$d(\lambda) = -(B + \lambda I)^{-1}g.$$

这时只需要求解关于 λ 的方程 $\|d(\lambda)\|_2 = r$ 或者等价地 $\dfrac{1}{r} - \dfrac{1}{\|d(\lambda)\|_2} = 0.$

当矩阵 $B+\lambda I$ 可逆时, 设矩阵 B 的特征值分解为 $B=Q\Lambda Q^{\mathrm{T}}$, 其中 $Q=[q_1,q_2,\cdots,q_n]$ 是正交矩阵, $\Lambda=\mathrm{diag}(\lambda_1,\lambda_2,\cdots,\lambda_n)$ 是对角矩阵, 其对角元 $\lambda_1\leqslant\lambda_2\leqslant\cdots\leqslant\lambda_n$ 是 B 的特征值. 于是

$$d(\lambda)=-Q(\Lambda+\lambda I)^{-1}Q^{\mathrm{T}}g=-\sum_{i=1}^n\frac{q_i^{\mathrm{T}}g}{\lambda_i+\lambda}q_i. \tag{5.62}$$

由矩阵 Q 列向量的正交性可得

$$\|d(\lambda)\|_2^2=\sum_{i=1}^n\frac{(q_i^{\mathrm{T}}g)^2}{(\lambda_i+\lambda)^2}. \tag{5.63}$$

由 (5.63) 式, 当 $\lambda>-\lambda_1$ 且 $q_1^{\mathrm{T}}g\neq0$ 时, $\|d(\lambda)\|_2^2$ 是关于 λ 的严格减函数, 且有

$$\lim_{\lambda\to\infty}\|d(\lambda)\|_2=0,\qquad\lim_{\lambda\to-\lambda_1^+}\|d(\lambda)\|_2=+\infty.$$

由连续函数介值定理, $\|d(\lambda)\|_2=r$ 的解必存在且唯一. 此时寻找 λ^* 已经转化为一个一元方程求根问题, 可使用前面介绍的 Newton 法求解, 在此不再赘述.

上面的分析需要假定 $q_1^{\mathrm{T}}g\neq0$, 在实际中这个条件未必满足. 当 $q_1^{\mathrm{T}}g=0$ 时, (5.63) 式在 $-\lambda_1$ 处将未必具有奇性, 即极限 $M:=\lim\limits_{\lambda\to-\lambda_1^+}\|d(\lambda)\|_2$ 未必为无穷大. 此时并不能保证存在 $\lambda^*>-\lambda_1$ 使得 $\|d(\lambda^*)\|_2=r$ 成立. 当 $M\geqslant r$ 时, 仍然可以根据介值定理得出 $\lambda^*(>-\lambda_1)$ 的存在性; 而当 $M<r$ 时, 则无法利用前面的分析求出 λ^* 和 d^*, 此时球约束二次极小问题变得比较复杂. 实际上, 在 Moré 和 Sorensen 的工作中将 $q_1^{\mathrm{T}}g=0$ 且 $M<r$ 的情形称为 "困难情形 (the hard case)". 在此情形下, 对于任何 $\lambda\in(-\lambda_1,+\infty)$ 都无法无法使得 $\|d(\lambda)\|_2=r$ 成立, 而定理 5.5.8 的结果说明 $\lambda^*\in[-\lambda_1,+\infty)$, 因此只能是 $\lambda^*=-\lambda_1$.

注意到在困难情形下, $B+\lambda^*I$ 为奇异矩阵, 我们不能通过 (5.62) 式得到对应的 d^*. 为了叙述方便, 假设特征值 λ_1 的重数为 1, 此时可以利用线性方程组对 $(B+\lambda^*I)d+g=0$ 解的结构, 将其通解表示为

$$d(\tau)=-\sum_{i=2}^n\frac{q_i^{\mathrm{T}}g}{\lambda_i-\lambda_1}q_i+\tau q_1,\quad\tau\in\mathbb{R}.$$

由正交性可得,

$$\|d(\tau)\|_2^2=\tau^2+\sum_{i=2}^n\frac{(q_i^{\mathrm{T}}g)^2}{(\lambda_i-\lambda_1)^2}.$$

注意在困难情形中有 $M=\sqrt{\sum\limits_{i=2}^n\frac{(q_i^{\mathrm{T}}g)^2}{(\lambda_i-\lambda_1)^2}}<r$, 因此必存在 τ^* 使得 $\|d(\tau^*)\|_2=r$. 如此便得出了 d^* 的表达式. 上述方法由 Moré 和 Sorensen 在 1983 年提出, 是求解球约束二次极小问题的精确算法, 其主要计算量来自对矩阵 B 的特征值分解.

5.6　习题

1. 证明函数 $f : \mathbb{S}^n \to \overline{\mathbb{R}}$,

$$f(X) := \begin{cases} -\log(\det(X)), & X \succ O; \\ +\infty, & \text{其他} \end{cases}$$

是适定且连续的.

2. 证明 $\mathrm{epi}(\mathrm{cl}(f)) = \mathrm{cl}(\mathrm{epi}(f))$.

3. 设 $A \in \mathbb{S}^n, b \in \mathbb{R}^n$, 二次函数 $q : \mathbb{R}^n \to \mathbb{R}$ 定义为

$$q(x) = \frac{1}{2} x^{\mathrm{T}} A x + b^{\mathrm{T}} x,$$

证明如下三条性质互相等价:

(1) $\inf\limits_{\mathbb{R}^n} q > -\infty$;

(2) $A \succeq O, b \in \mathrm{im}(A)$;

(3) $\arg\min\limits_{\mathbb{R}^n} q \neq \varnothing$.

4. 证明 Moreau 分解定理: 若 $K \subseteq \mathbb{R}^n$ 是闭凸锥, $x \in \mathbb{R}^n$, 则以下结论互相等价:

(1) $x - u \perp v, u \subset K, v \subset K^\circ, \langle u, v \rangle = 0$;

(2) $u = P_K(x), v = P_{K^\circ}(x)$.

5. 考虑优化问题

$$\begin{aligned} \min_{x \in \mathbb{R}^2} \quad & x_1, \\ \mathrm{s.~t.} \quad & 16 - (x_1 - 4)^2 - x_2^2 \geqslant 0, \\ & x_1^2 + (x_2 - 2)^2 - 4 = 0, \end{aligned}$$

求出该优化问题的 KKT 点, 并判断它们是否是局部极小值点以及全局极小值点.

6. 考虑对称矩阵的特征值问题

$$\begin{aligned} \min_{x \in \mathbb{R}^n} \quad & x^{\mathrm{T}} A x, \\ \mathrm{s.~t.} \quad & \|x\|_2 = 1, \end{aligned}$$

其中 $A \in \mathbb{S}^n$. 试分析其所有的局部极小值点以及全局极小值点.

7. 考虑函数 $f(x) = x_1^2 + x_2^2, x = (x_1, x_2) \in \mathbb{R}^2$ 以及迭代点列 $x_k = \left(1 + \dfrac{1}{2^k}\right)(\cos k, \sin k)^{\mathrm{T}}, k = 1, 2, \cdots$, 请说明:

(1) $\{f(x_{k+1})\}$ 是否收敛? 若收敛, 给出 Q 收敛速度;

(2) $\{x_{k+1}\}$ 是否收敛? 若收敛, 给出 Q 收敛速度.

8. 考虑 $f(x)$ 的二次近似函数:

$$\phi_k(x, c_k) = f(x_k) + f'(x_k)(x - x_k) + \frac{1}{2}c_k(x - x_k)^2.$$

请分别求解满足下述条件的 c_k:

(1) $\phi_k(x_{k-1}, c_k) = f(x_{k-1})$;

(2) $c_k = \underset{c \in \mathbb{R}}{\mathrm{argmin}} \left(\phi_k(x_{k-1}, c) - f(x_{k-1})\right)^2 + \left(\phi_k'(x_{k-1}, c) - f'(x_{k-1})\right)^2.$

并分析在两种不同的 c_k 取值下, 近似 Newton 迭代格式

$$x_{k+1} = x_k - \frac{f'(x_k)}{c_k}$$

的收敛阶.

9. 设 $f(x)$ 是连续可微函数, d_k 是一个下降方向, 且 $f(x)$ 在射线 $\{x_k + \alpha d_k : \alpha > 0\}$ 上有下界. 请举一个反例说明当 $0 < b_2 < b_1 < 1$ 时, 满足 Wolfe 准则的点可能不存在.

10. 求出下列二次规划问题的 KKT 点、局部极小值点以及全局极小值点:

$$\min_{x \in \mathbb{R}^2} \quad f(x) = 2x_1 + 3x_2 + 4x_1^2 + 2x_1x_2 + x_2^2$$
$$\text{s. t.} \quad x_1 - x_2 \geqslant 0, \quad x_1 + x_2 \leqslant 4, \quad x_1 \leqslant 3.$$

11. 考虑优化问题

$$\min_{x \in \mathbb{R}^n} \quad f(x), \tag{5.64}$$
$$\text{s. t.} \quad g_j(x) \leqslant 0, \ j = 1, 2, \cdots, r,$$

其中 $n \in \mathbb{N}$, $f : \mathbb{R}^n \to \mathbb{R}$, $g_j : \mathbb{R}^n \to \mathbb{R}(j = 1, 2\cdots, r)$ 均为可微函数. 设 $H \in \mathbb{R}^{n \times n}$ 为一对称正定矩阵. 请证明原始–对偶变量对 $(x^\star, \mu^\star) \in \mathbb{R}^{n+r}$ 满足问题 (5.64) 的 KKT 条件当且仅当 $(0, \mu^\star) \in \mathbb{R}^{n+r}$ 是如下二次规划:

$$\min_{d \in \mathbb{R}^n} \quad \nabla f(x^\star)^{\mathrm{T}} d + \frac{1}{2} d^{\mathrm{T}} H d, \tag{5.65}$$
$$\text{s. t.} \quad g_j(x^\star) + \nabla g_j(x^\star)^{\mathrm{T}} d \leqslant 0, j = 1, 2, \cdots, r$$

的一个最优原始–对偶解.

第六章

经典优化算法

最优化问题根据是否具有约束, 分为无约束优化和约束优化方法; 也可以根据目标函数或者约束函数是否光滑, 分为光滑优化 (可微优化) 与非光滑优化 (不可微优化). 本教材主要介绍可微的优化方法, 由几类经典的无约束优化算法开始, 再引出约束优化问题的经典计算方法. 最后简单介绍被广泛应用的一类非光滑优化算法. 本章介绍的算法都会利用到函数的梯度或次梯度信息, 约束的 Jacobi 矩阵信息, 这些信息也被统称为一阶信息; 有些最优化问题中, 我们只能用函数值信息以及约束违反度信息, 求解这类优化问题的方法被统称为无导数优化算法 (derivative-free optimization), 并不在本教材的讨论范围内. 此外, 本章讨论的优化算法只考虑其收敛到稳定点的性质, 或者在极小值点附近的收敛性, 都属于局部优化的范畴, 全局优化也不在本教材的讨论范围内. 对优化感兴趣的读者, 如果需要了解无导数优化、全局优化、随机优化、在线优化、鲁棒优化、分布式优化、双层规划、多目标优化、控制优化等, 需要阅读深入探讨相关研究方向的专著.

6.1 梯度法与共轭梯度法

梯度法 (gradient method) 是以负梯度方向作为搜索方向的方法, 是所有需要计算导数的无约束优化算法中最简单的方法. 它的核心思想是通过不断沿着目标函数的负梯度方向移动, 最终到达极小点. 这类方法广泛应用于无约束或有约束的最优化问题, 特别是在求解大规模问题时, 由于其相对简单的计算过程和较低的内存需求, 梯度类方法显示出了显著的优势.

最速下降法 设函数 $f(x)$ 在 x 点附近连续可微, 且 $g := \nabla f(x) \neq 0$. 不难看到, 负梯度方法的搜索方向 $-\dfrac{g}{\|g\|_2}$ 是一个下降方向, 即对充分小的 $\alpha > 0$, 有

$$f\left(x - \alpha \frac{g}{\|g\|_2}\right) < f(x).$$

事实上, 对任何非零向量 $d \in \mathbb{R}^n$ 均有

$$\lim_{\alpha \to 0^+} \frac{f(x) - f\left(x + \alpha \dfrac{d}{\|d\|_2}\right)}{f(x) - f\left(x - \alpha \dfrac{g}{\|g\|_2}\right)} = -\frac{d^{\mathrm{T}} g}{\|d\|_2 \|g\|_2} \leqslant 1, \tag{6.1}$$

并且等号成立当且仅当 $d = -g$.

从式 (6.1) 可知, 负梯度方向 $-\dfrac{g}{\|g\|_2}$ 是函数 $f(x)$ 在 x 点唯一的最速下降方向, 所以梯度法也被命名为最速下降法 (steepest descent method). 经典的最速下降法 (见算法 6.1) 在每次迭代中都向着负梯度方向移动, 并采用精确线搜索方法求得步长因子来更新下一个迭代点. 该方法的出现最早可溯源到 [5].

算法 6.1　最速下降法

1: 给定初值 x_1, $\varepsilon > 0$

2: 令 $k := 1$, $g_1 := -\nabla f(x_1)$

3: **while** $\|g_k\|_2 > \varepsilon$ **do**

4:　　计算 $g_k := -\nabla f(x_k)$

5:　　通过精确线搜索求 $\alpha_k > 0$, 满足

$$f(x_k + \alpha_k d_k) = \min_{\alpha > 0} f(x_k + \alpha d_k)$$

6:　　更新迭代点 $x_{k+1} = x_k + \alpha_k g_k$

7:　　令 $k := k + 1$

8: **end while**

定理 6.1.1 和定理 6.1.2 分别讨论了最速下降法的全局收敛性和局部收敛速度.

定理 6.1.1 (全局收敛性)　设函数 $f(x)$ 二次连续可微, 且存在 $M > 0$ 使得 $\|\nabla^2 f(x)\|_2 \leqslant M$ 对任意的 $x \in \mathbb{R}^n$ 均成立. 对任何给定的初值 x_1, 如果算法 6.1 不有限终止, 则必有

$$\lim_{k \to \infty} \|\nabla f(x_k)\|_2 = 0, \tag{6.2}$$

或者

$$\lim_{k \to \infty} f(x_k) = -\infty. \tag{6.3}$$

证明　我们考虑无穷迭代下去的算法 6.1. 由引理 5.4.5 有

$$f(x_i) - f(x_{i+1}) \geqslant \frac{1}{2M} \|\nabla f(x_i)\|_2^2 \quad (1 \leqslant i \leqslant k-1). \tag{6.4}$$

于是对指标 i 求和可得

$$f(x_1) - f(x_k) = \sum_{i=1}^{k-1} (f(x_i) - f(x_{i+1}))$$

$$\geqslant \frac{1}{2M} \sum_{i=1}^{k-1} \|\nabla f(x_i)\|_2^2.$$

从上式可知 (6.2) 与 (6.3) 至少有一个成立.　　□

我们先来介绍下面的引理, 其在最速下降法局部收敛速度的估计中起着至关重要的作用.

引理 6.1.1　设 $f(x)$ 在 x^* 附近二次连续可微, $\nabla f(x^*) = 0$ 且 $\nabla^2 f(x^*)$ 正定. 则存在正数 m, M, δ, 使得

$$0 < m \leqslant \lambda_1(\nabla^2 f(x)) \leqslant \lambda_n(\nabla^2 f(x)) \leqslant M \tag{6.5}$$

对一切 $\|x - x^*\|_2 \leqslant \delta$ 均成立. 其中 $\lambda_n(\cdot), \lambda_1(\cdot)$ 分别表示矩阵的最大特征值和最小特征值. 此外,

$$\frac{1}{2} m \|x - x^*\|_2^2 \leqslant f(x) - f(x^*) \leqslant \frac{1}{2} M \|x - x^*\|_2^2, \tag{6.6}$$

$$m \|x - x^*\|_2 \leqslant \|\nabla f(x)\|_2 \leqslant M \|x - x^*\|_2 \tag{6.7}$$

对一切 $\|x - x^*\|_2 \leqslant \delta$ 均成立. 并且对任何充分小的 $m' \in (0, m)$, 都存在 $\delta' > 0$, 使得

$$\|\nabla f(x)\|_2^2 \geqslant 2(m - m')(f(x) - f(x^*)) \tag{6.8}$$

对一切 $\|x - x^*\|_2 \leqslant \delta'$ 均成立.

证明 (6.5)—(6.7) 是十分显然的, 其证明省略. 这里我们只证明 (6.8). 若结论不成立, 则必存在 $m' \in (0, m)$, $y_k \to x^*$, 使得

$$\|\nabla f(y_k)\|_2^2 < 2(m - m')(f(y_k) - f(x^*)). \tag{6.9}$$

不失一般性, 假定 $\dfrac{y_{k_j} - x^*}{\|y_{k_j} - x^*\|_2} \to \bar{d}$, 则有

$$\left\| \nabla f(y_{k_j}) \right\|_2^2 = \left\| y_{k_j} - x^* \right\|_2^2 \left(\left\| \nabla^2 f(x^*) \bar{d} \right\|_2^2 + o(1) \right),$$

$$f(y_{k_j}) - f(x^*) = \frac{1}{2} \left\| y_{k_j} - x^* \right\|_2^2 \left(\bar{d}^{\mathrm{T}} \nabla^2 f(x^*) \bar{d} + o(1) \right).$$

由以上两式可得

$$\lim_{j \to \infty} \frac{\left\| \nabla f(y_{k_j}) \right\|_2^2}{f(y_{k_j}) - f(x^*)} = \frac{2 \left\| \nabla^2 f(x^*) \bar{d} \right\|_2^2}{\bar{d}^{\mathrm{T}} \nabla^2 f(x^*) \bar{d}} \geqslant 2m.$$

而这与 (6.9) 矛盾, 从而说明引理成立. $\qquad\square$

定理 6.1.2 (局部收敛速度) 设由算法 6.1 产生的点列 $x_k \to x^*$, 假设 $\nabla f(x^*) = 0$, $\nabla^2 f(x^*)$ 正定, 且 $f(x)$ 在 x^* 附近二次连续可微, m, M, δ 是使得式 (6.5) 成立的正数, 则必有

$$\beta_k := \frac{f(x_{k+1}) - f(x^*)}{f(x_k) - f(x^*)} < 1,$$

并且

$$\limsup_{k \to \infty} \beta_k \leqslant \frac{M - m}{M} < 1.$$

证明 由式 (6.4), 对于充分大的 k 有

$$\beta_k \leqslant 1 - \frac{\|\nabla f(x_k)\|_2^2}{2M(f(x_k) - f(x^*))} < 1. \tag{6.10}$$

利用引理 6.1.1, 有

$$\limsup_{k\to\infty} \beta_k \leqslant 1 - \liminf_{k\to\infty} \frac{\|\nabla f(x_k)\|_2^2}{2M(f(x_k) - f(x^*))}$$

$$\leqslant 1 - \frac{m}{M} < 1.$$

所以定理成立. □

定理 6.1.2 指出, 算法 6.1 是一个下降算法, 满足 $f(x_{k+1}) < f(x_k)$, 并且算法的收敛速度与 Hesse 矩阵 $\nabla^2 f(x^*)$ 的条件数有关. 事实上, 尽管最速下降算法是一种全局收敛的单调下降算法, 但在实际应用中其收敛速度相当缓慢. 下面我们以严格凸的二次函数为例, 进一步讨论算法 6.1 收敛速度的问题.

如果 $f(x)$ 是二次严格凸函数, 即

$$f(x) = g^{\mathrm{T}} x + \frac{1}{2} x^{\mathrm{T}} H x,$$

其中 $g \in \mathbb{R}^n, H \in \mathbb{R}^{n \times n}$ 对称正定. 其梯度为 $\nabla f(x) = Hx + g$, 并且具有唯一的极小值点 $x^* = -H^{-1}g$. 如果在每步迭代中采用精确线搜索求得步长, 则使用算法 6.1 求解 $\min\limits_{x \in \mathbb{R}^n} f(x)$ 的迭代格式为

$$x_{k+1} = x_k - \frac{\nabla f(x_k)^{\mathrm{T}} \nabla f(x_k)}{\nabla f(x_k)^{\mathrm{T}} H \nabla f(x_k)} \nabla f(x_k).$$

记 $\lambda_n(H), \lambda_1(H)$ 分别为 H 的最大特征值和最小特征值, H 的条件数为 $\kappa := \dfrac{\lambda_n(H)}{\lambda_1(H)}$, 则由算法 6.1 产生的点列 $\{x_k\}_{k \geqslant 1}$ 满足

$$\frac{f(x_{k+1}) - f(x^*)}{f(x_k) - f(x^*)} \leqslant \left(\frac{\kappa - 1}{\kappa + 1}\right)^2. \tag{6.11}$$

关于点列 $\{x_k\}$ 的收敛速度, 我们有

$$\frac{\|x_{k+1} - x^*\|_2}{\|x_k - x^*\|_2} \leqslant \frac{\kappa - 1}{\kappa + \dfrac{1}{\sqrt{2\kappa}}}. \tag{6.12}$$

当问题的 Hesse 矩阵较病态时, (6.11) 与 (6.12) 中的上界接近于 1, 此时算法 6.1 的收敛速度会非常缓慢. 而且 Forsythe 还证明了: 如果 $x_1 \neq x^*$, 则对一切 k 均有 $x_k \neq x^*$, 并且存在常数 $c > 0$, 使得

$$\frac{f(x_{k+1}) - f(x^*)}{f(x_k) - f(x^*)} \geqslant c > 0 \tag{6.13}$$

对任何 k 均成立[11]. 由此可见, 即使目标函数是二次函数, 算法 6.1 也仅是线性收敛. 更有趣的是, 当 k 充分大时, $g_k = \nabla f(x_k)$ 将在两个方向上来回摆动, 即

$$\lim_{k\to\infty} \frac{g_{2k}}{\|g_{2k}\|_2} = \tilde{d}, \quad \lim_{k\to\infty} \frac{g_{2k+1}}{\|g_{2k+1}\|_2} = \hat{d} \tag{6.14}$$

都存在. 在 f 的等高线图中, 如果用线段依次连接相邻两个迭代点, 则可以观察到迭代路

径沿两个方向频繁折返的现象 (zigzagging), 这也反映了梯度法效率低下的问题.

例 6.1.1　考虑

$$f(x) = \frac{1}{2} x^{\mathrm{T}} \begin{bmatrix} M & 0 \\ 0 & m \end{bmatrix} x,$$

其中 $x \in \mathbb{R}^2, M > m > 0$. 设初值为 $x_1 = \left(1, \dfrac{M}{m}\right)^{\mathrm{T}}$, 则由算法 6.1 产生的点列是

$$x_k = \left(\frac{M-m}{M+m}\right)^{k-1} \left((-1)^{k-1}, \frac{M}{m}\right)^{\mathrm{T}}, \quad k = 1, 2, \cdots. \tag{6.15}$$

当 $M \gg m$ 时, $\dfrac{M-m}{M+m}$ 十分靠近 1 , 从 (6.15) 可知, x_k 收敛于解 $(0,0)^{\mathrm{T}}$ 的速度是线性的, 且非常慢.

共轭梯度法 (conjugate gradient method) 最早由 Hestenes 和 Stiefel 在 1952 年提出, 是一种求解对称正定的线性方程组的迭代算法. 其基本思想是逐步构造关于系数矩阵共轭的向量序列, 沿这些向量的方向进行搜索, 从而在有限步内达到精确解. 目前, 共轭梯度法已经发展成为求解大规模线性方程组最常用的迭代算法, 并广泛应用于科学计算的各个领域. 此外, 共轭梯度法有许多不同形式的推广, 用于求解一般的非线性优化问题. 这类方法被称为非线性共轭梯度法, 最早由 Fletcher 和 Reeves 在 1964 年提出. 接下来, 我们将分别介绍共轭梯度法以及非线性共轭梯度法.

共轭梯度法　首先我们考虑凸的二次函数

$$f(x) = g^{\mathrm{T}} x + \frac{1}{2} x^{\mathrm{T}} H x,$$

其中 $g \in \mathbb{R}^n$, $H \in \mathbb{R}^{n \times n}$ 是对称正定矩阵. 于是极小化 $f(x)$ 等价于求解线性方程组 $Hx = -g$.

在介绍共轭梯度法之前, 我们先来介绍其中 "共轭" 一词的定义.

定义 6.1.1　设 $H \in \mathbb{R}^{n \times n}$ 是对称正定矩阵, 对于 $\mathbb{R}^n$ 中的一组非零向量 $d_1, d_2, \cdots, d_m$, 如果满足

$$d_i^{\mathrm{T}} H d_j = 0, \quad \forall 1 \leqslant i \neq j \leqslant m,$$

则称 $d_1, d_2, \cdots, d_m$ 相互 H 共轭.

容易证明, 如果 $d_1, d_2, \cdots, d_m$ 相互 H 共轭, 则它们必线性无关. 假设我们找到了 n 个相互 H 共轭的向量 $d_1, d_2, \cdots, d_n$, 则对任何 $x \in \mathbb{R}^n$ 都可以将其表示为

$$x = \sum_{i=1}^{n} \alpha_i d_i,$$

其中 $\alpha_i \in \mathbb{R}, i = 1, 2, \cdots, n$. 于是极小化 $f(x)$ 等价于

$$\min_{\alpha_i \in \mathbb{R}} \sum_{i=1}^{n} \left(\alpha_i d_i^{\mathrm{T}} g + \frac{1}{2} \alpha_i^2 d_i^{\mathrm{T}} H d_i \right). \tag{6.16}$$

由于每个 α_i 都是独立的, 问题 (6.16) 的解为

$$\alpha_i = -\frac{d_i^{\mathrm{T}} g}{d_i^{\mathrm{T}} H d_i}, \quad i = 1, 2, \cdots, n.$$

因此, 只要我们能找到 n 个相互 H 共轭的方向 $d_1, d_2, \cdots, d_n$, 便可以利用上面的结果表示线性方程组 $Hx = -g$ 的解. 那么现在的问题是, 怎样确定 n 个相互 H 共轭的方向呢?

首先从负梯度方向开始, $d_1 = -g_1 := -Hx_1 - g$. 显然有 $g_1^{\mathrm{T}} d_1 = -\|g_1\|_2^2$ 成立. 确定精确线搜索步长 $\alpha_1 = \frac{\|g_1\|_2^2}{g_1^{\mathrm{T}} H g_1}$, 并进行下一步迭代 $x_2 = x_1 + \alpha_1 d_1$. 由精确线搜索的最优性, $g_2^{\mathrm{T}} d_1 = 0$, $g_2^{\mathrm{T}} g_1 = 0$. 然后构造第二个方向 $d_2 = -g_2 + \beta_1 d_1$ 满足 $d_2^{\mathrm{T}} H d_1 = 0$. 于是, $\beta_1 = \frac{g_2^{\mathrm{T}} H d_1}{d_1^{\mathrm{T}} H d_1}$. 此外, 有 $-d_2^{\mathrm{T}} g_2 = \|g_2\|_2^2$ 成立. 再确定精确线搜索步长 $\alpha_2 = -\frac{d_2^{\mathrm{T}} g_2}{d_2^{\mathrm{T}} H d_2} = \frac{\|g_2\|_2^2}{d_2^{\mathrm{T}} H d_2}$, 并进行下一步迭代 $x_3 = x_2 + \alpha_2 d_2$. 同样由精确线搜索的最优性, $g_3^{\mathrm{T}} d_2 = 0$. 又因为 $g_3 = g_2 + \alpha_2 H d_2$, 于是

$$g_3^{\mathrm{T}} g_2 = g_2^{\mathrm{T}} g_2 + \alpha_2 g_2^{\mathrm{T}} H d_2 = g_2^{\mathrm{T}} g_2 + \alpha_2 (-d_2 + \beta_1 d_1)^{\mathrm{T}} H d_2 = g_2^{\mathrm{T}} g_2 - \alpha_2 d_2 H d_2 = 0.$$

由 $d_2 = -g_2 + \beta_1 d_1$, 我们进一步推得 $g_3^{\mathrm{T}} d_1 = 0$. 再由 $g_3 = g_2 + \alpha_2 H d_2$, 可得 $g_3^{\mathrm{T}} g_1 = g_2^{\mathrm{T}} g_1 + \alpha_2 g_1^{\mathrm{T}} H d_2 = 0$.

对于 $k \geqslant 1$ 以及选定的共轭方向 $d_1, d_2, \cdots, d_k$, 共轭梯度法选取

$$d_{k+1} = -g_{k+1} + \beta_k d_k + \sum_{i=1}^{k-1} \beta_k^{(i)} d_i \tag{6.17}$$

作为新的共轭方向, 其中 $\beta_k, \beta_k^{(i)}$ $(i = 1, 2, \cdots, k-1)$ 为待定的线性组合系数. 通过归纳法可得, $g_{k+1}^{\mathrm{T}} d_i = 0$ $(i = 1, 2, \cdots, k)$. 由于 g_i 是 $d_1, d_2, \cdots, d_i$ 的线性组合, 因此 $g_{k+1}^{\mathrm{T}} g_i = 0$ $(i = 1, 2, \cdots, k)$, 并且有 $g_{k+1}^{\mathrm{T}} d_{k+1} = -\|g_{k+1}\|_2^2$, 进而

$$g_{k+1}^{\mathrm{T}} H d_i = \frac{1}{\alpha_i} g_{k+1}^{\mathrm{T}} (g_{i+1} - g_i) = 0, \quad i = 1, 2, \cdots, k-1.$$

为了保证 $d_1, \cdots, d_k, d_{k+1}$ 相互 H 共轭, 当 $i = 1, 2, \cdots, k-1$ 时, 在 (6.17) 两边与 $H d_i$ 做内积可得

$$0 = d_{k+1}^{\mathrm{T}} H d_i = \beta_k^{(i)} d_i^{\mathrm{T}} H d_i,$$

故 $\beta_k^{(i)} = 0$ $(i = 1, 2, \cdots, k-1)$. 类似地, 在 (6.17) 两边与 $H d_k$ 做内积可得

$$0 = d_{k+1}^{\mathrm{T}} H d_k = -g_{k+1}^{\mathrm{T}} H d_k + \beta_k d_k^{\mathrm{T}} H d_k,$$

从而

$$\beta_k = \frac{g_{k+1}^{\mathrm{T}} H d_k}{d_k^{\mathrm{T}} H d_k}.$$

这样 $d_{k+1} = -g_{k+1} + \beta_k d_k$ 即为新的 H 共轭方向.

结合以上讨论, 我们可以从负梯度方向 d_1 出发, 逐步得到 n 个相互 H 共轭的方向 $d_1, d_2, \cdots, d_n$. 从而线性方程组 $Hx = -g$ 的解 x^* 可以表示为

$$x^* = \sum_{i=1}^{n} \alpha_i d_i,$$

其中 $\alpha_i = -\dfrac{d_i^{\mathrm{T}} g}{d_i^{\mathrm{T}} H d_i}$ $(i = 1, 2, \cdots, n)$. 上述方法即为共轭梯度方法, 我们将其表述为下面的算法 6.2.

算法 6.2 二次函数的共轭梯度法

1: 给定初值 x_1

2: 令 $k := 1$, $d_1 = -g_1 := -\nabla f(x_1)$

3: **while** $\|g_k\|_2 > 0$ **do**

4:     计算 $g_k := -\nabla f(x_k)$

5:     计算精确搜索步长

$$\alpha_k = -\frac{g_k^{\mathrm{T}} d_k}{d_k^{\mathrm{T}} H d_k}$$

6:     更新迭代点 $x_{k+1} = x_k + \alpha_k g_k$

7:     更新共轭方向

$$\beta_k = \frac{g_{k+1}^{\mathrm{T}} H d_k}{d_k^{\mathrm{T}} H d_k}, \tag{6.18}$$

$$d_{k+1} = -g_{k+1} + \beta_k d_k \tag{6.19}$$

8:     令 $k := k + 1$

9: **end while**

由共轭方向 $\{d_i\}_{i \geqslant 1}$ 的构造过程, 我们立刻可以得到下面的定理.

定理 6.1.3   算法 6.2 经过不超过 n 次迭代就会终止, 即存在 $m \leqslant n$, 使得

$$g_{m+1} = 0.$$

而且对所有满足 $1 \leqslant k \leqslant m$ 的 k 以及所有满足 $j < k$ 的 j, 都有

$$g_k^{\mathrm{T}} d_k = -\|g_k\|_2^2, \quad d_k^{\mathrm{T}} H d_j = 0,$$

$$g_k^{\mathrm{T}} d_j = 0, \quad g_k^{\mathrm{T}} g_j = 0.$$

对于一般的非线性函数 $f(x)$, 同样可以利用 (6.19) 来构造共轭方向. 由于此时 Hesse 矩阵不再是常量矩阵 H, 不能由 (6.18) 来定义 β_k. 在非线性共轭梯度法中, β_k 的选取有

多种形式, 不同的选取方式将导致不同的共轭梯度法, 其中最著名的 β_k 的选取方法有如下四种.

- Fletcher-Reeves (FR): $\beta_k = \dfrac{\|g_{k+1}\|_2^2}{\|g_k\|_2^2}$;

- Polak-Ribière-Polyak (PRP): $\beta_k = \dfrac{(g_{k+1} - g_k)^{\mathrm{T}} g_{k+1}}{\|g_k\|_2^2}$;

- Hestenes-Stiefel (HS): $\beta_k = \dfrac{(g_{k+1} - g_k)^{\mathrm{T}} g_{k+1}}{d_k^{\mathrm{T}}(g_{k+1} - g_k)}$;

- Dai-Yuan (DY): $\beta_k = \dfrac{\|g_{k+1}\|_2^2}{d_k^{\mathrm{T}}(g_{k+1} - g_k)}$.

我们以 Fletcher-Reeves(FR) 方法为例, 在算法 6.3 中展示了基于它的共轭梯度法.

算法 6.3 Fletcher-Reeves(FR) 共轭梯度法

1: 给定初值 x_1, $\varepsilon > 0$
2: 令 $k := 1$, $d_1 = -g_1 := -\nabla f(x_1)$
3: **while** $\|g_k\|_2 > 0$ **do**
4:     计算 $g_k := -\nabla f(x_k)$
5:     利用某种线搜索方法求步长 $\alpha_k > 0$
6:     更新迭代点 $x_{k+1} = x_k + \alpha_k g_k$
7:     计算参数

$$\beta_k = \frac{\|g_{k+1}\|_2^2}{\|g_k\|_2^2}, \tag{6.20}$$

    并利用 (6.19) 计算 d_{k+1}
8: 令 $k := k + 1$
9: **end while**

把算法 6.3 line 7 中的 β_k 换成其他公式, 就相应地得到其他非线性共轭梯度方法. 设目标函数 $f(x)$ 二次连续可微, 且 $f(x)$ 水平集有界. $\alpha_k > 0$ 由精确线搜索或者非精确线搜索求得, 由引理 5.4.5 和引理 5.4.6, 我们可知, 必存在常数 $\delta > 0$, 使得

$$f(x_k) - f(x_k + \alpha_k d_k) \geqslant \frac{\delta (d_k^{\mathrm{T}} g_k)^2}{\|d_k\|_2^2}. \tag{6.21}$$

下面的定理给出了 Fletcher-Reeves (FR) 方法的收敛性刻画.

定理 6.1.4 设 $f(x)$ 二次连续可微且水平集有界, $\{x_k\}$ 由算法 6.3 产生. $\alpha_k > 0$ 由某种线搜索方法求得满足 (6.21), 且存在常数 $b_2 \leqslant \dfrac{1}{2}$, 使得

$$\left| d_k^{\mathrm{T}} \nabla f(x_k + \alpha_k d_k) \right| \leqslant -b_2 d_k^{\mathrm{T}} \nabla f(x_k) \tag{6.22}$$

对一切 k 都成立, 则必有

$$\liminf_{k\to\infty} \|g_k\|_2 = 0.$$

证明 首先用归纳法证明

$$\left| d_k^T g_k + \|g_k\|_2^2 \right| \leqslant u_k \|g_k\|_2^2 \tag{6.23}$$

对任意的 k 都成立, 其中 $u_k = \dfrac{b_2(1-b_2^k)}{1-b_2} < 1$. (6.23) 显然对 $k=1$ 成立, 假定 (6.23) 对于 $k \leqslant i$ 都成立, 则有

$$\left| d_{i+1}^T g_{i+1} + \|g_{i+1}\|_2^2 \right| = \frac{\|g_{i+1}\|_2^2}{\|g_i\|_2^2} \left| g_{i+1}^T d_i \right| \leqslant b_2 \|g_{i+1}\|_2^2 \frac{|g_i^T d_i|}{\|g_i\|_2^2}$$

$$\leqslant b_2 \|g_{i+1}\|_2^2 (1 + u_i) = u_{i+1} \|g_{i+1}\|_2^2 .$$

这表明 (6.23) 对 $i+1$ 成立, 从而由归纳法对一切 k 都成立. 由 (6.20) 和上式可得

$$\|d_{k+1}\|_2^2 = \|g_{k+1}\|_2^2 + \frac{\|g_{k+1}\|_2^4}{\|g_k\|_2^4} \|d_k\|_2^2 - 2\frac{\|g_{k+1}\|_2^2}{\|g_k\|_2^2} g_{k+1}^T d_k$$

$$\leqslant \|g_{k+1}\|_2^2 + \frac{\|g_{k+1}\|_2^4}{\|g_k\|_2^4} \|d_k\|_2^2 + 2u_{k+1} \|g_{k+1}\|_2^2 .$$

令 $t_k = \dfrac{\|d_k\|_2^2}{\|g_k\|_2^4}$, 则有

$$t_{k+1} \leqslant t_k + \frac{3}{\|g_{k+1}\|_2^2} .$$

如果定理不真, 则存在 $\delta' > 0$, 使得 $\|g_k\|_2^2 \geqslant \delta'$ 对一切 k 均成立. 故知

$$t_k \leqslant \frac{3}{\delta'} k + t_1 . \tag{6.24}$$

记 $r_k = -\dfrac{g_k^T d_k}{\|g_k\|_2^2}$, 由算法的迭代公式有

$$r_{k+1} - \frac{g_{k+1}^T d_k}{g_k^T d_k} r_k = 1 .$$

利用上式, (6.22) 以及 Cauchy 不等式可得

$$r_k^2 + r_{k+1}^2 \geqslant \frac{1}{1+b_2^2} \geqslant \frac{4}{5} .$$

另一方面, 由于点列 $\{x_k\}_{k\geqslant 1}$ 有界, 从而有

$$\infty > \sum_{k=1}^{\infty}(f(x_k) - f(x_{k+1})) \geqslant \sum_{k=1}^{\infty} \frac{\delta(d_k^T g_k)^2}{\|d_k\|_2^2}$$

$$= \delta \sum_{k=1}^{\infty} \left(\frac{r_{2k-1}^2}{t_{2k-1}} + \frac{r_{2k}^2}{t_{2k}} \right) \geqslant \frac{4\delta}{5} \sum_{k=1}^{\infty} \frac{1}{\max\{t_{2k-1}, t_{2k}\}} .$$

上式与 (6.24) 矛盾. 定理得证. □

实际问题中 Polak-Ribière-Polyak (PRP) 共轭梯度法一般效率比较高. 对于强凸函数, PRP 方法存在收敛性. 然而对于一般的非线性函数, Powell 构造了反例表明, PRP 共轭梯度法可能不收敛. 此外, 线性共轭梯度法的有限终止性基于第一个搜索方向是负梯度方向. 对于求解一般非线性优化的共轭梯度法, Powell 提出了重开始 (restart) 技巧, 即每 n 步后把当前迭代点的负梯度取为下一次的搜索方向 [23]. 最后, 共轭梯度法的收敛速度为局部线性收敛.

6.2 Newton 法与拟 Newton 法

梯度法依靠函数的一阶信息来设计迭代格式. 如果函数是二次可微的, 我们可以利用其二阶导数的信息构造下降方向和更新公式. Newton 法是二阶方法中的一类典型算法, 它的收敛速率要远优于梯度法. 在本节中, 我们先来介绍 Newton 法的迭代格式及收敛性结果, 然后介绍一类经典 Newton 法的改进算法, 即修正 Newton 法.

Newton 法 对于二次可微的目标函数, 在当前迭代点 x_k 附近, 对目标函数作二次 Taylor 展开,

$$f(x_k + d) \approx f(x_k) + d^{\mathrm{T}}\nabla f(x_k) + \frac{1}{2}d^{\mathrm{T}}\nabla^2 f(x_k)d.$$

我们想要极小化近似函数

$$\min_{d \in \mathbb{R}^n} \varphi_k(d) := d^{\mathrm{T}}\nabla f(x_k) + \frac{1}{2}d^{\mathrm{T}}\nabla^2 f(x_k)d. \tag{6.25}$$

假定 $\nabla^2 f(x_k)$ 是正定的, 则知 (6.25) 的解为

$$d_k = -(\nabla^2 f(x_k))^{-1}\nabla f(x_k). \tag{6.26}$$

Newton 法就是以 (6.26) 中的向量 d_k 作为搜索方向的方法.

下面两个定理给出了 Newton 法的收敛性分析. 其中, 定理 6.2.1 针对强凸函数揭示了 Newton 法的全局收敛性; 而定理 6.2.2 则表明 Newton 法具备非常好的局部二次收敛速率.

定理 6.2.1 (全局收敛性) 设 $f(x)$ 二次连续可微且强凸, 如果线搜索满足

$$f(x_k) - f(x_k + \alpha_k d_k) \geqslant \bar{\eta}\|g_k\|_2^2\cos^2\theta_k, \tag{6.27}$$

其中 $g_k = \nabla f(x_k), \bar{\eta} > 0$ 是一个与 k 无关的常数, θ_k 是 d_k 与 $-g_k$ 之间的夹角, 则由算法 6.4 产生的点列 $\{x_k\}$ 必满足

$$\lim_{k\to\infty} \|\nabla f(x_k)\|_2 = 0, \tag{6.28}$$

且 $\{x_k\}$ 收敛于 $f(x)$ 唯一的极小点.

算法 6.4 Newton 法

1: 给定初值 x_1, $\varepsilon > 0$
2: 令 $k := 1$, $g_1 := -\nabla f(x_1)$
3: **while** $\|g_k\|_2 > \varepsilon$ **do**
4:     计算 $g_k := -\nabla f(x_k)$
5:     计算 Newton 方向 $d_k := -(\nabla^2 f(x_k))^{-1}\nabla f(x_k)$
6:     利用某种线搜索方法求步长 $\alpha_k > 0$
7:     更新迭代点 $x_{k+1} = x_k + \alpha_k g_k$
8:     令 $k := k+1$
9: **end while**

证明 由于 $f(x)$ 的强凸性, 必存在常数 $\eta > 0$, 使得

$$\lambda_1(\nabla^2 f(x)) \geqslant \eta \tag{6.29}$$

对一切 x 均成立, 其中 $\lambda_1(\cdot)$ 表示矩阵的最小特征值. 由 (6.27) 可知 $\{f(x_k)\}_{k\geqslant 1}$ 是严格单调下降的, 故知点列 $\{x_k\}_{k\geqslant 1}$ 必有界. 从而存在常数 $M > 0$, 使得

$$\left\|\nabla^2 f(x_k)\right\|_2 \leqslant M \tag{6.30}$$

对一切 k 都成立. 由 (6.29) 和 (6.30) 可知

$$\cos^2\theta_k = \frac{(g_k^{\mathrm{T}}(\nabla^2 f(x_k))^{-1}g_k)^2}{(g_k^{\mathrm{T}}(\nabla^2 f(x_k))^{-2}g_k)(g_k^{\mathrm{T}}g_k)} \geqslant \frac{\eta^2}{M^2}.$$

由于 $\{f(x_k)\}_{k\geqslant 1}$ 单调下降且有下界, 故可设 $\lim_{k\to\infty} f(x_k) = f^*$. 于是结合 (6.27) 可得

$$f(x_1) - f^* = \sum_{k=1}^{\infty}(f(x_k) - f(x_{k+1})) \geqslant \sum_{k=1}^{\infty}\frac{\bar{\eta}\eta^2}{M^2}\|g_k\|_2^2,$$

由此即知 (6.28) 成立. 由于 $f(x)$ 强凸, 故它只有一个稳定点. 所以从 (6.28) 即知 $\{x_k\}$ 必收敛于 $f(x)$ 唯一的极小点 x^*. $\qquad\square$

定理 6.2.2 (局部二次收敛速度) 假定 $f(x)$ 三次连续可微. 设算法 6.4 所产生的点列 $\{x_k\}$ 收敛于 x^*, $\nabla f(x^*) = 0$, $\nabla^2 f(x^*)$ 正定. 如果 α_k^* 由精确线搜索求得, 或者对充分大的 k 有 $\alpha_k = 1$, 则点列 $\{x_k\}$ 二次收敛于 x^*, 即

$$\|x_{k+1} - x^*\|_2 = O(\|x_k - x^*\|_2^2). \tag{6.31}$$

证明 由 (6.26) 可得到

$$\nabla^2 f(x_k)(x_k + d_k - x^*) = -\nabla f(x_k) + \nabla^2 f(x_k)(x_k - x^*)$$
$$= -\nabla f(x^*) + O(\|x_k - x^*\|_2^2) = O(\|x_k - x^*\|_2^2).$$

如果点列 $\{x_k\}$ 收敛于 $f(x)$ 的极小点 x^*, 且 $\nabla^2 f(x^*)$ 正定, 则从上式可知对充分大的 k, 有

$$\|x_k + d_k - x^*\|_2 = O(\|x_k - x^*\|_2^2). \tag{6.32}$$

这表明如果对于充分大的 k 步长 $\alpha_k = 1$, 则 (6.31) 成立.

对于精确线搜索求得的步长 α_k^*, 有

$$d_k^{\mathrm{T}} \nabla f(x_k + \alpha_k^* d_k) = 0.$$

于是存在 $t_k \in (0, \alpha_k^*)$, 使得

$$d_k^{\mathrm{T}}(\nabla f(x_k) + \nabla^2 f(x_k + t_k d_k)\alpha_k^* d_k) = 0.$$

故可以将 α_k^* 表示为

$$\alpha_k^* = \frac{g_k^{\mathrm{T}}(\nabla^2 f(x_k))^{-1} g_k}{g_k^{\mathrm{T}}(\nabla^2 f(x_k))^{-1}\nabla^2 f(x_k + t_k d_k)(\nabla^2 f(x_k))^{-1} g_k}$$
$$= 1 + \frac{d_k^{\mathrm{T}}(\nabla^2 f(x_k) - \nabla^2 f(x_k + t_k d_k))d_k}{d_k^{\mathrm{T}}\nabla^2 f(x_k + t_k d_k)d_k}. \tag{6.33}$$

由 (6.33) 可知 $\{\alpha_k^*\}_{k \geqslant 1}$ 有界. 此外由 $f(x)$ 三次连续可微, 存在常数 $K > 0$ 使得

$$\|\nabla^2 f(x_k) - \nabla^2 f(x_k + t_k d_k)\|_2 \leqslant K t_k \|d_k\|_2 \leqslant K\alpha_k^* \|(\nabla^2 f(x_k))^{-1}\|_2 \|\nabla f(x_k)\|_2$$
$$\leqslant O(\|x_k - x^*\|_2),$$

其中最后一个不等式用到了 $0 = \nabla f(x^*) = \nabla f(x_k) + \nabla^2 f(x_k)(x_k - x^*) + O(\|x_k - x^*\|_2^2)$.
于是

$$\alpha_k^* = 1 + O(\|x_k - x^*\|_2). \tag{6.34}$$

利用 (6.34) 和 (6.32) 即可推出

$$\|(1 - \alpha_k^*)d_k\|_2 = O(\|x_k - x^*\|_2^2).$$

于是

$$\|x_k + \alpha_k^* d_k - x^*\|_2 = O(\|x_k - x^*\|_2^2).$$

证毕.   □

修正 Newton 法   如果 $\nabla^2 f(x_k)$ 不正定, 则 Newton 法的搜索方向 (6.26) 可能不是下降方向. 我们需要对 Newton 法进行修正以适应这种更一般的情形. 我们把 Newton 法的搜索方向称为 Newton 步, 记之为 d_k^N,

$$d_k^N := -(\nabla^2 f(x_k))^{-1} g_k.$$

Goldstein 和 Price 在 1967 年提出了如下的修正方向

$$d_k = \begin{cases} d_k^N, & \cos\theta_k \geqslant \eta, \\ -g_k, & \text{其他}, \end{cases} \tag{6.35}$$

其中, $\eta > 0$ 是一个预先给定的正常数, θ_k 是 d_k^N 与 $-g_k$ 之间的夹角 [15]. 由于这样的搜索方向 (6.35) 总满足 $\cos\theta_k \geqslant \eta$, 根据定理 5.4.6 此时算法的收敛性是可保证的. 假定 x_k 收敛于 $f(x)$ 的极小点 x^*, 且 $\nabla^2 f(x^*)$ 正定, 只要

$$\eta < \sqrt{\frac{\lambda_1(\nabla^2 f(x^*))}{\lambda_n(\nabla^2 f(x^*))}},$$

那么对于充分大的 k 都有 $d_k = d_k^N$. 从而这种修正算法仍可以保持 Newton 法的局部二次收敛速度. 基于这个结果, 另一种更直接的修正方式是给定一个正整数 K, 搜索方向取为

$$d_k = \begin{cases} d_k^N, & k \geqslant K, \\ -g_k, & \text{其他}, \end{cases}$$

另一种修正的 Newton 法通过构造负曲率 (negative curvature) 方向实现, 因此称为负曲率下降法, 该方法最早由 [8] 提出. 负曲率下降法在每次迭代时对 Hesse 矩阵 $\nabla^2 f(x_k)$ 做 LDL^T 形式的 Cholesky 分解. 如果对角矩阵 D 的所有对角元 d_{ii} 都是正数, 则 $\nabla^2 f(x_k)$ 是正定的, 此时可以利用这个 LDL^T 分解来计算 Newton 步. 如果存在某个 $d_{ii} < 0$, 则 $\nabla^2 f(x_k)$ 是不定的, 需要对 Newton 步进行修正. 通过解方程

$$L^T d_k = \pm \sum_{\substack{i=1 \\ d_{ii}<0}}^{n} \theta_i, \tag{6.36}$$

其中 $\theta_i = (0, \cdots, 1, 0, \cdots, 0)^T$ 是第 i 个分量为 1, 其他分量为 0 的向量. 可求得一个负曲率方向 d_k, 即

$$d_k^T \nabla^2 f(x_k) d_k < 0. \tag{6.37}$$

适当地选取 (6.36) 右端的符号, 使得

$$d_k^T g_k \leqslant 0. \tag{6.38}$$

由 (6.37) 和 (6.38), d_k 是函数 $f(x)$ 在 x_k 点的下降方向, 可以作为 Newton 法的修正方向.

此外, 还有一些其他的修正 Newton 法. 比如 Murray 于 1972 年提出的修正方法, 其核心思想在于在迭代过程中对 Hesse 矩阵进行修正, 使其成为正定矩阵. 具体来说, 在第 k 步迭代时, 选取对角矩阵 D_k 使得 $\nabla^2 f(x_k) + D_k$ 正定且条件数较小, 然后进行

Cholesky 分解

$$L_k L_k^{\mathrm{T}} = \nabla^2 f(x_k) + D_k. \tag{6.39}$$

最后用公式

$$d_k = -L_k^{-\mathrm{T}} L_k^{-1} g_k$$

计算搜索方向. 另一种与 (6.39) 十分类似的修正方法是令

$$d_k = -\left(\nabla^2 f(x_k) + \lambda_k I\right)^{-1} g_k,$$

其中 $\lambda_k \geqslant 0$ 为选取的参数. 这个方法的思想源自 Levenberg-Marquardt 方法, 其实质是一种信赖域方法.

拟 Newton 法　与梯度法相比, Newton 法的收敛速度更快, 但当问题的规模较大时, 求解和存储目标函数 Hesse 矩阵的代价十分高昂. 即使得到 Hesse 矩阵, 我们还需要求解一个大规模线性方程组才能得到 Newton 方向. 这些问题在 Newton 法的实际应用中带来了很大阻力. 为此, 一个自然的想法是: 能否构造一个计算代价较小的矩阵作为 Hesse 矩阵的近似, 并以此得到一个近似的 Newton 步. 基于这一思想, 拟 Newton 法应运而生.

拟 Newton 类算法最早可以追溯到文献 [7]. 这类算法仅通过梯度信息更新 Hesse 矩阵或其逆矩阵的近似, 减少了计算量和存储需求, 与 Newton 法相比执行效率更高. 目前, 拟 Newton 算法广泛应用于机器学习、数据挖掘、图像处理等领域, 在处理大规模、复杂的优化问题时表现尤为出色. 拟 Newton 法的核心是构造拟 Newton 矩阵作为 Hesse 矩阵或其逆矩阵的近似. 与 Newton 法的推导过程类似, 在 x_k 附近考虑 f 的二次逼近

$$f(x_k + d) \approx f(x_k) + d^{\mathrm{T}} g_k + \frac{1}{2} d^{\mathrm{T}} B_k d, \tag{6.40}$$

其中 $g_k = \nabla f(x_k), B_k \in \mathbb{R}^{n \times n}$ 是对称矩阵. 如果 B_k 是非奇异的, 则 (6.40) 右端函数的稳定点为

$$d_k = -B_k^{-1} g_k. \tag{6.41}$$

由于逼近关系 (6.40), 我们有理由把 d_k 当作线搜索方向.

假定我们用某种方式已得到 B_k, 并利用搜索方向 d_k 进行一次线搜索得到

$$x_{k+1} = x_k + \alpha_k d_k.$$

现在的问题是: 如何通过 B_k 更新 B_{k+1} 作为 $\nabla^2 f(x_{k+1})$ 的某种近似. 由于

$$\nabla^2 f(x_{k+1}) s_k \approx y_k,$$

其中

$$s_k = x_{k+1} - x_k = \alpha_k d_k,$$

$$y_k = g_{k+1} - g_k = \nabla f(x_{k+1}) - \nabla f(x_k).$$

很自然, 我们应该要求 B_{k+1} 满足

$$B_{k+1}s_k = y_k. \tag{6.42}$$

(6.42) 被称为拟 Newton 方程或割线方程 (secant equation). 如果记 $H_k = B_k^{-1}$, 则 $(\nabla^2 f(x_{k+1}))^{-1}$ 的近似矩阵 H_{k+1} 需要满足

$$H_{k+1}y_k = s_k.$$

以 (6.41) 作为搜索方向的算法称为拟 Newton 法 (见算法 6.5).

算法 6.5 拟 Newton 法的一般表示

1: 给定初值 x_1, 初始矩阵 B_1, 以及 $\varepsilon > 0$
2: 令 $k := 1$, $g_1 := -\nabla f(x_1)$
3: **while** $\|g_k\|_2 > \varepsilon$ **do**
4:    计算 $g_k := -\nabla f(x_k)$
5:    计算拟 Newton 方向 $d_k = -B_k^{-1}g_k$
6:    利用某种线搜索方法求步长 $\alpha_k > 0$
7:    更新迭代点 $x_{k+1} := x_k + \alpha_k g_k$
8:    更新拟 Newton 矩阵 B_{k+1} 使得 (6.42) 成立
9:    令 $k := k + 1$
10: **end while**

此外, 作为 Hesse 矩阵的近似, 我们希望 $\{B_k\}_{k \geqslant 1}$ 在迭代过程中保持正定. 由割线方程 (6.42), $s_k^{\mathrm{T}} B_{k+1} s_k = s_k^{\mathrm{T}} y_k$. 因此

$$s_k^{\mathrm{T}} y_k > 0 \tag{6.43}$$

是保持矩阵 B_{k+1} 正定的一个必要条件, 称之为曲率条件 (curvature condition). 我们可以通过线搜索方法保证在迭代过程中曲率条件 (6.43) 始终成立.

事实上, 对于精确线搜索, $s_k^{\mathrm{T}} \nabla f(x_{k+1}) = 0$, 结合 s_k 是下降方向可得

$$s_k^{\mathrm{T}} y_k = -s_k^{\mathrm{T}} \nabla f(x_k) > 0.$$

Wolfe 非精确线搜索则要求

$$s_k^{\mathrm{T}} \nabla f(x_{k+1}) \geqslant b_2 s_k^{\mathrm{T}} \nabla f(x_k) > s_k^{\mathrm{T}} \nabla f(x_k)$$

因此, 精确线搜索和 Wolfe 非精确线搜索都满足曲率条件

$$s_k^{\mathrm{T}} y_k > 0.$$

第一个拟 Newton 方法是 DFP 方法 [7], 由 Davidon 在 1959 年以及 Fletcher 和 Powell 在 1963 年各自独立提出. 其拟 Newton 矩阵 B_{k+1} 的更新公式为

$$B_{k+1} = B_k - \frac{B_k s_k y_k^{\mathrm{T}} + y_k s_k^{\mathrm{T}} B_k}{s_k^{\mathrm{T}} y_k} + \left(1 + \frac{s_k^{\mathrm{T}} B_k s_k}{s_k^{\mathrm{T}} y_k}\right) \frac{y_k y_k^{\mathrm{T}}}{s_k^{\mathrm{T}} y_k}. \tag{6.44}$$

利用 Sherman-Morison-Woodbury 公式, 从 (6.44) 可推出 $H = B^{-1}$ 的更新公式:

$$H_{k+1} = H_k - \frac{H_k y_k y_k^{\mathrm{T}} H_k}{y_k^{\mathrm{T}} H_k y_k} + \frac{s_k s_k^{\mathrm{T}}}{s_k^{\mathrm{T}} y_k}. \tag{6.45}$$

下面的定理表明, DFP 方法可以保持拟 Newton 矩阵的正定性. 因此, 只要初始 B_1 是正定的, 便可以保证 $\{B_k\}_{k \geqslant 1}$ 都是正定的.

定理 6.2.3 设 B_k 为对称正定矩阵, 且曲率条件 (6.43) 成立, 则由 (6.44) 定义的 B_{k+1} 也对称正定, 满足拟 Newton 方程 (6.42), 而且

$$\det(B_{k+1}) = \frac{y_k^{\mathrm{T}} H_k y_k}{s_k^{\mathrm{T}} y_k} \det(B_k). \tag{6.46}$$

证明 DFP 的更新公式等价于

$$B_{k+1} = \left(I - \frac{y_k s_k^{\mathrm{T}}}{s_k^{\mathrm{T}} y_k}\right) B_k \left(I - \frac{s_k y_k^{\mathrm{T}}}{s_k^{\mathrm{T}} y_k}\right) + \frac{y_k y_k^{\mathrm{T}}}{s_k^{\mathrm{T}} y_k}.$$

记 $\tilde{s}_k = B_k^{\frac{1}{2}} s_k$, $\tilde{y}_k = B_k^{-\frac{1}{2}} y_k$, 进而有

$$B_k^{-\frac{1}{2}} B_{k+1} B_k^{-\frac{1}{2}} = \left(I - \frac{\tilde{y}_k \tilde{s}_k^{\mathrm{T}}}{\tilde{s}_k^{\mathrm{T}} \tilde{y}_k}\right) \left(I - \frac{\tilde{s}_k \tilde{y}_k^{\mathrm{T}}}{\tilde{s}_k^{\mathrm{T}} \tilde{y}_k}\right) + \frac{\tilde{y}_k \tilde{y}_k^{\mathrm{T}}}{\tilde{s}_k^{\mathrm{T}} \tilde{y}_k}. \tag{6.47}$$

不难看出 (6.47) 右端的矩阵有 $n - 2$ 个特征值为 1, 另两个特征值满足方程

$$t^2 - \left(\frac{\|\tilde{s}_k\|_2^2 \|\tilde{y}_k\|_2^2}{\left(\tilde{s}_k^{\mathrm{T}} \tilde{y}_k\right)^2} + \frac{\|\tilde{y}_k\|_2^2}{\tilde{s}_k^{\mathrm{T}} \tilde{y}_k}\right) t + \frac{\|\tilde{y}_k\|_2^2}{\tilde{s}_k^{\mathrm{T}} \tilde{y}_k} = 0,$$

故为正定矩阵. 由此可知矩阵 B_{k+1} 也正定. 在 (6.47) 两边取行列式可得

$$\det\left(B_{k+1} B_k^{-1}\right) = \frac{\|\tilde{y}_k\|_2^2}{\tilde{s}_k^{\mathrm{T}} \tilde{y}_k} = \frac{y_k^{\mathrm{T}} H_k y_k}{s_k^{\mathrm{T}} y_k},$$

从而证明了 (6.46) 成立. $\qquad\qquad\square$

另一个重要的拟 Newton 方法是 BFGS 方法 [2,9,13,29], 其更新公式为

$$B_{k+1} = B_k - \frac{B_k s_k s_k^{\mathrm{T}} B_k}{s_k^{\mathrm{T}} B_k s_k} + \frac{y_k y_k^{\mathrm{T}}}{s_k^{\mathrm{T}} y_k}, \tag{6.48}$$

不难验证, 从 (6.48) 可推出 $H = B^{-1}$ 的更新公式:

$$H_{k+1} = H_k - \frac{H_k y_k s_k^{\mathrm{T}} + s_k y_k^{\mathrm{T}} H_k}{y_k^{\mathrm{T}} s_k} + \left(1 + \frac{y_k^{\mathrm{T}} H_k y_k}{s_k^{\mathrm{T}} y_k}\right) \frac{s_k s_k^{\mathrm{T}}}{s_k^{\mathrm{T}} y_k}. \tag{6.49}$$

比较 (6.44)、(6.45) 和 (6.48)、(6.49), 不难发现 BFGS 方法的修正公式与 DFP 方法的修正公式有密切联系. 更精确地说, 如果在 (6.44) 和 (6.45) 式中将 B_k 与 H_k 对换, s_k 与 y_k 对换就得到了 (6.48) 和 (6.49). 正由于这种关系, (6.48) 与 (6.49) 称为 (6.44) 与 (6.45) 的对偶公式, BFGS 方法和 DFP 方法互为对偶.

由对偶性和定理 6.2.3, 对于 BFGS 方法有下面的定理成立.

定理 6.2.4 设 B_k 对称正定且 (6.43) 成立, 则由 (6.48) 定义的 B_{k+1} 也对称正定且满足拟 Newton 方程 (6.42), 而且

$$\det(B_{k+1}) = \frac{s_k^\mathrm{T} y_k}{s_k^\mathrm{T} B_k s_k} \det(B_k).$$

对于任何两个矩阵 $\bar{B}, \hat{B}$, 如果都满足拟 Newton 公式 (6.42), 即

$$\bar{B}s_k = y_k, \quad \hat{B}s_k = y_k.$$

则对任何 $\theta \in \mathbb{R}$, 矩阵 $\bar{B} + \theta(\hat{B} - \bar{B})$ 必满足割线方程 (6.42).

Broyden 利用 BFGS 和 DFP 公式构造出一族拟 Newton 更新公式:

$$B_{k+1}(\theta) = B_k - \frac{B_k s_k s_k^\mathrm{T} B_k}{s_k^\mathrm{T} B_k s_k} + \frac{y_k y_k^\mathrm{T}}{s_k^\mathrm{T} y_k} + \theta w_k w_k^\mathrm{T}, \tag{6.50}$$

其中

$$w_k = \sqrt{s_k^\mathrm{T} B_k s_k}\left(\frac{y_k}{s_k^\mathrm{T} y_k} - \frac{B_k s_k}{s_k^\mathrm{T} B_k s_k}\right),$$

参数 $\theta \in \mathbb{R}$. 在 (6.50) 中令 $\theta = 0$, 就得到了 BFGS 更新公式; 令 $\theta = 1$, 就得到了 DFP 更新公式. 因此 (6.50) 可以改写为

$$B_{k+1}(\theta) = \theta B_k^{\mathrm{DFP}} + (1-\theta)B_k^{\mathrm{BFGS}},$$

这里 B_k^{DFP} 和 B_k^{BFGS} 分别按照 (6.44) 与 (6.48) 更新. 由 (6.50) 的形式可知 $\det(B_{k+1}(\theta))$ 为 θ 的线性函数, 并且由定理 6.2.3 和 6.2.4 的结果即得

$$\det(B_{k+1}(\theta)) = \frac{1 + \theta(\beta_k\gamma_k - 1)}{\gamma_k}\det(B_k),$$

其中

$$\beta_k = \frac{y_k^\mathrm{T} H_k y_k}{s_k^\mathrm{T} y_k}, \quad \gamma_k = \frac{s_k^\mathrm{T} B_k s_k}{s_k^\mathrm{T} y_k}.$$

如果 B_k 正定, 则 $\beta_k\gamma_k \geqslant 1$, 且

$$\beta_k\gamma_k - 1 = w_k^\mathrm{T} H_k w_k.$$

如果 $\beta_k\gamma_k - 1 = 0$, 则由 H_k 正定必有 $w_k = 0$, 此时 Broyden 族 (6.50) 中的所有方法都相同. 以下假设 $\beta_k\gamma_k - 1 \neq 0$, 则当 $\theta \neq \dfrac{1}{1 - \beta_k\gamma_k}$ 时, $B_{k+1}(\theta)$ 可逆. 并且我们可把

$B_{k+1}(\theta)$ 的逆写成

$$H_{k+1}(\phi) = H_k - \frac{H_k y_k y_k^{\mathrm{T}} H_k}{y_k^{\mathrm{T}} H_k y_k} + \frac{s_k s_k^{\mathrm{T}}}{s_k^{\mathrm{T}} y_k} + \phi v_k v_k^{\mathrm{T}}, \tag{6.51}$$

其中

$$v_k = \sqrt{y_k^{\mathrm{T}} H_k y_k} \left(\frac{s_k}{s_k^{\mathrm{T}} y_k} - \frac{H_k y_k}{y_k^{\mathrm{T}} H_k y_k} \right),$$

且

$$\phi = \phi(\theta) = \frac{1-\theta}{1+\theta(\beta_k \gamma_k - 1)}.$$

(6.51) 即为 Broyden 族关于矩阵 H_{k+1} 的更新公式, 同样可以改写为 DFP 和 BFGS 公式的线性组合

$$H_{k+1}(\phi) = (1-\phi)H_k^{\mathrm{DFP}} + \phi H_k^{\mathrm{BFGS}}.$$

拟 Newton 法的一个重要性质是不变性 (invariance), 即它在经过变量线性变换后保持不变. 设 $A \in \mathbb{R}^{n \times n}$ 为一非奇异矩阵, $a \in \mathbb{R}^n$, 考虑线性变换

$$\tilde{x} = Ax + a, \tag{6.52}$$

则目标函数变成

$$\tilde{f}(\tilde{x}) = f(A^{-1}(\tilde{x} - a)) = f(x).$$

不难求得

$$\nabla_{\tilde{x}} \tilde{f}(\tilde{x}) = (A^{-1})^{\mathrm{T}} \nabla f(x). \tag{6.53}$$

利用 (6.52) 和 (6.53) 可得到以下引理:

引理 6.2.1 设 $\tilde{x}_k = Ax_k + a$, 且

$$\tilde{H}_k = AH_k A^{\mathrm{T}}, \tag{6.54}$$

则有

$$\tilde{d}_k = -\tilde{H}_k \tilde{g}_k = Ad_k, \tag{6.55}$$

$$\tilde{d}_k^{\mathrm{T}} \tilde{g}_k = d_k^{\mathrm{T}} g_k. \tag{6.56}$$

如果变换后的线搜索步长 $\tilde{\alpha}_k = \alpha_k$, 则

$$\tilde{x}_{k+1} = Ax_{k+1} + a, \tag{6.57}$$

且

$$\tilde{y}_k = (A^{-1})^{\mathrm{T}} y_k. \tag{6.58}$$

证明 (6.55) 可由 (6.53) 和 (6.54) 直接推出. 于是由 (6.55) 和 (6.53) 即知 (6.56) 成立. 如果 $\tilde{\alpha}_k = \alpha_k$, 则有

$$
\begin{aligned}
\tilde{x}_{k+1} &= \tilde{x}_k + \tilde{\alpha}_k \tilde{d}_k \\
&= Ax_k + a + \alpha_k A d_k \\
&= A(x_k + \alpha_k d_k) + a \\
&= Ax_{k+1} + a.
\end{aligned}
$$

即 (6.57) 成立. 由 (6.57) 知 $\tilde{g}_{k+1} = A^{-T} g_{k+1}$, 从而 (6.58) 必成立. $\square$

上面的引理说明了只要拟 Newton 矩阵满足一定关系, 经过线性变换后的拟 Newton 法和原来的方法产生一样的方向. 所以只要每次迭代都有 $\tilde{\alpha}_k = \alpha_k$ 和关系式 (6.54) 成立, 则对所有的 k, 均有

$$
\tilde{x}_k = Ax_k + a.
$$

从而可知, 只要 (6.54) 式成立, 且 α_k 的选取不受线性变换影响, 则线性变换不会改变拟 Newton 法产生的点列 $\{x_k\}_{k \geqslant 1}$.

显然, 在精确搜索下 $\tilde{\alpha}_k = \alpha_k$. 对于非精确线搜索, 由于 (6.56) 以及

$$
\tilde{f}(\tilde{x}_k) = f(x),
$$

$$
\tilde{f}(\tilde{x}_{l_0} + \alpha \tilde{d}_{l_0}) = f(r_k + \alpha d_k),
$$

$$
\tilde{d}_k^T \nabla f(\tilde{x}_k + \alpha \tilde{d}_k) = d_k^T \nabla f(x_k + \alpha d_k),
$$

如果非精确线搜索的条件基于 $f(x_k), d_k^T \nabla f(x_k), f(x_k + \alpha d_k), d_k^T \nabla f(x_k + \alpha d_k)$, 则对 $\tilde{\alpha}_k$ 和 α_k 的容许值是同样的. 因此不难发现, Wolfe 非精确线搜索将接受同样的 $\tilde{\alpha}_k$ 和 α_k. 此外, 对于使用 Broyden 族公式 (6.51) 更新的 H_{k+1} 和 $\tilde{H}_{k+1}$, 如果 $\tilde{H}_k = AH_kA^T$, 则有

$$
\tilde{H}_{k+1} = A H_k A^T.
$$

于是由引理 6.2.1, 我们可以得到如下定理, 其刻画了拟 Newton 法的不变性.

定理 6.2.5 假定 $\tilde{x}_1 = Ax_1 + a, \tilde{H}_1 = AH_1A^T$, 如果 $\tilde{\alpha}_k = \alpha_k$ 且 H_k 和 $\tilde{H}_k$ 由 Broyden 族中同一修正公式 (6.51) 得到, 则对一切 k, 都有

$$
\tilde{x}_k = Ax_k + a.
$$

对于一个病态的问题, 即矩阵 $\nabla^2 f(x)$ 条件数非常大时, 我们可利用线性变换 (6.52), 使得等价问题

$$
\min_{\tilde{x} \in \mathbb{R}^n} \tilde{f}(\tilde{x})
$$

是一个良态的问题. 由于拟 Newton 法的不变性, 我们可知, 这类方法对病态问题并不太敏感. 而最速下降法显然没有这种不变性, 故当 $\nabla^2 f(x)$ 的条件数很大时, 收敛相当慢.

拟 Newton 法是通过逐步修正矩阵 B_k 使其逐步逼近 $\nabla^2 f(x)$. 由于每个矩阵 B_k 均在上一次迭代线搜索方向上满足拟 Newton 性质. 所以在修正矩阵时, 有理由要求 B_{k+1} 与 B_k 之差不要太大. 我们发现不少拟 Newton 修正公式具有这样的性质, 即 B_{k+1} 是满足割线方程 (6.42), 并且在某种范数意义下使得 $B_{k+1} - B_k$ 达到最小. 这种性质被称为最小变化性. 为了叙述方便, 在介绍拟 Newton 法的最小变化性之前, 我们先引入相关记号.

定义 6.2.1 对任何 $s, y \in \mathbb{R}^n$, 定义

$$Q(y, s) := \left\{ B \in \mathbb{R}^{n \times n} \mid Bs = y \right\}.$$

定义 6.2.2 矩阵范数 $\| \cdot \|_{M,F}$ 为

$$\|A\|_{M,F} = \|MAM\|_F,$$

其中 M 是 $n \times n$ 对称且非奇异矩阵.

Dennis 和 Moré 在 1977 年提出了下面的最小变化性定理.

定理 6.2.6 设 $B \in \mathbb{R}^{n \times n}$ 为对称矩阵, $s, y \in \mathbb{R}^n, M \in \mathbb{R}^{n \times n}$ 为对称且非奇异矩阵, 则问题

$$\min_A \quad \|A - B\|_{M,F}, \tag{6.59}$$

$$\text{s. t.} \quad A \in Q(y, s), \quad A = A^{\mathrm{T}} \tag{6.60}$$

的唯一解是

$$B_+ = B + \frac{(y - Bs)s^{\mathrm{T}}M^{-2} + M^{-2}s(y - Bs)^{\mathrm{T}}}{s^{\mathrm{T}}M^{-2}s} - \frac{(y - Bs)^{\mathrm{T}}s}{(s^{\mathrm{T}}M^{-2}s)^2}M^{-2}ss^{\mathrm{T}}M^{-2}. \tag{6.61}$$

证明 对任何 $\bar{B}$ 满足 (6.60), 有

$$M(B_+ - B)M = \frac{Ezz^{\mathrm{T}} + zz^{\mathrm{T}}E}{z^{\mathrm{T}}z} - \frac{z^{\mathrm{T}}Ez}{(z^{\mathrm{T}}z)^2}zz^{\mathrm{T}}, \tag{6.62}$$

其中 $E = M(\bar{B} - B)M, z = M^{-1}s$. 由此不难看到

$$\|M(B_+ - B)Mz\|_2 = \|Ez\|_2, \tag{6.63}$$

$$\|M(B_+ - B)Mv\|_2 = \left\| \frac{zz^{\mathrm{T}}Ev}{z^{\mathrm{T}}z} \right\|_2 \leqslant \|Ev\|_2, \tag{6.64}$$

其中 v 是任何与 z 正交的向量. 从 (6.63) 与 (6.64) 即知

$$\|B_+ - B\|_{M,F} \leqslant \|E\|_F = \|\bar{B} - B\|_{M,F}. \tag{6.65}$$

所以由 (6.61) 定义的 B_+ 是 (6.59) 与 (6.60) 的解. 又因为函数 $\varphi(A) = \|A - B\|_{M,F}$ 是严格凸函数, 所以 B_+ 是 (6.59) 与 (6.60) 的唯一解. $\qquad\square$

假定 $s_k^{\mathrm{T}} y_k > 0$, 考虑对称矩阵 M, 使得 $M^{-2}s_k = y_k$. 这样的矩阵 M 一定存在, 例如可以取

$$M = \left(\int_0^1 \nabla^2 f(x_k + \tau \alpha_k s_k) \mathrm{d}\tau \right)^{-\frac{1}{2}}.$$

作为上述定理的推论, 下面两个结果从最小变化性的角度给出了 DFP 和 BFGS 更新公式的刻画. 其中使用的矩阵范数即为矩阵 M 所诱导的加权 Frobenius 范数 $\|\cdot\|_{M,F}$ 与 $\|\cdot\|_{M^{-1},F}$.

推论 6.2.1　设 B_k 对称, $s_k^\mathrm{T} y_k > 0$, 则对任何对称矩阵 M, 使得 $M^{-2} s_k = y_k$, 问题

$$\min_{B} \quad \|B - B_k\|_{M,F}, \tag{6.66}$$

$$\mathrm{s.\,t.} \quad B \in Q(y_k, s_k), \quad B = B^\mathrm{T} \tag{6.67}$$

的解是由 DFP 公式 (6.44) 给出的 B_{k+1}.

证明　由定理 6.2.6 知 (6.66) 与 (6.67) 的解为

$$B_+ = B_k + \frac{(y_k - B_k s_k)^\mathrm{T} y_k^\mathrm{T} + y_k (y_k - B_k s_k)^\mathrm{T}}{s_k^\mathrm{T} y_k} - \frac{(y_k - B_k s_k)^\mathrm{T} s_k}{(s_k^\mathrm{T} y_k)^2} y_k y_k^\mathrm{T}. \tag{6.68}$$

不难发现, (6.68) 的右端和 (6.44) 的右端完全相等. 所以推论成立. □

推论 6.2.2　设 H_k 对称, $s_k^\mathrm{T} y_k > 0$, 则对任何对称矩阵 M, 使得 $M^{-2} s_k = y_k$, 问题

$$\min_{H} \quad \|H - H_k\|_{M^{-1},F},$$

$$\mathrm{s.\,t.} \quad H \in Q(s_k, y_k), \ H = H^\mathrm{T}$$

的解是由 BFGS 公式 (6.49) 给出的 H_{k+1}.

另一种要求 B_k 和 B_{k+1} 之间的改变量尽可能小是要求 $B_k^{-\frac{1}{2}} B_{k+1} B_k^{-\frac{1}{2}}$ 尽可能靠近单位矩阵 I. Byrd 和 Nocedal 提出了如下函数:

$$\psi(A) = \mathrm{tr}(A) - \ln(\det(A)),$$

其对所有正定矩阵 A 有定义, 且在 $A = I$ 时达到最小, 因此可以作为上述要求的度量标准. Fletcher 在 1991 年的工作中证明了下列结果:

定理 6.2.7　设 B_k 正定且对称, $s_k^\mathrm{T} y_k > 0$, 则问题

$$\min \quad \psi \left(B_k^{-\frac{1}{2}} B B_k^{-\frac{1}{2}} \right),$$

$$\mathrm{s.\,t.} \quad B \in Q(y_k, s_k), \quad B = B^\mathrm{T}$$

的唯一解由 BFGS 公式 (6.48) 定义的 B_{k+1} 给出.

拟 Newton 法的收敛性多年来一直为人们所关注. 1968 年, Myers 首先发现对于凸的二次函数, 精确搜索下的 DFP 方法实质上是一个共轭梯度法, 从而具有有限终止性. 该结果可推广: 对于凸的二次函数, 在非精确搜索下 Broyden 族 $(\theta \in [0,1])$ 中的任何方法均收敛, 且 $\lim\limits_{k \to \infty} \|g_k\|_2 = 0$.

Powell 于 1971 年给出了 DFP 方法对于一般凸函数的收敛性 [22], 如以下定理所述:

定理 6.2.8　设 $f(x)$ 为强凸函数且二次连续可微, 则精确线搜索下 DFP 方法产生的点列 $\{x_k\}_{k\geqslant 1}$ 必收敛于 $f(x)$ 唯一的极小点 x^*, 且收敛速度是 Q 超线性的, 即

$$\lim_{k\to\infty}\frac{\|x_{k+1}-x^*\|_2}{\|x_k-x^*\|_2}=0.$$

Burmeister 以及 Schuller 和 Stoer 独立地证明了 DFP 方法以及整个 Broyden 族在精确线搜索下的 n 步二次收敛性, 即存在常数 $c>0$ 使得

$$\|x_{k+n}-x^*\|_2\leqslant c\|x_k-x^*\|_2^2$$

对一切 k 都成立 [3,28].

　　另一种局部收敛性分析工作是讨论不使用线搜索的拟 Newton 方法的收敛性及收敛速度. 在这方面, Dennis 和 Moré 给出了很多重要结果, 以下面的定理为例.

定理 6.2.9　设 $f(x)$ 二次连续可微, 且 $\nabla^2 f(x)$ 满足 Lipschitz 条件. 设 x^* 是 $f(x)$ 的极小点, $\nabla^2 f(x^*)$ 正定, 并且在迭代过程中步长 $\alpha_k\equiv 1$, 则 DFP 方法和 BFGS 方法局部 Q 超线性收敛于 x^*.

　　关于拟 Newton 算法的全局收敛性, 1976 年 Powell 开创性地证明了如下结果:

定理 6.2.10　设 $f(x)$ 是凸函数且水平集有界, 且 $f(x)$ 在 $\mathrm{lev}_{\leqslant f(x_1)}f$ 上二次连续可微, B_1 是任给的正定矩阵, 则 BFGS 方法在非精确线搜索下产生的点列 x_k 必有限终止, 或者

$$\lim_{k\to\infty}\|g_k\|_2=0.$$

1987 年, Byrd, Nocedal 和 Yuan 将上述定理推广到 Broyden 族 ($\theta\in[0,1)$) 中的所有方法. 然而, 该结果以及分析方法对 DFP 方法并不奏效. 在非精确搜索下, DFP 方法对于凸函数是否一定收敛, 这一问题至今仍待解决.

　　此外, 对于非凸函数的情形, 拟 Newton 法存在不收敛的反例. 例如, 2002 年 Dai 构造了函数反例使得 BFGS 算法在 6 个在非稳定点之间循环.

　　有限内存 BFGS 方法　对于中小规模的无约束优化问题, 拟 Newton 法 (如 BFGS 方法) 是十分有效的. 但对于大规模问题, 每步迭代中存储稠密矩阵 B_k 或 H_k 所需的内存消耗为 $O(n^2)$, 在 n 很大的情况下, 这样的存储开销是难以接受的.

　　有限内存 (limited memory) 拟 Newton 法解决了上述存储问题, 从而使得拟 Newton 类算法得以应用于求解大规模优化问题中. 例如, 由 Perry 在 1977 年和 Shanno 在 1978 年提出的有限内存 BFGS 方法 [21], 可看成是共轭梯度法的推广. BFGS 更新公式 (6.49) 可写成

$$H_{k+1}=\left(I-\frac{s_k y_k^{\mathrm{T}}}{s_k^{\mathrm{T}} y_k}\right)H_k\left(I-\frac{y_k s_k^{\mathrm{T}}}{s_k^{\mathrm{T}} y_k}\right)+\frac{s_k s_k^{\mathrm{T}}}{s_k^{\mathrm{T}} y_k}.$$

记 $\rho_k=\dfrac{1}{s_k^{\mathrm{T}} y_k}$ 以及 $V_k=I-\rho_k y_k s_k^{\mathrm{T}}$, 则

$$H_{k+1} = (V_k^{\mathrm{T}} V_{k-1}^{\mathrm{T}} \cdots V_{k-i}^{\mathrm{T}}) H_{k-i} (V_{k-i} \cdots V_{k-1} V_k) +$$

$$\sum_{j=0}^{i} \rho_{k-i+j} \left(\prod_{l=0}^{i-j-1} V_{k-l}^{\mathrm{T}} \right) s_{k-i+j} s_{k-i+j}^{\mathrm{T}} \left(\prod_{l=0}^{i-j-1} V_{k-l}^{\mathrm{T}} \right)^{\mathrm{T}}.$$

$m+1$ 步的有限 BFGS 方法的核心是利用

$$H_{k+1} = V_k^{\mathrm{T}} \cdots V_{k-m}^{\mathrm{T}} H_k^{(0)} V_{k-m} \cdots V_k +$$

$$\sum_{j=0}^{m} \rho_{k-m+j} \left(\prod_{l=0}^{m-j-1} V_{k-l}^{\mathrm{T}} \right) s_{k-m+j} s_{k-m+j}^{\mathrm{T}} \left(\prod_{l=0}^{m-j-1} V_{k-l}^{\mathrm{T}} \right)^{\mathrm{T}}, \tag{6.69}$$

其中 $H_k^{(0)}$ 是一个预先给定的简单正定矩阵或者由某种方式自动产生, 一种简便的选取方式为

$$H_k^{(0)} = \frac{s_k^{\mathrm{T}} y_k}{\|y_k\|_2^2} I. \tag{6.70}$$

我们发现, 在 (6.69) 中, 由于假定 $H_k^{(0)}$ 已知, 我们只需存储 $s_i, y_i (i = k-m, \cdots, k-1, k)$ 就可以更新 H_{k+1}. 于是我们得到有限内存 BFGS 算法如算法 6.6:

算法 6.6 有限内存 BFGS 方法

1: 给定初值 x_1, 对称正定矩阵 H_1, 以及 $\varepsilon > 0$
2: 令 $k := 1$, $g_1 := -\nabla f(x_1)$
3: **while** $\|g_k\|_2 > \varepsilon$ **do**
4:     计算 $g_k := -\nabla f(x_k)$
5:     计算拟 Newton 方向 $d_k = -H_k g_k$
6:     利用满足 Wolfe 条件的非精确线搜索求步长 $\alpha_k > 0$
7:     更新迭代点 $x_{k+1} := x_k + \alpha_k g_k$
8:     令 $\hat{m} = \min\{k, m\}$,
    如果 $k = 1$, 则 $H_1^{(0)} = H_1$, 否则, $H_k^{(0)}$ 由 (6.70) 给出;
    更新拟 Newton 矩阵 H_{k+1}

$$H_{k+1} = V_k^{\mathrm{T}} \cdots V_{k-\hat{m}}^{\mathrm{T}} H_k^{(0)} V_{k-\hat{m}} \cdots V_k +$$

$$\sum_{j=0}^{\hat{m}} \rho_{k-\hat{m}+j} \left(\prod_{l=0}^{\hat{m}-j-1} V_{k-l}^{\mathrm{T}} \right) s_{k-\hat{m}+j} s_{k-\hat{m}+j}^{\mathrm{T}} \left(\prod_{l=0}^{\hat{m}-j-1} V_{k-l}^{\mathrm{T}} \right)^{\mathrm{T}}$$

9:     令 $k := k + 1$
10: **end while**

    算法 6.6 的收敛性分析结果十分有限. 对于强凸函数, 由于 B_k 和 H_k 一致有界, 算法 6.6 必全局收敛, 且局部收敛速度至少是 R 线性的. 当 $m = 0$ 时, 如果采用精确搜索,

则算法 6.6 就是一个共轭梯度法. 对于一般的正整数 m, 算法 6.6 的收敛性仍有待研究. 在上述算法中, 我们一般要求 $m \ll n$, 所以它不可能有超线性收敛结果. 在实际应用中, m 的值取决于问题的维数以及机器容许的内存, 一般选取为 3—20.

Barzilai-Borwein (BB) 方法 BB 方法是一种高效的梯度方法. 在经典的梯度算法的迭代格式中,

$$x_{k+1} = x_k - \alpha_k \nabla f(x_k), \tag{6.71}$$

其中步长 α_k 通过精确或非精确线搜索方法求得. BB 方法通过拟 Newton 算法的思想选取步长, 经常比一般的梯度法具有更好的效果. 具体来说, BB 方法选取的 BB 步长为

$$\alpha_k = \frac{s_k^{\mathrm{T}} y_k}{y_k^{\mathrm{T}} y_k} \quad \text{或} \quad \alpha_k = \frac{s_k^{\mathrm{T}} s_k}{s_k^{\mathrm{T}} y_k},$$

其中 $s_k = x_k - x_{k-1} = \alpha_{k-1} d_{k-1}, y_k = \nabla f(x_k) - \nabla f(x_{k-1})$. 我们将迭代格式 (6.71) 改写为

$$x_{k+1} = x_k - \alpha_k I \cdot \nabla f(x_k),$$

则 BB 步长的实质是使用 $\alpha_k I$ 近似 Hesse 矩阵 $\nabla^2 f(x_k)^{-1}$, 因此是一种特殊的拟 Newton 方法. 当利用 $\frac{1}{\alpha_k} I$ 近似 $\nabla^2 f(x_k)$ 时,

$$\alpha_k = \frac{1}{\displaystyle\operatorname*{argmin}_{\beta \in \mathbb{R}} \|\beta s_k - y_k\|_2^2}, \quad \text{得到} \ \alpha_k = \frac{s_k^{\mathrm{T}} s_k}{s_k^{\mathrm{T}} y_k}.$$

当利用 $\alpha_k I$ 近似 $(\nabla^2 f(x_k))^{-1}$ 时,

$$\alpha_k = \operatorname*{argmin}_{\beta \in \mathbb{R}} \|\beta y_k - s_k\|_2^2, \quad \text{得到} \ \alpha_k = \frac{s_k^{\mathrm{T}} y_k}{y_k^{\mathrm{T}} y_k}.$$

可以看到, 计算这两种 BB 步长只需要目标函数相邻两步的梯度信息和迭代点信息, 不需要任何线搜索即可得到. 因此, BB 方法在实际问题中有着广泛的应用.

对于严格凸的二次极小化问题, Barzilai 和 Borwein 于 1988 年证明 $n = 2$ 的情况下 BB 方法的局部超线性收敛性. 对于 $n \geqslant 3$ 的情形, Raydan 在 1993 年证明了全局收敛性, 而 Dai-Liao 在 2002 年证明了其局部收敛速度是 R 线性的. 对于一般的问题, BB 方法的收敛性还有待进一步研究.

6.3 信赖域方法

信赖域方法是一种特别适合于求解非线性优化问题的迭代算法. 与基于步长控制的传统梯度下降方法不同, 信赖域方法通过调整每一步迭代中的搜索区域, 即 "信赖域" 的

大小来控制搜索过程, 以此确保求解过程的稳定性和收敛性. 本节将详尽地介绍信赖域方法, 我们从它与线搜索方法的对比开始, 逐一介绍信赖域方法的优化模型, 全局收敛性和子问题的求解算法等.

在线搜索方法中, 我们首先利用目标函数的近似模型求出一个下降方向 d_k, 然后利用线搜索条件在这个方向上选择合适的步长 α_k. 在信赖域方法中, 我们在信赖域中求解目标函数近似模型的极小化问题, 而后直接迭代到下一个点. 因此, 信赖域方法实质上是一种同时选择了步长和方向的算法. 这种方法既具有 Newton 法的快速局部收敛性, 又具有理想的全局收敛性. 我们先来介绍信赖域方法的优化模型.

考虑如下优化问题

$$
\begin{aligned}
\min \quad & q^{(k)}(s) := f(x_k) + g_k^{\mathrm{T}} s + \frac{1}{2} s^{\mathrm{T}} G_k s, \\
\text{s. t.} \quad & \|s\| \leqslant \Delta_k.
\end{aligned}
\tag{6.72}
$$

其中, 模型函数 $q^{(k)}(s)$ 为目标函数 f 在 x_k 附近的近似函数, 满足 $q^{(k)}(0) = f(x_k)$, $\nabla q^{(k)}(0) = \nabla f(x_k)$ 以及 $\nabla^2 q^{(k)}(0) \approx \nabla^2 f(x_k)$. 我们仅在如下的信赖域内考虑模型函数 $q^{(k)}(s)$

$$
\Omega_k := \{x : \|x - x_k\| \leqslant \Delta_k\},
$$

其中 Δ_k 称为信赖域半径. 通过求解上述优化问题, 信赖域算法的试探步为 $x_{k+1} = x_k + s_k$, 其中 s_k 是信赖域子问题 (6.72) 的最优解.

> **注 6.3.1** 信赖域的范数没有特定指明, 可以利用 2 范数 $\|\cdot\|_2$, ∞ 范数 $\|\cdot\|_\infty$, 也可以利用 G 范数 $\|\cdot\|_G$ 或其他范数, 一般默认使用 2 范数. 另外, 模型函数中 G_k 可以是目标函数的 Hesse 矩阵 $\nabla^2 f(x_k)$, 也可以是拟 Newton 矩阵 B_k, 甚至可以直接取为单位矩阵 I.

在信赖域算法中, 信赖域 Ω_k 扮演着至关重要的角色. 一方面, 它可以控制模型函数近似的精确程度, 另一方面, 它影响着试探步长的大小. 在迭代过程中, 我们可以通过调整信赖域半径 Δ_k 的大小来确保得到的点列 $\{x_k\}_{k \geqslant 1}$ 具有良好的收敛性. 如果 $q^{(k)}(s)$ 对 f 的近似效果较好, 则应该扩大信赖域半径 Δ_k, 在更大的范围中使用这个近似; 反之, 则应该减小信赖域半径 Δ_k 以提高近似模型的精确程度.

为了刻画 $q^{(k)}(s)$ 对 f 的近似程度, 我们定义近似下降比如下

$$
r_k := \frac{\mathrm{Ared}_k}{\mathrm{Pred}_k} = \frac{f(x_k) - f(x_k + s_k)}{q^{(k)}(0) - q^{(k)}(s_k)},
\tag{6.73}
$$

其中,

$$
\mathrm{Ared}_k := f(x_k) - f(x_k + s_k)
$$

为目标函数 f 在第 k 步的实际下降量,

$$\mathrm{Pred}_k := q^{(k)}(0) - q^{(k)}(s_k)$$

为模型函数 $q^{(k)}(s)$ 在第 k 步的预测下降量. 由 (6.73) 可以看出, 如果近似下降比 $r_k \approx 1$, 则说明使用 $q^{(k)}(s)$ 近似 $f(x)$ 的效果很好, 此时可以扩大信赖域半径 Δ_k, 在更大的范围内使用这个近似. 如果 r_k 为较小的正数甚至为负数, 则说明模型函数的近似精度不佳, 需要减小信赖域半径 Δ_k 来修正. 由此, 我们在信赖域方法中依据

$$x_{k+1} = \begin{cases} x_k + s_k, & r_k > 0, \\ x_k, & \text{其他} \end{cases} \tag{6.74}$$

更新迭代点, 并按照如下方式更新信赖域半径

$$\Delta_{k+1} = \begin{cases} b_2 \Delta_k, & r_k > c_2, \\ \Delta_k, & c_1 \leqslant r_k \leqslant c_2, \\ b_1 \Delta_k, & \text{其他}, \end{cases} \tag{6.75}$$

其中参数 c_1, c_2, b_1, b_2 满足 $0 < c_1 < c_2 < 1, 0 < b_1 < 1 < b_2$. 这样, 我们得到下面的信赖域方法 (见算法 6.7).

算法 6.7 信赖域方法

1: 给定初值 x_1, 控制信赖域更新的常数 $0 < c_1 < c_2 < 1, 0 < b_1 < 1 < b_2$, 以及 $\varepsilon > 0$
2: 令 $k := 1, \Delta_1 = \|g_1\|_2$
3: **while** $\|g_k\|_2 > \varepsilon$ **do**
4:     计算 g_k 和 G_k
5:     求解信赖域子问题 (6.72), 得到 s_k
6:     根据 (6.73) 计算近似下降比 r_k
7:     根据 (6.74) 更新迭代点 x_{k+1}
8:     根据 (6.75) 更新信赖域半径 Δ_{k+1}
9:     令 $k := k + 1$
10: **end while**

信赖域方法的一个显著优点是它具有全局收敛性, 下面我们仅以 2 范数为例给出 Newton 信赖域方法的收敛性证明. 由范数的等价性定理, 该结果对其他范数也成立.

定理 6.3.1 假设 $f(x)$ 二次连续可微, 水平集有界, 信赖域方法产生点列 $\{x_k\}_{k \geqslant 1}$, 算法中 $G_k = \nabla^2 f(x_k)$, 则迭代序列 $\{x_k\}$ 至少存在一个聚点 x^* 满足一阶和二阶必要性条件.

证明 注意到信赖域方法是单调下降算法, $x_k \in \mathrm{lev}_{\leqslant f(x_1)} f$, 对任意的 k 成立. 因此 $\{\|G_k\|_2\}_{k \geqslant 1}$ 有界, 假设 $\|G_k\|_2 \leqslant M$ 对任意的 k 成立. 我们断言, 由算法产生的点列中一定存在一个子序列 $\{x_{k_j}\}_{j \geqslant 1}$ 满足如下两个性质中的一条:

性质 1: 对于任意的 j, $r_{k_j} < c_1$, 且 $\lim_{j \to \infty} \Delta_{k_j+1} = 0$ (从而 $\lim_{k \to \infty} \|s_k\|_2 = 0$).

性质 2: 对于任意的 j, $r_{k_j} \geqslant c_1$, 且 $\underline{\Delta} := \inf_k \{\Delta_k\} > 0$.

下面, 我们分两种情形证明上述断言.

情形 1 $\inf_k \{\Delta_k\} > 0$. 则存在 $\varepsilon > 0$ 使得 $\Delta_k \geqslant \varepsilon$ 对任意的 k 成立. 若不存在子列 $\{r_{k_j}\}$ 使得 $r_{k_j} \geqslant c_1$ 成立, 则存在 $K > 0$ 使得 $\Delta_{k+1} \leqslant b_1 \Delta_k$ 对任意的 $k \geqslant K$ 成立, 这也意味着 $\lim_{k \to \infty} \Delta_k = 0$, 与 Δ_k 有下界矛盾. 因此此情形存在满足性质 2 的子序列.

情形 2 $\inf_k \{\Delta_k\} = 0$. 注意到对任意的 k 都有 $\Delta_k \neq 0$, 因此存在子列 $\{k_j\}_{j \geqslant 1}$ 使得 $\lim_{j \to \infty} \Delta_{k_j + 1} = 0$. 我们取 $k_{j_1} = k_1$. 对任何 $i \geqslant 2$, 我们取

$$j_i = \min_{j'} \{j' : j' > j_{i-1}, \Delta_{k_{j'}+1} \leqslant b_1 \Delta_{k_{j_{i-1}}+1}\}.$$

易证 $r_{k_{j_i}} < c_1$, 也即序列 $\{x_{k_{j_i}}\}_{i \geqslant 1}$ 满足性质 1.

以下我们用上述断言中的子序列 $\{x_k\}_{j \geqslant 1}$ 代替原序列 $\{x_k\}_{k \geqslant 1}$ 讨论, 为了叙述方便可以不妨假设此子序列为 $\{x_k\}_{k \geqslant 1}$, 并假设 $x^* = \lim_{k \to \infty} x_k$. 依照子序列的不同性质, 接下来我们分两种情况证明定理结论. 假设 $\{x_k\}_{k \geqslant 1}$ 满足性质 1, 先证明一阶必要性条件成立. 若不然, $g^* = \nabla f(x^*) \neq 0$, 则对任何 x_k, 考虑最速下降方向, 有

$$q^{(k)} \left(-\alpha \frac{g_k}{\|g_k\|_2} \right) = f_k - \alpha \|g_k\|_2 + \frac{1}{2} \alpha^2 \frac{g_k^{\mathrm{T}} G_k g_k}{\|g_k\|_2^2}.$$

若 $g_k^{\mathrm{T}} G_k g_k > 0$, 则当

$$\alpha_{\min} = \frac{\|g_k\|_2^3}{g_k^{\mathrm{T}} G_k g_k}$$

时, $q^{(k)} \left(-\alpha \frac{g_k}{\|g_k\|_2} \right)$ 关于 $\alpha > 0$ 取极小值. 由于 $s = -\Delta_k \frac{g_k}{\|g_k\|_2}$ 对于信赖域模型问题 (6.72) 是可行的, 故

$$
\begin{aligned}
\mathrm{Pred}_k &= f_k - q^{(k)}(s_k) \\
&\geqslant f_k - q^{(k)}(s) \\
&= f_k - q^{(k)} \left(-\Delta_k \frac{g_k}{\|g_k\|_2} \right) \\
&= \Delta_k \|g_k\|_2 - \frac{1}{2} \Delta_k^2 \frac{g_k^{\mathrm{T}} G_k g_k}{\|g_k\|_2^2} \\
&= \frac{1}{2} \Delta_k \|g_k\|_2 \left(2 - \Delta_k \frac{g_k^{\mathrm{T}} G_k g_k}{\|g_k\|_2^3} \right) \\
&= \frac{1}{2} \Delta_k \|g_k\|_2 \left(2 - \frac{\Delta_k}{\alpha_{\min}} \right).
\end{aligned}
\tag{6.76}
$$

因为 $\Delta_k \to 0$ 以及 $\alpha_{\min} \geqslant \frac{\|g_k\|_2}{M} \to \frac{\|g^*\|_2}{M} > 0$, 从而对所有充分大的 k,

$$\mathrm{Pred}_k \geqslant \frac{1}{2} \Delta_k \|g_k\|_2.$$

若 $g_k^{\mathrm{T}} G_k g_k \leqslant 0$, 由 (6.76) 的第 4 行也可得出这一结果. 因此, 当 $\|s_k\|_2 \to 0$ 时,

$$\frac{\|s_k\|_2^2}{\mathrm{Pred}_k} \leqslant \frac{2\|s_k\|_2^2}{\Delta_k \|g_k\|_2} \leqslant \frac{2}{\|g_k\|_2} \|s_k\|_2 \to 0.$$

由 Taylor 展开, 有

$$\mathrm{Ared}_k = \mathrm{Pred}_k + o(\|s_k\|_2^2).$$

于是得到

$$r_k = \frac{\mathrm{Ared}_k}{\mathrm{Pred}_k} \to 1,$$

这与 $r_k < c_1$ 矛盾, 从而有 $g^* = 0$. 再证明二阶必要性条件成立. 仍采用反证法, 假设 $G^* = \nabla^2 f(x^*)$ 的最小特征值 $\lambda < 0$, 其对应的单位特征向量为 v, 并不妨假设 $v^{\mathrm{T}} g_k \leqslant 0$. 类似地, 对于满足 (6.72) 的可行点 $x_k + \Delta_k v$, 有

$$\begin{aligned}
\mathrm{Pred}_k &\geqslant -\Delta_k v^{\mathrm{T}} g_k - \frac{1}{2}\Delta_k^2 v^{\mathrm{T}} G_k v \\
&\geqslant -\frac{1}{2}\Delta_k^2 v^{\mathrm{T}} G_k v \\
&= -\frac{1}{2}\Delta_k^2 (\lambda + o(1)).
\end{aligned}$$

结合 $\mathrm{Ared}_k = \mathrm{Pred}_k + o(\|s_k\|_2^2)$, 可以得到

$$r_k = \frac{\mathrm{Ared}_k}{\mathrm{Pred}_k} \to 1,$$

这又与 $r_k < c_1$ 矛盾. 从而 G^* 是正半定的, 定理结论成立.

现在考虑 $\{x_k\}_{k \geqslant 1}$ 满足性质 2. 记 $f^* = f(x^*)$, 由单调性可知

$$f_1 - f^* \geqslant \sum_k \mathrm{Ared}_k.$$

由于 $f_1 - f^*$ 是常数, 故由

$$\sum_k \mathrm{Ared}_k \geqslant c_1 \sum_k \mathrm{Pred}_k$$

可知, $\mathrm{Pred}_k \to 0$. 定义

$$q^*(s) = f^* + s^{\mathrm{T}} g^* + \frac{1}{2} s^{\mathrm{T}} G^* s.$$

设 $\tilde{\Delta}$ 满足 $0 < \tilde{\Delta} < \underline{\Delta}$, 又设 $\bar{s}$ 在约束条件 $\|s\|_2 \leqslant \tilde{\Delta}$ 之下极小化 $q^*(s)$. 对充分大的 k, 显然有 $\bar{x} = x^* + \bar{s} \in \Omega_k$, 这样

$$q^{(k)}(\bar{x} - x_k) \geqslant q^{(k)}(s_k) = f_k - \mathrm{Pred}_k$$

取极限, 有 $f_k \to f^*$, $g_k \to g^*$, $G_k \to G^*$, $\mathrm{Pred}_k \to 0$, $\bar{x} - x_k \to \bar{s}$, 从而得到

$$q^*(\bar{s}) \geqslant f^* = q^*(0).$$

因此 $s = 0$ 在约束条件 $\|s\|_2 \leqslant \tilde{\Delta}$ 之下也极小化 $q^*(s)$. 注意到 $\tilde{\Delta} > 0$, 故这时约束 $\|s\|_2 \leqslant \tilde{\Delta}$ 是不积极约束, 从而约束问题

$$\min_{s \in \mathbb{R}^n} \quad q^*(s),$$
$$\text{s. t.} \quad \|s\|_2 \leqslant \tilde{\Delta}$$

等价于无约束问题 $\min\limits_{s \in \mathbb{R}^n} q^*(s)$. 因此, 一阶必要条件简化为 $g^* = 0$, 二阶必要条件简化为 G^* 半正定. □

如果进一步要求 Hesse 矩阵 G^* 是正定的, 则可以得到如下的二次收敛速度结果.

定理 6.3.2 如果定理 6.3.1 中的聚点 x^* 还满足 f 的 Hesse 矩阵 G^* 是正定的. 那么, 对于算法 6.7 产生的迭代序列 $\{x_k\}_{k \geqslant 1}$, 有 $r_k \to 1$, $x_k \to x^*$, $\Delta > 0$ 以及对于充分大的 k, 约束 $\|s\|_2 < \Delta_k$. 此外, 收敛速度是二次的.

证明 假定算法 6.7 产生的某子序列 $x_k \to x^*$ 满足定理 6.3.1 性质 1, 即 $r_k < c_1$, $\Delta_{k+1} \to 0$. 考虑方向 $d_k = -G_k^{-1} g_k$. 由于 G^* 正定, 则对充分大的 k, 上述方向 d_k 有定义且为下降方向. 若 $\|d_k\|_2 \leqslant \Delta_k$, 则 $s_k = d_k$, 并且

$$\begin{aligned}
\text{Pred}_k &= f_k - q^{(k)}(s_k) \\
&= -g_k^{\mathrm{T}} s_k - \frac{1}{2} s_k^{\mathrm{T}} G_k s_k \\
&= (G_k s_k)^{\mathrm{T}} s_k - \frac{1}{2} s_k^{\mathrm{T}} G_k s_k \\
&= \frac{1}{2} s_k^{\mathrm{T}} G_k s_k \\
&\geqslant \frac{1}{2} \lambda_k \|s_k\|_2^2,
\end{aligned} \tag{6.77}$$

其中 λ_k 是 G_k 的最小特征值. 若 $\|d_k\|_2 \geqslant \Delta_k$, 则由 Pred_k 的最优性,

$$\begin{aligned}
\text{Pred}_k &\geqslant f_k - q^{(k)}\left(\Delta_k \frac{d_k}{\|d_k\|_2}\right) \\
&= -\Delta_k \frac{d_k^{\mathrm{T}} g_k}{\|d_k\|_2} - \frac{1}{2} \Delta_k^2 \frac{d_k^{\mathrm{T}} G_k d_k}{\|d_k\|_2^2} \\
&= \Delta_k \frac{d_k^{\mathrm{T}} G_k d_k}{\|d_k\|_2} - \frac{1}{2} \Delta_k^2 \frac{d_k^{\mathrm{T}} G_k d_k}{\|d_k\|_2^2} \\
&\geqslant \frac{1}{2} \Delta_k \frac{d_k^{\mathrm{T}} G_k d_k}{\|d_k\|_2} \\
&\geqslant \frac{1}{2} \Delta_k \lambda_k \|d_k\|_2 \\
&\geqslant \frac{1}{2} \Delta_k^2 \lambda_k = \frac{1}{2} \lambda_k \|s_k\|_2^2.
\end{aligned} \tag{6.78}$$

(6.77) 和 (6.78) 表明

$$\text{Pred}_k \geqslant \frac{1}{2} \lambda_k \|s_k\|_2^2$$

总成立. 注意到 $\text{Ared}_k = \text{Pred}_k + o(\|s_k\|_2^2)$, 从而得到

$$r_k = \frac{\text{Ared}_k}{\text{Pred}_k} = 1 + \frac{o(\|s_k\|_2^2)}{\text{Pred}_k} \to 1, \tag{6.79}$$

这与 $r_k < c_1$ 矛盾. 从而任何子序列 $x_k \to x^*$ 不属于第一种情形, 只能属于第二种情形. 于是, 注意到对充分大的 k 使得 $\|x_k - x^*\|_2 < \frac{1}{2}\inf_k\{\Delta_k\} = \frac{1}{2}\underline{\Delta}$, 则由 Newton 法收敛性结果知 $\overline{x_{k+1}} = x_k - G_k^{-1}g_k$ 满足

$$\|\overline{x_{k+1}} - x^*\|_2 < \|x_k - x^*\|_2,$$

于是 $\|\overline{x_{k+1}} - x_k\|_2 < \inf_k\{\Delta_k\}$, 即 $\overline{x_{k+1}} \in \Omega_k$, 进而 $x_{k+1} = \overline{x_{k+1}}$, 整个序列 (区别于子列) 满足 $x_k \to x^*$. 并且由 (6.79) 知整个序列满足 $r_k \to 1$, 且在第二种情形有 $\underline{\Delta} > 0$. 由于 k 充分大时, $\|s_k\|_2 < \Delta_k$, 算法化为 Newton 迭代法, 故由定理 6.2.2 可知整个迭代序列 $\{x_k\}_{k \geqslant 1}$ 具有局部二次收敛速度. □

信赖域子问题　信赖域子问题 (6.72) 是一个球约束二次极小问题, 在第五章 5.5 节中, 我们已经讨论过了球约束二次极小问题的最优性条件, 并通过对 Hesse 矩阵做特征值分解来精确求解. 而在实际计算中, 我们一般并不精确求解信赖域子问题, 而仅是求一近似解. 接下来, 我们便来介绍一种求信赖域子问题近似解的方法, 即截断共轭梯度法. 我们在此处简化信赖域子问题的表示如下.

$$\begin{aligned} \min \quad & q(d) := g^{\mathrm{T}}d + \frac{1}{2}d^{\mathrm{T}}Bd, \\ \text{s. t.} \quad & \|d\|_2 \leqslant \Delta. \end{aligned} \tag{6.80}$$

由于精确求解信赖域子问题计算量大, Steihaug 在 1983 年对共轭梯度法进行改造, 提出了求解信赖域子问题的近似算法, 适用于大规模问题的求解. 由于信赖域子问题和一般的二次极小化问题仅相差一个约束, 可以先不考虑其中的约束 $\|d\|_2 \leqslant \Delta$ 而直接使用共轭梯度法求解, 并在迭代过程中选取合适的迭代点进行修正得到信赖域子问题 (6.80) 的近似解. 这就是截断共轭梯度法的基本思想.

我们首先回顾一下经典共轭梯度法的迭代格式. 考虑无约束二次极小化问题

$$\min \quad q(s) := g^{\mathrm{T}}s + \frac{1}{2}s^{\mathrm{T}}Bs.$$

给定初值 $s_0 = 0, g_0 = g, d_0 = -g$, 在第 k 步迭代中, 共轭梯度法的迭代过程为

$$\alpha_{k+1} = -\frac{g_k^{\mathrm{T}}d_k}{d_k^{\mathrm{T}}Bd_k},$$

$$s_{k+1} = s_k + \alpha_k d_k,$$

$$g_{k+1} = g_k + \alpha_k Bd_k,$$

$$\beta_k = \frac{\|g_{k+1}\|_2^2}{\|g_k\|_2^2},$$

$$d_{k+1} = -g_{k+1} + \beta_k d_k,$$

其中迭代序列 $\{s_k\}_{k \geqslant 1}$ 最终的输出即为二次极小化问题的解, 算法的终止准则是判断 $\|g_k\|_2$ 是否足够小. 在此基础上, 截断共轭梯度法增加了两条终止准则, 并对最后一步的迭代点 s_k 进行修正来得到信赖域子问题 (6.80) 的解. 由于矩阵 B 不一定正定, 迭代过程中可能会产生如下三种情况:

1. $d_k^{\mathrm{T}} B d_k \leqslant 0$, 即 B 不是正定矩阵. 由于共轭梯度法的应用前提是矩阵 B 正定, 遇到这种情况应立即终止算法. 但根据这个条件也找到了一个负曲率方向, 此时只需要沿着这个方向走到信赖域边界即可.

2. $d_k^{\mathrm{T}} B d_k > 0$ 但 $\|s_{k+1}\|_2 \geqslant \Delta$. 这表示若继续进行共轭梯度法迭代, 则点 s_{k+1} 将处于信赖域之外或边界上, 此时必须马上停止迭代, 并在 s_k 和 s_{k+1} 之间找一个近似解.

3. $d_k^{\mathrm{T}} B d_k > 0$ 且 $\|g_{k+1}\|_2$ 充分小. 这表明共轭梯度法成功收敛到信赖域内. 此时信赖域子问题 (6.80) 和不带约束的二次极小化问题是等价的.

从上述终止条件来看截断共轭梯度法仅仅产生了共轭梯度法的部分迭代点, 这也是该方法名字的由来.

算法 6.8 提供了截断共轭梯度法的完整过程.

算法 6.8　Steihaug 截断共轭梯度法

1: 给定初值 $s_0 = 0, g_0 = g, d_0 = -g$ 以及 $\varepsilon > 0$

2: 令 $k := 0$

3: **while** 算法终止条件未满足 **do**

4:　**if** $d_k^{\mathrm{T}} B d_k \leqslant 0$ **then**

5:　　计算 $\tau > 0$ 使得 $\|s_k + \tau d_k\|_2 = \Delta$

6:　　算法停止, 输出 $s = s_k + \tau d_k$

7:　**end if**

8:　计算 $\alpha_k = -\dfrac{g_k^{\mathrm{T}} d_k}{d_k^{\mathrm{T}} B d_k}$, 并更新迭代点 $s_{k+1} - s_k + \alpha_k d_k$

9:　**if** $\|s_{k+1}\|_2 \geqslant \Delta$ **then**

10:　　计算 $\tau > 0$ 使得 $\|s_k + \tau d_k\|_2 = \Delta$

11:　　算法停止, 输出 $s = s_k + \tau d_k$

12:　**end if**

13:　更新梯度 $g_{k+1} = g_k + \alpha_k B d_k$

14:　**if** $\|g_{k+1}\|_2 < \varepsilon$ **then**

15:　　算法停止, 输出 $s = s_{k+1}$

16:　**end if**

17:　计算 $\beta_k = \dfrac{\|g_{k+1}\|_2^2}{\|g_k\|_2^2}$, 并更新共轭方向 $d_{k+1} = -g_{k+1} + \beta_k d_k$

18:　令 $k := k + 1$

19: **end while**

截断共轭梯度法的迭代序列 $\{s_j\}_{j\geqslant 1}$ 有非常好的性质, 实际上我们可以证明如下定理:

定理 6.3.3　令 $\{s_j\}_{j\geqslant 1}$ 是由截断共轭梯度算法 6.8 产生的迭代序列, 则在算法终止前 $\{q(s_j)\}_{j\geqslant 1}$ 是严格单调递减的, 即

$$q(s_{j+1}) < q(s_j),$$

并且 $\{\|s_j\|_2\}_{j\geqslant 1}$ 是严格单调递增的, 即

$$0 = \|s_0\|_2 < \|s_1\|_2 < \cdots < \|s_{j+1}\|_2 < \cdots \leqslant \Delta.$$

证明　设迭代在第 t 步终止. 根据算法 6.8, 在终止前, $d_j^{\mathrm{T}} B d_j > 0$ 对于 $j < t$ 一直成立, 此时算法即共轭梯度法. 由共轭梯度法性质, 对任何 $i < j$ 都有 $g_j^{\mathrm{T}} d_i = 0$, 所以

$$g_j^{\mathrm{T}} d_j = g_j^{\mathrm{T}}(-g_j + \beta_{j-1} d_{j-1}) = -\|g_j\|_2^2 < 0,$$

即 d_j 是下降方向. 而 α_j 的选取为精确步长, 因此有 $q(s_{j+1}) < q(s_j)$. 此外由 s_j 的定义, 可将其表示为

$$s_j = \sum_{i=0}^{j-1} \alpha_i d_i, \quad \alpha_i > 0.$$

再根据共轭梯度法的性质:

$$d_j^{\mathrm{T}} s_j = \sum_{i=0}^{j-1} \alpha_i d_j^{\mathrm{T}} d_i = \sum_{i=0}^{j-1} \alpha_i \frac{\|g_j\|_2^2}{\|g_i\|_2^2} \|d_i\|_2^2 > 0.$$

结合以上表达式可得

$$\|s_{j+1}\|_2^2 = \|s_j + \alpha_j d_j\|_2^2 = \|s_j\|_2^2 + 2\alpha_j d_j^{\mathrm{T}} s_j + \alpha_j^2 \|d_j\|_2^2 > \|s_j\|_2^2. \qquad \square$$

实际上, 我们还可进一步证明截断共轭梯度算法的输出 s 满足如下关系:

$$q(s) \leqslant q(s_t), \quad \|s_t\|_2 \leqslant \|s\|_2,$$

其中 t 为算法终止时的迭代数. 这只需要分别讨论三种终止条件即可.

1. 若 $d_t^{\mathrm{T}} B d_t \leqslant 0$, 则 d_t 是负曲率方向, 沿着负曲率方向显然有 $q(s) \leqslant q(s_t)$. 注意到此时 $\|s\|_2 = \Delta$, 因此有 $\|s_t\|_2 \leqslant \|s\|_2 = \Delta$.

2. 若 $d_t^{\mathrm{T}} B d_t > 0$ 但 $\|s_{t+1}\|_2 \geqslant \Delta$, 根据最速下降法的性质, $q(s_t + \alpha d_t)$ 关于 $\alpha \in (0, \alpha_t]$ 单调递减, 根据 τ 的取法显然有 $q(s) \leqslant q(s_t)$. 此时依然有 $\|s\|_2 = \Delta$, 因此 $\|s_t\|_2 \leqslant \|s\|_2 = \Delta$ 仍成立.

3. 若 $d_t^{\mathrm{T}} B d_t > 0$ 且 $\|g_{t+1}\|_2 \leqslant \varepsilon$, 此时算法就是共轭梯度法, 结论自然成立.

关于截断共轭梯度法的理论性质, 2000 年 Yuan 证明了如下结果.

定理 6.3.4　对任何 $\Delta > 0, g \in \mathbb{R}^n$ 和对称正定矩阵 $B \in \mathbb{R}^{n \times n}$, 设 d^* 是信赖域子

问题 (6.80) 的解, $\bar{d}$ 是截断共轭梯度法求得的解, 则必有

$$\frac{q(0) - q(\bar{d})}{q(0) - q(d^*)} \geqslant \frac{1}{2}.$$

6.4 非线性最小二乘的算法

非线性最小二乘问题是一类重要的优化问题, 它在统计学、工程、物理科学和社会科学等众多领域中有广泛的应用. 这类问题的目标是寻找一组参数, 使得某个非线性模型与观测数据之间的差异 (通常使用残差的平方和来衡量) 达到最小. 在本节中, 我们将给出非线性最小二乘问题的数学描述, 然后介绍两类用于求解该问题的方法: Gauss-Newton 法和 Levenberg-Marquardt 方法. 我们将看到求解非线性最小二乘的 Levenberg-Marquardt 方法和信赖域方法有异曲同工之妙.

非线性最小二乘问题 我们考虑如下特殊优化问题:

$$\min_{x \in \mathbb{R}^n} \quad f(x) = \frac{1}{2} r(x)^{\mathrm{T}} r(x) = \frac{1}{2} \sum_{i=1}^m \left(r_i(x) \right)^2, \quad m \geqslant n, \tag{6.81}$$

其中 $r : \mathbb{R}^n \to \mathbb{R}^m$ 是 x 的非线性函数, $r_i(x)$ 称为残量函数. 如果 $r(x)$ 是线性函数, 则问题 (6.81) 是线性最小二乘问题. 非线性最小二乘问题既可以视为无约束极小化问题的特殊情形, 也可以看做是求解非线性方程组

$$r_i(x) = 0, \quad i = 1, 2, \cdots, m. \tag{6.82}$$

当 $m > n$ 时, 方程组 (6.82) 称为超定方程组; 当 $m = n$ 时, 称为确定方程组; 当 $m < n$ 时, 称为欠定方程组.

非线性最小二乘问题在数据拟合、参数估计和函数逼近等方面有广泛应用. 例如, 我们要拟合数据 $(t_i, y_i), i = 1, 2, \cdots, m$, 拟合函数为 $\phi(t, x)$, 它是 x 的非线性函数. 我们要求选择 x 使得拟合函数 $\phi(t, x)$ 在残量平方和意义下尽可能好地拟合数据, 其中残量为

$$r_i(x) = \phi(t_i, x) - y_i, \quad i = 1, 2, \cdots, m,$$

通常 $m \gg n$.

由于目标函数 (6.81) 有特殊结构, 因此, 可以对一般的无约束最优化方法进行改造, 得到一些更有效的特殊方法. 设 $J(x)$ 是 $r(x)$ 的 Jacobi 矩阵,

$$J = \begin{bmatrix} \dfrac{\partial r_1}{\partial x_1} & \cdots & \dfrac{\partial r_1}{\partial x_n} \\ \vdots & & \vdots \\ \dfrac{\partial r_m}{\partial x_1} & \cdots & \dfrac{\partial r_m}{\partial x_n} \end{bmatrix},$$

则 $f(x)$ 的梯度为

$$g(x) = \sum_{i=1}^{m} r_i(x)\nabla r_i(x) = J(x)^{\mathrm{T}}r(x). \tag{6.83}$$

$f(x)$ 的 Hesse 矩阵为

$$\begin{aligned} G(x) &= \sum_{i=1}^{m}\left(\nabla r_i(x)\nabla r_i(x)^{\mathrm{T}} + r_i(x)\nabla^2 r_i(x)\right) \\ &= J(x)^{\mathrm{T}}J(x) + S(x), \end{aligned} \tag{6.84}$$

其中

$$S(x) = \sum_{i=1}^{m} r_i(x)\nabla^2 r_i(x).$$

因此, 目标函数 $f(x)$ 的二次模型为

$$\begin{aligned} m_k(x) &= f(x_k) + g(x_k)^{\mathrm{T}}(x-x_k) + \frac{1}{2}(x-x_k)^{\mathrm{T}}G(x_k)(x-x_k) \\ &= \frac{1}{2}r(x_k)^{\mathrm{T}}r(x_k) + (J(x_k)^{\mathrm{T}}r(x_k))^{\mathrm{T}}(x-x_k) + \\ &\quad \frac{1}{2}(x-x_k)^{\mathrm{T}}(J(x_k)^{\mathrm{T}}J(x_k) + S(x_k))(x-x_k). \end{aligned} \tag{6.85}$$

从而, 求解问题 (6.81) 的 Newton 法为

$$x_{k+1} = x_k - (J(x_k)^{\mathrm{T}}J(x_k) + S(x_k))^{-1}J(x_k)^{\mathrm{T}}r(x_k). \tag{6.86}$$

在标准假设下, (6.86) 具有局部二次收敛速度. 上述 Newton 法的主要问题是 Hesse 矩阵 $G(x)$ 中的二阶信息项 $S(x)$ 通常难以计算或者计算代价很大. 而使用整个 $G(x)$ 的割线近似也不可取, 因为在计算梯度 $g(x)$ 时已经得到了 $J(x)$, 从而可以得到 $G(x)$ 中的一阶信息项 $J(x)^{\mathrm{T}}J(x)$. 通常我们采取忽略 $S(x)$, 或者使用正定矩阵近似 $S(x)$ 的策略, 下面将分别介绍基于这两种思想的算法: Gauss-Newton 法和 Levenberg-Marquardt 方法.

Gauss-Newton 法 Gauss-Newton 法 (见算法 6.9) 是一种用于求解非线性最小二乘问题的经典优化算法, 该方法的关键优势在于其简洁性和相对较快的收敛速度, 它在多个领域中被广泛应用于参数估计和数据拟合问题. 下面首先简述其迭代格式的由来.

在目标函数的二次模型 (6.85) 中忽略 $G(x)$ 中的二阶信息项 $S(x)$. 这样, (6.85) 成为

$$\begin{aligned} \bar{m}_k(x) &= \frac{1}{2}r(x_k)^{\mathrm{T}}r(x_k) + (J(x_k)^{\mathrm{T}}r(x_k))^{\mathrm{T}}(x-x_k) + \\ &\quad \frac{1}{2}(x-x_k)^{\mathrm{T}}(J(x_k)^{\mathrm{T}}J(x_k))(x-x_k), \end{aligned} \tag{6.87}$$

从而 (6.86) 成为

$$\begin{aligned} x_{k+1} &= x_k - (J(x_k)^{\mathrm{T}}J(x_k))^{-1}J(x_k)^{\mathrm{T}}r(x_k) \\ &= x_k + s_k, \end{aligned} \tag{6.88}$$

其中 $s_k = -(J(x_k)^\mathrm{T} J(x_k))^{-1} J(x_k)^\mathrm{T} r(x_k)$.

算法 6.9 Gauss-Newton 法

1: 给定 $r(x), J(x), x_0, \varepsilon > 0$

2: 令 $k := 0$

3: **while** $\|g_k\|_2 > \varepsilon$ **do**

4:     计算 $g_k := J(x_k)^\mathrm{T} r(x_k)$

5:     计算求解 Gauss-Newton 方程 $J(x_k)^\mathrm{T} J(x_k) s_k = -g_k$ 得 s_k

6:     更新迭代点 $x_{k+1} := x_k + \alpha_k s_k$

7:     $k := k + 1$

8: **end while**

模型 (6.87) 相当于考虑 $r(x)$ 在 x_k 附近的仿射模型

$$\bar{M}_k(x) = r(x_k) + J(x_k)(x - x_k),$$

从而求线性最小二乘问题

$$\min_{x \in \mathbb{R}^n} \quad \frac{1}{2} \left\| \bar{M}_k(x) \right\|_2^2$$

的解. 从迭代 (6.88) 可以看出, Gauss-Newton 法仅需残量函数 $r(x)$ 的一阶导数信息, 并且 $J(x)^\mathrm{T} J(x)$ 至少是正半定的, 从而 s_k 是一个下降方向. 在一些光滑性的假设下, 我们可以得出 Gauss-Newton 法的局部收敛性质.

定理 6.4.1 设 $f(x)$ 二阶连续可微, x^* 为非线性最小二乘问题 (6.81) 的局部极小点, $J(x^*)^\mathrm{T} J(x^*)$ 正定. 则算法 6.9 产生的点列收敛于 x^*, 并且当 $G(x)$ 与 $(J(x)^\mathrm{T} J(x))^{-1}$ 在 x^* 的邻域内 Lipschitz 连续时, 有

$$\|x_{k+1} - x^*\|_2 \leqslant \left\| (J(x^*)^\mathrm{T} J(x^*))^{-1} \right\|_2 \cdot \|S(x^*)\|_2 \cdot \|x_k - x^*\|_2 + O(\|x_k - x^*\|_2^2). \quad (6.89)$$

证明 由于 $G(x)$ 在 x' 的邻域内 Lipschitz 连续, $J(x')^\mathrm{T} J(x')$ 正定. 故 $J(x)^\mathrm{T} J(x)$ 与 $S(x)$ 也在 x^* 的邻域内 Lipschitz 连续, 故存在 $\alpha, \beta, \gamma > 0$, 使得对于 x^* 的邻域内的任意两点 x, y, 有

$$\left\| J(x)^\mathrm{T} J(x) - J(y)^\mathrm{T} J(y) \right\|_2 \leqslant \alpha \|x - y\|_2,$$

$$\|S(x) - S(y)\|_2 \leqslant \beta \|x - y\|_2, \quad (6.90)$$

$$\left\| (J(x)^\mathrm{T} J(x))^{-1} - (J(y)^\mathrm{T} J(y))^{-1} \right\|_2 \leqslant \gamma \|x - y\|_2.$$

由于 $f(x)$ 二阶连续可微, 且 $G(x)$ Lipschitz 连续, 故

$$g(x_k + s) = g(x_k) + G(x_k)s + O\left(\|s\|_2^2\right). \quad (6.91)$$

事实上, 由 Taylor 展开,

$$g_i(x_k + s) = g_i(x_k) + \sum_{j=1}^{n} G_{ij}(x_k + \theta_i s)s_j, \quad \theta_i \in (0, 1).$$

于是,

$$g_i(x_k + s) - g_i(x_k) - \sum_{j=1}^{n} G_{ij}(x_k)s_j = \sum_{j=1}^{n}(G_{ij}(x_k + \theta_i s) - G_{ij}(x_k))s_j.$$

由于 $G(x)$ Lipschitz 连续, 故对任何 i, j, 有

$$|G_{ij}(x) - G_{ij}(y)| \leqslant (\alpha + \beta) \|x - y\|_2.$$

从而

$$\left| g_i(x_k + s) - g_i(x_k) - \sum_{j=1}^{n} G_{ij}(x_k)s_j \right| \leqslant n(\alpha + \beta) \|s\|_2^2,$$

这表明 (6.91) 成立.

设 $h_k = x_k - x^*$, 令 $s = -h_k$, 得

$$0 = g(x^*) = g(x_k) - G(x_k)h_k + O(\|h_k\|_2^2),$$

将 (6.83) 和 (6.84) 代入上式, 得

$$J(x_k)^{\mathrm{T}} r(x_k) - (J(x_k)^{\mathrm{T}} J(x_k) + S(x_k))h_k + O(\|h_k\|_2^2) = 0. \tag{6.92}$$

设 x_k 在 x^* 的邻域内, 则对于充分大的 k, $J(x_k)^{\mathrm{T}} J(x_k)$ 正定, 当 x_k 充分靠近 x^* 时, $(J(x_k)^{\mathrm{T}} J(x_k))^{-1}$ 上有界, 且有

$$\left\| (J(x_k)^{\mathrm{T}} J(x_k))^{-1} \right\|_2 \leqslant 2 \left\| (J(x^*)^{\mathrm{T}} J(x^*))^{-1} \right\|_2. \tag{6.93}$$

于是, 在 (6.92) 的两边乘 $(J(x_k)^{\mathrm{T}} J(x_k))^{-1}$, 得

$$-s_k - h_k - (J(x_k)^{\mathrm{T}} J(x_k))^{-1} S(x_k)h_k + O\left(\|h_k\|_2^2\right) = 0,$$

注意到 $s_k + h_k = (x_{k+1} - x_k) + (x_k - x^*) = x_{k+1} - x^*$, 则得

$$\|x_{k+1} - x^*\|_2 \leqslant \left\| (J(x_k)^{\mathrm{T}} J(x_k))^{-1} S(x_k) \right\|_2 \|x_k - x^*\|_2 + O(\|x_k - x^*\|_2^2). \tag{6.94}$$

由 (6.90), 并利用 (6.93), 得

$$\left\| (J(x_k)^{\mathrm{T}} J(x_k))^{-1} S(x_k) - (J(x^*)^{\mathrm{T}} J(x^*))^{-1} S(x^*) \right\|_2$$

$$\leqslant \left\| (J(x_k)^{\mathrm{T}} J(x_k))^{-1} S(x_k) - (J(x_k)^{\mathrm{T}} J(x_k))^{-1} S(x^*) \right\|_2 +$$

$$\left\| (J(x_k)^{\mathrm{T}} J(x_k))^{-1} S(x^*) - (J(x^*)^{\mathrm{T}} J(x^*))^{-1} S(x^*) \right\|_2$$

$$\leqslant \beta \left\| (J(x_k)^{\mathrm{T}} J(x_k))^{-1} \right\|_2 \|x_k - x^*\|_2 + \gamma \|S(x^*)\|_2 \|x_k - x^*\|_2$$

$$\leqslant \left(2\beta \left\| (J(x^*)^{\mathrm{T}} J(x^*))^{-1} \right\|_2 + \gamma \|S(x^*)\|_2 \right) \|x_k - x^*\|_2.$$

于是,

$$\left\|(J(x_k)^\mathrm{T} J(x_k))^{-1} S(x_k)\right\|_2 \|x_k - x^*\|_2$$

$$\leqslant \left\|(J(x^*)^\mathrm{T} J(x^*))^{-1} S(x^*)\right\|_2 \|x_k - x^*\|_2 + O(\|x_k - x^*\|_2^2). \tag{6.95}$$

将 (6.95) 代入 (6.94) 便得结果 (6.89). □

推论 6.4.1 设定理 6.4.1 的假设条件成立, 如果 $r(x^*) = 0$, 则存在 $\varepsilon > 0$, 使得对于任何 $x_0 \in N(x^*, \varepsilon)$, 由 Gauss-Newton 法产生的序列 $\{x_k\}$ 收敛到 x^*, 且收敛速度是二次的.

证明 对于定理 6.4.1, 如果 $r(x^*) = 0$, 则 $S(x^*) = 0$, 从而由 (6.89) 立即得到二次收敛性. □

实际上, 我们采用的 Gauss-Newton 法往往加上线性搜索策略, 即

$$x_{k+1} = x_k - \alpha_k (J(x_k)^\mathrm{T} J(x_k))^{-1} J(x_k)^\mathrm{T} r(x_k),$$

其中 α_k 由某种线性搜索策略决定, 我们称之为阻尼 Gauss-Newton 法; 由于 Gauss-Newton 方向 s_k 是下降方向, 因此阻尼 Gauss-Newton 法一般具有全局收敛性.

至此, 我们可以对 Gauss-Newton 法做一些总结, 该方法有很多好的收敛性质:

(1) 对于零残量问题 (即 $r(x^*) = 0$), 有局部二次收敛速度.

(2) 对于小残量问题 (即残量 $r(x)$ 较小, 或 $r(x)$ 接近线性), 有较快的局部收敛速度.

但与此同时, 它也有一些缺点:

(1) 对于不是很严重的大残量问题, 有较慢的局部收敛速度.

(2) 对于残量很大的问题或 $r(x)$ 的非线性程度很大的问题, 可能不收敛.

(3) 如果 $J(x_k)$ 不满秩, 方法没有定义.

Levenberg-Marquardt 方法 Levenberg-Marquardt 方法 (简称 L-M 方法) 是解决非线性最小二乘问题的一种迭代技术, 它融合了 Gauss-Newton 法和梯度下降法的优点. 这种方法特别适用于目标函数呈现参数非线性特征时的参数估计问题.

由于无论是否做线搜索, Gauss-Newton 法都要求 $J(x^*)$ 是满秩的. 实际计算中, $J(x^*)$ 奇异的情形常常发生, 此时 Gauss-Newton 方向就不一定是下降方向. 为了克服这个困难, 考虑采用信赖域策略.

$$\begin{aligned} \min \quad & \|r(x_k) + J(x_k)(x - x_k)\|_2, \\ \mathrm{s.\,t.} \quad & \|x - x_k\|_2 \leqslant h_k. \end{aligned}$$

由上一节的讨论我们已经知道, 这个模型的解可以由方程组

$$(J(x_k)^\mathrm{T} J(x_k) + \mu_k I)s = -J(x_k)^\mathrm{T} r(x_k) \tag{6.96}$$

的解来表征. 从而

$$x_{k+1} = x_k - (J(x_k)^{\mathrm{T}}J(x_k) + \mu_k I)^{-1}J(x_k)^{\mathrm{T}}r(x_k).$$

如果 $\left\|(J(x_k)^{\mathrm{T}}J(x_k))^{-1}J(x_k)^{\mathrm{T}}r(x_k)\right\|_2 \leqslant h_k$, 则 $\mu_k = 0$; 否则 $\mu_k > 0$. 只要 $J(x_k)^{\mathrm{T}}J(x_k) + \mu_k I$ 正定, 则 (6.96) 产生的方向 s 就是下降方向. 这种方法就称为 Levenberg-Marqurdt 方法.

设 $s = g(\mu)$ 是

$$(J^{\mathrm{T}}J + \mu I)s = -J^{\mathrm{T}}r = -g \tag{6.97}$$

的解, 这里 $J = J(x)$, $r = r(x)$, $g = g(x)$. 下面给出 $s(\mu)$ 的一些性质:

命题 6.4.1 当 μ 从 0 单调增加时, $\|s(\mu)\|_2$ 严格单调下降.

命题 6.4.2 s 和 $-g$ 的夹角 ψ 随着 μ 增加而单调非增.

命题 6.4.3 当 $x = s(\mu)$ 时, 二次型 $\frac{1}{2}(Jx + r)^{\mathrm{T}}(Jx + r)$ 在球面 $\|x\|_2 = \|s(\mu)\|_2$ 上达到极小.

证明 根据 $s(\mu)$ 是 (6.97) 的解, $J^{\mathrm{T}}J + \mu I$ 正定以及 $\|x\|_2 = \|s(\mu)\|_2$, 由定理 5.5.8 知 $s(\mu)$ 是

$$\min \quad q(x) = \frac{1}{2}(Jx + r)^{\mathrm{T}}(Jx + r),$$

$$\mathrm{s.\,t.} \quad \|x\|_2 = \|s(\mu)\|_2$$

的解. 从而结论成立. $\qquad\qquad\square$

在实际计算中, 我们常常使用正定矩阵 D_k 替代单位矩阵 I, 即

$$(J(x_k)^{\mathrm{T}}J(x_k) + \mu_k D_k(x_k))s = -J(x_k)^{\mathrm{T}}r(x_k). \tag{6.98}$$

同时, 步长因子 α_k 由 Armijo 准则 (5.25) 确定, 即

$$f(x_k + \alpha_k s_k) \leqslant f(x_k) + \sigma\alpha_k g_k^{\mathrm{T}}s_k, \quad \sigma \in \left(0, \frac{1}{2}\right). \tag{6.99}$$

下面的定理将告诉我们, 在一定的假设下, L-M 方法产生的点列将会收敛到目标函数的稳定点.

定理 6.4.2 设 $\{x_k\}$ 是由 L-M 方法 (6.98) 产生的迭代序列, 步长因子由 Armijo 准则 (6.99) 确定. 如果存在一个子序列 $\{x_{k_i}\}_{i\geqslant 1}$ 收敛到 x^*, 且对应的子序列 $\{J_{k_i}^{\mathrm{T}}J_{k_i} + \mu_{k_i}D_{k_i}\}$ 收敛到某个正定矩阵 P, 其中, $J_{k_i} = J(x_{k_i})$, $D_{k_i} = D(x_{k_i})$ 表示正定对角矩阵, 那么, $g(x^*) = 0$.

证明 (反证法) 假定 $g(x^*) \neq 0$, 设

$$s_{k_i} = -(J_{k_i}^{\mathrm{T}}J_{k_i} + \mu_{k_i}D_{k_i})^{-1}J_{k_i}^{\mathrm{T}}r_{k_i},$$

$$s^* = \lim_{i\to\infty}s_{k_i} = -P^{-1}J(x^*)^{\mathrm{T}}r(x^*),$$

其中 $r_{k_i} = r(x_{k_i})$. 显然, $g(x^*)^{\mathrm{T}} s^* < 0$. 设 $\beta \in (0,1), \sigma \in \left(0, \dfrac{1}{2}\right)$, 设 m^* 是使得

$$f(x^* + \beta^m s^*) < f(x^*) + \sigma \beta^m g(x^*)^{\mathrm{T}} s(x^*)$$

成立的最小非负整数 m. 由连续性有, 对充分大的 k_i,

$$f(x_{k_i} + \beta^{m^*} s_{k_i}) \leqslant f(x_{k_i}) + \sigma \beta^{m^*} g(x_{k_i})^{\mathrm{T}} s_{k_i},$$

由此有

$$f(x_{k_i+1}) = f(x_{k_i} + \beta^{m_{k_i}} s_{k_i}) \leqslant f(x_{k_i}) + \sigma \beta^{m^*} g(x_{k_i})^{\mathrm{T}} s_{k_i}. \tag{6.100}$$

由方法的单调下降性, 有

$$\lim_{i \to \infty} f(x_{k_i+1}) = \lim_{i \to \infty} f(x_{k_i}) = f(x^*).$$

因此, 在 (6.100) 两边取极限, 再由 $\sigma \beta^{m^*} g(x^*)^{\mathrm{T}} s^* < 0$ 得到

$$f(x^*) \leqslant f(x^*) + \sigma \beta^{m^*} g(x^*)^{\mathrm{T}} s^* < f(x^*),$$

矛盾, 故结论得证. □

此外, 我们还可以给出 L-M 方法的全局收敛性.

定理 6.4.3　假设

(1) 对任意 $\bar{x} \in \mathbb{R}^n$, 水平集

$$L(\bar{x}) = \{x : f(x) \leqslant f(\bar{x})\}$$

是有界闭集;

(2) $f(x)$ 在 $L(\bar{x})$ 上取相同函数值的稳定点个数是有限的;

(3) 对任意的 x, $J(x)^{\mathrm{T}} J(x)$ 正定;

(4) 对任意的 k, $\mu_k \leqslant M < \infty$, 即 μ_k 以 M 为上界.

那么, 对任意初值 x_0, 由 L-M 方法产生的序列 $\{x_k\}_{k \geqslant 1}$ 收敛到 $f(x)$ 的稳定点.

证明　由 (1) 和迭代函数的单调性可知, 序列 $\{x_k\}_{k \geqslant 1}$ 在紧集 $L(\bar{x})$ 中, 这表明 $\{x_k\}_{k \geqslant 1}$ 必有聚点. 为证明定理, 只要证明聚点唯一.

由于 $\{f(x_k)\}$ 是单调下降序列, 可知 $f(x)$ 在 $\{x_k\}$ 的聚点处取相同的函数值, 而由 (2) 知, $f(x)$ 在 $L(\bar{x})$ 上取相同函数值的驻点个数是有限的. 这些意味着仅有有限个聚点. 任取子列 $\{x_{k_i}\}_{i \geqslant 1}$, 满足 $x_{k_i} \to \hat{x}_k$, 根据定理 6.4.2, 我们知道

$$\lim_{i \to \infty} g(x_{k_i}) = g(\hat{x}_k) = 0.$$

这时,

$$s(\mu_{k_i}) = -(J(x_{k_i})^{\mathrm{T}} J(x_{k_i}) + \mu_{k_i} D(x_{k_i}))^{-1} g(x_{k_i}),$$

利用条件 (3) 和 (4), 得到

$$s(\mu_{k_i}) \to 0,$$

从而对序列 $\{s(\mu_k)\}_{k \geqslant 1}$, 也有

$$s(\mu_k) \to 0.$$

假设 $\{x_k\}_{k \geqslant 1}$ 的聚点不止一个, 并设 ε^* 是任意两个聚点之间的最小距离. 由于 $\{x_k\}_{k \geqslant 1}$ 在一个紧集中, 故存在正整数 N, 使得对于所有 $k \geqslant N$ 时, x_k 属于以某个聚点为球心, 以 $\dfrac{\varepsilon^*}{4}$ 为半径的闭球中. 另一方面, 存在一个整数 $N' \geqslant N$, 使得

$$\|s(\mu_k)\|_2 < \frac{\varepsilon^*}{4}, \quad \forall k \geqslant N'.$$

因此, 当 $k \geqslant N'$ 时, 所有 x_k 必定与 $x_{N'}$ 位于以同一个聚点为球心, $\dfrac{\varepsilon^*}{4}$ 为半径的闭球中. 这与聚点不止一个的假设矛盾. $\qquad\square$

一个自然的问题是, L-M 方法收敛到的稳定点是 $f(x)$ 的局部极小点吗? 下面的定理 6.4.4 回答了这一问题.

定理 6.4.4 设 L-M 方法产生的迭代点列 $\{x_k\}_{k \geqslant 1}$ 收敛到驻点 x^*. 设 l 是 $J(x^*)^{\mathrm{T}} J(x^*)$ 的最小特征值, M 是 $S(x^*) = \sum\limits_{i=1}^{m} r_i(x^*) \nabla^2 r_i(x^*)$ 的特征值的绝对值最大者. 如果

$$\tau = \frac{M}{l} < 1, \quad 0 < \beta < \frac{1-\tau}{2}, \quad \mu_k \to 0, \tag{6.101}$$

那么, 对所有充分大的 k, 步长因子 $\alpha_k = 1$ 的 L-M 迭代点满足

$$f(x_k) - f(x_k + s_k) \geqslant -\beta g_k^{\mathrm{T}} s_k, \tag{6.102}$$

且

$$\limsup_{k \to \infty} \frac{\|x_{k+1} - x^*\|_2}{\|x_k - x^*\|_2} \leqslant \tau, \tag{6.103}$$

以及 x^* 是 $f(x)$ 的严格局部极小点.

证明

$$f(x_k + s_k) - f(x_k) = g_k^{\mathrm{T}} s_k + \frac{1}{2} s_k^{\mathrm{T}} G(x_k + \theta s_k) s_k, \tag{6.104}$$

其中, $\theta \in (0,1)$. 为了证明步长因子 $\alpha_k = 1$ 的 L-M 迭代点满足 (6.102), 利用 $g_k = -(J_k^{\mathrm{T}} J_k + \mu_k D_k) s_k$ 和 (6.104), 该式左边可以写成

$$(1-\beta) s_k^{\mathrm{T}} (J_k^{\mathrm{T}} J_k + \mu_k D_k) s_k - \frac{1}{2} s_k^{\mathrm{T}} G(x_k + \theta s_k) s_k$$

$$= s_k^{\mathrm{T}} \left[(1-\beta) J_k^{\mathrm{T}} J_k - \frac{1}{2} G(x_k) + (1-\beta) \mu_k D_k - \frac{1}{2} (G(x_k + \theta s_k) - G(x_k)) \right] s_k$$

$$= s_k^{\mathrm{T}} \left[\left(\frac{1}{2} - \beta \right) J_k^{\mathrm{T}} J_k - \frac{1}{2} S(x_k) + V_k \right] s_k.$$

这里, $V_k = (1-\beta)\mu_k D_k - \frac{1}{2}(G(x_k + \theta s_k) - G(x_k))$. 由于 $V_k \to 0$, 为了证明 (6.102) 对充分大的 k 成立, 只要证明 $\left(\frac{1}{2} - \beta \right) J_k^{\mathrm{T}} J_k - \frac{1}{2} s(x_k)$ 收敛到一个正定矩阵. 注意到

$$\left(\frac{1}{2} - \beta \right) J(x^*)^{\mathrm{T}} J(x^*) - \frac{1}{2} S(x^*)$$

的最小特征值是下有界的, 其下界为

$$\left(\frac{1}{2} - \beta \right) l - \frac{1}{2} M = l \left(\frac{1}{2} - \beta - \frac{1}{2}\tau \right) > 0,$$

这是因为 β 满足 (6.101) 中的第二式. 这样, 对充分大的 k, (6.102)成立, 进而得到 $\alpha_k = 1$. 下面证明 (6.103).

$$\begin{aligned} x_{k+1} - x^* &= x_k - x^* - (J_k^{\mathrm{T}} J_k + \mu_k D_k)^{-1} g_k \\ &= x_k - x^* - (J_k^{\mathrm{T}} J_k + \mu_k D_k)^{-1} \left[G_k(x_k - x^*) + g_k + G_k(x^* - x_k) \right] \\ &= -(J_k^{\mathrm{T}} J_k + \mu_k D_k)^{-1} \left[S(x_k)(x_k - x^*) - \mu_k D_k(x_k - x^*) + g_k + G_k(x^* - x_k) \right]. \end{aligned}$$

两边取范数, 得

$$\begin{aligned} \|x_{k+1} - x^*\|_2 \leqslant & \left\| (J_k^{\mathrm{T}} J_k + \mu_k D_k)^{-1} \right\|_2 \left(\|S(x_k)\|_2 \cdot \|x_k - x^*\|_2 + \right. \\ & \left. \mu_k \|D_k\|_2 \cdot \|x_k - x^*\|_2 + \|g_k + G_k(x^* - x_k)\|_2 \right). \end{aligned} \tag{6.105}$$

由于

$$\begin{aligned} \|g_k + G_k(x^* - x_k)\|_2 &= \|g_k - g(x^*) - G_k(x_k - x^*)\|_2 \\ &\leqslant \varepsilon_k \|x_k - x^*\|_2, \end{aligned}$$

这里 $\varepsilon_k \to 0$. 这样, (6.105) 两边同除以 $\|x_k - x^*\|_2$, 得

$$\frac{\|x_{k+1} - x^*\|_2}{\|x_k - x^*\|_2} \leqslant \left\| (J_k^{\mathrm{T}} J_k + \mu_k D_k)^{-1} \right\|_2 \left(\|S(x_k)\|_2 + \mu_k \|D_k\|_2 + \varepsilon_k \right).$$

注意到 $\mu_k \to 0, \varepsilon_k \to 0$, 于是, 我们立即得到

$$\limsup_{k \to 0} \frac{\|x_{k+1} - x^*\|_2}{\|x_k - x^*\|_2} \leqslant \frac{M}{l} = \tau,$$

这表明 (6.103) 成立. □

6.5 罚函数方法

本节我们考虑非线性约束优化问题

$$
\begin{aligned}
\min \quad & f(x), \\
\text{s. t.} \quad & c_i(x) = 0, \quad i = 1, 2, \cdots, m_e, \\
& c_i(x) \geqslant 0, \quad i = m_e + 1, m_e + 2, \cdots, m.
\end{aligned}
\tag{6.106}
$$

罚函数 (penalty function) 法是通过极小化一个或多个罚函数来求解约束优化问题的方法. 它的基本思想是将约束问题无约束化. 早期求解 (6.106) 的方法都是罚函数法. 由于这些早期方法均是需要求解一串罚函数极小的方法, 故它们也被称为序列无约束极小 (sequential unconstrained minimization) 方法.

Courant 罚函数方法 最早的罚函数是由 [6] 对等式约束问题提出的. Courant 罚函数可写成

$$
P(x, \sigma) = f(x) + \sigma \sum_{i=1}^{m_e} [c_i(x)]^2,
\tag{6.107}
$$

其中 $\sigma \geqslant 0$ 是一个罚因子. 罚函数 (6.107) 可推广到问题 (6.106), 即

$$
P(x, \sigma) = f(x) + \sigma \left[\sum_{i=1}^{m_e} (c_i(x))^2 + \sum_{i=m_e+1}^{m} (c_i(x)_-)^2 \right],
\tag{6.108}
$$

其中

$$
c_i(x)_- = \min\{0, c_i(x)\}.
$$

定义 $\bar{c}(x) = (\bar{c}_1(x), \bar{c}_2(x), \cdots, \bar{c}_m(x))^{\mathrm{T}}$, 且

$$
\bar{c}_i(x) = \begin{cases} c_i(x), & i \in \mathcal{E}, \\ c_i(x)_-, & i \in \mathcal{I}. \end{cases}
$$

则 (6.108) 式可写成

$$
P(x, \sigma) = f(x) + \sigma \|\bar{c}(x)\|_2^2.
$$

显然, x 是 (6.106) 的可行点当且仅当

$$
\bar{c}(x) = 0,
$$

所以 $\|\bar{c}(x)\|_2$ 被称为约束违反度 (constraint violation). 不难看出

$$
\|\bar{c}(x)\|_2 = \mathrm{dist}(c(x), C),
$$

其中 C 是集合

$$C = \{c : c \in \mathbb{R}^m, \ c_i = 0, \ i \in \mathcal{E}; \ c_i \geqslant 0, \ i \in \mathcal{I}\}.$$

因为对一切 $x \in X$ (可行域), 均有 $c(x) \in C$, 所以 $\mathrm{dist}(c(x), C)$ 可看成是从点 x 到可行域 X 的一种度量. 记 $x(\sigma)$ 是问题

$$\min_{x \in \mathbb{R}^n} \ f(x) + \sigma \|\bar{c}(x)\|_2^2 \tag{6.109}$$

的解. 首先有如下引理:

引理 6.5.1 设 $\sigma_2 > \sigma_1 \geqslant 0$, 则必有

$$f(x(\sigma_2)) \geqslant f(x(\sigma_1)), \tag{6.110}$$

$$\|\bar{c}(x(\sigma_2))\|_2 \leqslant \|\bar{c}(x(\sigma_1))\|_2. \tag{6.111}$$

证明 由 $x(\sigma)$ 的定义, 有

$$f(x(\sigma_1)) + \sigma_1 \|\bar{c}(x(\sigma_1))\|_2^2 \leqslant f(x(\sigma_2)) + \sigma_1 \|\bar{c}(x(\sigma_2))\|_2^2, \tag{6.112}$$

$$f(x(\sigma_2)) + \sigma_2 \|\bar{c}(x(\sigma_2))\|_2^2 \leqslant f(x(\sigma_1)) + \sigma_2 \|\bar{c}(x(\sigma_1))\|_2^2, \tag{6.113}$$

从上两式即知

$$(\sigma_1 - \sigma_2) \left(\|\bar{c}(x(\sigma_1))\|_2^2 - \|\bar{c}(x(\sigma_2))\|_2^2 \right) \leqslant 0,$$

于是 (6.111) 成立. 由 (6.112) 和 (6.111) 可推得

$$f(x(\sigma_1)) \leqslant f(x(\sigma_2)) + \sigma_1 \left[\|\bar{c}(x(\sigma_2))\|_2^2 - \|\bar{c}(x(\sigma_1))\|_2^2 \right]$$
$$\leqslant f(x(\sigma_2)),$$

故知 (6.110) 成立. $\qquad\square$

引理 6.5.2 给定 $\sigma \geqslant 0$, $x(\sigma)$ 是 (6.109) 的解, 则 $x(\sigma)$ 也是约束问题

$$\min \quad f(x), \tag{6.114}$$

$$\text{s. t.} \quad \|\bar{c}(x)\|_2 \leqslant \delta \tag{6.115}$$

的解, 其中 $\delta = \|\bar{c}(x(\sigma))\|_2$.

证明 对任何 x 满足 (6.115), 由 $x(\sigma)$ 的定义, 有

$$f(x) + \sigma \|\bar{c}(x)\|_2^2 \geqslant f(x(\sigma)) + \sigma \|\bar{c}(x(\sigma))\|_2^2,$$

所以

$$f(x) \geqslant f(x(\sigma)) + \sigma \left[\|\bar{c}(x(\sigma))\|_2^2 - \|\bar{c}(x)\|_2^2 \right]$$
$$\geqslant f(x(\sigma)).$$

故知 $x(\sigma)$ 是问题 (6.114) — (6.115) 的解. □

由于 (6.106) 可写成

$$\min \quad f(x),$$

$$\text{s. t.} \quad \|\bar{c}(x)\|_2 \leqslant 0.$$

所以, 当 $\delta = \|\bar{c}(x(\sigma))\|_2$ 充分小时, 我们可把 (6.114) — (6.115) 看成是 (6.106) 的一个很好的近似, 从而可把 $x(\sigma)$ 当作其近似解. 罚函数法 (见算法 6.10) 正是基于这一基本点, 每次迭代增加 σ_i 来逐步缩小 $\|\bar{c}(x(\sigma))\|_2$.

算法 6.10 Courant 罚函数法

1: 给定 x_0, $\sigma_0 > 0$, $\varepsilon > 0$
2: 令 $k := 0$
3: **while** $\|\bar{c}(x(\sigma_k))\|_2 > \varepsilon$ **do**
4:    利用初值 x_k 求解

$$\min_{x \in \mathbb{R}^n} \quad f(x) + \sigma_k \|\bar{c}(x)\|_2^2,$$

   得到解 $x(\sigma_k)$
5:    $x_{k+1} := x(\sigma_k)$
6:    $\sigma_{k+1} := 10\sigma_k$
7:    $k := k + 1$
8: **end while**

定理 6.5.1 设算法 6.10 中的误差界 ε 满足

$$\varepsilon > \min_{x \in \mathbb{R}^n} \|\bar{c}(x)\|_2, \tag{6.116}$$

则算法必有限终止.

证明 假定定理不真, 则必有 $\sigma_k \to +\infty$, 且对一切 k 均有

$$\|\bar{c}(x(\sigma_k))\|_2 \geqslant \varepsilon. \tag{6.117}$$

因为 ε 满足 (6.116), 所以存在 $\hat{x}$, 使得

$$\|\bar{c}(\hat{x})\|_2 < \varepsilon. \tag{6.118}$$

由于 $x(\sigma_k)$ 的定义, 有

$$f(\hat{x}) + \sigma_k \|\bar{c}(\hat{x})\|_2^2 \geqslant f(x(\sigma_k)) + \sigma_k \|\bar{c}(x(\sigma_k))\|_2^2$$

$$\geqslant f(x(\sigma_1)) + \sigma_k \|\bar{c}(x(\sigma_k))\|_2^2.$$

于是, 令 $\sigma_k \to +\infty$,

$$\|\bar{c}(\hat{x})\|_2^2 - \|\bar{c}(x(\sigma_k))\|_2^2 \geqslant \frac{1}{\sigma_k}(f(x(\sigma_1)) - f(\hat{x})) \to 0.$$

这与 (6.117), (6.118) 矛盾, 从而定理成立. □

从上面定理可知, 若原问题有可行点, 则对任何给定的误差允许 $\varepsilon > 0$, 算法均有限终止于 (6.114), (6.115) 的解, 且 $\delta \leqslant \varepsilon$.

定理 6.5.2 如果算法 6.10 不有限终止, 则必有

$$\varepsilon \leqslant \min_{x \in \mathbb{R}^n} \|\bar{c}(x)\|_2, \tag{6.119}$$

且

$$\lim_{k \to \infty} \|\bar{c}(x(\sigma_k))\|_2 = \min_{x \in \mathbb{R}^n} \|\bar{c}(x)\|_2, \tag{6.120}$$

$\{x(\sigma_k)\}_{k \geqslant 1}$ 的任何聚点 x^* 都是问题

$$\min \quad f(x), \tag{6.121}$$

$$\text{s. t.} \quad \|\bar{c}(x)\|_2 = \min_{x \in \mathbb{R}^n} \|\bar{c}(x)\|_2 \tag{6.122}$$

的解.

证明 由定理 6.5.1 知, 如果算法 6.10 不有限终止, 则 (6.119) 成立.

由于 $\sigma_k \to +\infty$, 与定理 6.5.1 的证明完全类似, 可证 (6.120) 必成立.

设 x^* 是 $\{x(\sigma_k)\}_{k \geqslant 1}$ 的任一聚点, 由 (6.120) 即知 x^* 必是 (6.122) 的可行点. 如果 x^* 不是 (6.121) 与 (6.122) 的解, 则必存在 $\tilde{x}$, 使得

$$f(\tilde{x}) < f(x^*), \tag{6.123}$$

且 $\tilde{x}$ 满足 (6.122). 由于 $f(x(\sigma_k))$ 单调, 且 x^* 是 $\{x(\sigma_k)\}_{k \geqslant 1}$ 的一个聚点, 故必有

$$\lim_{k \to \infty} f(x(\sigma_k)) = f(x^*). \tag{6.124}$$

从 (6.123) 与 (6.124) 知: 对一切充分大的 k 均有

$$f(\tilde{x}) < f(x(\sigma_k)). \tag{6.125}$$

由于 $\tilde{x}$ 是 (6.122) 的可行点. 故

$$\|\bar{c}(\tilde{x})\|_2 \leqslant \|\bar{c}(x(\sigma_k))\|_2 \tag{6.126}$$

对一切 k 都成立. 从 (6.125) 与 (6.126) 可推得

$$P(\tilde{x}, \sigma_k) < P(x(\sigma_k), \sigma_k).$$

这与 $x(\sigma_k)$ 的定义相矛盾. 所以定理为真. □

定理 6.5.2 的一个特殊情况是原问题有可行点时, 如果 $\varepsilon = 0$, 则算法 6.10 产生的点列 $\{x_k\}_{k\geqslant 1}$ 的任何聚点都是原问题的解. 此时, 有

$$\nabla f(x_{k+1}) + 2\sigma_k \sum_{i=1}^{m} \bar{c}_i(x_{k+1}) \nabla \bar{c}_i(x_{k+1}) = 0.$$

于是, 定义

$$\lambda_{k+1}^{(i)} = -2\sigma_k \bar{c}_i(x_{k+1}),$$

则 λ_{k+1} 是 Lagrange 乘子 λ^* 的一个很好的近似. 事实上, 假定 $x_k \to x^*$, 且 $\nabla c_i(x^*)(i \in E \cup I(x^*))$ 线性无关, 则 $\lambda_k \to \lambda^*$.

乘子罚函数方法　二次罚函数的缺点在于需要罚因子趋于无穷大, 才能保证罚函数极小点的可行性. 我们希望构造某种罚函数, 使得对有限的罚因子, 也能存在严格满足约束条件的解, 本小节介绍的乘子罚函数就满足这种要求.

为了叙述简单, 我们从等式约束开始:

$$\min \quad f(x), \tag{6.127}$$

$$\text{s. t.} \quad c_i(x) = 0, \quad i = 1, 2, \cdots, m. \tag{6.128}$$

记 $c(x) = (c_1(x), c_2(x), \cdots, c_m(x))^{\mathrm{T}}$, $A(x) = (\nabla c(x))^{\mathrm{T}}$, 设 x^* 是问题 (6.127), (6.128) 的解, 且 λ^* 是相应 Lagrange 乘子. 由 KKT 定理可知, x^* 必是 Lagrange 函数

$$L(x, \lambda^*) = f(x) - (\lambda^*)^{\mathrm{T}} c(x) \tag{6.129}$$

的稳定点. 但一般来说, x^* 并不是 Lagrange 函数 (6.129) 的极小点.

我们考虑

$$P(x, \lambda^*, \sigma) = L(x, \lambda^*) + \frac{1}{2}\sigma \|c(x)\|_2^2, \tag{6.130}$$

由于 $c(x^*) = 0$, 不难发现

$$\nabla_x P(x^*, \lambda^*, \sigma) = 0,$$

$$\nabla_{xx}^2 P(x^*, \lambda^*, \sigma) = \nabla_{xx}^2 L(x^*, \lambda^*) + \sigma A(x^*) A(x^*)^{\mathrm{T}}.$$

设在 x^* 处二阶充分条件满足, 即对一切满足 $A(x^*)^{\mathrm{T}} d = 0$ 的非零向量, 均有

$$d^{\mathrm{T}} \nabla_{xx}^2 L(x^*, \lambda^*) d > 0.$$

在二阶充分条件的假定下, 必存在 σ_1, 使得当 $\sigma \geqslant \sigma_1$ 时,

$$\nabla_{xx}^2 L(x^*, \lambda^*) + \sigma A(x^*) A(x^*)^{\mathrm{T}}$$

是正定矩阵. 于是对充分大的 σ, x^* 也是函数 (6.130) 的极小点. 由于我们事先并不知道 λ^*, 故用乘子 λ 代替, 从而得到增广 (augmented) Lagrange 罚函数:

$$P(x, \lambda, \sigma) = f(x) - \lambda^{\mathrm{T}} c(x) + \frac{1}{2} \sigma \|c(x)\|_2^2. \tag{6.131}$$

这个罚函数最早是由 [17] 导出的.

增广 Lagrange 函数 (6.131) 的一种等价形式是由 [24] 独立提出的. Powell 的思想非常简单, 考虑简单罚函数

$$P(x, \sigma) = f(x) + \frac{1}{2} \sigma \|c(x)\|_2^2,$$

要求 $\nabla_x P(x, \sigma) = 0$, 则得到

$$\nabla f(x) + \sigma \sum_{i=1}^{m} c_i(x) \nabla c_i(x) = 0.$$

由于我们要求 $c_i(x) \to 0$, $\sigma c_i(x) \to \lambda_i^*$, 故必然导致 $\sigma \to +\infty$. 于是 Powell 提出对 $c_i(x)$ 进行平移, 即用 $c_i(x) - \theta_i$ 代替 $c_i(x)$, 其中 θ_i 是参数. 这种平移的好处是不破坏 $\nabla c_i(x)$ 的方向. 由此, Powell 得到罚函数

$$P(x, \theta, \sigma) = f(x) + \frac{1}{2} \sigma \sum_{i=1}^{m} (c_i(x) - \theta_i)^2. \tag{6.132}$$

如果我们定义 $\lambda^{(i)} = \sigma \theta_i$, 则知 (6.132) 和 (6.131) 只相差与 x 无关的项 $\dfrac{1}{2} \sigma \sum_{i=1}^{m} \theta_i^2$. 正由于这种等价性, 罚函数 (6.131) 也称为 Hestenes-Powell 罚函数.

对于问题 (6.106), [27] 将 (6.131) 推广为

$$P(x, \lambda, \sigma) = f(x) - \sum_{i=1}^{m_e} \left[\lambda^{(i)} c_i(x) - \frac{1}{2} \sigma^{(i)} (c_i(x))^2 \right] -$$
$$\sum_{i=m_e+1}^{m} \begin{cases} \lambda^{(i)} c_i(x) - \frac{1}{2} \sigma^{(i)} (c_i(x))^2, & c_i(x) < \dfrac{\lambda^{(i)}}{\sigma^{(i)}}, \\ \dfrac{(\lambda^{(i)})^2}{2\sigma^{(i)}}, & \text{其他.} \end{cases} \tag{6.133}$$

(6.133) 也可以写成下列形式 (相差一个与 x 无关的项):

$$P(x, \theta, \sigma) = f(x) + \frac{1}{2} \sum_{i=1}^{m_e} \sigma^{(i)} (c_i(x) - \theta_i)^2 + \frac{1}{2} \sum_{i=m_e+1}^{m} \sigma^{(i)} (c_i(x) - \theta_i)_-^2.$$

上式是由 [10] 导出的, 它是罚函数 (6.132) 的直接推广.

假设我们有乘子 $\lambda_k = (\lambda_k^{(1)}, \lambda_k^{(2)}, \cdots, \lambda_k^{(m)})^{\mathrm{T}}$ 和罚因子 $\sigma_k = (\sigma_k^{(1)}, \sigma_k^{(2)}, \cdots, \sigma_k^{(m)})^{\mathrm{T}}$, 可求得

$$\min_{x \in \mathbb{R}^n} P(x, \lambda_k, \sigma_k) \tag{6.134}$$

的解 $\bar{x}_k$, 其中 (6.134) 中的目标函数是罚函数 (6.133). 由一阶最优性条件

$$\nabla f(\bar{x}_k) = \sum_{i=1}^{m_e}(\lambda_k^{(i)} - \sigma_k^{(i)}c_i(\bar{x}_k))\nabla c_i(\bar{x}_k)+$$

$$\sum_{i=m_e+1}^{m}\max\{\lambda_k^{(i)} - \sigma_k^{(i)}c_i(\bar{x}_k),0\}\nabla c_i(\bar{x}_k).$$

于是, 可取

$$\lambda_{k+1}^{(i)} = \lambda_k^{(i)} - \sigma_k^{(i)}c_i(\bar{x}_k), \quad i = 1,2,\cdots,m_e, \tag{6.135}$$

$$\lambda_{k+1}^{(i)} = \max\{\lambda_k^{(i)} - \sigma_k^{(i)}c_i(\bar{x}_k),0\}, \quad i = m_e+1, m_e+2,\cdots,m \tag{6.136}$$

为下次迭代的 Lagrange 乘子. 具体步骤见算法 6.11.

算法 6.11 增广 Lagrange 罚函数方法

1: 给定 $x_0 \in \mathbb{R}^n$, $\lambda_0 \in \mathbb{R}^m$ 且 $\lambda_0^{(i)} \geqslant 0(i \in \mathcal{I})$, $\varepsilon \geqslant 0$, $\sigma_0 > 0$
2: 令 $k := 0$
3: **while** $\|\bar{c}(x_{k+1})\|_2 > \varepsilon$ **do**
4:     求解 (6.134), 给出 $\bar{x}_k$
5:     $x_{k+1} := \bar{x}_k$
6:     **if** $\|\bar{c}(x_{k+1})\|_2 \leqslant \frac{1}{4}\|\bar{c}(x_k)\|_2$ **then**
7:         用 (6.135), (6.136), 计算 λ_{k+1}
8:         $\sigma_{k+1} := \sigma_k$
9:     **else**
10:         $\sigma_{k+1} := 10\sigma_k$
11:     **end if**
12:     $k := k+1$
13: **end while**

对于可行域非空的问题 (6.106), 上述算法具有有限终止性.

定理 6.5.3 如果 (6.106) 有可行点, 则对任何 $\varepsilon > 0$, 算法 6.11 必有限终止.

证明 假定算法 6.11 不有限终止, 取 $\bar{k} \in \underset{k}{\arg\min}\|\bar{c}(x_k)\|_2$, 显然

$$\|\bar{c}(x(\hat{\sigma}_j))\|_2 > \frac{1}{4}\|\bar{c}(x_{\bar{k}})\|_2 > 0,$$

其中 $x(\hat{\sigma}_j)$ 是

$$\min_{x\in\mathbb{R}^n} P(x,\lambda_{\bar{k}},\hat{\sigma}_j) \tag{6.137}$$

的极小点, $\hat{\sigma}_j(j=1,2,\cdots)$ 是一趋于正无穷的数列. 由于 $x(\hat{\sigma}_j)$ 是 (6.137) 的解, 故有

$$f(x(\hat{\sigma}_j)) + \sum_{i=1}^{m_e}\frac{1}{2}\hat{\sigma}_j^{(i)}\left[\left(c_i(x(\hat{\sigma}_j)) - \frac{\lambda_{\bar{k}}^{(i)}}{\hat{\sigma}_j^{(i)}}\right)^2 - \left(\frac{\lambda_{\bar{k}}^{(i)}}{\hat{\sigma}_j^{(i)}}\right)^2\right] +$$

$$\sum_{i=m_e+1}^{m} \frac{1}{2}\hat{\sigma}_j^{(i)} \left[\left(c_i(x(\hat{\sigma}_j)) - \frac{\lambda_{\bar{k}}^{(i)}}{\hat{\sigma}_j^{(i)}} \right)_-^2 - \left(\frac{\lambda_{\bar{k}}^{(i)}}{\hat{\sigma}_j^{(i)}} \right)^2 \right] \leqslant f(\bar{x}), \qquad (6.138)$$

其中 $\bar{x}$ 是 (6.106) 的任一可行点. 与引理 6.5.1 类似, 可证对充分大的 j, 有

$$f(x(\hat{\sigma}_{j+1})) \geqslant f(x(\hat{\sigma}_j)).$$

于是, 在 (6.138) 中令 $\hat{\sigma}_j \to +\infty$, 即得到

$$\|\bar{c}(x(\hat{\sigma}_j))\|_2 \to 0.$$

这显然与算法不有限终止相矛盾. 所以定理成立. □

接下来, 一个很自然的问题是, 算法 6.11 产生的点列是否收敛于可行点? 以及什么时候收敛于原问题的解? 下面的定理将回答这一问题.

定理 6.5.4 设 (6.106) 有可行点, 则算法 6.11 产生的点列 $\{x_k\}_{k\geqslant 1}$ 的任何聚点 x^* 都是可行点, 如果 λ_k 有界, 则 x^* 必是原问题 (6.106) 的解.

证明 从定理 6.5.3 的证明可知 x^* 必是可行点. 假定 $\lambda^{(k)}$ 对一切 k 一致有界, 由 (6.138) 式即知

$$f(x^*) \leqslant f(\bar{x}).$$

由 $\bar{x}$ 的任意性, 即知 x^* 是 (6.106) 的解. □

最后, 我们分析一下算法 6.11 的收敛速度. 假定 $x_k \to x^*$, 且 $A(x^*) = \nabla c(x^*)^T$ 是列满秩. 不失一般性, 可假定所有的 $A(x_k) = \nabla c(x_k)^T$ 都是列满秩的. 于是, 算法产生的 λ_{k+1} 和下式

$$A(x_{k+1})\lambda(x_{k+1}) = g(x_{k+1})$$

所定义的 $\lambda(x_{k+1})$ 是完全等价的, 其中 $g(x) = \nabla f(x)$. 考虑函数

$$\lambda(x) = (A(x))^\dagger g(x),$$

不难求得

$$\nabla \lambda(x) = (A(x))^\dagger W(x),$$

其中

$$W(x) = \nabla^2 f(x) - \sum_{i=1}^{m} (\lambda(x))_i \nabla^2 c_i(x).$$

由算法 6.11 知

$$\lambda(x_{k+1}) + D_k c(x_{k+1}) = \lambda(x_k),$$

其中

$$D_k = \mathrm{diag}(\sigma_k^{(1)}, \sigma_k^{(2)}, \cdots, \sigma_k^{(m)}).$$

于是, 有

$$\left(D_k A(x^*)^{\mathrm{T}} + A(x^*)^{\dagger} W(x^*)\right)(x_{k+1} - x^*) \approx A(x^*)^{\dagger} W(x^*)(x_k - x^*).$$

从而可知, 除非 $\sigma_k \to +\infty$, 算法 6.11 产生的点列一般线性收敛.

6.6 投影梯度方法

本节介绍求解线性约束问题的投影梯度法 [4]. 投影梯度法的核心思想是在每次迭代中, 首先按照梯度下降法更新变量, 然后将更新后可能不满足约束条件的解 "投影" 回约束集合, 以确保解始终保持在可行域内.

我们考虑线性约束下目标函数非线性的优化问题:

$$\min \quad f(x), \tag{6.139}$$
$$\mathrm{s.\,t.} \quad a_i^{\mathrm{T}} x = b_i, \quad i = 1, 2, \cdots, m_e, \tag{6.140}$$
$$a_i^{\mathrm{T}} x \geqslant b_i, \quad i = m_e + 1, m_e + 2, \cdots, m, \tag{6.141}$$

其中 $f(x)$ 是 $\mathbb{R}^n$ 上的非线性函数.

记问题 (6.139) — (6.141) 的可行域为

$$X = \left\{ x : a_i^{\mathrm{T}} x = b_i, \ i \in \mathcal{E}; \ a_i^{\mathrm{T}} x \geqslant b_i, \ i \in \mathcal{I} \right\}.$$

定义 X 上的投影算子 P, $P(x) = \underset{z \in X}{\mathrm{argmin}} \|z - x\|_2$. 下面我们给出投影梯度法 (见算法 6.12) 的完整框架.

由 $P(x)$ 的定义, 对任何 $x \in \mathbb{R}^n$, 有

$$(x - P(x))^{\mathrm{T}}(z - P(x)) \leqslant 0, \quad \forall z \in X. \tag{6.142}$$

在上式中令 $x = x_k - \alpha_k \nabla f(x_k)$ 和 $z = x_k$, 得到

$$(x_k - \alpha_k \nabla f(x_k) - x_{k+1})^{\mathrm{T}}(x_k - x_{k+1}) \leqslant 0.$$

由 (6.144) 不成立, 结合上式可知

$$f(x_k) - f(x_{k+1}) \geqslant \mu_1 \frac{\|x_{k+1} - x_k\|_2^2}{\alpha_k}. \tag{6.143}$$

为了证明投影梯度法的收敛性, 我们首先介绍如下两个引理.

引理 6.6.1 设 $f(x)$ 在可行域 X 上连续可微且下方有界. 如果 $\nabla f(x)$ 在可行

上一致连续, 则由算法 6.12 产生的点列 $\{x_k\}$ 必有

$$\lim_{k\to\infty} \frac{\|x_{k+1} - x_k\|_2}{\alpha_k} = 0.$$

证明   由算法 6.12 line 4 知, $\dfrac{1}{\alpha_k} \leqslant \dfrac{1}{\gamma}$, 代入 (6.143) 并求和可得

$$+\infty > \sum_{k=1}^{+\infty} f(x_k) - f(x_{k+1}) \geqslant \mu_1 \sum_{k=1}^{+\infty} \frac{\|x_{k+1} - x_k\|_2^2}{\alpha_k}$$

$$\geqslant \mu_1 \gamma \sum_{k=1}^{+\infty} \frac{\|x_{k+1} - x_k\|_2^2}{\alpha_k^2}. \qquad \square$$

算法 6.12   投影梯度法

1: 给定可行点 $x_1, \mu \in (0,1), \gamma > 0, \alpha_0 = 1, \varepsilon$

2: 令 $k := 1$

3: **while** $\|x_{k+1} - x_k\| \geqslant \varepsilon$ **do**

4:    $\alpha_k := \max\{2\alpha_{k-1}, \gamma\}$

5:    计算 $x_k(\alpha_k) := P(x_k - \alpha_k \nabla f(x_k))$

6:    **while**

$$f(x_k(\alpha_k)) > f(x_k) + \mu(x_k(\alpha_k) - x_k)^{\mathrm{T}} \nabla f(x_k) \tag{6.144}$$

    do

7:     $\alpha_k := \dfrac{\alpha_k}{4}$

8:    **end while**

9:    $x_{k+1} := x_k(\alpha_k)$

10:    $k := k + 1$

11: **end while**

引理 6.6.2 $x^* \in X$ 是问题 (6.139)—(6.141) 的 KKT 点当且仅当存在 $\bar{\delta} > 0$, 使得

$$P(x^* - \alpha \nabla f(x^*)) = x^* \tag{6.145}$$

对一切 $\alpha \in [0, \bar{\delta}]$ 均成立.

    证明   (6.145) 等价于

$$\left\| x^* - \bar{\delta}\nabla f(x^*) - x^* \right\|_2^2 \leqslant \left\| x^* - \bar{\delta}\nabla f(x^*) - x \right\|_2^2 \tag{6.146}$$

对一切 $x \in X$ 均成立. 由于 X 是凸集, (6.146) 等价于

$$(x - x^*)^{\mathrm{T}} \nabla f(x^*) \geqslant 0 \tag{6.147}$$

对所有充分靠近 x^* 的可行点 x 都成立. 因为 $(x - x^*)^{\mathrm{T}} \nabla f(x^*)$ 是 x 的线性函数, (6.147) 等价于

$$(x - x^*)^{\mathrm{T}} \nabla f(x^*) \geqslant 0, \quad \forall x \in X. \tag{6.148}$$

显然, (6.148) 等价于 x^* 是问题 (6.139)—(6.141) 的 KKT 点. $\qquad\square$

利用上面两个引理, 我们可以得到投影梯度法的收敛性结果.

定理 6.6.1 设 $f(x)$ 在可行域 X 上连续可微, 则算法 6.12 产生的点列 $\{x_k\}_{k \geqslant 1}$ 的任一聚点 x^* 都是问题 (6.139)—(6.141) 的 KKT 点.

证明 假定定理不真, 则有 $\{x_k\}_{k \geqslant 1}$ 的一个收敛子列满足

$$\lim_{\substack{k \in K_0 \\ k \to \infty}} x_k = x^*, \tag{6.149}$$

且

$$P(x^* - \bar{\delta} \nabla f(x^*)) \neq x^*, \tag{6.150}$$

其中 $\bar{\delta} > 0$, K_0 是 $\{1, 2, \cdots\}$ 的一个子集. 由于 (6.149), 可假定 $x_k \in S (k \in K_0)$, 其中 S 是一有界闭集. 因为 $\nabla f(x)$ 在 S 上一致连续, 由引理 6.6.1 可知

$$\lim_{\substack{k \in K_0 \\ k \to \infty}} \frac{\|x_{k+1} - x_k\|_2}{\alpha_k} = 0. \tag{6.151}$$

由于 $\nabla f(x)$ 连续性以及 (6.149) 与 (6.150), 有

$$\lim_{\substack{k \in K_0 \\ k \to \infty}} \frac{\|x_k(\bar{\delta}) - x_k\|_2}{\bar{\delta}} = \frac{\|P(x^* - \bar{\delta} \nabla f(x^*)) - x^*\|_2}{\bar{\delta}} > 0. \tag{6.152}$$

由于函数

$$\psi(\alpha) = \frac{\|P(x + \alpha d) - x\|_2}{\alpha}, \quad \alpha > 0$$

是单调非增的 [4,12]. 由 (6.151), (6.152) 可知, 对所有充分大的 $k \in K_0$, 有

$$\alpha_k \geqslant \bar{\delta}.$$

令 $\xi_k = \alpha_k - \bar{\delta} \geqslant 0$, 并将 $x = x_k - \bar{\delta} \nabla f(x_k)$ 和 $z = x(\alpha_k)$ 代入 (6.142), 可得

$$(x_k - \bar{\delta} \nabla f(x_k) - x(\bar{\delta}))^{\mathrm{T}} (x(\alpha_k) - x(\bar{\delta})) \leqslant 0,$$

$$(x_k - \alpha_k \nabla f(x_k) + \xi_k \nabla f(x_k) - x(\bar{\delta}))^{\mathrm{T}} (x(\alpha_k) - x(\bar{\delta})) \leqslant 0,$$

$$(x_k - \alpha_k \nabla f(x_k) - x(\alpha_k))^{\mathrm{T}} (x(\alpha_k) - x(\bar{\delta})) + \|x(\alpha_k) - x(\bar{\delta})\|_2^2 \leqslant -\xi_k \nabla f(x_k)^{\mathrm{T}} (x(\alpha_k) - x(\bar{\delta})). \tag{6.153}$$

并将 $x = x_k - \alpha_k \nabla f(x_k)$ 和 $z = \bar{\delta}$ 代入 (6.142), 可得 (6.153) 左端第一项非负.

进而, 我们有 $-\xi_k \nabla f(x_k)^{\mathrm{T}}(x(\alpha_k) - x(\bar{\delta})) \geqslant 0$. 于是,

$$
\begin{aligned}
f(x_k) - f(x_{k+1}) &\geqslant -\mu_1 (\nabla f(x_k))^{\mathrm{T}}(x_k(\alpha_k) - x_k) \\
&\geqslant -\mu_1 (\nabla f(x_k))^{\mathrm{T}}(x_k(\bar{\delta}) - x_k) \\
&\geqslant \mu_1 \bar{\delta} \frac{\|x_k(\bar{\delta}) - x_k\|_2^2}{\bar{\delta}^2}.
\end{aligned}
$$

上面第二个不等式是通过将 $x = x_k - \bar{\delta} \nabla f(x_k)$ 和 $z = x_k$ 代入 (6.142) 得到的. 故知

$$
\liminf_{\substack{k \in K_0 \\ k \to \infty}} \ (f(x_k) - f(x_{k+1})) > 0.
$$

这显然与 $\lim\limits_{k \to \infty} f(x_k) = f(x^*)$ 相矛盾. 定理得证. $\qquad\square$

6.7 次梯度与邻近点梯度法

本节将探讨次梯度及其在优化技术中的应用. 内容涵盖次梯度和次微分的概念、次梯度计算规则、次梯度算法、邻近算子以及近似点梯度法.

次梯度与次微分 可微凸函数 f 满足一阶条件:

$$
f(y) \geqslant f(x) + \nabla f(x)^{\mathrm{T}}(y - x).
$$

设 f 为适当凸函数, $x \in \mathrm{dom}(f)$, 类比上述一阶性质, 我们可以引入次梯度的概念: 若向量 $g \in \mathbb{R}^n$ 满足

$$
f(y) \geqslant f(x) + g^{\mathrm{T}}(y - x), \quad \forall y \in \mathrm{dom}(f),
$$

则称 g 为函数 f 在点 x 处的一个次梯度. 进一步地, 称集合

$$
\partial f(x) = \{g : g \in \mathbb{R}^n, f(y) \geqslant f(x) + g^{\mathrm{T}}(y - x), \forall y \in \mathrm{dom}(f)\}
$$

为 f 在点 x 处的次微分.

根据次梯度的定义, 对于 $g \in \partial f(x)$, $f(x) + g^{\mathrm{T}}(y - x)$ 是 $f(y)$ 的一个全局下界. g 可以诱导出上方图 $\mathrm{epi}(f)$ 在点 $(x, f(x))$ 处的一个支撑超平面

$$
\begin{bmatrix} g \\ -1 \end{bmatrix}^{\mathrm{T}} \left(\begin{bmatrix} y \\ t \end{bmatrix} - \begin{bmatrix} x \\ f(x) \end{bmatrix} \right) \leqslant 0, \quad \forall (y, t) \in \mathrm{epi}(f).
$$

如果 f 是可微凸函数, 那么 $\nabla f(x)$ 是 f 在点 x 处的一个次梯度.

例 6.7.1 在图 6.1 中, g_2, g_3 是点 x_2 处的次梯度; g_1 是点 x_1 处的次梯度.

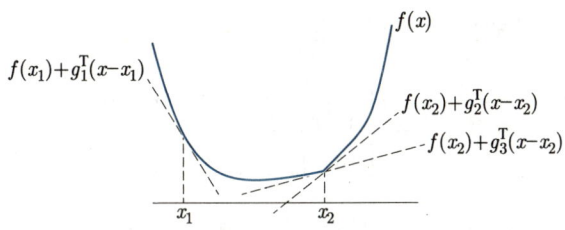

图 6.1 次梯度示意图

下面的定理 6.7.1 揭示了凸函数在哪些点处存在次微分.

定理 6.7.1 (次微分存在性) 设 f 为凸函数, $\mathrm{dom}(f)$ 为其定义域. 若 $x \in \mathrm{int}(\mathrm{dom}(f))$, 则 $\partial f(x)$ 是非空的, 其中 $\mathrm{int}(\mathrm{dom}(f))$ 的含义是集合 $\mathrm{dom}(f)$ 的所有内点.

证明 $(x, f(x))$ 是 $\mathrm{epi}(f)$ 边界上的点. 因此存在 $\mathrm{epi}(f)$ 在点 $(x, f(x))$ 处的支撑超平面:

$$\exists (a, b) \neq 0, \quad \begin{bmatrix} a \\ b \end{bmatrix}^{\mathrm{T}} \left(\begin{bmatrix} y \\ t \end{bmatrix} - \begin{bmatrix} x \\ f(x) \end{bmatrix} \right) \leqslant 0, \quad \forall (y, t) \in \mathrm{epi}(f).$$

令 $t \to +\infty$, 可知 $b \leqslant 0$. 取 $y = x + \varepsilon a \in \mathrm{dom}(f)$, $\varepsilon > 0$, 可知 $b \neq 0$. 因此 $b < 0$ 并且 $g = \dfrac{a}{|b|}$ 是 f 在点 x 处的次梯度. $\qquad\square$

下面我们给出一些简单函数的次梯度, 并在例 6.7.5 中说明凸函数在定义域边界可能不存在次梯度.

例 6.7.2 (逐点最大函数) $f(x) = \max\{f_1(x), f_2(x)\}$, f_1, f_2 是可微凸函数, 见图 6.2.

$$\partial f(x) = \begin{cases} \{f_2'(x)\}, & f_1(x) < f_2(x), \\ [f_2'(x), f_1'(x)], & f_1(x) = f_2(x), \\ \{f_1'(x)\}, & f_1(x) > f_2(x). \end{cases}$$

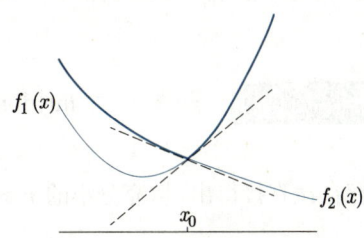

图 6.2 逐点最大函数示意图

例 6.7.3 (绝对值函数) $f(x) = |x|$.

$$\partial f(x) = \begin{cases} \{-1\}, & x < 0, \\ [-1, 1], & x = 0, \\ \{1\}, & x > 0. \end{cases}$$

例 6.7.4 (Euclid 范数) $f(x) = \|x\|_2$.

$$\partial f(x) = \begin{cases} \left\{ \dfrac{x}{\|x\|_2} \right\}, & x \neq 0, \\[2mm] \{g : \|g\|_2 \leqslant 1\}, & x = 0. \end{cases}$$

例 6.7.5   如下函数在点 $x = 0$ 处不是次可微的:

- $f : \mathbb{R} \to \mathbb{R}, \mathrm{dom}(f) = \mathbb{R}_+,$

$$f(x) = \begin{cases} 1, & x = 0, \\ 0, & x > 0. \end{cases}$$

- $f : \mathbb{R} \to \mathbb{R}, \mathrm{dom}(f) = \mathbb{R}_+,$

$$f(x) = -\sqrt{x}.$$

接下来, 定理 6.7.2 和 6.7.3 给出了凸函数次微分的两个基本性质.

定理 6.7.2   对任何 $x \in \mathrm{dom}(f)$, $\partial f(x)$ 是一个闭凸集 (可能为空集).

证明   设 $g_1, g_2 \in \partial f(x)$, 并设 $\lambda \in (0,1)$, 由次梯度的定义

$$f(y) \geqslant f(x) + g_1^{\mathrm{T}}(y - x), \quad \forall y \in \mathrm{dom}(f),$$
$$f(y) \geqslant f(x) + g_2^{\mathrm{T}}(y - x), \quad \forall y \in \mathrm{dom}(f).$$

由上面第一式的 λ 倍加上第二式的 $(1 - \lambda)$ 倍, 我们可以得到 $\lambda g_1 + (1 - \lambda)g_2 \in \partial f(x)$, 从而 $\partial f(x)$ 是凸集. 令 $g_k \in \partial f(x)$ 为次梯度且 $g_k \to g$, 则

$$f(y) \geqslant f(x) + g_k^{\mathrm{T}}(y - x), \quad \forall y \in \mathrm{dom}(f),$$

在上述不等式中取极限, 并利用极限的保号性, 最终我们有

$$f(y) \geqslant f(x) + g^{\mathrm{T}}(y - x), \quad \forall y \in \mathrm{dom}(f).$$

这说明 $\partial f(x)$ 为闭集. $\square$

定理 6.7.3 (内点次微分非空有界)   如果 $x \in \mathrm{int}(\mathrm{dom}(f))$, 则 $\partial f(x)$ 为非空有界集.

证明   非空可由次梯度存在性直接得出. 取充分小的 $r > 0$, 使得

$$B = \{x \pm re_i : i = 1, 2, \cdots, n\} \subset \mathrm{dom}(f).$$

对任意非零的 $g \in \partial f(x)$, 存在 $y \in B$ 满足

$$f(y) \geqslant f(x) + g^{\mathrm{T}}(y - x) = f(x) + r\|g\|_\infty.$$

由此得到 $\partial f(x)$ 有界,

$$\|g\|_\infty \leqslant \frac{\max\limits_{y \in B} f(y) - f(x)}{r} < +\infty. \qquad \Box$$

对于可微凸函数, 下面的定理告诉我们其次微分就等于其梯度.

定理 6.7.4 (可微函数的次微分)　设凸函数 $f(x)$ 在 $x_0 \in \text{int}(\text{dom}(f))$ 处可微, 则

$$\partial f(x_0) = \{\nabla f(x_0)\}.$$

证明　根据可微凸函数的一阶条件可知梯度 $\nabla f(x_0)$ 为次梯度. 下证 $f(x)$ 在点 x_0 处不可能有其他次梯度. 设 $g \in \partial f(x_0)$, 根据次梯度的定义, 对任意的非零 $v \in \mathbb{R}^n$ 且 $x_0 + tv \in \text{dom}(f), t > 0$ 有

$$f(x_0 + tv) \geqslant f(x_0) + tg^{\mathrm{T}}v.$$

若 $g \neq \nabla f(x_0)$, 取 $v = g - \nabla f(x_0) \neq 0$, 上式变形为

$$\frac{f(x_0 + tv) - f(x_0) - t\nabla f(x_0)^{\mathrm{T}}v}{t\|v\|_2} \geqslant \frac{(g - \nabla f(x_0))^{\mathrm{T}}v}{\|v\|_2} = \|v\|_2.$$

不等式两边令 $t \to 0$, 根据 Fréchet 可微的定义, 左边趋于 0, 而右边是非零正数, 矛盾!

$$\Box$$

对于闭凸函数, 下面的定理说明次微分的图像 $\{(x, g) : g \in \partial f(x), x \in \text{dom}(f)\}$ 是闭集.

定理 6.7.5　设 $f(x)$ 是闭凸函数且 ∂f 在点 $\bar{x}$ 附近存在且非空. 若序列 $x^k \to \bar{x}$, $g^k \in \partial f(x^k)$ 为 $f(x)$ 在点 x^k 处的次梯度, 且 $g^k \to \bar{g}$, 则 $\bar{g} \in \partial f(\bar{x})$.

证明　对任意 $y \in \text{dom}(f)$, 根据次梯度的定义,

$$f(y) \geqslant f(x^k) + \langle g^k, y - x^k \rangle.$$

对上述不等式两边取下极限, 我们有

$$f(y) \geqslant \liminf_{k \to \infty} \left(f(x^k) + \langle g^k, y - x^k \rangle \right)$$
$$\geqslant f(\bar{x}) + \langle \bar{g}, y - \bar{x} \rangle,$$

其中第二个不等式利用了 $f(x)$ 的下半连续性以及 $g^k \to \bar{g}$, 由此可推出 $\bar{g} \in \partial f(\bar{x})$.　$\Box$

在多元微积分中我们接触过方向导数的概念, 我们可以将这一概念拓展到一般 (可能非光滑) 的凸函数上.

定义 6.7.1 (方向导数)　对于凸函数 f, 给定点 $x_0 \in \text{dom}(f)$ 以及方向 $d \in \mathbb{R}^n$, 其方向导数定义为

$$\partial f(x_0; d) = \inf_{t > 0} \frac{f(x_0 + td) - f(x_0)}{t}.$$

凸函数的方向导数可能是正负无穷, 但在定义域的内点处方向导数总是有限的.

命题 6.7.1   设 $f(x)$ 为凸函数, $x_0 \in \text{int}(\text{dom}(f))$, 则对任意 $d \in \mathbb{R}^n$, $\partial f(x_0; d)$ 有限.

证明   首先 $\partial f(x_0; d)$ 不为正无穷是显然的. 由于 $x_0 \in \text{int}(\text{dom}(f))$, 根据次梯度的存在性定理可知 $f(x)$ 在点 x_0 处存在次梯度 g. 根据方向导数的定义, 我们有

$$
\begin{aligned}
\partial f(x_0; d) &= \inf_{t>0} \frac{f(x_0 + td) - f(x_0)}{t} \\
&\geqslant \inf_{t>0} \frac{tg^{\mathrm{T}}d}{t} = g^{\mathrm{T}}d.
\end{aligned}
$$

其中的不等式利用了次梯度的定义. 这说明 $\partial f(x_0; d)$ 不为负无穷.   □

事实上, 设点 $x_0 \in \text{int}(\text{dom}(f))$, d 为 $\mathbb{R}^n$ 中任一方向, 则

$$
\partial f(x_0; d) = \max_{g \in \partial f(x_0)} g^{\mathrm{T}}d.
$$

这意味着 $\partial f(x; y)$ 是 $\partial f(x)$ 的支撑函数, 见图 6.3. 特别地, 对于可微函数, $\partial f(x_0; d) = \nabla f(x_0)^{\mathrm{T}}d$. 这也说明 $\partial f(x_0; d)$ 对所有的 $x_0 \in \text{int}(\text{dom}(f))$, 以及所有的 d 都存在.

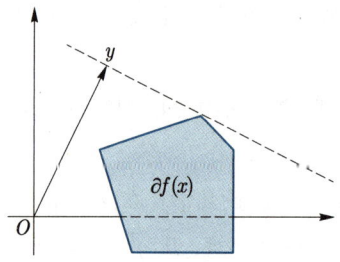

图 6.3   支撑函数示意图

次梯度的计算法则   次梯度的计算分为弱次梯度计算与强次梯度计算. 弱次梯度计算是指得到一个次梯度, 这事实上足以满足大多数不可微凸函数优化算法; 如果可以获得任意一点处 $f(x)$ 的值, 那么总可以计算一个次梯度. 强次梯度计算是指得到 $\partial f(x)$, 即所有次梯度. 在一些算法中或计算最优性条件时, 需要完整的次微分. 强次梯度的计算可能相当复杂.

下面假设 $x \in \text{int}(\text{dom}(f))$, 我们首先介绍一些次梯度计算的基本规则:

- 可微凸函数: 若凸函数 f 在点 x 处可微, 则 $\partial f(x) = \{\nabla f(x)\}$.
- 凸函数的非负线性组合: 设凸函数 f_1, f_2 满足 $\text{int}(\text{dom}(f_1) \cap \text{dom}(f_2)) \neq \varnothing$, 而 $x \in \text{dom}(f_1) \cap \text{dom}(f_2)$. 若

$$
f(x) = \alpha_1 f_1(x) + \alpha_2 f_2(x), \quad \alpha_1, \alpha_2 \geqslant 0,
$$

则 $f(x)$ 的次微分

$$
\partial f(x) = \alpha_1 \partial f_1(x) + \alpha_2 \partial f_2(x).
$$

- 线性变量替换: 设 h 为适当凸函数, f 满足 $f(x) = h(Ax + b), \forall x \in \mathbb{R}^m$, 其中 $A \in \mathbb{R}^{n \times m}, b \in \mathbb{R}^n$. 若存在 $x^\sharp \in \mathbb{R}^m$, 使得 $Ax^\sharp + b \in \text{int}(\text{dom}(h))$, 则

$$\partial f(x) = A^\mathrm{T} \partial h(Ax + b), \quad \forall x \in \text{int}(\text{dom}(f)).$$

一般地, 对于任意两个凸函数的和, 它们的次微分有如下结论:

定理 6.7.6 (两个函数和的次微分) 设 $f_1, f_2 : \mathbb{R}^n \to (-\infty, +\infty]$ 是两个凸函数, 则对任意的 $x_0 \in \mathbb{R}^n$,

$$\partial f_1(x_0) + \partial f_2(x_0) \subseteq \partial(f_1 + f_2)(x_0).$$

进一步地, 若 $\text{int}(\text{dom}(f_1) \cap \text{dom}(f_2)) \neq \varnothing$, 则对任意的 $x_0 \in \mathbb{R}^n$,

$$\partial(f_1 + f_2)(x_0) = \partial f_1(x_0) + \partial f_2(x_0).$$

证明 第一个结论与次梯度集合的凸性证明类似, 下面只需证明第二个结论. 对于任意给定的 x_0, 设 $g \in \partial(f_1 + f_2)(x_0)$. 如果 $f_1(x_0) = +\infty$, 则 $(f_1 + f_2)(x_0) = +\infty$. 由次梯度的定义, 我们有

$$(f_1 + f_2)(x) \geqslant (f_1 + f_2)(x_0) + g^\mathrm{T}(x - x_0)$$

对任意 $x \in \mathbb{R}^n$ 成立, 故 $f_1 + f_2 \equiv +\infty$. 这与 $\text{int}(\text{dom}(f_1) \cap \text{dom}(f_2)) \neq \varnothing$ 矛盾, 因此以下我们假设 $f_1(x_0), f_2(x_0) < +\infty$. 定义如下两个集合 S_1, S_2,

$$S_1 = \{(x - x_0, y) \in \mathbb{R}^n \times \mathbb{R} : y > f_1(x) - f_1(x_0) - g^\mathrm{T}(x - x_0)\},$$
$$S_2 = \{(x - x_0, y) \in \mathbb{R}^n \times \mathbb{R} : y \leqslant f_2(x_0) - f_2(x)\},$$

则容易验证 S_1, S_2 均为非空凸集. 设 $(x - x_0, y) \in S_1 \cap S_2$, 则

$$y > f_1(x) - f_1(x_0) - g^\mathrm{T}(x - x_0),$$
$$y \leqslant f_2(x_0) - f_2(x).$$

上两式相减即得

$$(f_1 + f_2)(x) < (f_1 + f_2)(x_0) + g^\mathrm{T}(x - x_0),$$

这与 $g \in \partial(f_1 + f_2)(x_0)$ 矛盾. 因此 $S_1 \cap S_2 = \varnothing$. 根据凸集分离定理, 存在非零向量 a, b 和实数 c, 使得

$$a^\mathrm{T}(x - x_0) + by \leqslant c, \quad \forall(x - x_0, y) \in S_1, \tag{6.154}$$
$$a^\mathrm{T}(x - x_0) + by \geqslant c, \quad \forall(x - x_0, y) \in S_2. \tag{6.155}$$

注意到 $(0, 0) \in S_2$, 故 $c \leqslant 0$. 此外, $(0, \varepsilon) \in S_1$ 对任意 $\varepsilon > 0$ 成立, 由此可得 $c = 0$ 以及 $b \leqslant 0$. 如果 $b = 0$, 则由上两式和 y 的任意性, 即得 $a^\mathrm{T}(x - x_0) = 0$ 对任何 $x \in \text{dom}(f_1) \cap \text{dom}(f_2)$ 成立. 现在取 $\hat{x} \in \text{int}(\text{dom}(f_1) \cap \text{dom}(f_2))$, 并设 $\delta > 0$ 使得点 $\hat{x}$

处的邻域 $N_\delta(\hat{x}) \subset \text{int}(\text{dom}(f_1) \cap \text{dom}(f_2))$, 则

$$a^{\mathrm{T}} u = a^{\mathrm{T}}(\hat{x} + u - x_0)$$

对任意 $u \in \mathbb{R}^n$ 成立. 此时再令 $u = \dfrac{\delta a}{2\|a\|_2}$, 取 δ 足够小, 即得 $a = 0$. 但这与 a, b 非零矛盾, 故 b 不可能为 0. 现将 (6.154) 式除以 $-b$, 并令 $\hat{a} = -\dfrac{a}{b}$, 就得到

$$\hat{a}^{\mathrm{T}}(x - x_0) \leqslant y, \quad \forall (x - x_0, y) \in S_1,$$
$$\hat{a}^{\mathrm{T}}(x - x_0) \geqslant y, \quad \forall (x - x_0, y) \in S_2.$$

利用上面两个式子, S_1 和 S_2 的定义, 以及 y 的任意性, 可以分别得到 $g + \hat{a} \in \partial f_1(x_0)$ 和 $-\hat{a} \in \partial f_2(x_0)$. 因此 $g = (g + \hat{a}) + (-\hat{a}) \in \partial f_1(x_0) + \partial f_2(x_0)$. $\qquad\square$

一族凸函数的上确界也是凸函数, 其次微分的计算方式由如下定理给出:

定理 6.7.7 (函数族的上确界) 设 $f_1, f_2, \cdots, f_m : \mathbb{R}^n \to (-\infty, +\infty]$ 均为凸函数, 令

$$f(x) = \max\{f_1(x), f_2(x), \cdots, f_m(x)\}, \quad \forall x \in \mathbb{R}^n.$$

对 $x_0 \in \bigcap_{i=1}^{m} \text{int}(\text{dom}(f_i))$, 定义 $I(x_0) = \{i : f_i(x_0) = f(x_0)\}$, 则

$$\partial f(x_0) = \text{conv} \bigcup_{i \in I(x_0)} \partial f_i(x_0).$$

这里, $I(x_0)$ 表示点 x_0 处 "有效" 函数的指标, $\partial f(x_0)$ 是点 x_0 处 "有效" 函数的次微分并集的凸包. 如果 f_i 可微, $\partial f(x_0) = \text{conv}\{\nabla f_i(x_0) : i \in I(x_0)\}$.

证明 由 $x_0 \in \bigcap_{i=1}^{m} \text{int}(\text{dom}(f_i))$ 知, $f(x_0) < +\infty$. $\forall i \in I(x_0)$, 由 f 的定义, 容易验证 $\partial f_i(x_0) \subseteq \partial f(x_0)$. 再由次微分是闭凸集可知

$$\text{conv} \bigcup_{i \in I(x_0)} \partial f_i(x_0) \subseteq \partial f(x_0).$$

另一方面, 设 $g \in \partial f(x_0)$. 假设 $g \notin \text{conv} \bigcup_{i \in I(x_0)} \partial f_i(x_0)$, 注意到 $\text{conv} \bigcup_{i \in I(x_0)} \partial f_i(x_0)$ 和 $\{g\}$ 均为闭凸集, 由严格分离定理和方向导数与次梯度的关系, 存在 $a \in \mathbb{R}^n$ 和 $b \in \mathbb{R}$, 使得

$$a^{\mathrm{T}} g > b \geqslant \max_{i \in I(x_0)} \sup_{\xi \in \partial f_i(x_0)} a^{\mathrm{T}} \xi = \max_{i \in I(x_0)} \partial f_i(x_0; a).$$

因为

$$\begin{aligned}
\partial f(x_0; a) &= \lim_{t \to 0^+} \frac{f(x_0 + ta) - f(x_0)}{t} \\
&= \max_{i \in I(x_0)} \lim_{t \to 0^+} \frac{f_i(x_0 + ta) - f_i(x_0)}{t}
\end{aligned}$$

$$= \max_{i \in I(x_0)} \partial f_i(x_0; a).$$

故 $a^{\mathrm{T}} g > \partial f(x_0; a)$. 但由于 $g \in \partial f(x_0)$, 我们有 $f(x_0 + ta) \geqslant f(x_0) + tg^{\mathrm{T}} a$, 因而 $\partial f(x_0; a) \geqslant a^{\mathrm{T}} g$, 这就导致矛盾. 故 $g \in \mathrm{conv} \bigcup_{i \in I(x_0)} \partial f_i(x_0)$. □

定理 6.7.8 (固定分量的函数极小值) 考虑函数

$$f(x) = \inf_y h(x, y),$$

其中 $h : \mathbb{R}^n \times \mathbb{R}^m \to (-\infty, +\infty]$ 是关于 (x, y) 的凸函数. 对 $\hat{x} \in \mathbb{R}^n$, 设 $\hat{y} \in \mathbb{R}^m$ 满足 $h(\hat{x}, \hat{y}) = f(\hat{x})$, 且存在 $g \in \mathbb{R}^n$ 使得 $(g, 0) \in \partial h(\hat{x}, \hat{y})$, 则 $g \in \partial f(\hat{x})$.

证明 对任意 $x \in \mathbb{R}^n, y \in \mathbb{R}^m$:

$$h(x, y) \geqslant h(\hat{x}, \hat{y}) + g^{\mathrm{T}}(x - \hat{x}) + 0^{\mathrm{T}}(y - \hat{y})$$
$$= f(\hat{x}) + g^{\mathrm{T}}(x - \hat{x}).$$

于是

$$f(x) = \inf_y h(x, y) \geqslant f(\hat{x}) + g^{\mathrm{T}}(x - \hat{x}). \qquad \square$$

下面的多个例子展示了次梯度计算的基本规则以及定理 6.7.6, 定理 6.7.7 与定理 6.7.8 在实际计算中的应用.

例 6.7.6 (分段线性函数) $f(x) = \max_{1 \leqslant i \leqslant m} \{a_i^{\mathrm{T}} x + b_i\}$. 点 x 处的次微分是一个多面体,

$$\partial f(x) = \mathrm{conv}\{a_i : i \in I(x)\},$$

其中 $I(x) = \{i : a_i^{\mathrm{T}} x + b_i = f(x)\}$, 见图 6.4.

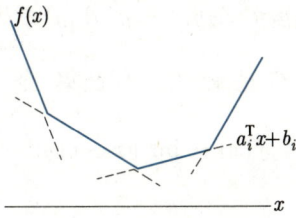

图 6.4 次微分示意图

例 6.7.7 (ℓ_1 范数) $f(x) = \|x\|_1 = \max_{s \in \{-1, 1\}^n} s^{\mathrm{T}} x$. 次微分是区间的乘积,

$$\partial f(x) = J_1 \times J_2 \times \cdots \times J_n, \quad J_k = \begin{cases} [-1, 1], & x_k = 0, \\ \{1\}, & x_k > 0, \\ \{-1\}, & x_k < 0. \end{cases} \quad \text{见图 6.5.}$$

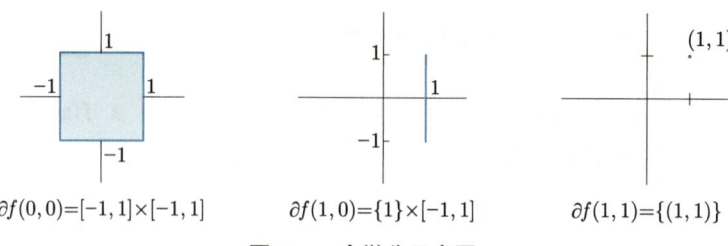

$$\partial f(0,0)=[-1,1]\times[-1,1] \qquad \partial f(1,0)=\{1\}\times[-1,1] \qquad \partial f(1,1)=\{(1,1)\}$$

图 6.5 次微分示意图

例 6.7.8 (逐点上确界函数) 设 $\{f_\alpha : \mathbb{R}^n \to (-\infty, +\infty]\}_{\alpha \in \mathcal{A}}$ 是一族凸函数, 令

$$f(x) = \sup_{\alpha \in \mathcal{A}} f_\alpha(x).$$

- 对 $x_0 \in \bigcap_{\alpha \in \mathcal{A}} \text{int}(\text{dom}(f_\alpha))$, 定义 $I(x_0) = \{\alpha \in \mathcal{A} : f_\alpha(x_0) = f(x_0)\}$, 则

$$\text{conv} \bigcup_{\alpha \in I(x_0)} \partial f_\alpha(x_0) \subseteq \partial f(x_0).$$

- 如果还有 $\mathcal{A}$ 是紧集且 f_α 关于 α 连续, 则

$$\text{conv} \bigcup_{\alpha \in I(x_0)} \partial f_\alpha(x_0) = \partial f(x_0).$$

例 6.7.9 (最大特征值函数) $A(x) = A_0 + x_1 A_1 + \cdots + x_n A_n$ 并且系数 A_i 对称, 令

$$f(x) = \lambda_{\max}(A(x)) = \sup_{\|y\|_2 = 1} y^{\mathrm{T}} A(x) y.$$

计算点 $\hat{x}$ 处的一个次梯度: 选择特征值 $\lambda_{\max}(A(\hat{x}))$ 对应的任一单位特征向量 y. $y^{\mathrm{T}} A(x) y$ 在点 $\hat{x}$ 处的梯度是 f 的一个次梯度:

$$(y^{\mathrm{T}} A_1 y, y^{\mathrm{T}} A_2 y, \cdots, y^{\mathrm{T}} A_n y) \in \partial f(\hat{x}).$$

例 6.7.10 (距离函数) 设 C 是 $\mathbb{R}^n$ 中一闭凸集, 令

$$f(x) = \inf_{y \in C} \|x - y\|_2.$$

计算点 $\hat{x}$ 处的一个次梯度:
- 若 $f(\hat{x}) = 0$, 则 $g = 0 \in \partial f(\hat{x})$;
- 若 $f(\hat{x}) > 0$, 取 $\hat{y}$ 为 $\hat{x}$ 在 C 上的投影, 即 $\hat{y} = \mathcal{P}_c(\hat{x})$, 则

$$g = \frac{1}{\|\hat{x} - \hat{y}\|_2} (\hat{x} - \hat{y}) \in \partial f(\hat{x}).$$

此外, 对于复合函数次梯度的计算, 我们有如下类似于复合函数求导的链式法则的结论.

定理 6.7.9 (复合函数) 设 $f_i : \mathbb{R}^n \to (-\infty, +\infty](i = 1, 2, \cdots, m)$ 为 m 个凸函数, $h : \mathbb{R}^m \to (-\infty, +\infty]$ 为关于各分量单调递增的凸函数, 令

$$f(x) = h(f_1(x), f_2(x), \cdots, f_m(x)).$$

设 $z = (z_1, z_2, \cdots, z_m) \in \partial h(f_1(\hat{x}), f_2(\hat{x}), \cdots, f_m(\hat{x}))$ 以及 $g_i \in \partial f_i(\hat{x})$, 则

$$g := z_1 g_1 + z_2 g_2 + \cdots + z_m g_m \in \partial f(\hat{x}).$$

证明

$$
\begin{aligned}
f(x) &\geqslant h\left(f_1(\hat{x}) + g_1^{\mathrm{T}}(x - \hat{x}), f_2(\hat{x}) + g_2^{\mathrm{T}}(x - \hat{x}), \cdots, f_m(\hat{x}) + g_m^{\mathrm{T}}(x - \hat{x})\right) \\
&\geqslant h(f_1(\hat{x}), f_2(\hat{x}), \cdots, f_m(\hat{x})) + \sum_{i=1}^m z_i g_i^{\mathrm{T}}(x - \hat{x}) \\
&= f(\hat{x}) + g^{\mathrm{T}}(x - \hat{x}).
\end{aligned}
$$
$\square$

次梯度算法 假设 $f(x)$ 为凸函数, 但不一定可微, 考虑如下问题:

$$\min_{x \in \mathbb{R}^n} f(x).$$

该问题的一阶充分必要条件为

$$x^* \text{ 是一个全局极小点} \quad \Leftrightarrow \quad 0 \in \partial f(x^*).$$

因此可以通过计算凸函数的次梯度集合中包含 0 的点来求解其对应的全局极小点.

为了极小化一个不可微的凸函数 f, 可类似梯度法构造如下次梯度算法的迭代格式:

$$x_{k+1} = x_k - \alpha_k g_k, \quad g_k \in \partial f(x_k), \tag{6.156}$$

其中 $\alpha_k > 0$ 为步长. 下面我们将在假设 6.7.1 下讨论次梯度算法的收敛性, 我们将会看到不同的步长会给次梯度算法带来截然不同的收敛结果.

假设 6.7.1 (1) f 为凸函数;

(2) f 至少存在一个有限的极小值点 x^*, 且 $f(x^*) > -\infty$;

(3) f 为 Lipschitz 连续的, 即

$$|f(x) - f(y)| \leqslant G\|x - y\|_2, \quad \forall x, y \in \mathbb{R}^n,$$

其中 $G > 0$ 为 Lipschitz 常数.

命题 6.7.2 假设 6.7.1(3) 等价于 $f(x)$ 的次梯度是有界的, 即

$$\|g\|_2 \leqslant G, \quad \forall\, g \in \partial f(x), x \in \mathbb{R}^n.$$

证明 充分性 假设 $\|g\|_2 \leqslant G, \forall\, g \in \partial f(x)$; 取 $g_x \in \partial f(x), g_y \in \partial f(y)$:

$$g_x^{\mathrm{T}}(x - y) \geqslant f(x) - f(y) \geqslant g_y^{\mathrm{T}}(x - y),$$

再由 Cauchy 不等式

$$G\|x - y\|_2 \geqslant f(x) - f(y) \geqslant -G\|x - y\|_2.$$

必要性 假设存在 $x \in \mathbb{R}^n$ 和 $g \in \partial f(x)$, 使得 $\|g\|_2 > G$; 取 $y = x + \dfrac{g}{\|g\|_2}$,

$$
\begin{aligned}
f(y) &\geqslant f(x) + g^{\mathrm{T}}(y - x) \\
&= f(x) + \|g\|_2 \\
&> f(x) + G.
\end{aligned}
$$

这与 $f(x)$ 是 G-Lipschitz 连续的矛盾. $\qquad\square$

次梯度方法不是一个下降方法, 即无法保证 $f(x_{k+1}) < f(x_k)$; 收敛性分析的关键是分析 $f(x)$ 历史迭代的最优点所满足的性质. 我们首先给出在假设 6.7.1 下, 一般步长的次梯度算法的收敛性结论.

定理 6.7.10 (次梯度算法的收敛性) 在假设 6.7.1 的条件下, 设 $\{\alpha_k > 0\}$ 为任意步长序列, $\{x_k\}$ 是由 (6.156) 产生的迭代序列, 则对于任意的 $k \geqslant 0$, 有

$$2\left(\sum_{i=0}^{k} \alpha_i\right)\left(\hat{f}_k - f^*\right) \leqslant \|x_0 - x^*\|_2^2 + G^2 \sum_{i=0}^{k} \alpha_i^2,$$

其中 x^* 是 $f(x)$ 的一个全局极小值点, $f^* = f(x^*)$, $\hat{f}_k = \min\limits_{0 \leqslant i \leqslant k} f(x_i)$.

证明 根据迭代格式,

$$
\begin{aligned}
\|x_{i+1} - x^*\|_2^2 &= \|x_i - \alpha_i g_i - x^*\|_2^2 \\
&= \|x_i - x^*\|_2^2 - 2\alpha_i \langle g_i, x_i - x^* \rangle + \alpha_i^2 \|g_i\|_2^2 \\
&\leqslant \|x_i - x^*\|_2^2 - 2\alpha_i(f(x_i) - f^*) + \alpha_i^2 G^2,
\end{aligned}
$$

结合 $i = 0, 1, \cdots, k$ 时相应的不等式及 $\hat{f}_k$ 的定义, 我们有

$$2\left(\sum_{i=0}^{k} \alpha_i\right)(\hat{f}_k - f^*) \leqslant \|x_0 - x^*\|_2^2 - \|x_{k+1} - x^*\|_2^2 + G^2 \sum_{i=0}^{k} \alpha_i^2$$

$$\leqslant \|x_0 - x^*\|_2^2 + G^2 \sum_{i=0}^{k} \alpha_i^2. \qquad\square$$

由上述定理可以看到, 次梯度算法的收敛性十分依赖于步长的选取, 在不同步长下, 算法的收敛性会有明显差别. 下面我们给出一些常用的步长选取方法次梯度算法的收敛性.

推论 6.7.1 在假设 6.7.1 的条件下, 次梯度算法的收敛性满足

(1) 取 $\alpha_i = t$ 为固定步长, 则

$$\hat{f}_k - f^* \leqslant \frac{\|x^0 - x^*\|_2^2}{2kt} + \frac{G^2 t}{2};$$

(2) 取 α_i 使得 $\|x_{i+1} - x_i\|_2$ 固定, 即 $\alpha_i \|g_i\|_2 = s$ 为常数, 则

$$\hat{f}_k - f^* \leqslant \frac{G\|x^0 - x^*\|_2^2}{2ks} + \frac{Gs}{2};$$

(3) 取 α_i 为趋于零的步长, 即 $\alpha_i \to 0$ 且 $\sum_{i=0}^{\infty} \alpha_i = +\infty$, 则

$$\hat{f}_k - f^* \leqslant \frac{\|x_0 - x^*\|_2^2 + G^2 \sum_{i=0}^{k} \alpha_i^2}{2 \sum_{i=0}^{k} \alpha_i};$$

进一步可得 $\hat{f}_k$ 收敛到 f^*.

证明 这里我们仅给出 (2) 的证明:

$$\begin{aligned}
\|x_{i+1} - x^*\|_2^2 &= \|x_i - x^*\|_2^2 - 2\alpha_i g_i^{\mathrm{T}}(x_i - x^*) + \alpha_i^2 \|g_i\|_2^2 \\
&\leqslant \|x_i - x^*\|_2^2 - 2\alpha_i \left(f(x_i) - f^*\right) + \alpha_i^2 \|g_i\|_2^2, \quad (6.157)
\end{aligned}$$

对 i 求和有

$$\begin{aligned}
2\left(\sum_{i=0}^{k} \alpha_i\right)\left(f(x_k) - f^*\right) &\leqslant \|x_0 - x^*\|_2^2 - \|x_{k+1} - x^*\|_2^2 + \sum_{i=0}^{k} \alpha_i^2 \|g_i\|_2^2 \\
&\leqslant \|x_0 - x^*\|_2^2 + \sum_{i=0}^{k} \alpha_i^2 \|g_i\|_2^2.
\end{aligned}$$

由 Cauchy 不等式

$$\left(\sum_{i=0}^{k} \alpha_i\right)\left(\sum_{i=0}^{k} \|g_i\|_2\right) \geqslant \left(\sum_{i=0}^{k} \sqrt{s}\right)^2,$$

故

$$\sum_{i=0}^{k} \alpha_i \geqslant \frac{k^2 s}{\displaystyle\sum_{i=0}^{k} \|g_i\|_2} \geqslant \frac{ks}{G}.$$

因此可以得到

$$\hat{f}_k - f^* \leqslant \frac{\|x_0 - x^*\|_2^2}{2\left(\displaystyle\sum_{i=0}^{k} \alpha_i\right)} + \frac{\displaystyle\sum_{i=0}^{k} \alpha_i^2 \|g_i\|_2^2}{2\left(\displaystyle\sum_{i=0}^{k} \alpha_i\right)}$$

$$\leqslant \frac{G \|x_0 - x^*\|_2^2}{2ks} + \frac{Gks^2}{2ks}$$

$$\leqslant \frac{G \|x_0 - x^*\|_2^2}{2ks} + \frac{Gs}{2}. \qquad \Box$$

从上述推论可以看出, 不论是取固定步长还是固定 $\|x_{i+1} - x_i\|_2$, 次梯度算法都仅能收敛到次优解, 只有当 α_k 取趋于零的步长时 $\hat{f}_k$ 才具有收敛性, 一个常用的步长取法是 $\alpha_k = \frac{1}{k}$.

下面我们进一步讨论推论 6.7.1 中第一种和第二种步长选取方法, 假设 $\|x_0 - x^*\|_2 \leqslant R$, 并且总迭代步数 k 给定, 在固定步长下, 有

$$\hat{f}_k - f^* \leqslant \frac{\|x^0 - x^*\|_2^2}{2kt} + \frac{G^2 t}{2} \leqslant \frac{R^2}{2kt} + \frac{G^2 t}{2}.$$

由平均值不等式知, 当 t 满足 $\frac{R^2}{2kt} = \frac{G^2 t}{2}$, 即 $t = \frac{R}{G\sqrt{k}}$ 时, 右端达到最小. k 步后得到的上界是

$$\hat{f}_k - f^* \leqslant \frac{GR}{\sqrt{k}}.$$

类似地可证明第二种步长选取策略下, 取 $s = \frac{R}{\sqrt{k}}$, 可得到估计

$$\hat{f}_k - f^* \leqslant \frac{GR}{\sqrt{k}}.$$

上面两种最优步长选取策略均依赖于总迭代步数, 如果我们知道 $f(x)$ 的更多信息, 那么我们可以利用这些信息来选取步长. 假如我们知道 f^* 的值, 在 (6.157) 中, 其右端在

$$\alpha_i = \frac{f(x_i) - f^*}{\|g_i\|_2^2}$$

处取到极小. 这等价于

$$\frac{(f(x_i) - f^*)^2}{\|g_i\|_2^2} \leqslant \|x_i - x^*\|_2^2 - \|x_{i+1} - x^*\|_2^2.$$

递归地利用上式并结合 $\|x^0 - x^*\|_2 \leqslant R$ 和 $\|g_i\|_2 \leqslant G$, 可以得到

$$\hat{f}_k - f^* \leqslant \frac{GR}{\sqrt{k}}.$$

以上分析表明, 在 $k = O\left(\frac{1}{\varepsilon^2}\right)$ 步迭代后可以得到 $\hat{f}_k - f^* \leqslant \varepsilon$ 的精度, 即最大迭代步数可以作为判定迭代点是否最优的一个终止准则.

下面一个例子展示了次梯度算法在 ℓ_1 范数极小化问题中的应用, 并比较了上述不同步长选取对收敛速度的影响.

例 6.7.11 (ℓ_1 范数极小化问题)

$$\min \quad \|Ax - b\|_1 \quad (A \in \mathbb{R}^{500 \times 100}, \ b \in \mathbb{R}^{500}).$$

次梯度取为 $A^{\mathrm{T}}\mathrm{sgn}(Ax - b)$.

- 第一种步长策略: $t_k = \dfrac{s}{\|g^{(k-1)}\|_2}$, $s = 0.1, 0.01, 0.001$, 见图 6.6.

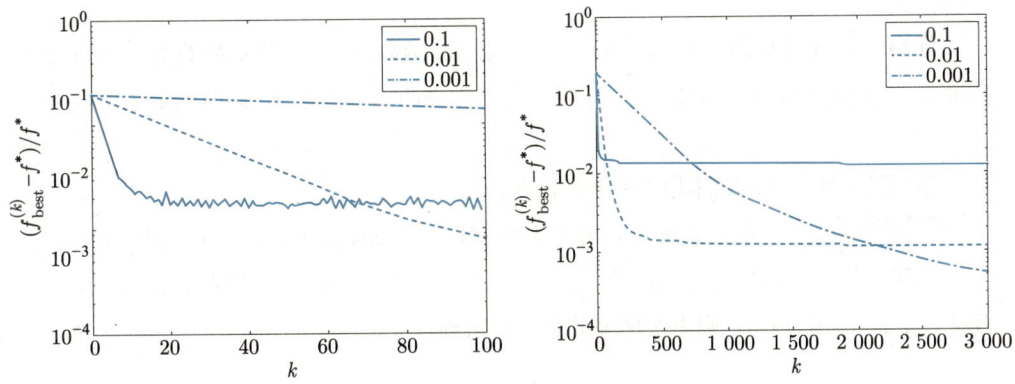

图 6.6　第一种步长策略

- 第二种步长策略: $t_k = \dfrac{0.01}{\sqrt{k}}$, $t_k = \dfrac{0.01}{k}$, 见图 6.7.

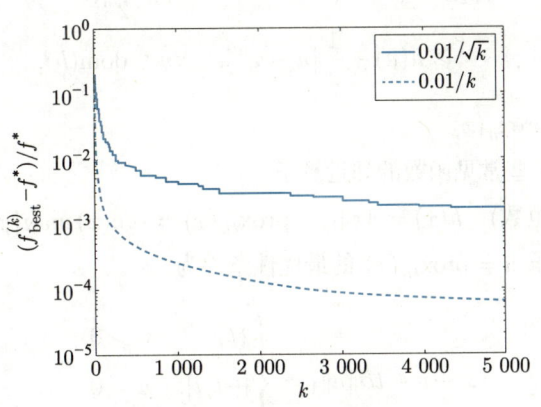

图 6.7　第二种步长策略

综合以上理论和实验结果, 我们可以看出次梯度算法对步长的选取十分敏感, 不同的步长将对算法的收敛性和效率产生显著影响.

邻近算子　邻近算子是处理非光滑问题的一个非常有效的工具, 也与许多算法的设计密切相关. 本小节将介绍邻近算子的相关内容, 为引入近似点梯度算法做准备. 首先给出邻近算子的定义.

定义 6.7.2 (邻近算子)

$$\mathrm{prox}_h(x) = \underset{u \in \mathrm{dom}(h)}{\mathrm{argmin}} \left(h(u) + \frac{1}{2}\|u - x\|_2^2 \right).$$

邻近算子的一个直观理解是: 求解一个距 x 不算太远的点 u, 并使函数值 $h(u)$ 也相对较小. 一个自然的问题是, 上面给出的邻近算子的定义是不是有意义的, 即定义中极小化问题的解是不是存在唯一的.

定理 6.7.11 (邻近算子是良定义的)　如果 h 为闭凸函数, 则对任意的 x, $\mathrm{prox}_h(x)$ 存在且唯一.

证明　首先注意到 $h(u) + \frac{1}{2}\|u - x\|_2^2$ 是强凸函数, 由于强凸函数的所有 α 下水平集有界, 故由定理 5.1.1 知最小值点存在. 并且由强凸函数的性质, 此时的最小值点唯一. □

根据最优性条件, 我们能够得到如下结论:

定理 6.7.12　若 h 是适当的闭凸函数, 则 $u = \mathrm{prox}_h(x) \Leftrightarrow x - u \in \partial h(u)$.

证明　若 $u = \mathrm{prox}_h(x)$, 则由最优性条件得 $0 \in \partial h(u) + (u - x)$, 因此有 $x - u \in \partial h(u)$. 反之, 若 $x - u \in \partial h(u)$, 则由次梯度的定义可得到

$$h(v) \geqslant h(u) + (x - u)^{\mathrm{T}}(v - u), \quad \forall v \in \mathrm{dom}(h).$$

两边同时加 $\frac{1}{2}\|v - x\|_2^2$, 即有

$$h(v) + \frac{1}{2}\|v - x\|_2^2 \geqslant h(u) + (x - u)^{\mathrm{T}}(v - u) + \frac{1}{2}\|(v - u) - (x - u)\|_2^2$$

$$\geqslant h(u) + \frac{1}{2}\|u - x\|_2^2, \quad \forall v \in \mathrm{dom}(h).$$

根据定义可得 $u = \mathrm{prox}_h(x)$. □

下面我们给出一些常见函数的邻近算子.

例 6.7.12 (ℓ_1 范数)　$h(x) = \|x\|_1$, $\quad \mathrm{prox}_{th}(x) = \mathrm{sgn}(x) \max\{|x| - t, 0\}$.

证明　邻近算子 $u = \mathrm{prox}_{th}(x)$ 的最优性条件为

$$x - u \in t\partial\|u\|_1 = \begin{cases} \{t\}, & u > 0, \\ [-t, t], & u = 0, , \\ \{-t\}, & u < 0, \end{cases}$$

当 $x > t$ 时, $u = x - t$; 当 $x < -t$ 时, $u = x + t$; 当 $x \in [-t, t]$ 时, $u = 0$, 即有 $u = \mathrm{sgn}(x) \max\{|x| - t, 0\}$. □

例 6.7.13 (ℓ_2 范数)　$h(x) = \|x\|_2$, $\quad \mathrm{prox}_{th}(x) = \begin{cases} \left(1 - \dfrac{t}{\|x\|_2}\right) x, & \|x\|_2 \geqslant t, \\ 0, & \text{其他}. \end{cases}$

证明　邻近算子 $u = \mathrm{prox}_{th}(x)$ 的最优性条件为

$$x - u \in t\partial\|u\|_2 = \begin{cases} \left\{\dfrac{tu}{\|u\|_2}\right\}, & u \neq 0, \\ \{w : \|w\|_2 \leqslant t\}, & u = 0, \end{cases}$$

因此, 当 $\|x\|_2 > t$ 时, $u = x - \dfrac{tx}{\|x\|_2}$; 当 $\|x\|_2 \leqslant t$ 时, $u = 0$.　□

例 6.7.14 (二次函数 (其中 A 对称正定))

$$h(x) = \frac{1}{2}x^{\mathrm{T}}Ax + b^{\mathrm{T}}x + c, \quad \mathrm{prox}_{th}(x) = (I + tA)^{-1}(x - tb).$$

例 6.7.15 (负自然对数的和)

$$h(x) = -\sum_{i=1}^{n} \ln x_i, \quad \mathrm{prox}_{th}(x)_i = \frac{x_i + \sqrt{x_i^2 + 4t}}{2}, \quad i = 1, 2, \cdots, n.$$

由邻近算子的定义, 我们可以得出邻近算子满足如下运算规则:

- 变量的常数倍放缩以及平移 ($\lambda \neq 0$):

$$h(x) = g(\lambda x + a), \quad \mathrm{prox}_h(x) = \frac{1}{\lambda}\left(\mathrm{prox}_{\lambda^2 g}(\lambda x + a) - a\right).$$

- 函数 (及变量) 的常数倍放缩 ($\lambda > 0$):

$$h(x) = \lambda g\left(\frac{x}{\lambda}\right), \quad \mathrm{prox}_h(x) = \lambda \mathrm{prox}_{\lambda^{-1}g}\left(\frac{x}{\lambda}\right).$$

- 加上线性函数:

$$h(x) = g(x) + a^{\mathrm{T}}x, \quad \mathrm{prox}_h(x) = \mathrm{prox}_g(x - a).$$

- 加上二次项 ($u > 0$):

$$h(x) = g(x) + \frac{u}{2}\|x - a\|_2^2, \quad \mathrm{prox}_h(x) = \mathrm{prox}_{\theta g}(\theta x + (1 - \theta)a),$$

其中 $\theta = \dfrac{1}{1 + u}$.

- 向量函数:

$$h\left(\begin{bmatrix} lx \\ y \end{bmatrix}\right) = \varphi_1(x) + \varphi_2(y), \quad \mathrm{prox}_h\left(\begin{bmatrix} lx \\ y \end{bmatrix}\right) = \begin{bmatrix} l\mathrm{prox}_{\varphi_1}(x) \\ \mathrm{prox}_{\varphi_2}(y) \end{bmatrix}.$$

另外一种比较常用的邻近算子是关于示性函数的邻近算子, 它可以用来把约束变成目标函数的一部分. 设 C 为闭凸集, 则示性函数 I_C 的邻近算子为点 x 到 C 的投影 $\mathcal{P}_C(x)$:

$$\mathrm{prox}_{I_C}(x) = \operatorname*{argmin}_{u \in \mathbb{R}^n}\left\{I_C(u) + \frac{1}{2}\|u - x\|_2^2\right\}$$

$$= \operatorname*{argmin}_{u \in C}\|u - x\|_2^2 = \mathcal{P}_C(x),$$

近似点梯度法　我们考虑如下复合优化问题:

$$\min_{x \in \mathbb{R}^n} \quad \psi(x) = f(x) + h(x),$$

其中, 函数 f 为可微函数, 其定义域 $\mathrm{dom}(f) = \mathbb{R}^n$; 函数 h 为非光滑凸函数, 其邻近算子容易计算. 例如 LASSO 问题: $f(x) = \dfrac{1}{2}\|Ax - b\|_2^2$, $h(x) = \mu\|x\|_1$.

近似点梯度法 (见算法 6.13) 的思想是对于光滑部分 f 做梯度下降, 对于非光滑部分 h 使用邻近算子, 其迭代格式为

$$x_{k+1} = \mathrm{prox}_{t_k h}(x_k - t_k \nabla f(x_k)), \tag{6.158}$$

其中 $t_k > 0$ 为每次迭代的步长, 它可以是一个常数或者由线搜索得出.

算法 6.13　近似点梯度法

1: 给定 x_0, ε
2: 令 $k := 0$
3: **while** $\|x_{k+1} - x_k\| \geqslant \varepsilon$ **do**
4:　计算 $x_{k+1} = \mathrm{prox}_{t_k h}(x_k - t_k \nabla f(x_k))$
5:　$k := k + 1$
6: **end while**

根据定义, (6.158) 式等价于

$$x_{k+1} = \arg\min_u \left\{ h(u) + \frac{1}{2t_k}\|u - x_k + t_k\nabla f(x_k)\|_2^2 \right\}$$
$$= \arg\min_u \left\{ h(u) + f(x_k) + \nabla f(x_k)^{\mathrm{T}}(u - x_k) + \frac{1}{2t_k}\|u - x_k\|_2^2 \right\}.$$

根据邻近算子与次梯度的关系, 又可以形式地写成

$$x_{k+1} = x_k - t_k\nabla f(x_k) - t_k g_k, \quad g_k \in \partial h(x_{k+1}).$$

这个格式可以看做对光滑部分做显式的梯度下降, 关于非光滑部分做隐式的梯度下降.

当 f 为梯度 L-Lipschitz 连续函数时, 可取固定步长 $t_k = t \leqslant \dfrac{1}{L}$, 当 L 未知时可使用线搜索准则

$$f(x_{k+1}) \leqslant f(x_k) + \nabla f(x_k)^{\mathrm{T}}(x_{k+1} - x_k) + \frac{1}{2t_k}\|x_{k+1} - x_k\|_2^2,$$

并利用 BB 步长作为 t_k 的初始估计:

$$\alpha_{\mathrm{BB1}}^k := \frac{(s_{k-1})^{\mathrm{T}}y_{k-1}}{(y_{k-1})^{\mathrm{T}}y_{k-1}} \quad 或 \quad \alpha_{\mathrm{BB2}}^k := \frac{(s_{k-1})^{\mathrm{T}}s_{k-1}}{(s_{k-1})^{\mathrm{T}}y_{k-1}},$$

其中 $s_{k-1} = x_k - x_{k-1}$ 以及 $y_{k-1} = \nabla f(x_k) - \nabla f(x_{k-1})$.

例 6.7.16 (LASSO 问题)　考虑用近似点梯度法求解 LASSO 问题

$$\min_x \quad \mu\|x\|_1 + \frac{1}{2}\|Ax - b\|_2^2.$$

令 $f(x) = \frac{1}{2}\|Ax - b\|_2^2, h(x) = \mu\|x\|_1$, 则

$$\nabla f(x) = A^{\mathrm{T}}(Ax - b),$$

$$\mathrm{prox}_{t_k h}(x) = \mathrm{sgn}(x)\max\{|x| - t_k\mu, 0\}.$$

故相应的迭代格式为

$$y_k = x_k - t_k A^{\mathrm{T}}(Ax_k - b),$$

$$x_{k+1} = \mathrm{sgn}(y_k)\max\{|y_k| - t_k\mu, 0\},$$

即第一步做梯度下降, 第二步做收缩. 我们还可以使用 BB 步长加速收敛, 数值实验对比结果如图 6.8.

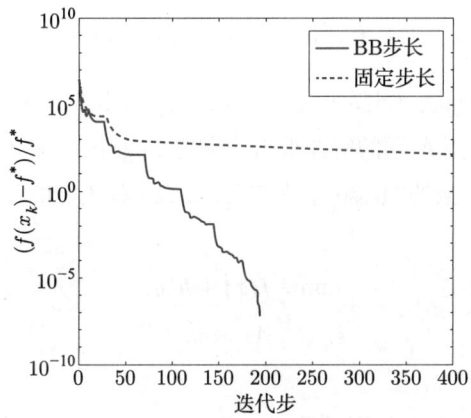

图 6.8 对比结果

6.8 习题

1. 使用 FR 共轭梯度法极小化下列函数:

(1) $f(x) = x_1^2 + 2x_2^2 - 2x_1x_2 + 2x_2 + 2$, 初值为 $x^{(0)} = (0,0)^{\mathrm{T}}$.

(2) $f(x) = (x_1 - 1)^4 + (x_1 - x_2)^2$, 初值为 $x^{(0)} = (0,0)^{\mathrm{T}}$.

2. 设函数 $f(x) = \|x\|^\beta$, 其中 $\beta > 0$ 为给定的常数. 考虑使用算法 6.4 对 $f(x)$ 进行极小化, 初值 $x^0 \neq 0$. 证明:

(1) 若 $\beta > 1$ 且 $\beta \neq 2$, 则 x_k 收敛到 0 的速度为 Q 线性的;

(2) 若 $0 < \beta < 1$, 则 Newton 法发散.

3. 考虑共轭梯度法中的 Hestenes-Stiefel 格式:

$$d_{k+1} = -\nabla f(x_{k+1}) + \frac{\nabla f(x_{k+1})^{\mathrm{T}} y_k}{(y_k)^{\mathrm{T}} d_k} d_k,$$

其中 $y_k = \nabla f(x_{k+1}) - \nabla f(x_k)$. 假设在迭代过程中 d_k 均为下降方向且精确搜索条件 $\nabla f(x_{k+1})^{\mathrm{T}} d_k = 0$ 满足, 试说明 HS 格式可看成是某一种特殊的拟 Newton 方法.

4. 证明当 $f(x)$ 是凸二次函数时, BB 步长正好是前一个梯度迭代的精确线搜索步长.

5. 使用 Newton 信赖域方法最小化如下 Rosenbrock 函数:

$$f(x) = 100(x_2 - x_1^2)^2 + (1 - x_1)^2$$
$$x_0 = [-1.2, 1]^{\mathrm{T}}, x^* = [1, 1]^{\mathrm{T}}, f(x^*) = 0.$$

6. 设 $J \in \mathbb{R}^{m \times n}, r \in \mathbb{R}^m, \lambda > 0$. 证明 $\Phi(\lambda) = \left\| (J^{\mathrm{T}} J + \lambda I)^{-1} J^{\mathrm{T}} r \right\|_2$ 在 $(0, +\infty)$ 内单调递减.

7. 考虑等式约束优化问题

$$\begin{aligned} \min \quad & -x_1 x_2 x_3, \\ \text{s. t.} \quad & x_1 + 2x_2 + 3x_3 = 60. \end{aligned}$$

使用二次罚函数求解该问题, 当固定罚因子 σ_k 时, 写出二次罚函数的最优解 x_{k+1}. 当 $\sigma_k \to +\infty$ 时, 写出该优化问题的解并求出约束的 Lagrange 乘子. 此外, 当罚因子 σ 满足什么条件时, 二次罚函数的 Hesse 矩阵 $\nabla^2_{xx} P(x, \sigma)$ 是正定的?

8. 考虑优化问题

$$\begin{aligned} \min \quad & f(x) + h(y), \\ \text{s. t.} \quad & Ax = y. \end{aligned} \tag{6.159}$$

证明:

(1) 优化问题 (6.159) 的对偶问题是

$$\max \quad \psi(z) = -f^*(-A^{\mathrm{T}} z) - h^*(z), \tag{6.160}$$

其中 f^* 和 h^* 分别为 f 和 h 的共轭函数, 定义如下:

$$f^*(y) = \sup_{x \in \mathrm{dom} f} \left\{ y^{\mathrm{T}} x - f(x) \right\};$$

(2) 对原始问题 (6.159) 用增广 Lagrange 函数法, 实际上等价于对对偶问题 (6.160) 用近似点算法 (即对对偶变量使用 $\mathrm{prox}_{t\psi}(\cdot)$ 更新).

9. 假设 $f(x)$ 是一个凸函数. 证明:

$$f(x) = \sup_y \sup_{g \in \partial f(y)} \left[f(y) + g^{\mathrm{T}}(x - y) \right].$$

10. 求下列函数的邻近算子:

(1) $f(x) = I_C(x)$, 其中 $C = \left\{ (x, t) \in \mathbb{R}^{n+1} : \|x\|_2 \leqslant t \right\}$;

(2) $f(x) = \inf_{y \in C} \|x - y\|$, 其中 C 是闭凸集;

(3) $f(x) = \dfrac{1}{2} \left(\inf_{y \in C} \|x - y\| \right)^2$, 其中 C 是闭凸集.

第七章

多项式插值

给定一个具体函数 f, 同时给定坐标 x, 我们可以通过将 x 代入函数 f 来求解在该点的函数值 $f(x)$. 那么现在将这个问题反过来, 如果我们只有函数在已知点 x 的值 $f(x)$, 那么我们能否将原函数 f 恢复或者近似恢复出来? 在实际中我们会遇到这样的问题, 已知定义在区间 $[a,b]$ 上的非线性一元函数 $f(x)$ 在若干点处的函数值, 需要我们求一个简单函数来近似函数 $f(x)$, 同时要求这个近似函数在给定函数值的点处和 $f(x)$ 的值精确相等. 为了解决这个问题, 多项式插值就是一种经典的近似手段, 即用 (分片) 多项式函数去逼近一般的非线性函数.

这里我们使用多项式函数去做近似的原因主要有两个. 一个是多项式函数的计算十分简单, 只需要有限次加、减、乘运算即可得出函数值, 这一点在计算机底层实现中尤其重要, 因为一般芯片的数学计算指令只会有加乘运算, 而不具备如三角函数等其他函数运算的功能. 另外一个原因就是多项式函数与其他非线性函数关系十分密切, Weierstrass 第一逼近定理告诉我们任意连续函数都可以用多项式进行近似, 近似的误差可以任意小.

如何构造这样的近似多项式, 第一个选择来自 Taylor 多项式展开. 在微积分中我们知道当 $f(x)$ 在 $[a,b]$ 中的某一点 x_0 附近的各阶导数存在时, 在 x_0 的充分小邻域中, 可以构造 Taylor 展开多项式

$$p_n(x) = \sum_{k=0}^{n} \frac{f^{(k)}(x_0)}{k!}(x - x_0)^k \tag{7.1}$$

很好地逼近 $f(x)$. 但是, Taylor 展开需要计算 $f(x)$ 在 x_0 处的各阶导数, 并且相对于插值多项式要求插值点的数据精确相等, Taylor 多项式只能在靠近 x_0 处保证精度, 不一定能在区间 $[a,b]$ 上保持相对精确的逼近结果.

在实践中, 函数值的获取要相对简单, 导数乃至高阶导数值的获取通常要昂贵的多, 甚至是不可能精确获得, 因此我们更加关注只利用函数值的方法. 在本章中, 我们将介绍通过插值进行多项式近似的基本原理.

7.1 Lagrange 插值

这里我们首先给出 Lagrange 插值多项式的定义.

定义 7.1.1   设 $y = f(x)$ 是定义在区间 $[a,b]$ 上的函数, 给定 $n+1$ 个不同的点 $\{x_0, x_1, \cdots, x_n\} \subset [a,b]$, 以及这些点处 $f(x)$ 的函数值为

$$y_i = f(x_i), \quad i = 0, 1, 2, \cdots, n. \tag{7.2}$$

在区间 $[a,b]$ 上求一个多项式 $p(x)$ 使得

$$p(x_i) = y_i, \quad i = 0, 1, 2, \cdots, n, \tag{7.3}$$

则 $p(x)$ 就称为 $f(x)$ 的插值多项式.

下面我们证明, 在特定条件下, 上述的插值多项式满足存在且唯一性.

定理 7.1.1 在上述定义的条件下, 必存在唯一的次数不超过 n 的多项式 $P_n(x)$ 满足条件 (7.3).

证明 用待定系数法, 记插值多项式

$$p_n(x) = a_n x^n + a_{n-1} x^{n-1} + \cdots + a_0. \tag{7.4}$$

由条件 (7.3), 我们知道 $p(x_i) = y_i$, $i = 0, 1, \cdots, n$. 因此我们可以得到一个关于 $a_n, a_{n-1}, \cdots, a_0$ 的 $n+1$ 阶线性代数方程组:

$$\begin{bmatrix} 1 & x_0 & \cdots & x_0^n \\ 1 & x_1 & \cdots & x_1^n \\ \vdots & \vdots & & \vdots \\ 1 & x_n & \cdots & x_n^n \end{bmatrix} \begin{bmatrix} a_0 \\ a_1 \\ \vdots \\ a_n \end{bmatrix} = \begin{bmatrix} y_0 \\ y_1 \\ \vdots \\ y_n \end{bmatrix}. \tag{7.5}$$

该线性方程组的系数矩阵为一个 $n+1$ 阶 Vandermonde 矩阵, 通过计算它的行列式可以得到:

$$\begin{vmatrix} 1 & x_0 & \cdots & x_0^n \\ 1 & x_1 & \cdots & x_1^n \\ \vdots & \vdots & & \vdots \\ 1 & x_n & \cdots & x_n^n \end{vmatrix} = \prod_{i>j} (x_i - x_j) \equiv \prod_{j=0}^{n-1} \left[\prod_{i=j+1}^{n} (x_i - x_j) \right]. \tag{7.6}$$

由于 x_i 是互不相同的点, 因此系数矩阵的行列式不为 0. 所以系数矩阵非奇异, 线性方程组 (7.5) 的解 $a_n, a_{n-1}, \cdots, a_0$ 是存在且唯一的. □

尽管我们可以通过求解 (7.5) 得到插值多项式的解 $a_0, a_1, \cdots, a_n$, 但是这种方法并不可靠, 因为 Vandermonde 矩阵求逆是一个数值上不稳定的求解方法. 事实上 Lagrange 插值本身是一个好的稳定的问题, 造成这种数值不稳定的原因是我们选取了单项式这种相关性极强的基底 (关于单项式不是高次多项式的稳定表示, 还有一个非常有名的例子, 即 Wilkinson 多项式的根, 细节可以参考 [26]). 一个自然的问题是, 有没有可能通过改变多项式空间的基底表达, 找到求解 Lagrange 插值的数值稳定的方法. 为了做到这一点, 我们首先从抽象的角度来理解 Lagrange 插值.

当给定了互不相同的插值节点 $\{x_i\}_{i=0}^{n}$ 后, 由定理 7.1.1 知, Lagrange 插值定义了从 Euclid 空间 $\mathbb{R}^{n+1}$ 到多项式空间 $\mathbb{P}_n$ 的一个双射, 从定理的证明中进一步不难看出, 这个映射是线性的 (令这个映射为 $\mathcal{L}$). Euclid 空间 $\mathbb{R}^{n+1}$ 有一个天然的标准正交基 $\{e^i\}_{i=0}^{n}$, 那么在多项式空间 $\mathbb{P}_n$ 中就有一个自然的基底为 $\{l_i(x) = \mathcal{L} e^i\}_{i=0}^{n}$, 这组基底被称为 Lagrange 基底.

定义 7.1.2 (Lagrange 基函数) 我们希望在线性空间 $\mathbb{P}_n$ 中找到一组满足条件

$$l_i(x_j) = \delta_{ij} = \begin{cases} 1, & i = j, \\ 0, & i \neq j \end{cases}$$

的基函数 $\{l_i(x)\}_{i=0}^n$. 通过简单的计算可以得到, $l_i(x)$ 的表达式为

$$l_i(x) = \frac{\prod\limits_{j \neq i}(x - x_j)}{\prod\limits_{j \neq i}(x_i - x_j)}. \tag{7.7}$$

直接计算就可以验证 $\{l_i(x)\}_{i=0}^n$ 满足上述条件.

有了基函数, n 次插值多项式 $P_n(x)$ 就可以表示为

$$P_n(x) = \sum_{i=0}^n y_i \cdot l_i(x). \tag{7.8}$$

该式也被称为 Lagrange 插值, 可以验证 Lagrange 插值满足条件 (7.3). 这里我们想要强调的是, 基函数并不唯一, 但是 n 次插值多项式 $P_n(x)$ 是唯一的. 同时, Lagrange 插值有如下的误差估计:

定理 7.1.2 给定 $n+1$ 个不同的点 $x_0, x_1, \cdots, x_n \in [a, b]$, 令 $f(x) \in C^{n+1}[a, b]$, $p_n(x)$ 为其 n 次插值多项式. 则对任意 $x \in [a, b]$ 有 $f(x) = p_n(x) + R(x)$, 其中余项为

$$R(x) = \frac{f^{(n+1)}(\eta)}{(n+1)!} \prod_{i=0}^n (x - x_i). \tag{7.9}$$

其中 η 位于包含 $x_0, x_1, \cdots, x_n, x$ 的最小闭区间的内部.

证明 首先, 当 $x = x_i$ 时, $R(x_i) = 0$, 所以可设

$$R(x) = u(x) \prod_{i=0}^n (x - x_i), \tag{7.10}$$

下面只需要确定 $u(x)$ 的表达式, 考察辅助函数:

$$\psi(t) = R(t) - u(x) \prod_{i=0}^n (t - x_i) \tag{7.11}$$

$$= f(t) - p_n(t) - u(x) \prod_{i=0}^n (t - x_i), t \in [a, b]. \tag{7.12}$$

由定理条件可知 $\psi^{(n+1)}(t)$ 在 $[a, b]$ 上存在, 且当 $t = x_0, x_1, \cdots, x_n, x$ 时, 有 $\psi(t) = 0$, 于是连续运用 Rolle 定理可得至少在 (a, b) 内存在一点 η 使得

$$\psi^{n+1}(\eta) = 0,$$

其中, η 位于包含 $x_0, x_1, \cdots, x_n$ 的最小闭区间内, 即

$$f^{(n+1)}(\eta) - u(x)(n+1)! = 0.$$

从而有

$$u(x) = \frac{f^{(n+1)}(\eta)}{(n+1)!}.$$

代入 (7.10), 从而定理得证. □

在给定一组插值点时, 构造 Lagrange 基函数是非常自然的, 不过每添加一个插值点, 所有的插值基函数要全部重新计算. 事实上, 我们可以使用另外一种基函数, 称为 Newton 基函数, 并用它来表达 Lagrange 插值多项式, 一般的也称这种插值为 Newton 插值 (再次强调 Newton 插值所得到的多项式和 Lagrange 插值多项式完全相同, 只是表达的基底不同). Newton 插值的基本思想是用归纳, 假设有 $n+1$ 个插值点, 我们构造一组 $\mathbb{P}_n$ 的基函数, 每添加一个插值点时, 只需要添加一个新的函数构成 $\mathbb{P}_{n+1}$ 的基函数. 此时, 基函数最自然的选择就是

$$\left\{ t_0(x) = 1, t_1(x) = x - x_0, \cdots, t_k(x) = \prod_{i=0}^{k-1}(x - x_i), \cdots \right\} \tag{7.13}$$

容易证明 $t_0(x), t_1(x), \cdots, t_n(x)$ 线性无关 (因为它们均为首一多项式, 且彼此之间的次数都不同), 因此可以构成 $\mathbb{P}_n$ 的一组基函数.

下面考虑 Newton 插值公式. 给定 $n+1$ 个插值点 $\{x_i\}_{i=0}^n$, 不妨设函数 $f(x)$ 的 n 次插值多项式为

$$p_n(x) = \sum_{i=0}^n C_i \cdot t_i(x). \tag{7.14}$$

将插值条件 $p_n(x_i) = f(x_i)$, $i = 0, 1, \cdots, n$ 代入 (7.14), 可以得到一个关于 $\{C_i\}_{i=0}^n$ 的线性方程组:

$$\begin{bmatrix} 1 & 0 & \cdots & 0 \\ 1 & x_1 - x_0 & \cdots & 0 \\ 1 & x_2 - x_0 & \cdots & 0 \\ \vdots & \vdots & & \vdots \\ 1 & x_n - x_0 & \cdots & \prod_{i=0}^{n-1}(x_n - x_i) \end{bmatrix} \begin{bmatrix} C_0 \\ C_1 \\ C_2 \\ \vdots \\ C_n \end{bmatrix} = \begin{bmatrix} f(x_0) \\ f(x_1) \\ f(x_2) \\ \vdots \\ f(x_n) \end{bmatrix}, \tag{7.15}$$

方程组 (7.15) 的系数矩阵为下三角形矩阵, x_i 互不相同, 系数矩阵非奇异, 所以该方程组有唯一解:

$$\begin{cases} C_0 = f(x_0), \\ C_1 = \dfrac{f(x_1) - f(x_0)}{x_1 - x_0}, \\ C_2 = \left(\dfrac{f(x_2) - f(x_0)}{x_2 - x_0} - \dfrac{f(x_1) - f(x_0)}{x_1 - x_0} \right) \Big/ (x_2 - x_1), \\ \cdots\cdots\cdots\cdots \end{cases} \tag{7.16}$$

为了更加清楚地描述 Newton 插值, 下面我们引入差商来表示解 $C_0, C_1, \cdots, C_n$.

定义 7.1.3 (差商)　$f[x_0] = C_0 = f(x_0)$, 称为 $f(x)$ 在 $x = x_0$ 处的零阶差商;

$$f[x_0, x_1] = C_1 = \frac{f(x_1) - f(x_0)}{x_1 - x_0}, \text{ 称为 } f(x) \text{ 在 } x = x_0, x_1 \text{ 处的一阶差商;}$$

$$f[x_0, x_1, x_2] = C_2 = \frac{f[x_0, x_2] - f[x_0, x_1]}{x_2 - x_1}, \text{ 称为 } f(x) \text{ 在 } x = x_0, x_1, x_2 \text{ 处的二阶}$$

差商;

$$\cdots\cdots\cdots$$

$$f[x_0, x_1, \cdots, x_n] = \frac{f[x_0, \cdots, x_{n-2}, x_n] - f[x_0, x_1, \cdots, x_{n-1}]}{x_n - x_{n-1}}, \text{ 称为 } f(x) \text{ 在 } x = x_0,$$

$x_1, \cdots, x_n$ 处的 n 阶差商.

我们有如下定理.

定理 7.1.3　Newton 插值公式 (7.14) 的解可以被表示为

$$p_n(x) = \sum_{i=0}^{n} f[x_0, x_1, \cdots, x_i] \cdot t_i(x). \tag{7.17}$$

证明　我们使用归纳法证明该结论. 首先对于 $n = 1, 2, 3$, 直接计算可以得到结论成立. 对于一般的 n, 由下三角形方程组得到

$$C_n = \frac{f(x_n) - f(x_0) - \cdots - \prod\limits_{i=0}^{n-2}(x_n - x_i)C_{n-1}}{\prod\limits_{i=0}^{n-1}(x_n - x_i)}$$

$$= \frac{\dfrac{f(x_n) - f(x_0) - \cdots - \prod\limits_{i=0}^{n-3}(x_n - x_i)C_{n-2}}{\prod\limits_{i=0}^{n-2}(x_n - x_i)} - C_{n-1}}{x_n - x_{n-1}}.$$

注意到采用 $x_0, \cdots, x_{n-2}, x_n$ 这 n 个点进行 Newton 插值时, 首项系数即为

$$\frac{f(x_n) - f(x_0) - \cdots - \prod\limits_{i=0}^{n-3}(x_n - x_i)C_{n-2}}{\prod\limits_{i=0}^{n-2}(x_n - x_i)},$$

于是由数学归纳法和差商的定义立刻得到 $f[x_0, x_1, \cdots, x_n] = C_n$.　□

同时差商有如下的性质:

性质 7.1.1　函数 $f(x)$ 在互异的 $n + 1$ 个点 $\{x_i\}_{i=0}^{n}$ 上的 n 阶差商可由函数值 $\{f(x_i)\}_{i=0}^{n}$ 线性表示:

$$f[x_0, x_1, \cdots, x_n] = \sum_{j=0}^{n} \frac{f(x_j)}{\prod_{i \neq j}(x_j - x_i)}.$$

证明　因为 n 阶 Lagrange 插值多项式是唯一的, 因此我们比较 Lagrange 插值公式和 Newton 插值公式, 即可得解. 由 Lagrange 插值公式有:

$$p_n(x) = \sum_{i=0}^{n} l_i(x)f(x_i) = \sum_{j=0}^{n} \frac{f(x_j)}{\prod_{i \neq j}(x_j - x_i)} \prod_{i \neq j}(x - x_i).$$

另一方面, 在这 $n + 1$ 个点处 Newton 插值多项式为

$$p_n(x) = \sum_{i=0}^{n} f[x_0, x_1, \cdots, x_i]t_i(x),$$

由插值多项式的唯一性, 比较两式 x^n 的系数即得:

$$f[x_0, x_1, \cdots, x_n] = \sum_{j=0}^{n} \frac{f(x_j)}{\prod_{i \neq j}(x_j - x_i)}. \tag{7.18}$$

$\square$

性质 7.1.2　函数 $f(x)$ 在互异的 $n + 1$ 个点 $\{x_i\}_{i=0}^{n}$ 上的 n 阶差商对节点的排列次序无关, 具有对称性, 即

$$f[x_0, x_1, \cdots, x_n] = f[\tilde{x}_0, \tilde{x}_1, \cdots, \tilde{x}_n],$$

其中 $\{\tilde{x}_0, \tilde{x}_1, \cdots, \tilde{x}_n\}$ 是 $\{x_0, x_1, \cdots, x_n\}$ 的一个重排.

证明　根据性质 7.1.1 中 $f[x_0, x_1, \cdots, x_n]$ 的线性表达式, 重新排列节点后的 $f[\tilde{x}_0, \tilde{x}_1, \cdots, \tilde{x}_n]$ 仍可以用 $f(x)$ 的函数值线性表示, 只是累加项的次序发生了改变, 其值不变, 故

$$f[x_0, x_1, \cdots, x_n] = f[\tilde{x}_0, \tilde{x}_1, \cdots, \tilde{x}_n].$$

该结论也可以由性质 7.1.1 立刻得出. $\square$

性质 7.1.3　Newton 插值余项为 $f(x) - p_n(x) := R(x) = \omega_{n+1}(x)f[x_0, \cdots, x_n, x]$, $\omega_{n+1}(x) = \prod_{i=0}^{n}(x - x_i)$.

证明　将 x 看做第 $n + 2$ 个插值点 x_{n+1}, 考虑:

$$f(x_{n+1}) - p_n(x_{n+1}) = \omega_{n+1}(x_{n+1})f[x_0, \cdots, x_n, x_{n+1}], \tag{7.19}$$

$n + 1$ 阶插值函数为

$$p_{n+1}(x) = \sum_{i=0}^{n+1} f[x_0, x_1, \cdots, x_i] \cdot t_i(x) \tag{7.20}$$

$$= p_n(x) + f[x_0, x_1, \cdots, x_{n+1}] \prod_{i=0}^{n}(x - x_i) \tag{7.21}$$

$$= p_n(x) + f[x_0, x_1, \cdots, x_{n+1}]\omega_{n+1}(x). \tag{7.22}$$

将 x_{n+1} 代入上式, 有

$$p_{n+1}(x_{n+1}) = p_n(x_{n+1}) + f[x_0, x_1, \cdots, x_{n+1}]\omega_{n+1}(x_{n+1}). \tag{7.23}$$

又因为 $p_{n+1}(x) = f(x_{n+1})$, 从而得到 (7.19), 又因为 x_{n+1} 是任意的, 得到余项估计. □

事实上, 通过差商的方法构造出 Newton 插值的表达式, 能够更加准确地分析插值误差, 从而对数值计算中的现象做出更加准确的解释. 有些比较简单的函数, 我们可以精确计算出其高阶差商的表达式.

例 7.1.1 $f(x) = \dfrac{1}{x + C}$, 计算 $f(x)$ 的 n 阶差商 $[x_0, x_1, \cdots, x_n]$.

解

$$f[x_0] = \frac{1}{x_0 + C}, \tag{7.24}$$

$$f[x_0, x_1] = \frac{f(x_1) - f(x_0)}{x_1 - x_0} = \frac{-1}{(x_0 + C)(x_1 + C)}, \tag{7.25}$$

$$f[x_0, x_1, x_2] = \frac{1}{(x_0 + C)(x_1 + C)(x_2 + C)}. \tag{7.26}$$

由数学归纳法, 可得

$$f[x_0, x_1, \cdots, x_n] = (-1)^n \frac{1}{\displaystyle\prod_{i=0}^{n}(x_i + C)}. \tag{7.27}$$

下面我们考虑 Lagrange 基底插值、Newton 插值的计算复杂度, 不失一般性讨论 $n + 1$ 个插值节点的情况. 首先是 Lagrange 基底插值的计算复杂性: 对每个 $l_i(x) = \dfrac{\displaystyle\prod_{j \neq i}(x - x_j)}{\displaystyle\prod_{j \neq i}(x_i - x_j)}$, 其复杂度为 $O(n)$, 所以计算每一个 $p_n(x)$ 的复杂度是 $O(n^2)$. 下面考虑 Newton 插值的计算复杂性: 首先得到系数矩阵的复杂性为 $O(n^2)$, 后带求解也是 $O(n^2)$, 得到系数后, 计算每一个 $p_n(x)$ 的复杂度是 $O(n)$, 并且添加一个点后求解系数的复杂度增加 $O(n)$. 于是面临计算 N ($N \geqslant n$) 个点上的函数值时, Lagrange 基底插值的复杂性为 $O(n^2 N)$, 而 Newton 插值的计算复杂性为 $O(n^2 + nN)$. 从计算复杂性来看, 好像 Newton 插值是一个不错的方法, 但是如果仅仅看计算复杂性的话, 求解 Vandermonde 矩阵的方法好像也不算很差, 特别是 $N \geqslant n^2$ 时, 因为在已知多项式系数的前提下利用秦九韶算法的复杂度为 $O(n)$, 这样加上求解线性方程组其总体复杂度为 $O(n^3 + nN)$. 但是因为求解 Vandermonde 矩阵的不稳定性导致该方法并不实用.

　　而我们发现在 Newton 插值的求解中, 也需要求解下三角形方程组, 只要需要求解方程组, 我们就需要关心其数值稳定性. 事实上 Newton 插值中产生的下三角形矩阵的最小奇异值随着插值点数的增加迅速衰减到 0, 这就导致虽然 Newton 插值看起来是一个有效的算法, 但是其实它并不是数值稳定的.

　　在实践中我们希望能够找到一个计算公式, 具有良好的数值稳定性, 同时希望计算复杂度和 Newton 插值类似. 而我们仔细观察 Lagrange 基底插值公式时, 会发现通过合理的安排计算顺序和存储一些中间数值, 有很多重复计算可以省略, 从而达到减少计算量的效果, 下面我们介绍重心公式, 这是计算 Lagrange 插值的有效且数值稳定的方法. 首先令

$$\omega_{n+1}(x) = \prod_{i=0}^{n}(x - x_i), \tag{7.28}$$

于是 Lagrange 基函数可以写成

$$l_j(x) = \omega_{n+1}(x)\frac{\omega_j}{x - x_j}, \tag{7.29}$$

其中 ω_j 为常数:

$$\omega_j = \frac{1}{\displaystyle\prod_{k \neq j}(x_j - x_k)}. \tag{7.30}$$

于是插值多项式可以表示为如下第一类重心公式:

$$p_n(x) = \omega_{n+1}(x)\sum_{j=0}^{n}\frac{\omega_j}{x - x_j}y_j. \tag{7.31}$$

注意到这种格式, 只需要预先计算并存储 ω_j 就可以 (很多特殊节点有简单的表达式), 于是即使重新加入新点, 计算起来仍然只需要 $O(n)$ 的运算复杂度. 在 N 个节点上进行计算时, 总体的计算复杂度为 $O(n^2 + nN)$.

　　我们可以对第一类重心公式进一步变形, 得到另外一个等价的第二类重心公式 (该公式可以看出为什么叫做重心公式), 这是实际中用的更多的方法. 注意到

$$1 = \sum l_j(x) = \omega_{n+1}(x)\sum\frac{\omega_j}{x - x_j}, \tag{7.32}$$

于是

$$p_n(x) = \frac{\displaystyle\sum_{j=0}^{n}\frac{\omega_j}{x - x_j}y_j}{\displaystyle\sum_{j=0}^{n}\frac{\omega_j}{x - x_j}}. \tag{7.33}$$

事实上这种算法不仅有对称性, 还有数值稳定性, 即使当 $x \to x_j$ 时, 分子分母同时都很大, 这也会抵消不稳定性.

7.2 等距节点高阶多项式插值的不稳定性

前面的定理 7.1.2 给出了 Lagrange 余项的误差估计. 直观上看, 插值节点的数量 n 越多, 余项可能越小, 从而多项式逼近得越精确. 但实际中, 随着 n 的增大, 我们会得到一个次数很高的多项式 $p_n(x)$, 这个多项式虽然在很多点处与真实函数 $f(x)$ 严格相等, 但从整体上看效果并不一定好.

这一节中我们考虑等距节点中 Lagrange 插值所具有的不稳定性, 并补充部分非等距插值的内容, 主要从以下两个方面来讲. 第一, Runge 现象是在一组等距节点上使用高阶多项式进行插值时出现的区间边缘处的振荡问题, 一个关于 Runge 现象的算例可以见图 7.1, 随着等距样本量 n 的增加, $P_n(x)$ 逐渐偏离 $f(x)$, 并最终在区间边缘产生强烈振荡, 在定理 7.2.1 中我们给出特定 Runge 函数的插值多项式 p_n 的不收敛性; 第二, 从数值的角度来讲, 我们引入 Lebesgue 常数来描述样本点集合所带来的误差放大倍数, 从而解释了等距样本点集合的数值不稳定性. 此外, 我们在最后一小节中介绍了 Chebyshev 点, 并通过数值实验展示了非等距样本点集合的优势.

图 7.1 中我们令 $x \in [-5, 5]$, 同时对 Runge 函数 $f(x) = \dfrac{1}{1 + x^2}$ 的等距样本点进行插值. 其中虚曲线表示我们的目标函数, 即 Runge 函数; 黑色的圆点表示在 $[-5, 5]$ 区间等距取样得到的样本点, 样本点的数量与子图的标题 n 相对应, 在图中我们取 $n = 2, 4, 8, 16, 32, 64$. 实曲线表示通过多项式插值得到的函数 $P_n(x)$.

经典的 Weierstrass 第一逼近定理表明, 对于定义在区间 $[a, b]$ 上的任意连续函数 $f(x)$, 存在一组多项式函数 $\{P_n : n = 0, 1, 2, \cdots\}$ (其中 P_n 表示至多 n 阶的多项式), 随着 n 趋于无穷, 能够一致收敛地逼近 $f(x)$, 即

$$\lim_{n \to \infty} \left(\max_{a \leqslant x \leqslant b} |f(x) - P_n(x)| \right) = 0.$$

考虑到定义 7.1.1 和定理 7.1.1, 我们希望用至多 n 阶的多项式 $P_n(x)$ 对函数 $f(x)$ 的 $n + 1$ 个等距样本点进行插值. 很自然地, 根据 Weierstrass 逼近定理, 人们可能认为使用更多的样本点会导致更加精确的目标函数 $f(x)$ 的重建. 然而, 这组特定的多项式函数 $P_n(x)$ (如上一节的 Lagrange 插值函数和 Newton 插值函数) 并不能保证一致收敛的特性; 此外, 该定理仅说明存在一组多项式函数, 而没有提供找到该函数的一般方法.

定理 **7.2.1** 定义 Runge 函数 $f(x) = \dfrac{1}{1 + x^2}$, $x \in [-5, 5]$. Runge 函数的等距节点插值函数 $P_n(x)$ 在区间 $[-r, r]$ 外不收敛到 $f(x)$, 其中 $r \approx 3.63$.

证明 首先我们需要先计算余项 $R_n(x) = f(x) - P_n(x)$, 根据性质 7.1.3 我们知道

$$R_n(x) = \omega_{n+1}(x) f[x_0, \cdots, x_n, x],$$

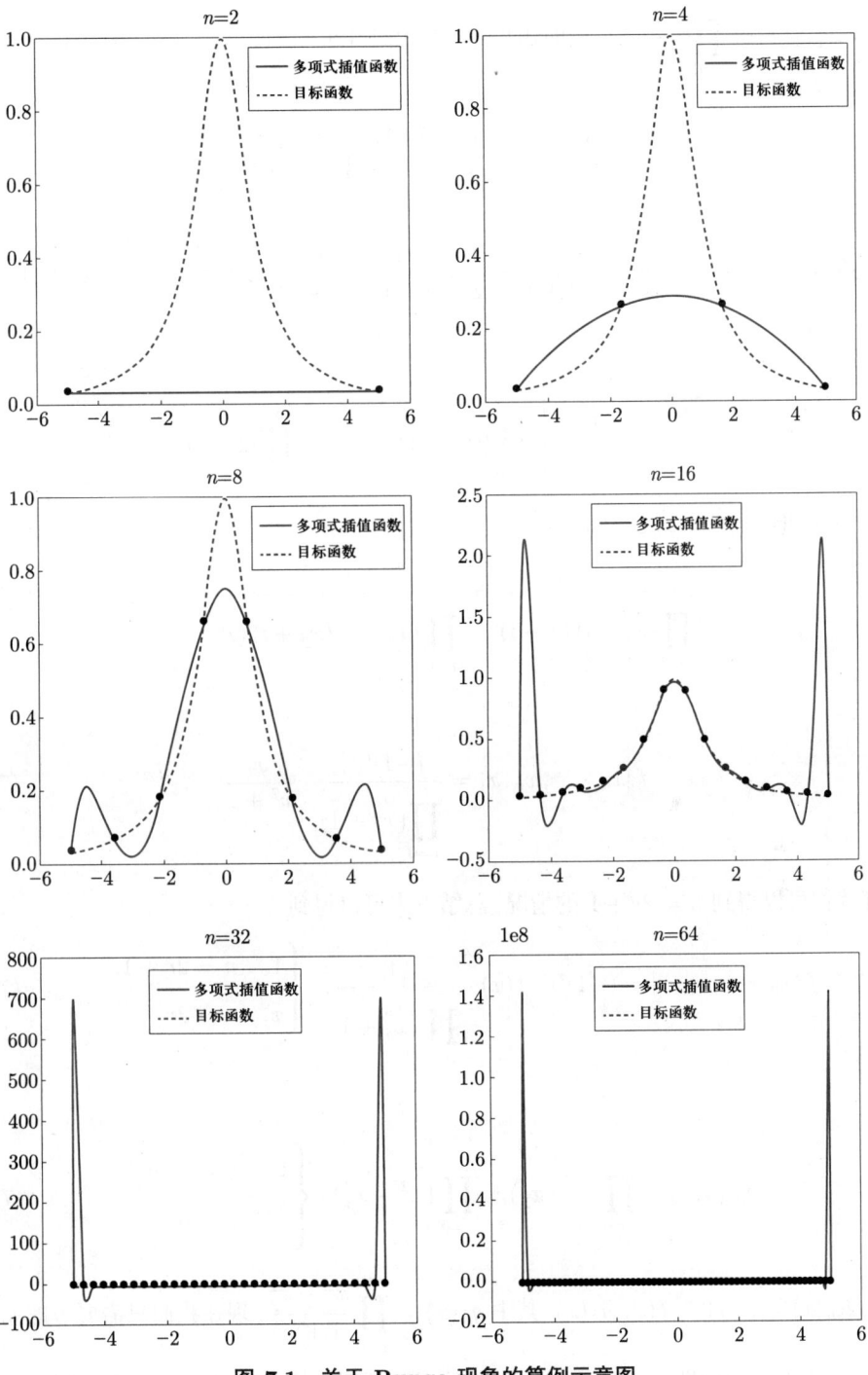

图 7.1 关于 Runge 现象的算例示意图

其中 $\omega_{n+1}(x) = \prod\limits_{i=0}^{n} (x - x_i)$. 同时由例 7.1.1 我们可知当 $f(x) = \dfrac{1}{x+C}$ 时, 有

$$f[x_0, x_1, \cdots, x_n] = (-1)^n \frac{1}{\prod\limits_{j=0}^{n}(x_j + C)}.$$

而现在 $f(x) = \dfrac{1}{1+x^2}$, 根据 $\dfrac{1}{x^2+1} = \dfrac{1}{2\mathrm{i}} \left(\dfrac{1}{x-\mathrm{i}} - \dfrac{1}{x+\mathrm{i}} \right)$ 以及差商运算的线性性, 我们可以得到:

$$f[x_0, \cdots, x_n, x] = \frac{(-1)^{n+1}}{2\mathrm{i}} \left[\frac{1}{\prod\limits_{j=0}^{n}(x_j - \mathrm{i})(x - \mathrm{i})} - \frac{1}{\prod\limits_{j=0}^{n}(x_j + \mathrm{i})(x + \mathrm{i})} \right]. \tag{7.34}$$

当 $n = 2r$ 时, $x_j = -x_{n-j}$, 则

$$\frac{1}{\prod\limits_{j=0}^{n}(x_j - \mathrm{i})(x - \mathrm{i})} = \frac{(-1)^r \mathrm{i}}{\prod\limits_{j=0}^{r}(x_j - \mathrm{i})(x_j + \mathrm{i})(x - \mathrm{i})}. \tag{7.35}$$

此时,

$$f[x_0, \cdots, x_n, x] = \frac{(-1)^{r+1}}{\prod\limits_{j=0}^{r}(x_j^2 + 1)} \cdot \frac{x}{x^2 + 1}. \tag{7.36}$$

同理我们可以得到 $n = 2r + 1$ 的情况, 总结下来可以得到

$$f[x_0, \cdots, x_n, x] = (-1)^{r+1} f(x) \cdot \frac{1}{\prod\limits_{j=0}^{r}(x_j^2 + 1)} \cdot \begin{cases} 1, & n = 2r + 1, \\ x, & n = 2r. \end{cases} \tag{7.37}$$

另外

$$w_{n+1}(x) = \prod\limits_{j=0}^{n}(x - x_j) = \prod\limits_{j=0}^{r}(x^2 - x_j^2) \cdot \begin{cases} 1, & n = 2r + 1, \\ \dfrac{1}{x}, & n = 2r. \end{cases} \tag{7.38}$$

于是 $R_n(x) = (-1)^{r+1} f(x) \cdot g_n(x)$, 其中 $g_n(x) = \prod\limits_{j=0}^{r} \dfrac{x^2 - x_j^2}{1 + x_j^2}$. 现在我们只需要考虑 $g_n(x)$ 在 $[0, 5]$ 上的收敛性即可, 我们可以对 $g_n(x)$ 取对数然后乘等距节点间距 h, 即得到

$$h \ln |g_n(x)| = \sum\limits_{j=0}^{r} \ln \left| \frac{x^2 - x_j^2}{1 + x_j^2} \right| h, \tag{7.39}$$

固定 x 后我们取极限, 令 $h \to 0$ 得到 $q(x) = \int_0^5 \ln|x^2 - \xi^2| - \ln(1 + \xi^2)\,\mathrm{d}\xi$. 估计此积分

$$q(x) = \int_0^x \ln(x - \xi)\mathrm{d}\xi + \int_x^5 \ln(\xi - x)\mathrm{d}\xi + \int_0^5 \left(\ln(x + \xi) - \ln(1 + \xi^2)\right)\mathrm{d}\xi \quad (7.40)$$

$$= (5 + x)\ln(5 + x) + (5 - x)\ln(5 - x) - 5\ln 26 - 2\arctan 5. \quad (7.41)$$

于是可以计算出此函数仅有一个零点, 且在零点左边为负, 右边为正, 并近似计算出零点约为 3.63. 即当 $r > 3.63$ 时, 余项发散. 故而得到结论. □

Runge 现象说明了当函数的性态不够好 (即使无穷次光滑也不行), 等距节点的高次多项式插值在边界附近会产生剧烈的振荡从而导致误差急剧增长, 但是这并不是故事的全部. 我们可以看下面这个例子, 令被插值函数 $g(x) = \sin x$, 于是按照 Lagrange 余项的误差估计我们立刻得到理论上有 $|R_n| \leqslant \dfrac{1}{(n + 1)!}$, 看起来应该随着插值次数的增加, 插值多项式应该越来越接近真实的被插值函数. 但是在数值实验中我们会发现当插值多项式的次数比较高时, 误差会变得非常大. 具体如表 7.1.

表 7.1 平均平方误差表

n	平均平方误差
10	4.440e-31
20	2.279e-25
30	6.731e-21
40	7.250e-16
50	2.169e-09
60	2.485e-02

这里数值不稳定的原因来自舍入误差的影响, 即按照插值的要求 $P_n(x_i) = y_i$, 但是计算机上舍入误差带来的结果是 $P_n(x_i) = y_i + \varepsilon_i$, 这里 ε_i 大约是机器精度 (10^{-16}) 的量级.

为了分析算法的稳定性, 特别地解释上述插值方法的数值不稳定性, 我们需要引入 Lebesgue 常数的概念:

定义 7.2.1 考虑 X 为 $[a, b]$ 上 $n+1$ 个插值点的集合, 定义 Lebesgue 常数 $\Lambda_n(X) = \left\| \sum_{i=0}^n |l_i(x)| \right\|_{C[a,b]}$, 其中 $l_i(x)$ 为 Lagrange 插值基函数.

下面这两个定理给出了 Lebesgue 常数的等价定义.

定理 7.2.2 $\Lambda_n(x) = \sup\limits_{|y_i| \leqslant 1} \|p_n\|_{C[a,b]}$, 其中 p_n 为满足插值条件 $p_n(x_i) = y_i$ 的插值多项式.

证明 这里我们不妨新建两个记号:

$$\Lambda_n^{(1)}(X) = \max_{x \in [a,b]} \sum_{i=0}^n |l_i(x)|, \tag{7.42}$$

$$\Lambda_n^{(2)}(X) = \sup_{|y_i| \leqslant 1} \max_{x \in [a,b]} |p_n(x)|. \tag{7.43}$$

更具体地, $\Lambda_n^{(1)}(X)$ 表示上述定义中的 $\left\| \sum_{i=0}^n |l_i(x)| \right\|_{C[a,b]}$, $\Lambda_n^{(2)}(X)$ 是将本定理中的

$\sup\limits_{|y_i| \leqslant 1} \|p_n\|_{C[a,b]}$ 换了一种写法. 由于 $\sum\limits_{i=0}^n |l_i(x)|$ 为连续函数, 故 $\exists c \in [a,b]$, 使得

$$\max_{x \in [a,b]} \sum_{i=0}^n |l_i(x)| = \sum_{i=0}^n |l_i(c)| = \sum_{i=0}^n s_i l_i(c), \quad \text{其中 } s_i = \operatorname{sgn} l_i(c). \tag{7.44}$$

回顾式 (7.8), 在给定基函数 $\{l_i(x)\}$ 和观测 $\{y_i\}$ 后, 我们可以确定插值多项式 $p_n(x) = \sum\limits_{i=0}^n y_i l_i(x)$. 于是我们取 $y_i = s_i$, 则 $p_n(x) = \sum\limits_{i=0}^n s_i l_i(x)$,

$$\Lambda_n^{(1)}(X) = \sum_{i=0}^n s_i l_i(c) = p_n(c) \leqslant \max_{x \in [a,b]} |p_n(x)| \leqslant \Lambda_n^{(2)}(X). \tag{7.45}$$

反过来, $\forall \{y_i\}_{i=0}^n \subseteq [-1,1]$, 令其产生的插值多项式 $p_n(x)$ 在 $c \in [a,b]$ 上取到最大模. 则 $|p_n(c)| = \left| \sum\limits_{i=0}^n y_i l_i(c) \right| \leqslant \sum\limits_{i=0}^n |y_i| |l_i(c)| \leqslant \sum\limits_{i=0}^n |l_i(c)| \leqslant \Lambda_n^{(1)}(X)$. 于是有 $\max\limits_{x \in [a,b]} |p_n(x)| \leqslant \Lambda_n^{(1)}(X)$, 注意到这一不等式对所有的 $\{y_i\}_{i=0}^n \subseteq [-1,1]$ 都成立, 于是有 $\Lambda_n^{(2)}(X) \leqslant \Lambda_n^{(1)}(X)$, 证毕. □

定理 7.2.3 证明 $\sup \dfrac{\|p_n\|_{C[a,b]}}{\|f\|_{C[a,b]}} = \sup\limits_{|y_i| \leqslant 1} \|p_n\|_{C[a,b]}$.

证明 显然有 LHS $= \sup\limits_{\|f\|_{C[a,b]} \leqslant 1} \|p_n\|_{C[a,b]} \leqslant \sup\limits_{|y_i| \leqslant 1} \|p_n\|_{C[a,b]} = $ RHS. 下面我们只需要证明 LHS $\geqslant$ RHS, 我们采用一个构造性的证明, 这里我们提供一种简单的构造 f 的方式. 定义一个分段线性函数 f, 使得 $f(a) = f(x_0) = y_0, f(x_1) = y_1, \cdots, f(b) = f(x_n) = y_n$, 即函数 f 相邻插值节点之间都是线性函数. 例如由点 (x_i, y_i) 和 (x_{i+1}, y_{i+1}) 构成的一条线段即为函数 f 的一个片段. 这样我们构造出来的函数 f 满足一个性质, 即函数 f 的极值一定在端点才能取到. 那么满足 $\|f\|_{C[a,b]} = \max |y_i| \leqslant 1$. 易证 LHS $\geqslant$ RHS. 证毕.

□

Lebesgue 常数的不同定义描述了不同的性质, 其直观意义都比较明确. 在区间 $[a,b]$ 上给定一组插值节点 X 后, 原始定理可以直接用来计算 Lebesgue 常数. 在其等价定义 (定理 7.2.3) 下, Lebesgue 常数描述了多项式插值函数 p_n 与真实函数 f 在范数 $\|\cdot\|_{C[a,b]}$ 意义下的比值上确界, 这样 Lebesgue 常数能够非常自然地描述插值的不稳定性. 在定理 7.2.2 的定义中, Lebesgue 常数可以理解成算子范数的大小. 即给定一组插值节点 X

后, 将 Lagrange 插值看成从 $\mathbb{R}^{n+1}$ 到 $\mathbb{P}_n$ 上的线性映射. 这个线性映射在 $(\mathbb{R}^{n+1}, \|\cdot\|_\infty)$ 到 $(\mathbb{P}_n, \|\cdot\|_{C[a,b]})$ 这两个范数下的算子范数就是 Lebesgue 常数, 这个定义也描述了误差放大的倍数.

综上, 我们给出了 Lebesgue 常数的三种等价定义, 第三种理解是非常本质的, 而在数值计算中 Lebesgue 常数则描述了误差的放大倍数. 下面的定理显示了等距节点是一种非常不稳定的选择.

定理 7.2.4 令 $X = \left\{ \dfrac{i}{n} : i = -n, \cdots, 0, \cdots, n \right\}$, 则其对应的 Lebesgue 常数有估计: $\Lambda_{2n}(X) \geqslant \dfrac{4^{n-2}}{n^2}$.

证明 显然 $\Lambda_{2n}(X) = \max\limits_{x \in [-1,1]} \sum\limits_{i=-n}^{n} |l_i(x)| \geqslant \left| l_0 \left(1 - \dfrac{1}{2n} \right) \right|$, 其中

$$l_0(x) = \frac{\prod\limits_{j \neq 0}(x - x_j)}{\prod\limits_{j \neq 0}(x_0 - x_j)}, x_j = \frac{j}{n}, j = -n, \cdots, 0, \cdots, n. \tag{7.46}$$

于是我们有

$$\left| l_0 \left(1 - \frac{1}{2n} \right) \right|$$

$$= \left| \frac{\left(1 - \dfrac{1}{2n} - 1 \right) \left(1 - \dfrac{1}{2n} - \dfrac{n-1}{n} \right) \cdots \left(1 - \dfrac{1}{2n} - \dfrac{1}{n} \right) \left(1 - \dfrac{1}{2n} + \dfrac{1}{n} \right) \cdots \left(1 - \dfrac{1}{2n} + 1 \right)}{(0 - 1) \left(0 - \dfrac{n-1}{n} \right) \cdots \left(0 - \dfrac{1}{n} \right) \left(0 + \dfrac{1}{n} \right) \cdots \left(0 + \dfrac{n-1}{n} \right) (0 + 1)} \right|$$

$$= \frac{(4n-1)!!}{2^{2n}(n!)^2(2n-1)} = \frac{(4n)!}{4^{2n}(2n)!(n!)^2(2n-1)}. \tag{7.47}$$

由 Stirling 公式: $n! = e^{\theta_n} \sqrt{2n\pi} \left(\dfrac{n}{e} \right)^n$, 其中 $\theta_n \in \left(\dfrac{1}{12n+1}, \dfrac{1}{12n} \right)$, 得到

$$\Lambda_{2n}(X) \geqslant \frac{1}{e^{5/24n}} \cdot \frac{4^{4n} \left(\dfrac{n}{e} \right)^{4n} \sqrt{8\pi n}}{4^{2n} 2^{2n} \left(\dfrac{n}{e} \right)^{4n} 2\pi n \sqrt{2\pi 2n}(2n-1)} \geqslant \frac{\sqrt{24^n}}{e^{5/24} 4\pi n^2} > \frac{4^{n-2}}{n^2}. \tag{7.48}$$

证毕. $\qquad\qquad\qquad\qquad\qquad\qquad\qquad\qquad\qquad\qquad\qquad\qquad\qquad\qquad\qquad\quad\square$

从上面的估计式可以发现, 当区间等距选取 70 个左右的插值点时, Lebesgue 常数会大到 10^{16} 以上, 从而将机器误差放大到肉眼清晰可见的不同.

至此我们可以稍微总结一下等距节点高次多项插值可能带来的困难: 首先如果函数本身的性态不够好, 其多项式插值经常会带来 Runge 现象; 即使函数本身性态非常好, 但是由于不可避免的浮点误差, 当插值点过多时, Lebesgue 常数会把浮点误差放大至肉眼可见的地步. 为了克服等距节点高次多项式插值所面临的困难, 我们可以采用如下的方法.

1. 选择非等距节点进行插值;

2. 选择分片低次多项式进行插值;

3. 将插值改为其他近似方法 (如最佳平方逼近等);

4. 其他策略 (如将多项式空间改为其他函数空间).

本节中我们介绍第一种方式来避免插值的不稳定性, 即选择特定的非等距节点进行插值. 在非等距节点的选择中, Chebyshev 点是最常见和重要的一类, 我们首先给出 Chebyshev 点的基本定义.

定义 7.2.2 对于任意一个给定的正整数 n, 在区间 $[-1,1]$ 上的第一类 Chebyshev 点为

$$x_k = \cos\left(\frac{2k+1}{2n+2}\pi\right), \quad k = 0, 1, \cdots, n. \tag{7.49}$$

对于任意区间 $[a,b]$, 我们只需要复合一个仿射函数即可得到:

$$x_k = \frac{1}{2}(a+b) + \frac{1}{2}(b-a)\cos\left(\frac{2k+1}{2n+2}\pi\right), \quad k = 0, 1, \cdots, n. \tag{7.50}$$

第一类 Chebyshev 点不包含区间的左右端点, 下面的第二类 Chebyshev 点则包含区间的两个端点:

$$x_k = \cos\left(\frac{k}{n}\pi\right), \quad k = 0, 1, \cdots, n. \tag{7.51}$$

类似地, 任意区间上的第二类 Chebyshev 点可以通过复合仿射函数得到:

$$x_k = \frac{1}{2}(a+b) + \frac{1}{2}(b-a)\cos\left(\frac{k}{n}\pi\right), \quad k = 0, 1, \cdots, n. \tag{7.52}$$

Chebyshev 点和 Chebyshev 多项式密切相关, n 次 Chebyshev 多项式定义为

$$T_n(x) = \cos(n\arccos x), \quad x \in [-1,1]. \tag{7.53}$$

对于绝对值大于 1 的 x, $T_n(x)$ 按照多项式的表达式进行延拓即可, Chebyshev 多项式和 Chebyshev 点的几个基本性质我们罗列在下面, 更多的性质将在下一章正交多项式部分给出.

命题 7.2.1 (1) 公式 (7.53) 定义了一个 n 次多项式, 并且首项系数为 2^{n-1}.

(2) 第一类 Chebyshev 点是 $T_{n+1}(x)$ 的全部零点, 第二类 Chebyshev 点是 $T_n(x)$ 在区间 $[-1,1]$ 上的全部最值点, 同时也是多项式 $T_{n+1}(x) - T_{n-1}(x)$ 的全部零点.

证明 我们首先使用归纳法来证明 (1), 令 $x = \cos t$, 则 $T_n(x) = \cos nt$. 当 $n = 0, 1$ 时结论显然成立, 不妨设 $n \leqslant k$ 时 (1) 都成立, 则对于 $n = k+1$ 我们利用和差化积公式得到

$$\cos(k+1)t = 2\cos kt \cos t - \cos(k-1)t \Rightarrow T_{k+1}(x) = 2xT_k(x) - T_{k-1}(x), \tag{7.54}$$

这就证明了性质 (1). 下面来证明性质 (2), 由第一类 Chebyshev 点的定义和 $T_{n+1}(x)$ 的定义立刻得到 $x_i = \cos\dfrac{2i+1}{2n+2}\pi$ 是 $T_{n+1}(x)$ 的零点, 再由 $n+1$ 次多项式的零点数目不超过 $n+1$ 得到第一类 Chebyshev 点是 $T_{n+1}(x)$ 的全部零点, 类似的方法可以证明第二类 Chebyshev 点是多项式 $T_{n+1}(x) - T_{n-1}(x)$ 的全部零点 (利用公式 (7.54) 即可). 最后我们来证明第二类 Chebyshev 点是 $T_n(x)$ 在区间 $[-1,1]$ 上的全部最值点. 在区间 $[-1,1]$ 上, Chebyshev 多项式 $T_n(x) = \cos nt$, 其中 $t = \arccos x \in [0,\pi]$, 则其最大最小值分别为 ± 1. 于是 $nt \in [0, n\pi]$, 利用余弦函数的定义可以知道仅当 $\xi_i = i\pi$ 时, $\cos\xi_i$ 才能取到最大 (小) 值, 这些点所对应的 x 就是第二类 Chebyshev 点. □

在后面的叙述中, 如果没有特定指明, 所有的 Chebyshev 点均默认为区间 $[-1,1]$ 上的第一类 Chebyshev 点. 对于 Chebyshev 点插值, 我们有如下的逼近定理, 因证明较为复杂超出了本书的范围, 可以参考 [30] 以及其所列的参考文献.

定理 7.2.5 若 $f \in C[-1,1]$ 为 s 次可导的函数, 其中第 s 阶的导数可以是分片定义的, 且其 s 阶导数具有有界变差, 变差为 V. 我们有

$$\|f - p_n\|_{C[-1,1]} \leqslant \frac{4V}{\pi s(n-s)^s},$$

其中 p_n 为 f 在 Chebyshev 点上的插值多项式. 如果 f 在 $[-1,1]$ 上实解析, 则存在 $\rho > 1$ 使得

$$\|f - p_n\|_{C[-1,1]} \leqslant C\rho^{-n}.$$

我们对该逼近定理进行简单的解释. 首先该定理说明只要被插值函数 f 具有非常微弱的光滑性, 则在 Chebyshev 点上进行插值, 就可以保证插值多项式 p_n 随着插值点数目的增加会一致收敛到目标函数. 而且, 目标函数的光滑性越好, 收敛速度越快, 如果目标函数是实解析的, 则以几何速度收敛.

该定理保证了理论上 (即没有计算误差的情况下), Chebyshev 点进行插值不会产生 Runge 现象等类似不稳定的情况. 为了保证该方法的数值稳定性, 还需要考虑在输入有扰动的情形, 得到插值函数的误差大小 (即对于 Chebyshev 点的 Lebesgue 常数的大小). 我们同样不加证明地给出一个估计式, 证明可以参考 [30].

定理 7.2.6 对于 $[-1,1]$ 上 $(n+1)$ 个 Chebyshev 点构成的点组 X, 我们有 $\Lambda_n(X) \leqslant \dfrac{2}{\pi}\log(n+1) + 1$.

从上述定理我们会发现, 随着插值节点的增加, Lebesgue 常数的确会发散到无穷大, 但是在合理的计算范围内 (如十万阶或者百万阶多项式插值), Chebyshev 点的 Lebesgue 常数都不会超过 20, 这就意味着如果不考虑舍入误差的累计 (即仅考虑初始插值点数据的舍入误差这一简化模型), 则精度的损失几乎可以忽略. 在实践的意义下, Chebyshev 点进行插值也是数值稳定的.

最后我们还要考虑实际程序操作上, Chebyshev 点是否具有高效稳定的特点. 由前面

的章节我们知道, Vandermonde 矩阵求逆 (单项式基底) 和 Newton 插值方法 (Newton 基底) 都是数值不稳定的算法, 而重心公式通常具有较好的数值稳定性. 回顾重心公式, 插值多项式 $p_n(x)$ 可以表示为

$$p_n(x) = \frac{\displaystyle\sum_{j=0}^{n} \frac{\omega_j}{x - x_j} y_j}{\displaystyle\sum_{j=0}^{n} \frac{\omega_j}{x - x_j}},$$

其中仅依赖于插值点的常数

$$\omega_i = \frac{1}{\displaystyle\prod_{j \neq i}(x_i - x_j)}$$

需要预先计算. 当 n 非常大 (如 10^6) 时, 计算 ω_i 可能会产生上溢/下溢 (超过浮点数能够表示的范围). 通过下面的定理, 我们发现在选择 Chebyshev 点时, 是可以通过很简单的归一化方法来避免这种情形发生的.

命题 7.2.2 对于第一类和第二类 Chebyshev 点, 重心公式中的系数 ω_i 具有如下的解析表达式.

(1) 令 $x_i = \cos \dfrac{2i+1}{2n+2}\pi \ (i = 0, 1, \cdots, n)$ 为第一类 Chebyshev 点, 则

$$\omega_i = (-1)^i \frac{2^n}{n+1} \sin \frac{2i+1}{2n+2}\pi, \quad l = 0, 1, \cdots, n.$$

(2) 令 $x_i = \cos \dfrac{i}{n}\pi \ (i = 0, 1, \cdots, n)$ 为第二类 Chebyshev 点, 则 $\omega_i = \dfrac{2^{n-1}}{n}(-1)^i$, $1 \leqslant i \leqslant n - 1$, 当 $i = 0, n$ 时, 系数为内部表达式的一半即 $\omega_i = \dfrac{2^{n-1}}{2n}(-1)^i$.

证明 对于任意的节点组 $\{x_i\}_{i=0}^n$, 通过定义首项系数为一的 $n+1$ 次多项式

$$\omega_{n+1}(x) = \prod_{i=0}^{n}(x - x_i),$$

都不难观测出 $\omega_i = \dfrac{1}{\omega_{n+1}'(x_i)}$, 下面我们分别证明 (1) 和 (2). 对于 (1) 由命题 7.2.1 知道第一类 Chebyshev 点 $x_j = \cos \dfrac{2j+1}{2n+2}\pi \ (j = 0, 1, \cdots, n)$ 是 Chebyshev 多项式 $T_{n+1}(x)$ 的全部零点, 且通过比较首项系数得到

$$\omega_{n+1}(x) = \frac{1}{2^n} T_{n+1}(x).$$

引入变量替换 $x = \cos t$, 则 $T_{n+1}(x) = \cos(n+1)t$, 于是有

$$2^n \omega_{n+1}'(x_i) = T_{n+1}'(x_i) = \frac{\mathrm{d}}{\mathrm{d}t}\cos(n+1)t \frac{\mathrm{d}t}{\mathrm{d}x}\bigg|_{x_i}$$

$$= (n+1)\frac{\sin(i+0.5)\pi}{\sin\frac{2i+1}{2n+2}\pi} = (-1)^i\frac{n+1}{\sin\frac{2i+1}{2n+2}\pi},$$

得到 $\omega_i = (-1)^i\frac{2^n}{n+1}\sin\frac{2i+1}{2n+2}\pi$.

下面来证明 (2). 由 ω_i 的定义知道其为 $T_n(x)$ 的极值点, 并且为 $T_{n+1} - T_{n-1}$ 的根 (见命题 7.2.1). 考察首项系数后得到

$$\omega_{n+1}(x) = \frac{1}{2^n}(T_{n+1}(x) - T_{n-1}(x)).$$

通过变量替换 $x = \cos t \Rightarrow -\sin t\,\mathrm{d}t = \mathrm{d}x$, 对于所有的 $1 \leqslant j \leqslant n-1$, 我们有

$$T'_{n+1}(x_j) - T'_{n-1}(x_j) = -2\frac{\mathrm{d}(\sin nt \sin t)}{\mathrm{d}t}\frac{\mathrm{d}t}{\mathrm{d}x}\Big|_{x_j}$$

$$= -2(n\cos nt\sin t + \sin nt\cot t)\frac{\mathrm{d}t}{\mathrm{d}x}\Big|_{x_j}$$

$$= 2n\cos(nt_j) = (-1)^j 2n,$$

其中 $t_j = \arccos x_j$. 注意到上述证明对 $j = 0, n$ 是不成立的, 因为在两个端点处 $\sin nt_j = 0$, 从而 $\frac{\mathrm{d}t}{\mathrm{d}x}|_{x_j} = \infty$, 此时不能使用简单的链式法则, 我们可以考虑极限过程. 不妨设 $j = 0$, 即 $x_j = 1, t_j = 0$. 由函数的连续性得到

$$T'_{n+1}(1) - T'_{n-1}(1) = \lim_{x \to 1^-} -2\frac{\mathrm{d}(\sin nt\sin t)}{\mathrm{d}t}\frac{\mathrm{d}t}{\mathrm{d}x}$$

$$= \lim_{x \to 1^-} -2(n\cos nt\sin t + \sin nt\cos t)\frac{\mathrm{d}t}{\mathrm{d}x}\Big|_x$$

$$= \lim_{t \to 0^+} \frac{2(n\cos nt\sin t + \sin nt\cos t)}{\sin t}$$

$$= 4n.$$

类似可以得到 $j = n$ 的情形, 最后再次利用 $\frac{1}{\omega_i} = \omega'(x_i)$ 可以证明结论, $\qquad \square$

从上面几个定理中, 我们可以发现将等距节点改为特定的非等距节点如 Chebyshev 点, 从理论上的收敛性、数值稳定性、程序实现三个方面均可以有效地解决多项式插值问题. 当然解决等距节点插值不稳定性的方法还可以从修改高次整体多项式插值为低次分片多项式插值、将多项式插值改为多项式逼近等不同的方法, 我们在后面的章节中将分别进行探讨.

下面以 Runge 函数为例, 观测 Chebyshev 点进行插值的数值结果 (见图 7.2). 随着非等距样本量 n 的增加, $P_n(x)$ 逐渐逼近 $f(x)$, 这里我们使用的目标函数 $f(x)$ 和样本量 n 都与图 7.1 中的相同, 但是基于 Chebyshev 点构成的非等距样本点避免了 Runge 现象. 我们将这两种插值节点对应的多项式插值 MSE 结果展示在表 7.2 中, 可以清晰观察到非等距插值的优势, 关于 MSE 收敛阶的描述具体见图 7.3.

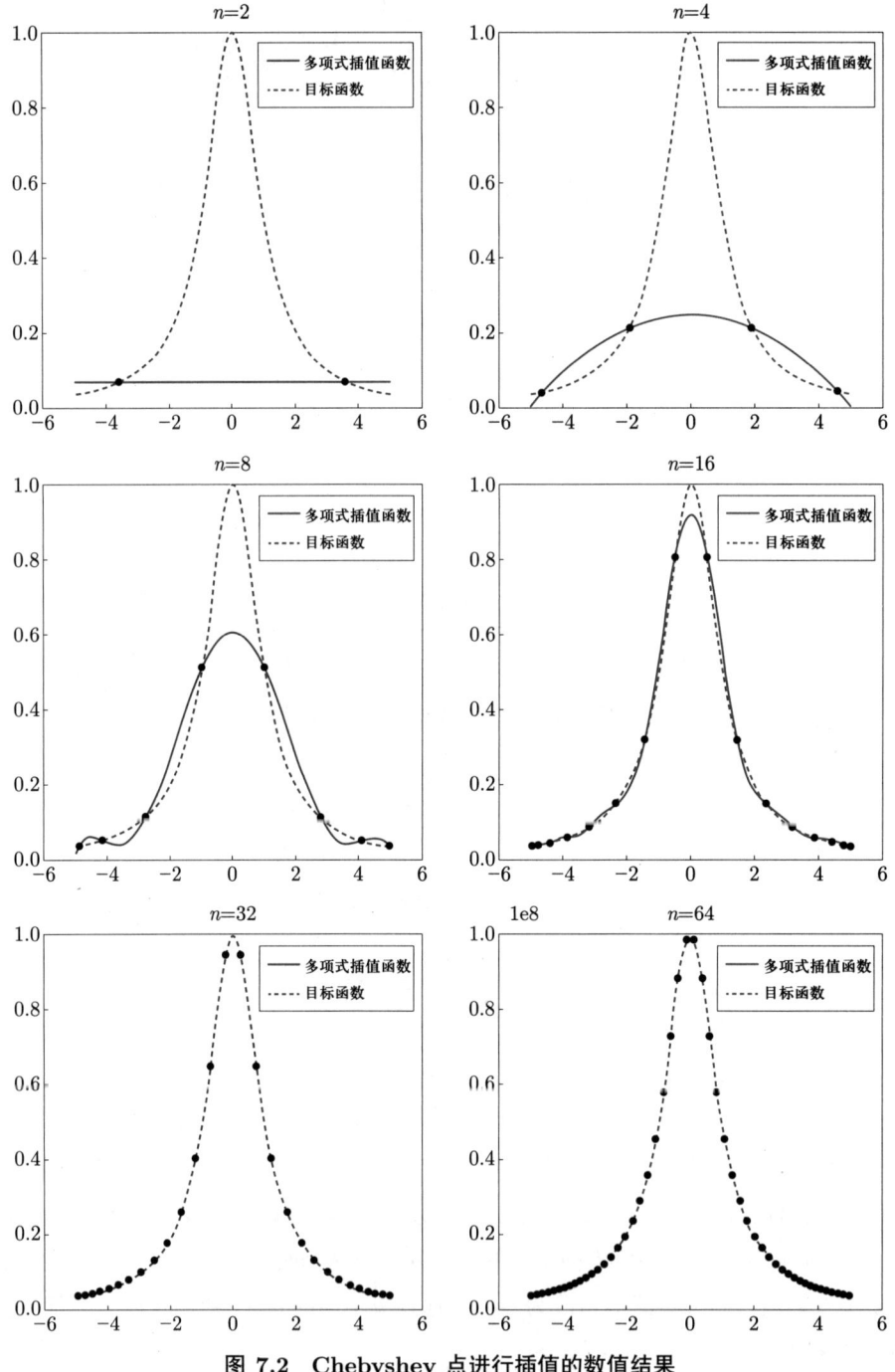

图 7.2 Chebyshev 点进行插值的数值结果

图 7.2 中我们令 $x \in [-5, 5]$, 同时对 Runge 函数 $f(x) = \dfrac{1}{1+x^2}$ 的非等距样本点 (Chebyshev 点) 进行插值. 其中虚曲线表示我们的目标函数, 即 Runge 函数; 黑色的圆点 表示在 $[-5, 5]$ 区间上等距取样得到的样本点, 样本点的数量与子图的标题 n 相对应; 实 曲线表示通过多项式插值得到的函数 $P_n(x)$.

表 7.2 MSE 结果

n	MSE (Chebyshev interpolation)	MSE (Isometric interpolation)
2	1.211e-1	1.366e-1
4	6.711e-2	5.935e-2
8	1.406e-2	1.058e-2
16	5.465e-4	2.538e-1
32	9.383e-7	1.195e+4
64	2.817e-12	2.267e+14

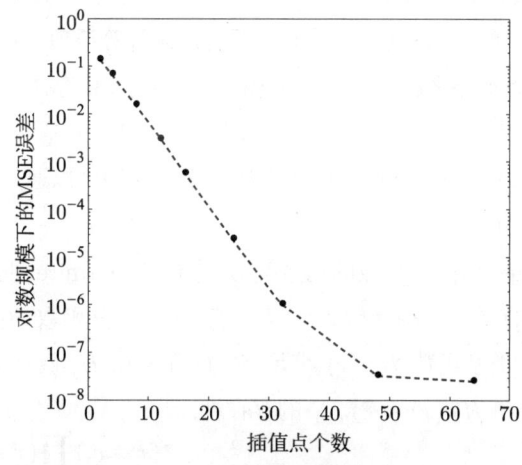

图 7.3 MSE 收敛阶的描述

图 7.3 中横坐标代表插值点的个数, 同时也对应插值多项式的阶数. 纵坐标表示对应的对数规模下的 MSE 误差.

7.3 Hermite 插值

Hermite 插值是另一种多项式插值方法, 可以看做是 Lagrange 插值的一种拓展. 如果一个插值问题在给定节点处, 不仅要求函数值相等, 还要导数值 (或者高阶导数值) 相等, 满足这种要求的插值多项式便是 Hermite 插值. 值得注意的是, 从实用性的角度来看 Hermite 插值在工程中不太会单独使用, 因为一般来说导数值的精确测量都是不太容易的事情. 我们本节主要通过一个典型的例子来理解 Hermite 插值: 令插值条件为

$$p(x_i) = f(x_i), \quad p'(x_i) = f'(x_i), \quad i = 0, 1, \cdots, n. \tag{7.55}$$

后面不做特殊说明时 Hermite 插值均表示满足上述插值条件 (7.55) 给出了 $2n+2$ 个方程, 于是自然的我们会要求插值多项式 $p(x) \in \mathbb{P}_{2n+1}$. 类似 Lagrange

插值多项式的存在唯一性结论, 对于 Hermite 插值多项式我们也有如下的存在唯一性定理.

定理 7.3.1   当 x_i 互不相同时, 对于任意的 $f(x)$, 存在唯一的 $p_{2n+1}(x) \in \mathbb{P}_{2n+1}$, 满足插值条件 (7.55), 我们称 p_{2n+1} 为 Hermite 插值多项式.

如果采用类似 Lagrange 插值的方式证明 Hermite 插值的存在唯一性 (即选择单项式基底, 构造线性系统满足插值条件并证明线性方程组解的存在唯一性), 则可以发现线性方程组为合流-Vandermonde (Confluent Vandermonde) 矩阵, 需要额外花一些力气去证明其可逆性. 更重要的是我们知道单项式基底的相关性导致 Confluent Vandermonde 矩阵的求解也是不稳定的, 所以这一思路并不适合用来计算插值多项式.

我们沿着另外一条道路来思考, 首先 Hermite 插值 (如果存在的话) 很自然的是一个从 $\mathbb{R}^{2n+2}$ 到 $\mathbb{P}_{2n+1}$ 的线性算子, 那么 $\mathbb{P}_{2n+1}$ 就有一个自然的基底, 即 $\mathbb{R}^{2n+2}$ 空间中的标准基底的像 (类似 Lagrange 基底的构造方法). 于是我们可以通过构造性的证明, 说明 Hermite 插值多项式的存在性.

证明   与 Lagrange 插值基函数的构造类似, 先构造 Hermite 基函数. 需要注意的是, 由于多出导数值相等的要求, 基函数需要分为两类. 第一类基函数 $H_{1i}(x)$ 满足 $H_{1i}(x_j) = \delta_{ij}, H_{1i}'(x_j) = 0$; 第二类基函数 $H_{2i}(x)$ 满足 $H_{2i}(x_j) = 0$, $H_{2i}'(x_j) = \delta_{ij}$. 我们首先证明函数 $H_{1i}(x) \in \mathbb{P}_{2n+1}$ 和 $H_{2i}(x) \in \mathbb{P}_{2n+1}$ 的存在性.

对于第一类基函数, 我们可以构造 $H_{1i}(x) = \dfrac{(x - c_i)\prod\limits_{j \neq i}(x - x_j)^2}{(x_i - c_i)\prod\limits_{j \neq i}(x_i - x_j)^2}$, 其中 c_i 待定, 将通过条件 $H_{1i}'(x_i) = 0$ 解得. 对 $H_{1i}(x)$ 求对数得到 $\log|H_{1i}(x)| = \log|x - c_i| + 2\sum\limits_{j \neq i}\log|x - x_j|$. 从而 $\dfrac{H_{1i}'(x)}{H_{1i}(x)} = \dfrac{1}{x - c_i} + 2\sum\limits_{j \neq i}\dfrac{1}{x - x_j}$, 代入 x_i 即得 $c_i = x_i + \dfrac{1}{2\sum\limits_{j \neq i}\dfrac{1}{x_i - x_j}}$ $\left(\text{当} \sum\limits_{j \neq i}\dfrac{1}{x_i - x_j} \neq 0 \text{ 时}\right)$. 如果 $\sum\limits_{j \neq i}\dfrac{1}{x_i - x_j} = 0$, 我们发现 $H_{1i}(x) = \dfrac{\prod\limits_{j \neq i}(x - x_j)^2}{\prod\limits_{j \neq i}(x_i - x_j)^2}$ 可以满足所有的插值条件. 于是综合上述推导, 我们得到

$$
H_{1i}(x) = \begin{cases} \dfrac{(x - c_i)\prod\limits_{j \neq i}(x - x_j)^2}{(x_i - c_i)\prod\limits_{j \neq i}(x_i - x_j)^2}, \ c_i = x_i + \dfrac{1}{2\sum\limits_{j \neq i}\dfrac{1}{x_i - x_j}}, & \sum\limits_{j \neq i}\dfrac{1}{x_i - x_j} \neq 0, \\[3em] \dfrac{\prod\limits_{j \neq i}(x - x_j)^2}{\prod\limits_{j \neq i}(x_i - x_j)^2}, & \sum\limits_{j \neq i}\dfrac{1}{x_i - x_j} = 0. \end{cases}
$$

对于第二类基函数, 我们可以构造 $H_{2i}(x) = d_i(x-x_i)\prod\limits_{j\neq i}(x-x_j)^2$. 求导可以发现

$$H'_{2i}(x) = d_i\prod\limits_{j\neq i}(x-x_j)^2 + d_i(x-x_i)\left(\prod\limits_{j\neq i}(x-x_j)^2\right)'. \text{代入 } x=x_i \text{ 得到 } d_i = \frac{1}{\prod\limits_{j\neq i}(x_i-x_j)^2},$$

于是第二类基函数为

$$H_{2i}(x) = \frac{(x-x_i)\prod\limits_{j\neq i}(x-x_j)^2}{\prod\limits_{j\neq i}(x_i-x_j)^2}.$$

从 $H_{1i}(x) \in \mathbb{P}_{2n+1}$ 和 $H_{2i}(x) \in \mathbb{P}_{2n+1}$ 的构造中, 我们很容易证明它们满足各自的插值条件. 下面首先证明一般的 Hermite 插值多项式的存在性. 定义

$$p(x) = \sum_{i=0}^{n} f(x_i)H_{1i}(x) + \sum_{i=0}^{n} f'(x_i)H_{2i}(x),$$

容易验证 $p(x) \in \mathbb{P}_{2n+1}$ 及满足插值条件 (7.55). 最后来证明唯一性. 令 $p(x), q(x) \in \mathbb{P}_{2n+1}$ 使得 $p(x_i) = q(x_i) = f(x_i), p'(x_i) = q'(x_i) = f'(x_i)$ 对 $i = 0, 1, \cdots, n$ 成立. 令 $h(x) = p(x) - q(x) \in \mathbb{P}_{2n+1}$, 从而 $h(x_i) = 0, h'(x_i) = 0$ 对 $i = 0, 1, \cdots, n$ 成立. 故 $h(x) = c\prod\limits_{i=0}^{n}(x-x_i)^2 \in \mathbb{P}_{2n+1}, c = 0$. $\qquad\qquad\square$

类似 Lagrange 插值的 Lagrange 型误差估计, 对于 Hermite 插值, 我们同样也给出它的 Lagrange 型误差估计:

定理 7.3.2 (Hermite 插值的误差估计) 若 $f(x) \in C^{2n+2}[a,b]$, 则 Hermite 插值误差为

$$R(x) = f(x) - p(x) = \frac{f^{2n+2}(\eta)}{(2n+2)!}\prod_{i=0}^{n}(x-x_i)^2, \quad \exists\eta \in [a,b].$$

证明 该定理的证明思路与 Lagrange 插值类似. 首先由插值点处函数值与导数值均为零可知插值点都是余项函数 $R(x)$ 的重根, 于是得到

$$R(x) = u(x)\prod_{i=0}^{n}(x-x_i)^2.$$

因为 $x = x_i$ 的情形是平凡的, 我们仅考虑 $x \neq x_i$ 的情形. 构造辅助函数

$$l(t) = f(t) - p(t) - u(x)\prod_{i=0}^{n}(t-x_i)^2.$$

则根据定义有 $l(x_i) = 0, l'(x_i) = 0$ 对于 $i = 0, 1, \cdots, n$ 成立, 且 $l(x) = 0$. 于是在重根的意义下函数 $l(t)$ 有 $2n+3$ 个零点, 且其 $2n+2$ 次连续可微. 利用 Rolle 中值定理, 我们发现 $l'(t)$ 共有 $2n+2$ 个零点, 于是反复使用 Rolle 中值定理可知, 存在 $\eta \in [a,b]$ 使得

$l^{(2n+2)}(\eta) = 0$. 于是我们可以得到

$$l^{(2n+2)}(\eta) = f^{(2n+2)}(\eta) - u(x) \cdot (2n+2)! \quad \Rightarrow \quad u(x) = \frac{f^{(2n+2)}(\eta)}{(2n+2)!}. \qquad \square$$

在本节的最后, 我们给出一个常用的三次 Hermite 插值多项式供读者参考, 这样的三次 Hermite 插值多项式将在三次样条插值中出现,

例 7.3.1 考虑 $H(x) \in \mathbb{P}_3, H(x_0) = a, H(x_1) = b, H'(x_0) = c, H'(x_1) = d$, 给出 $H(x)$ 的表达式并计算 $H''(x_0)$.

解 对 $H(x)$ 进行恰当的表示可以更加方便地计算. 首先我们令 $H(x)$ 为 $H(x) = \alpha(x-x_0)^3 + \beta(x-x_0)^2 + \gamma(x-x_0) + \eta$, 则求导得到 $H'(x) = 3\alpha(x-x_0)^2 + 2\beta(x-x_0) + \gamma$, 代入 x_0 处的函数值与导数值可以立即得到 $\eta = \alpha, \gamma = c$. 我们用类似的方法计算 $H(x_1)$ 和 $H'(x_1)$ 可以得到如下方程:

$$\begin{bmatrix} (x_1-x_0)^3 & (x_1-x_0)^2 \\ 3(x_1-x_0)^2 & 2(x_1-x_0) \end{bmatrix} \begin{bmatrix} \alpha \\ \beta \end{bmatrix} = \begin{bmatrix} b-a-c(x_1-x_0) \\ d-c \end{bmatrix}.$$

解出 α, β 的值即得到相应的插值多项式, 具体计算结果留给读者完成, 我们在三次样条插值时会回到这一计算结果.

7.4 分片线性和分片三次 Hermite 插值

在实际应用中, 为了得到更好的插值精度, 人们需要利用更多的插值节点函数信息. 但是就如同我们在前面所总结的那样, 采用等距节点 Lagrange 多项式插值时, 随着多项式次数的增加会有理论上的不稳定性 (如 Runge 现象) 和数值不稳定性 (如观测或者舍入误差被放大 Lebesgue 常数倍) 等. 虽然采用一些特殊的插值点 (如 Chebyshev 点) 插值可以避免这些问题, 但是在实际应用中, 这种处理方法也有其自身的局限性: 例如测量数据点并不能自由选择, 导致无法选择特定的 Chebyshev 点进行测量和插值; 或者目标函数的整体光滑性并不好甚至某些地方不连续, 这样采用整体多项式插值的误差较大, 不能很好地利用目标函数局部光滑性. 为了在任意给定节点上进行插值, 可以采用分片低次多项式函数进行插值, 本节中我们主要介绍分片线性插值和分片三次 Hermite 插值及其误差分析.

分片多项式插值中最简单的是分片线性插值. 考虑区间 $[a,b]$ 上给定了 $n+1$ 个插值节点:$a = x_0 < \cdots < x_n = b$, 分片线性插值函数将每两个节点之间的目标函数用线性函数近似. 例如在区间 $[x_i, x_{i+1}]$ 上, 构造线性插值多项式, 得到

$$p_i(x) = f(x_i)\frac{x - x_{i+1}}{x_i - x_{i+1}} + f(x_{i+1})\frac{x - x_i}{x_{i+1} - x_i}.$$

这样, 整个插值曲线是分段函数

$$g(x) = p_i(x), x \in [x_i, x_{i+1}].$$

分片插值的示意图见图 7.4.

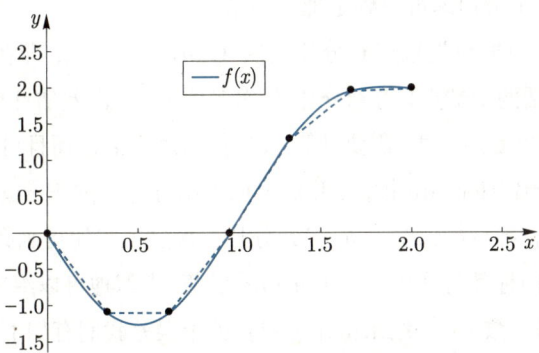

图 7.4   分片线性插值示意图

从上述的构造过程中显然看出分片线性插值是存在唯一的, 事实上这一结论可以放在一般的样条函数空间中进行说明, 具体的细节留到后面的 B 样条这一章节中统一说明, 我们先不加证明地给出分片线性函数空间的定义和其基函数. 令 $a = x_0 < x_1 < \cdots < x_n = b$, 定义

$$S_{1n} = \{p(x) \in C[a,b] : p(x)|_{[x_i, x_{i+1}]} \in \mathbb{P}_1, i = 0, 1, \cdots, n-1\}.$$

于是 S_{1n} 是一个维度为 $n + 1$ 的线性空间, 其基函数共 $n + 1$ 个, 两端是半边帽子函数, 中间是帽子函数, 具体如图 7.5 所示.

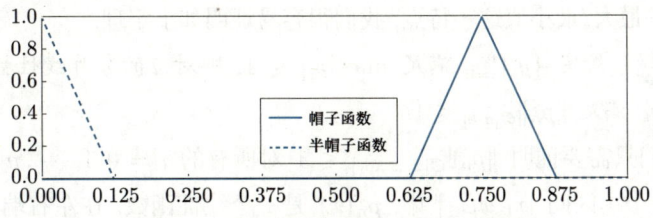

图 7.5   帽子函数与半帽子函数示意图

对于分片线性插值, 我们有如下的误差估计.

定理 7.4.1   令 $h = \max\limits_{i}\{x_i - x_{i-1}\}$, 被插值函数 $f \in C^2[a,b]$, $p_n(x) \in S_{1n}$, 则有

$$\|f(x) - p_n(x)\|_{C[a,b]} \leqslant \frac{h^2}{8}\|f''(x)\|_{C[a,b]}. \tag{7.56}$$

证明 注意到 $p_n(x)$ 在每一个小区间 $[x_i, x_{i+1}]$ 上都是线性插值, 由 Lagrange 插值误差估计可知, 对于任意的 $x \in [x_i, x_{i+1}]$, 存在 $\xi \in [x_i, x_{i+1}]$, 使得 $f(x) - p_n(x) = \frac{f''(\xi)}{2!}(x - x_i)(x - x_{i+1})$. 令 $h_i = x_{i+1} - x_i, i = 0, 1, \cdots, n-1$, 则有

$$\|f(x) - p_n(x)\|_{C[x_i, x_{i+1}]} \leqslant \frac{\|f''\|_{C[x_i, x_{i+1}]}}{2} \frac{h_i^2}{4} \leqslant \frac{h^2}{8} \|f''(x)\|_{C[a,b]}.$$

最后对所有的区间取最大值即可得到定理的结论. □

分片线性插值可以简单地推广到分片高次 Lagrange 插值, 即在每个小区间中使用 $k+1$ 个插值点 (包括两个端点) 得到分片 k 次多项式. 其误差估计也是 Lagrange 插值的自然推广 (计算时更复杂一些, 需要计算 $|\omega(x)|$ 的最大值). 而且可以将分片 Lagrange 插值的思路推广到分片 Hermite 插值, 我们下面给出分片三次 Hermite 插值的描述和误差估计. 给定 $a = x_0 < \cdots < x_n = b$, 找到分片三次多项式使得函数值和导数值都等于所给定的函数, 则我们称其为分片三次 Hermite 插值. 类似地可以给出分片三次 Hermite 插值的函数空间和基函数 (这一结果留作练习), 关于误差我们有如下估计.

定理 7.4.2 令 $h = \max_i \{x_i - x_{i-1}\}$, 被插值函数 $f \in C^4[a,b]$, $H_n(x)$ 为分片三次 Hermite 插值, 则有

$$\|f(x) - H_n(x)\|_{C[a,b]} \leqslant \frac{h^4}{384} \left\|f^{(4)}(x)\right\|_{C[a,b]}. \tag{7.57}$$

上述定理的证明过程与分片线性插值的误差估计证明过程类似, 只需注意到 $4! 4^2 = 384$ 即可.

除了理论上的误差估计, 我们还可以进一步分析分片线性插值的数值稳定性, 即在插值数据具有微小扰动的时候, 插值出来的函数是否具有数值稳定的特点. 换而言之, 我们将分片线性插值看成 $\mathbb{R}^{n+1}$ 到线性空间 S_{1n} 的线性映射 $\mathcal{P}$, 考虑该线性算子在特定度量下的算子范数: $\mathcal{P}: (\mathbb{R}^{n+1}, \|\cdot\|_{\ell^\infty}) \mapsto (S_{1n}, \|\cdot\|_{C[a,b]})$. 利用线性函数在任意闭区间中都在其端点处取到最大/最小值这一特点, 我们很容易证明如下定理.

定理 7.4.3 给定 $\{y_i\}_{i=0}^n$ 满足 $\max_i |y_i| \leqslant 1$, 则对应的分片线性插值函数 $p_n \in S_{1n}, p_n(x_i) = y_i$, 满足 $\|p_n\|_{C[a,b]} \leqslant 1$.

证明 我们只需要证明 $\|p_n\|_{C[x_i, x_{i+1}]} \leqslant 1$ 对所有的 $i = 0, 1, \cdots, n-1$ 都成立即可. 而在任意一个小区间 $[x_i, x_{i+1}]$ 中, $p_n(x)$ 是一个线性函数, 在左右端点分别取值为 y_i, y_{i+1}. 如上面所述, 利用线性函数在任意闭区间中都在其端点处取到最大/最小值这一性质, 我们立刻得到

$$\|p_n\|_{C[x_i, x_{i+1}]} \leqslant \max\{|y_i|, |y_{i+1}|\} \leqslant 1.$$

从上述定理可以看出, 分片线性插值不仅具有数值稳定性, 而且其插值函数的误差会被测量点的误差控制. 对于一般的分片 Lagrange 插值或者分片 Hermite 插值, 我们很

难期待误差不增的特性, 不过仍然可以分析其数值稳定性. 特别地, 我们会观测到误差的放大倍数仅仅依赖分片多项式的次数, 而不会依赖插值点的总个数, 从而说明其数值稳定性.

7.5 三次样条插值

在工程应用中, 分片 Lagrange 插值和分片 Hermite 插值都有其不足之处. 例如不管是几次的分片 Lagrange 插值, 都不能保证插值函数导数的连续性, 而分片 Hermite 插值不仅需要用到导数的信息, 而且同样不能保证插值函数二次导数的连续性等. 在许多工程应用问题中, 对于替代函数 (插值函数) 的光滑性是有要求的, 同时 (高阶) 导数却非常难以测量, 这就提出了如何只用函数值的信息, 来构建一个分片多项式函数进行插值, 使得目标函数具有足够的光滑性. 人们提出了样条函数的概念, 并利用样条函数进行插值, 满足实际工程需求. 样条函数空间的定义如下:

定义 7.5.1(样条函数)　给定 $a = x_0 < x_1 < \cdots < x_n = b$ 是区间 $[a,b]$ 上的插值点, $m \in \mathbb{N}$. 定义样条函数空间 S_{mn} 为

$$S_{mn} = \{S(x) \in C^{m-1}[a,b] : S(x)|_{[x_i,x_{i+1}]} \in \mathbb{P}_m, i = 0,1,\cdots,n-1\}.$$

从定义 7.5.1 中可以看出样条函数 $S(x)$ 在 $[a,b]$ 上 $m-1$ 次连续可微, 并且若将 $S(x)$ 限制在任意一个子区间 $[x_i, x_{i+1}]$ 上, $S(x)$ 是一个次数至多为 m 的多项式. 我们称映射 $S : [a,b] \to \mathbb{R}$ 为 m 次样条函数. 当 $S(x)$ 限制在任意一个子区间 $[x_i, x_{i+1}]$ 都是一个次数至多为 m 的多项式且 $S(x)$ 并非一个整体多项式, 那么一般来说我们最多能够期待 $S(x) \in C^{m-1}[a,b]$. 这是因为如果 $S(x) \in C^m[a,b]$, 则可以对 $S(x)$ 求 m 次导数, 因为其在每个区间中都是次数至多为 m 的多项式, 则其 m 次导数为分片常数, 但是因为 $S(x)$ 的 m 次导数连续, 则只能是一个常数, 这就证明了此时 $S(x) \in \mathbb{P}_m$. 这一结论可以描述为下面的命题.

命题 7.5.1　如果一个函数 $S(x) \in C^m[a,b]$, 且 $S(x)$ 限制在任意一个子区间 $[x_i, x_{i+1}]$ 上都是一个次数至多为 m 的多项式, $i = 0, 1, \cdots, n-1$, 则 $S(x) \in \mathbb{P}_m$.

一般来说样条插值的定义是: 给定 $a = x_0 < x_1 < \cdots < x_n = b$ 为插值点, 找到一个分片 m 次多项式是使得满足插值条件且 $S \in C^{m-1}$ (即 $S \in S_{mn}$). 样条函数插值的好处是只用了函数值的信息, 但是可以保证最高的光滑性, 特别地, 我们注意到分片线性插值就是一次样条插值. 对于一般的样条函数, 我们将在下一节中进行讨论, 本节中, 我们主要关注实际应用最为广泛的一类样条插值: 三次样条插值.

按照通常的做法, 我们需要先检查三次样条插值的存在性、唯一性、如何求解等基本

问题. 按照不太严格的讨论, 我们先简单数一下为了确定一个分片三次多项式所需要的自由度的个数, 以及通过样条插值所能提供的方程个数. 因为区间被分为 n 个小区间, 则 n 个三次多项式的总自由度为 $4n$; 样条插值所能提供的方程个数为: 在每一个区间上左右端点满足插值条件得到 $2n$ 个方程、在所有内部节点上一次导数和二次导数均连续, 得到 $2(n-1)$ 个方程, 于是共有 $4n-2$ 个方程, 为了得到唯一解缺少两个方程. 为了保证三次样条插值的唯一性, 需要提供两个额外的条件. 在应用中, 边界的信息相对比较容易获得, 常见的主要有如下几种边界条件:

(1) 固支边界条件 (即给定左右边界的一阶导数信息): $S'(a) = m_0$, $S'(b) = m_n$.

(2) 简支边界条件 (即给定左右边界的二阶导数信息): $S''(a) = M_0$, $S''(b) = M_n$, 均为 0 时成为自然边界条件.

(3) 周期边界条件 (假设函数本身是周期函数): $S'(a) = S'(b)$, $S''(a) = S''(b)$.

(4) 非扭结边界条件 (Not-a-Knot, 函数在离左右边界最近的两个内部节点上三次连续可微): $S(x)|_{[x_0, x_2]} \in \mathbb{P}_3$, $S(x)|_{[x_{n-2}, x_n]} \in \mathbb{P}_3$.

在这里我们仅仅对第二种边界条件: 简支边界条件下的三次样条插值进行推导和证明, 其他不同边界条件下的推导留给读者自行完成. 我们先给出三次样条插值函数的构造方法而把存在唯一性的证明后移, 事实上从构造方法中我们可以直接得到三次样条插值函数的存在唯一性. 为了求解出满足简支边界条件的三次样条插值函数, 我们需要给出三次样条函数的表达, 并构建方程组进行求解. 在前面的分析中, 很自然地可以把三次样条函数在每一个小区间中的三次多项式系数作为未知的表达参数, 这样一共有 $4n$ 个未知数, 通过求解一个 $4n \times 4n$ 的线性系统, 我们就可以构造出三次样条插值, 并且该线性系统的可逆性 (如果能证明的话) 就足以保证三次样条插值的存在唯一性. 这么做是可行的, 但是计算复杂性比较高, 在实践中我们通常采用两步走的策略进行求解. 具体而言: 首先我们注意到为了确定每个小区间上的三次多项式, 我们可以利用 Hermite 插值的方法, 即给定小区间两个端点处的函数值和二阶导数值 (因为我们天然给定了 a, b 两个点的二阶导数, 如果是固支边界条件, 也可以使用一阶导数信息), 就能够唯一确定一个三次多项式, 而且求解的计算代价是 $O(1)$ 的. 这样我们就把三次样条插值函数的自由度缩减到了 $n-1$: 只需要计算出 $S(x)$ 在所有内部节点的二次导数值即可, 区间端点处的函数值和 a, b 两个点的二阶导数值均由插值条件给出.

令 $S''(x_i) = M_i$, $i = 0, 1, \cdots, n$, 在区间 $[x_i, x_{i+1}]$ 上满足 $S(x_i) = y_i$, $S''(x_i) = M_i$ 的三次多项式可以采用如下表示

$$S(x) = a_0 + a_1(x - x_i) + a_2(x - x_i)^2 + a_3(x - x_i)^3, \quad x \in [x_i, x_{i+1}].$$

下面的推导不做特别说明都是在区间 $[x_i, x_{i+1}]$ 上. 对 $S(x)$ 求两阶导数得到 $S''(x) = 2a_2 + 6a_3(x - x_i)$. 分别代入 $S''(x_i) = M_i$ 和 $S''(x_{i+1}) = M_{i+1}$, 并利用插值条件 $S(x_i) = y_i$ 得到

$$S(x) = y_i + a_1(x - x_i) + \frac{M_i}{2}(x - x_i)^2 + \frac{M_{i+1} - M_i}{6(x_{i+1} - x_i)}(x - x_i)^3.$$

代入 $S(x_{i+1}) = y_{i+1}$ 后得到 $a_1 = \dfrac{y_{i+1} - y_i}{x_{i+1} - x_i} - \dfrac{M_{i+1} + 2M_i}{6}(x_{i+1} - x_i)$, 而我们观测到 $S'_+(x_i) = a_1$, 最后的加号表示对于整体 $S(x)$ 而言, 这是它在 x_i 点的右导数. 为方便起见我们引入记号 $h_i = x_{i+1} - x_i$, 由对称性可以给出

$$S'_+(x_i) = \frac{y_{i+1} - y_i}{h_i} - \frac{M_{i+1} + 2M_i}{6}h_i, \quad S'_-(x_i) = \frac{y_{i-1} - y_i}{-h_i} + \frac{M_{i-1} + 2M_i}{6}h_i.$$

利用一阶导数的连续性即 $S'_+(x_i) = S'_-(x_i)$, 并进行整理得到如下方程

$$h_{j-1}M_{j-1} + 2(h_j + h_{j-1})M_j + h_j M_{j+1} = \frac{6}{h_j}(y_{j+1} - y_j) - \frac{6}{h_{j-1}}(y_j - y_{j-1}).$$

将上述方程写成方程组, 得到

$$A := \begin{bmatrix} 2h_0 + 2h_1 & h_1 & & & \\ h_1 & 2h_1 + 2h_2 & & & \\ & & \ddots & & \\ & & & 2h_{n-3} + 2h_{n-2} & h_{n-2} \\ & & & h_{n-2} & 2h_{n-2} + 2h_{n-1} \end{bmatrix} \begin{bmatrix} M_1 \\ M_2 \\ \vdots \\ M_{n-2} \\ M_{n-1} \end{bmatrix} = \begin{bmatrix} r_1 \\ r_2 \\ \vdots \\ r_{n-2} \\ r_{n-1} \end{bmatrix},$$

$$(7.58)$$

其中右端项为

$$\begin{bmatrix} r_1 \\ r_2 \\ \vdots \\ r_{n-2} \\ r_{n-1} \end{bmatrix} = \begin{bmatrix} \dfrac{6}{h_1}(y_2 - y_1) - \dfrac{6}{h_0}(y_1 - y_0) - M_0 h_0 \\ \dfrac{6}{h_2}(y_3 - y_2) - \dfrac{6}{h_1}(y_2 - y_1) \\ \vdots \\ \dfrac{6}{h_{n-2}}(y_{n-1} - y_{n-2}) - \dfrac{6}{h_{n-3}}(y_{n-2} - y_{n-3}) \\ \dfrac{6}{h_{n-1}}(y_n - y_{n-1}) - \dfrac{6}{h_{n-2}}(y_{n-1} - y_{n-2}) - M_n h_{n-1} \end{bmatrix}.$$

线性方程组 (7.58) 的系数矩阵是一个 $(n-1) \times (n-1)$ 的方阵, 于是在简支边界条件下三次样条插值函数的存在唯一性就依赖于 (7.58) 中矩阵 A 的性质, 我们有如下定理.

命题 7.5.2 在方程 (7.58) 中 A 是一个严格对角占优的矩阵, 从而线性系统 (7.58) 具有唯一的解, 并且简支边界条件下三次样条插值函数是存在且唯一的.

按照定义可以很简单地证明上述结论, 我们进一步观测到矩阵 A 事实上是一个三对角矩阵, 其求解代价为 $O(n)$, 加上通过三次样条函数的节点函数值和二次导数值估计每一个小区间上三次多项式的系数的计算代价也是 $O(n)$, 这就意味着这种算法的整体计算代价为 $O(n)$.

如果我们考虑均匀的插值点分布, 即 $h_i = h = \dfrac{b-a}{n}$, 那么方程 (7.58) 中的矩阵 A

可以简化为 hB, 其中

$$
B := \begin{bmatrix}
4 & 1 & & & \\
1 & 4 & & & \\
& & \ddots & & \\
& & & 4 & 1 \\
& & & 1 & 4
\end{bmatrix}.
$$

这个特殊的三对角矩阵 (主对角线为常数、次对角线为另外一个常数) 在计算数学的许多相关算法中频繁出现, 因为 $6I - B$ 对应到二阶微分算子的标准离散形式 (在常微分方程两点边值问题中我们会再次看到这一矩阵). 而对于矩阵 B (或 $6I - B$), 我们可以给出其特征值系统.

命题 7.5.3 对于 $(n-1) \times (n-1)$ 的三对角矩阵 B 如上所示, 则矩阵 B 有 n 个互不相同的特征值 $\lambda_i = 6 - 4\sin^2 \dfrac{i\pi}{2n}$, 其对应的特征向量为 $x_i = \left\{ \sin \dfrac{ij\pi}{n} \right\}_{j=1}^{n-1}$, 对于 $i = 1, 2, \cdots, n-1$.

证明 我们只需要验证 (λ_i, x_i) 是矩阵 B 的特征系统, 通过计算不难看出对所有的 $i = 1, 2, \cdots, n-1$, 我们都有

$$
(Bx_i)_j = \sin \frac{i(j-1)\pi}{n} + 4\sin \frac{ij\pi}{n} + \sin \frac{i(j+1)\pi}{n} = 4\sin \frac{ij\pi}{n} + 2\sin \frac{ij\pi}{n} \cos \frac{i\pi}{n}
$$

$$
= \left(4 + 2\cos \frac{i\pi}{n} \right) \sin \frac{ij\pi}{n} - \left(6 - 4\sin^2 \frac{i\pi}{2n} \right) \sin \frac{ij\pi}{n},
$$

这就验证了 λ_i 是矩阵 B 的特征值, 对应的特征向量为 x_i, 且这是矩阵 B 的全部特征系统. $\qquad\square$

对于三次样条插值 (满足相容的简支边界条件或者固支边界条件), 都有如下的误差估计.

定理 7.5.1 令 $f(x) \in C^4[a, b]$, x_i 为 $[a, b]$ 上的等距节点, 即 $h_i = h = \dfrac{b - a}{n}$, 则对于两类三次样条插值 $S_1(x)$ 和 $S_2(x)$ 满足

(1) 固支边界条件: $S_1(x_i) = f(x_i)$, $S_1'(a) = f'(a)$, $S_1'(b) = f'(b)$,

(2) 简支边界条件: $S_2(x_i) = f(x_i)$, $S_2''(a) = f''(a)$, $S_2''(b) = f''(b)$.

则 S_1 和 S_2 分别满足 $\|S_i(x) - f(x)\|_{C[a,b]} \leqslant Ch^4 \|f^4\|_{C[a,b]}$.

该定理可以参考 [26] 及其引用的文献, 对于一般的网格 x_i 也有类似的结论.

我们下面来研究对于三次样条插值, 如果观测误差有一定的误差时, 所得到的数值解会不会有稳定性 (即对应的 Lebesgue 常数会不会有界), 为简单起见, 我们仍然以等距节点的简支边界条件为例.

引理 7.5.1 在一个长度为 h 的小区间 (不妨令其为 $[0, h]$) 上, 如果三次多项式 $p(x)$ 满足

$$\max\left\{|p(0)|,|p(h)|,\frac{|p''(0)|h^2}{12},\frac{|p''(h)|h^2}{12}\right\}\leqslant\varepsilon,$$

则有 $\|p(x)\|_{C[0,h]}\leqslant 2.5\varepsilon$.

证明　利用在推导三次样条插值求解过程中得到的三次 Hermite 插值的计算公式, 我们有

$$p(x)=p(0)+\left(\frac{p(h)-p(0)}{h}-\frac{p''(h)+2p''(0)}{6}h\right)x+\frac{p''(0)}{2}x^2+\frac{p''(h)-p''(0)}{6h}x^3.$$

进一步化简得到

$$|p(x)|\leqslant\left|\frac{h-x}{h}p(0)+\frac{x}{h}p(h)\right|+\left|p''(0)\left(\frac{x^2}{2}-\frac{hx}{3}-\frac{x^3}{6h}\right)+p''(h)\left(\frac{x^3}{6h}-\frac{hx}{6}\right)\right|$$

$$\leqslant\varepsilon+\frac{12\varepsilon}{h^2}\left|\frac{x^2}{2}-\frac{hx}{2}\right|\leqslant\frac{5}{2}\varepsilon.$$

其中倒数第三个不等式是由于 $\dfrac{x^2}{2}-\dfrac{hx}{3}-\dfrac{x^3}{6h}$ 与 $\dfrac{x^3}{6h}-\dfrac{hx}{6}$ 在区间 $[0,h]$ 上都是非正数. □

现在我们可以给出三次样条插值误差的传播估计.

定理 7.5.2　令 x_i 为 $[a,b]$ 上的等距节点, 考虑三次样条插值 $S(x)$ 满足

$$\max_{0\leqslant i\leqslant n}\left\{|S(x_i)|,\frac{|S''(a)|h^2}{12},\frac{|S''(b)|h^2}{12}\right\}\leqslant\varepsilon,$$

则有 $\|S(x)\|_{C[a,b]}\leqslant 2.5\varepsilon$.

证明　令 $M_i=S''(x_i)$, 我们只需要证明

$$\max_{0\leqslant i\leqslant n}\left\{|S(x_i)|,\frac{|S''(x_i)|h^2}{12}\right\}\leqslant\varepsilon,$$

即可从上面的引理中得到结论. 也就是只需要证明 $M=\max\limits_{1\leqslant i\leqslant n-1}\{|M_i|\}\leqslant\dfrac{12\varepsilon}{h^2}$, 不妨设 M_i 取到了最大值 M, 注意到如果 $2\leqslant i\leqslant n-2$ 时有

$$|h(M_{i-1}+4M_i+M_{i+1})|\leqslant\frac{24\varepsilon}{h}\Rightarrow M\leqslant\frac{12\varepsilon}{h^2},$$

当 $i=1,n-1$ 时也类似可证. □

上面的两个定理给出了三次样条插值的误差估计和数值稳定性, 而对于三次自然样条插值 (即左右端点的二阶导数为零), 我们有如下的力学性质:

定理 7.5.3　令 $S(x)$ 为三次自然样条插值, 对任意 $\phi(x)\in C^2[a,b]$ 满足同样插值条件, 有

$$\int_a^b|\phi''(x)|^2\mathrm{d}x\geqslant\int_a^b|S''(x)|^2\mathrm{d}x.$$

等号成立当且仅当 $\phi=S$.

证明 通过左右两者相减, 利用分步积分公式以及样条的三次导数为常数等性质得到. 具体计算如下 (注意到恒等式 $z^2 - y^2 = (z-y)^2 + 2(z-y)y$):

$$\int_a^b |\phi''(x)|^2 - |S''(x)|^2 \mathrm{d}x = \int_a^b |\phi'' - S''|^2 + 2S''(\phi'' - S'')\mathrm{d}x$$

$$\geqslant 2\sum_i \int_{x_i}^{x_{i+1}} S''(\phi'' - S'')\mathrm{d}x$$

$$= 2\sum_i \left[S''(\phi' - S')|_{x_i}^{x_{i+1}} - c_i \int_{x_i}^{x_{i+1}} (\phi' - S')\mathrm{d}x \right] = 0.$$

等式当且仅当 $\phi'' = S''$, 即 $S - \phi$ 为线性函数, 注意到插值条件则有 $\phi = S$. □

上面的能量不等式可以重新描述为

$$S(x) = \operatorname*{argmin}_{\phi \in C^2[a,b], \phi(x_i) = f(x_i)} \int_a^b |\phi''(x)|^2 \mathrm{d}x,$$

即在一个无穷维的函数空间中求解特定能量泛函极小点的问题, 一般来说无穷维空间的能量最小点并不能保证存在性. 但是令人吃惊的事实是样条函数经常是这类问题中的最小点, 例如对于固支边界条件或者周期边界条件也有类似结果, 只需要把函数空间加上一些约束 (如对固支边条件加上 $S'(a) = \phi'(a)$, $S'(b) = \phi'(b)$ 以及周期边界条件中 $\phi'(a) = \phi'(b)$ 和 $\phi''(a) = \phi''(b)$ 成立), 具体的证明过程和三次自然样条非常类似, 留给读者自行完成.

7.6 知识拓展

采用多项式去近似函数的思想可以追溯到 Weierstrass 第一逼近定理, 即任意连续函数可以被多项式近似, 且近似的程度可以任意小, 用定理描述如下.

定理 7.6.1 (Weierstrass 第一逼近定理) 令 $f(x) \in C[a,b]$, 则 $\forall \varepsilon > 0$, 我们都能够找到一个合适的多项式 p_{n_ε}, 使得

$$\|f(x) - p_{n_\varepsilon}(x)\|_{C[a,b]} \leqslant \varepsilon.$$

Weierstrass 第一逼近定理仅仅给出了多项式近似的可能性, 并没有给出构造方式, 也没有说明这样的近似多项式是否一定为插值多项式. 下面的 Marcinkiewicz 定理则说明了我们可以把多项式限制为插值多项式, 即

推论 7.6.1 (Marcinkiewicz 定理) 对于任意连续函数 f, 和任意正常数 ε, 存在 n 和插值节点 $\{x_n\}$ 使得其插值多项式 p_n 满足: $\|p_n - f\|_{C[a,b]} \leqslant \varepsilon$.

这个推论的证明需要用到最佳一致逼近的结果, 我们将把证明留到多项式最佳一致

逼近的章节中再次说明.

在关于 Lagrange 插值的稳定性讨论中, 我们知道当插值点取成等距节点的时候, 多项式插值的稳定性有很大的问题, 但是如果取成精心设计的不等距节点 (例如 Chebyshev 点), 在被插值函数具有一定的光滑性时, 可以有效地避免 Runge 现象和 Lebesgue 常数带来的数值不稳定性. 在数学的逼近性理论上来看 (即不考虑浮点误差), Chebyshev 点插值对于 C^1 的函数具有最大模意义下的收敛性, 参考定理 7.2.5. 但是如果我们把被插值函数放大到所有的连续函数, 则不会有统一的收敛性结论, 这一点可以从下面的 Faber 定理得到.

定理 7.6.2 (Faber 定理)　对于任意给定的序列点 $\{x_j^n\}_{j=0}^n$, $n = 1, 2, \cdots$, 都存在一个连续函数 $f(x)$, 使得插值多项式 $p_n(x)$ 在无穷模的意义下不会收敛到 $f(x)$, 即

$$\limsup \|f(x) - p_n(x)\|_{C[a,b]} > 0.$$

这个定理是泛函分析中共鸣定理和插值算子下界估计的推论, 证明超出本书的范围.

最后我们考虑 Lebesgue 常数带来的数值不稳定性. 定理 7.2.6 给出了 Chebyshev 点的 Lebesgue 常数的估计, 而关于 Lebesgue 常数还有下面一些非常精细的结论, 从这些结论中我们可以发现 Chebyshev 点几乎取到了最小的 Lebesgue 常数.

定理 7.6.3 (Lebesgue 常数的估计)　给定区间 $I = [-1, 1]$, 我们将插值点限制在区间上, 则有

- 任给 I 上的 $n+1$ 个点构成插值点集合 X, 有 $\Lambda(X) \geqslant \frac{2}{\pi} \log(n+1) + C$, 其中 $C = \frac{2}{\pi}\left(r + \log\frac{4}{\pi}\right)$, r 为 Euler 常数 $(r \approx 0.577)$.

- 对于 $(n+1)$ 个 Chebyshev 点构成 X 有 $\Lambda(X) \leqslant \frac{2}{\pi} \log(n+1) + 1$.

- 对于 I 上 $(n+1)$ 个等距节点构成 X 有 $\Lambda(X) \sim \frac{2^{n+1}}{en \log n}$.

7.7　习题

1. 已知函数 $P(x) = \frac{1}{2}x^2 - \frac{1}{2}x + 1$, 请利用 Lagrange 插值公式找到点 $(0,1)$, $(2,2)$ 和 $(3,4)$ 的插值多项式. (可以检查与真实函数 $P(x)$ 是否一致.)

2. 试证明多项式插值的唯一性: 令 $(x_1, y_1), (x_2, y_2), \cdots, (x_n, y_n)$ 是平面中的 n 个点, 具有不同的 x_i 坐标, 则存在一个并且仅有一个 $n-1$ 次或者更低次的多项式 P 满足 $P(x_i) = y_i$, $\forall i = 1, 2, \cdots, n$. (提示: 代数的基本定理表明, 一个 d 次多项式最多具有 d 个零点, 除非它本身恒等于零.)

3. 使用差商找出经过三个点 $(0,1)$, $(2,2)$ 和 $(3,4)$ 的插值多项式. (可以检查与第 1 题中真实函数 $P(x)$ 是否一致.)

4. 有多少个 d 阶多项式经过 $(-1,-5),(0,-1),(2,1),(3,11)$? 请对于 $d = 3,4,5$ 分别进行讨论.

5. 对区间 $[-1,1]$ 上均匀分布的点集和 Chebyshev 点集进行插值 $f(x) = \dfrac{1}{1+12x^2}$.

6. 给定 $f(x) = x^{\frac{3}{2}}$, $x_0 = \dfrac{1}{4}$, $x_1 = 1$, $x_2 = \dfrac{9}{4}$, 试求三次 Hermite 插值多项式, 并求出余项表达式.

7. 证明 Lagrange 插值基函数具有如下性质: $\displaystyle\sum_{i=0}^{n} \ell_i(x) \equiv 1$.

8. 设 $P_n(x)$ 和 $P_{ln}(x)$ 分别表示函数 $y = \cos x$ 的 n 次 Lagrange 插值多项式和分段线性插值多项式, 其中插值节点为区间 $[0,1]$ 的 n 等分点. 试证明 $P_n(x)$ 和 $P_{ln}(x)$ 均一致收敛于 $y = \cos x$, 即

$$\max_{0 \leqslant x \leqslant 1} |\cos x - P_n(x)| \to 0 \quad (n \to \infty),$$
$$\max_{0 \leqslant x \leqslant 1} |\cos x - P_{ln}(x)| \to 0 \quad (n \to \infty).$$

9. 证明 n 次 Lagrange 插值函数的基函数 $l_0(x)$ 可写成

$$l_0(x) = 1 + \frac{x - x_0}{x_0 - x_1} + \frac{(x - x_0)(x - x_1)}{(x_0 - x_1)(x_0 - x_2)} + \cdots + \frac{(x - x_0)(x - x_1)\cdots(x - x_{n-1})}{(x_0 - x_1)(x_0 - x_2)\cdots(x_0 - x_n)}.$$

10. 求满足下列条件的二次样条插值函数 $o(x)$, 其中

$$s(1) = s(2) = 1, \quad s(3) = 2, \quad s'(1) = 0, \quad s'(3) = 3.$$

11. 证明 n 阶多项式的 n 阶差商为常数.

第八章

多项式逼近

回顾我们引入多项式插值的初衷, 是希望用一些简单的函数, 如多项式或分片多项式去替代复杂的函数. 上一章我们主要关注 (分片) 多项式插值, 即要求所使用的简单函数能够精确经过每一个插值点. 但是在实际问题中, 这么做有几个明显的困难, 首先插值点是通过测量得到的, 而测量并不一定能够保证足够的精度, 如何在不够精确的测量下还能找到相对精确的替代函数是一个不显然的问题 (当然如果对测量误差不加任何假设, 在最坏的情况下, 再多不精确的测量也不能得到更加精确的结果, 但是如果对误差有一定的假设, 的确有可能从不精确的多次测量中得到高概率下更为精确的估计结果, 参考多次测量长度求平均); 其次如果大量获得数据是容易的, 但是全部数据用来插值就意味着替代函数空间维度很大, 甚至维度比我们所期待的简单函数空间要大得多, 这样在有测量误差的情况下不一定能够保证替代函数是一个好的选择 (特别地, 当插值点无法指定时, 越多插值点通常意味着更大的 Lebesgue 常数, 导致微小的测量误差甚至浮点误差会造成巨大的扰动). 另外在理论上多项式插值随着插值点的增加并不能保证误差的减少 (取决于插值点的分布), 特别地, 如果插值点是均匀排布的话, 随着插值点的增加, 误差反而可能快速发散, 并且微小的扰动会被指数级放大.

为了避免多项式插值从理论、计算到实际应用中的障碍, 这一节我们将探讨另外一种使用多项式函数替代复杂函数的方法: 多项式逼近. 具体而言, 就是在多项式空间中, 找到如下最小化问题的解.

$$\min_{p \in \mathbb{P}_n} \operatorname{dist}(f, p),$$

其中 $\operatorname{dist}(f, p)$ 是某种度量多项式 p 和复杂函数 f 之间距离的方法. 很明显, 不同的距离会给出截然不同的逼近多项式. 本书中主要考虑三种不同的度量方法, 分别是

(1) $\operatorname{dist}(f, p) = \|f - p\|_{C[a,b]}$, 这里要求 $f \in C[a,b]$. 这种度量方式下的逼近方法我们称为最佳一致逼近.

(2) $\operatorname{dist}(f, p) = \int_a^b \omega(x)|f(x) - p(x)|^2 \mathrm{d}x$, 这时候只需要 f 具有微弱的正则性 (平方可积), 在这种度量下我们称为最佳平方逼近.

(3) $\operatorname{dist}(f, p) = \sum_{i=1}^N w_i|f(x_i) - p(x_i)|^2$, 这时候只需要 f 能够在给定的点集 $\{x_i\}_{i=1}^N$ 上进行测量, 在这种度量下我们称为离散最佳平方逼近.

当然度量的方法有很多, 例如使用绝对值积分或者其离散形式, 在工程应用中, 可以根据应用目标的不同而进行调整. 在谈到多项式逼近的概念时, 我们首先需要定义距离, 接下来将从函数空间的度量入手, 引出正交多项式的概念.

8.1 正交多项式

我们本章所考虑的逼近函数类仍然是多项式, 然而就像我们在插值中提到的那样, 多项式空间中的自然基底 ($\{1, x, x^2, \cdots\}$) 高度线性相关, 从而导致数值计算的不稳定性. 因此为了提高数值稳定性并便于计算, 我们需要引入正交多项式. 从后面的最佳平方逼近中可以看到, 通过引入正交多项式基底, 在区间 $[a, b]$ 上, 在比较微弱的条件下 $f(x)$ 可表示为某一正交多项式序列的线性组合, 即 $f(x) = \sum_{n=0}^{\infty} a_n \phi_n(x)$, 其中 $\phi_n(x)$ 为该正交多项式序列中的第 n 个多项式. 那么我们可以通过计算 a_n 并进行有限项截断来逼近 $f(x)$.

正交多项式基底, 它们是一类非常特殊且重要的多项式函数, 在物理学、工程学、计算机科学等领域都有广泛的应用. 在给出正交多项式的定义和构造方法之前, 我们首先定义多项式空间中的 (加权) 内积和范数, 注意到这样的内积和范数可以延拓到更加广泛的函数空间中. 为了方便起见, 假设我们已经有了一个非负、可积且具有有限零点的权函数 $\omega(x)$ (如一个典型的权函数为常数 1). 然后我们定义如下的带权内积和带权范数:

定义 8.1.1 考虑区间 (a, b) 内的权函数 $\omega(x)$, 对于任意两个多项式函数 $f, g \in \mathbb{P}_n$, 定义它们的带权内积为

$$\langle f, g \rangle_\omega = \int_a^b \omega(x) f(x) g(x) \mathrm{d}x.$$

进一步, 定义带权 L_ω^2 范数为

$$\|f\|_{L_\omega^2} = \langle f, f \rangle_\omega^{\frac{1}{2}} = \sqrt{\int_a^b \omega(x) f(x) f(x) \mathrm{d}x}.$$

不难验证 $\langle f, g \rangle_\omega$ 给出了多项式空间 $\mathbb{P}_n$ 上的一个内积, 在这一内积下我们可以定义多项式函数的正交性:

定义 8.1.2 我们称两个函数 $f, g \in \mathbb{P}_n$ 是正交的, 当且仅当它们的带权内积为零, 即

$$\langle f, g \rangle_\omega = 0.$$

在一般的向量空间 V 中, 如果给定一组基底 $\{v_i\}_{i=1}^n$, Grad-Schmidt 正交化过程如下

$$\phi_1 = v_1,$$
$$\phi_2 = v_2 - \frac{\langle v_2, \phi_1 \rangle}{\langle \phi_1, \phi_1 \rangle} \phi_1,$$
$$\cdots,$$
$$\phi_s = v_s - \sum_{i=1}^{s-1} \frac{\langle v_s, \phi_i \rangle}{\langle \phi_i, \phi_i \rangle} \phi_i, \quad s = 2, 3, \cdots, n.$$

如果 $\{v_i\}_{i=1}^n$ 是线性无关的, 则 Grad-Schmidt 正交化过程是有意义的, 而且可以很容易验证所产生的向量组 $\{\phi_i\}_{i=1}^n$ 有如下特性:

$$\langle \phi_i, \phi_j \rangle = 0, \quad \forall i \neq j,$$

$$\mathrm{span}\{\phi_1, \phi_2, \cdots, \phi_s\} = \mathrm{span}\{v_1, v_2, \cdots, v_s\}.$$

对于多项式函数空间而言, 有一组自然的单项式基底 $\{1, x, \cdots, x^n\}$, 从这一组基底出发, 通过 Grad-Schmidt 正交化过程, 可以很容易产生一组新的正交基底 $\{p_i\}_{i=0}^n$, 下面我们来详细说明这组正交多项式基底的基本性质.

定理 8.1.1　对于给定的权函数 $\omega(x)$, Grad-Schmidt 正交化过程所产生的正交多项式 $p_n(x)$ 具有如下性质:

(1) $p_n(x)$ 的首项系数为一, $\mathrm{span}\{p_0, p_1, \cdots, p_n\} = \mathbb{P}_n$, 且 $\langle p_n, q_{n-1} \rangle = 0$, 其中 $q_{n-1} \in \mathbb{P}_{n-1}$ 为任意次数不超过 $n-1$ 的多项式.

(2) $p_{-1}(x) = 0, p_0(x) = 1$, 对于 $n \geqslant 0$, 有三项递推公式

$$p_{n+1}(x) = (x - \alpha_n)p_n(x) - \beta_n p_{n-1}(x),$$

其中 $\alpha_n = \dfrac{\langle xp_n, p_n \rangle_\omega}{\langle p_n, p_n \rangle_\omega}, \beta_n = \dfrac{\langle p_n, p_n \rangle_\omega}{\langle p_{n-1}, p_{n-1} \rangle_\omega}$.

(3) $p_n(x)$ 在区间 (a, b) 内有 n 个互不相同的实数根, 并且 $p_n(x)$ 和 $p_{n+1}(x)$ 的根交替排列.

证明　(1) 从 Grad-Schmidt 正交化过程的定义可以直接得到 p_n 是首一多项式, 后面的两个结论是显然的.

(2) 下面证明递推公式. 首先 $xp_n(x)$ 是一个 $n+1$ 次多项式, 可以表示为

$$xp_n(x) = b_0 p_0(x) + b_1 p_1(x) + \cdots + b_{n+1} p_{n+1}(x),$$

注意到首一多项式的性质知 $b_{n+1} = 1$. 将其与 $p_j(j = 0, 1, \cdots, n)$ 做内积得

$$\langle xp_n, p_j \rangle_\omega = b_j \langle p_j, p_j \rangle_\omega \quad \Rightarrow \quad b_j = \frac{\langle xp_n, p_j \rangle_\omega}{\langle p_j, p_j \rangle_\omega}.$$

当 $j = 0, 1, \cdots, n-2$ 时,

$$\langle xp_n, p_j \rangle_\omega = \langle p_n, xp_j \rangle_\omega = 0;$$

当 $j = n-1$ 时, xp_{n-1} 可表示为 $\displaystyle\sum_{i=0}^{n-1} b_i' p_i + p_n$, 从而

$$\langle xp_n, p_{n-1} \rangle_\omega = \langle p_n, xp_{n-1} \rangle_\omega = \langle p_n, p_n \rangle_\omega.$$

于是有

$$xp_n(x) = \frac{\langle p_n, p_n \rangle_\omega}{\langle p_{n-1}, p_{n-1} \rangle_\omega} p_{n-1}(x) + \frac{\langle xp_n, p_n \rangle_\omega}{\langle p_n, p_n \rangle_\omega} p_n(x) + p_{n+1}(x).$$

整理即得

$$p_{n+1}(x) = \left(x - \frac{\langle xp_n, p_n \rangle_\omega}{\langle p_n, p_n \rangle_\omega} \right) p_n(x) - \frac{\langle p_n, p_n \rangle_\omega}{\langle p_{n-1}, p_{n-1} \rangle_\omega} p_{n-1}(x).$$

(3) 由于 $p_n \perp p_0$, 故有

$$\int_a^b \omega(x) p_n(x) \mathrm{d}x = 0.$$

因此 $p_n(x)$ 至少有一个实根. 假设 $p_n(x)$ 在 (a,b) 内有 k 个实根, 则有

$$p_n(x) = (x - x_1) \cdots (x - x_k) g_{n-k}(x),$$

其中 $g_{n-k}(x)$ 在 (a,b) 内不变号. 若 $k < n$, 则 $p_n \perp (x-x_1)(x-x_2) \cdots (x-x_k) \in \mathbb{P}_k$, 即

$$\int_a^b \omega(x)(x-x_1)^2 \cdots (x-x_k)^2 g_{n-k}(x) \mathrm{d}x = 0.$$

因此, $\omega(x)(x-x_1)^2 \cdots (x-x_k)^2 g_{n-k}(x) \equiv 0$, 产生矛盾, 则 $k = n$.

下证 p_n 的根互不相同. 设 $p_n = (x-x_1)^2(x-x_3) \cdots (x-x_n)$, 其中 x_1 为重根, 有 $p_n \perp (x-x_3) \cdots (x-x_n)$. 由内积定义知

$$\int_a^b \omega(x)(x-x_1)^2(x-x_3)^2 \cdots (x-x_n)^2 \mathrm{d}x = 0.$$

但这与 $\omega(x)$ 的正性矛盾, 因此 p_n 的根互不相同.

接下来我们证明根相间性质. 首先我们考虑 p_2 和 p_1 的根相间性质. 由于 p_1 的根是单根, 即只有一个实根 x_{11}, 所以我们要验证 p_2 的实根只能在 x_{11} 两侧, 记为 $x_{21} < x_{22}$. 根据三项递推公式, p_2 在 x_{11} 处的取值为

$$p_2(x_{11}) = -\beta_1 p_0(x_{11}) < 0,$$

而 $p_2(b) > 0$, 因此

$$x_{21} < x_{11} < x_{22},$$

即 p_2 的两个实根在 x_{11} 两侧. 接着我们考虑 p_3 和 p_2 的根相间性质. 我们需要证明 p_3 的三个实根依次交替出现在 p_2 的两个实根之间, 记为 $x_{31} < x_{32} < x_{33}$.

注意到 p_1 在区间 $(x_{11}, b], [a, x_{11})$ 内分别取 $+, -$ 符号, 以及三项递推公式和 $x_{21} < x_{11} < x_{22}$ 的性质, 我们有 p_3 在 x_{21} 处的取值为

$$p_3(x_{21}) = -\beta_2 p_1(x_{21}) > 0,$$

同样地, p_3 在 x_{22} 处的取值为

$$p_3(x_{22}) = -\beta_2 p_1(x_{22}) < 0,$$

从而我们得到

$$x_{31} < x_{21} < x_{32} < x_{22} < x_{33}.$$

并且可以同时得到 $(x_{22}, b], (x_{21}, x_{22}), [a, x_{21})$ 内取符号分别为 $+, -, +$.

由图 8.1 可以理解证明思路:

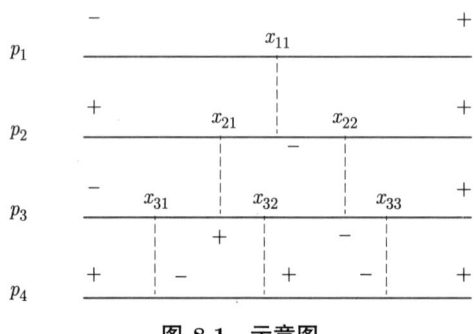

图 8.1　示意图

在接下来验证第 n 项的情况时, 我们可以使用类似的方法进行分析, 使用归纳法同时验证根的交错性质以及如下特性: $p_n(x)$ 在区间 $(x_{n,n}, b], (x_{n,n-1}, x_{n,n}), \cdots, [a, x_{n,1})$ 内分别取 $+, -, +, \cdots$ 的符号.

综上所述, 我们证明了正交多项式的主要基本性质: 递推关系以及实根互异和根的交替性. □

下面给出一些常用的正交多项式.

Legendre 多项式　当区间选为 $[-1, 1]$, 权函数 $\rho(x) = 1$ 时, 所对应的正交多项式就是 Legendre 多项式, 它是最常见的正交多项式之一, 可以表示为

$$L_k = \frac{1}{2^k} \sum_{j=0}^{\lfloor k/2 \rfloor} (-1)^j C_k^j C_{2k-2j}^k x^{k-2j} = \frac{1}{2^k k!} \frac{\mathrm{d}^n (x^2 - 1)^n}{\mathrm{d}x^n},$$

其中 C_k^j 表示组合数. Legendre 多项式对应的三项递推公式为

$$L_{k+1} = \frac{2k+1}{k+1} x L_k - \frac{k}{k+1} L_{k-1}, \quad L_0 = 1, L_1 = x.$$

Legendre 多项式的内积为 $\langle L_k, L_m \rangle_\omega = \delta_{km} \dfrac{1}{k + \frac{1}{2}}$, 其中 δ_{km} 为 Kronecker 记号, 当 $k = m$ 时为 1, 否则为 0. 另外从 Legendre 多项式的定义可以看出其首项系数为 $\dfrac{1}{2^n} C_{2n}^n$.

Chebyshev 多项式　当区间选为 $[-1, 1]$, 权函数 $\rho(x) = \dfrac{1}{\sqrt{1 - x^2}}$ 时, 所得到的正交多项式就是 Chebyshev 多项式. 它是定义在 $[-1, 1]$ 上的另一类常见的正交多项式, 我们前面所提到的 Chebyshev 点和 Chebyshev 多项式有着密切的联系. Chebyshev 多项式可以表示为

$$T_k(x) = \cos k \arccos x.$$

同样地, Chebyshev 多项式对应的三项递推公式如下:

$$T_{k+1} = 2xT_k - T_{k-1}, \quad T_0 = 1, T_1 = x.$$

Chebyshev 多项式的首项系数为 2^{n-1}, 且有如下内积公式:

$$\langle T_n, T_n \rangle_\omega = \begin{cases} \dfrac{\pi}{2}, & n \neq 0, \\ \pi, & n = 0. \end{cases}$$

在 Chebyshev 多项式中, 注意到 $\|T_n\|_{C[-1,1]} = 1$, 且满足

$$\|2^{1-n} T_n\|_{C[a,b]} = \min_{p \in \mathbb{P}_n^1} \|p\|_{C[-1,1]},$$

其中 $\mathbb{P}_n^1$ 为首一多项式. 最后这个性质是最佳一致逼近多项式的充分必要条件 (下一节) 的简单推论.

> **注 8.1.1** Legendre 和 Chebyshev 多项式都是 Jacobi 多项式的特例, Jacobi 多项式是权函数 $(1+x)^\alpha (1-x)^\beta$ 对应的正交多项式, 其中 α 和 β 均大于 -1. 当 $\alpha = \beta = 0$ 时, Jacobi 多项式就是 Legendre 多项式; 当 $\alpha = \beta = -\dfrac{1}{2}$ 时, Jacobi 多项式就是 Chebyshev 多项式. Jacobi 多项式在物理学、概率论、逼近论等领域都有广泛的应用.

Laguerre 多项式 当区间选为 $[0, +\infty)$, 权函数 $\rho(x) = \mathrm{e}^{-x}$ 时, 所得到的正交多项式称为 Laguerre 多项式:

$$L_k(x) = \frac{\mathrm{e}^x}{k!} \frac{\mathrm{d}^k}{\mathrm{d}x^k} (\mathrm{e}^{-x} x^k).$$

Laguerre 多项式的正交性如下式:

$$\int_0^\infty \mathrm{e}^{-x} L_i(x) L_j(x) \mathrm{d}x = \delta_{ij}.$$

Laguerre 多项式满足三项递推公式如下:

$$L_{k+1}(x) = (2k + 1 - x) L_k(x) - k^2 L_{k-1}(x), \quad L_0 = 1, L_1 = 1 - x.$$

Laguerre 多项式可以用于半无界区域上的积分估计, 并且在物理学、统计学等多个领域广泛应用. 如它们在氢原子的量子力学模型中起到了重要作用; 在统计学中, Laguerre 多项式用于描述 Poisson 分布和指数分布; 在应用概率论和数理统计中, Laguerre 多项式用于生成随机变量, 其中生成的随机变量具有指数分布或者在 Gauss 过程中被用作核函数.

Hermite 多项式 当区间选为 $(-\infty, +\infty)$, 权函数 $\rho(x) = \mathrm{e}^{-x^2}$ 时, 所得到的正交多项式称为 Hermite 多项式:

$$H_k(x) = (-1)^k \mathrm{e}^{x^2} \frac{\mathrm{d}^k}{\mathrm{d}x^k} \mathrm{e}^{-x^2}.$$

Hermite 多项式的正交性条件如下式:

$$\int_{-\infty}^{\infty} \mathrm{e}^{-x^2} H_i(x) H_j(x) \mathrm{d}x = \delta_{ij} 2^n n! \sqrt{\pi}.$$

Hermite 多项式的三项递推公式如下:

$$H_{k+1}(x) = 2x H_k(x) - 2k H_{k-1}(x), \quad H_0 = 1, H_1 = 2x.$$

Hermite 多项式也有广泛的应用, 如在量子力学中是调和振动子的能量本征态; 在概率论和统计学中也有着广泛的应用, 它们可以用于描述正态分布的概率密度函数.

8.2   最佳一致逼近

这一节中我们考虑度量为 $\mathrm{dist}(f, p) = \|f - p\|_{C[a,b]}$, 即使用多项式函数一致地逼近一个连续函数, 称其为最佳一致逼近. 按照连续函数范数的定义, 我们可以将最佳一致逼近重新改写为

$$\min_{p \in \mathbb{P}_n} \max_{x \in [a,b]} |f(x) - p(x)|.$$

在这种记号下, 很明显最佳一致逼近问题也可以看成 minimax 问题.

对于最佳一致逼近问题, 我们需要讨论这个问题在数学上是否有定义 (解是否存在), 解是否唯一, 如何刻画或者求解它? 我们首先考虑最佳一致逼近问题解的存在性, 即是否存在最佳一致逼近多项式 $p_n^* \in \mathbb{P}_n$, 使得

$$\max_{x \in [a,b]} |p_n^*(x) - f(x)| = \inf_{p \in \mathbb{P}_n} \max_{x \in [a,b]} |f(x) - p(x)|.$$

沿着一般优化问题解存在性的证明思路, 这个问题的答案是肯定的.

引理 8.2.1 (多项式最佳一致逼近的存在性)   对于任意的连续函数 $f(x) \in C[a,b]$, 在 $\mathbb{P}_n$ 上存在最佳一致逼近函数 p_n^*, 即

$$\|f - p_n^*\|_{C[a,b]} = \inf_{p \in \mathbb{P}_n} \|f - p\|_{C[a,b]}.$$

证明   定义最小偏差为 $E_n^* = \inf_{p \in \mathbb{P}_n} \max_{x \in [a,b]} |f(x) - p(x)|$, 我们要证明存在 $p_n^* \in \mathbb{P}_n$, 使得 $\max_{x \in [a,b]} |p_n^*(x) - f(x)| = E_n^*$. 由 E_n^* 的定义可知, 对于任意的 $\varepsilon^k \to 0^+$, 存在 $g^k(x) \in \mathbb{P}_n$, 使得

$$E_n^* \leqslant \max_x |f(x) - g^k(x)| \leqslant E_n + \varepsilon^k.$$

对于任意的 $g(x) = \sum_{i=0}^{n} c_i x^i$, 我们可以定义 $\|g(x)\| = \sqrt{\sum_i c_i^2}$, 即采用 $\{c_i\} \in \mathbb{R}^{n+1}$ 的 Euclid 范数. 不难验证上述定义给出了 $\mathbb{P}_n$ 的一个新的向量范数, 注意到 $\mathbb{P}_n$ 是 $n+1$ 维的线性空间, 其上的所有范数等价, 即最大模范数等价于系数 $\{c_i\}$ 在 $\mathbb{R}^{n+1}$ 中的 Euclid 范数. 因此 g^k 在无穷范数意义下是有界的序列, 同时其单项式系数在 Euclid 范数意义下也是有界的序列. 由此, 根据 Bolzano-Weierstrass 定理, 必然存在子列 $\{g_j^k(x)\}$ 使得其单项式系数都有极限. 将这个极限多项式称为 p_n^* 并再次利用范数的等价性, 我们得到 $\|g_j^k - p_n^*\|_{C[a,b]} \to 0$. 于是我们有

$$\|f - p_n^*\|_{C[a,b]} \leqslant \|f - g_j^k\|_{C[a,b]} + \|g_j^k - p_n^*\|_{C[a,b]} \leqslant E_n^* + \varepsilon_j^k + \|g_j^k - p_n^*\|_{C[a,b]},$$

其中 $\varepsilon_j^k \to 0$ 且 $\|g_j^k - p_n^*\|_\infty \to 0$. 因此, 当 $j, k \to \infty$ 时, $\|f - p_n^*\|_\infty \to E_n^*$, 定理得证. $\qquad\square$

最佳一致逼近问题的确有唯一性, 但是其唯一性的证明并不简单. 而如果将最佳一致逼近问题看成一个抽象的最优化问题而忽略其多项式的结构, 刻画最优解的充分必要条件将变得非常复杂, 也难以设计有效的算法. 但是因为所有可能的备选函数为多项式, 关于最佳一致逼近就有一个非常优美的结果, 可以刻画出最佳一致逼近多项式的充分必要条件, 而且是 (理论上) 很容易验证的条件: 最佳一致逼近的交错点列性质.

定理 8.2.1 (Chebyshev 振荡定理) p_n^* 是最佳一致逼近多项式, 当且仅当 $f - p_n^*$ 存在至少 $n+2$ 个等高振荡最值 (equioscillation) 点 (称为交错点组或 alternate).

首先解释一下 $n+2$ 个等高振荡最值点的数学定义, 即若 $g(x) \in C[a,b]$ 且 $\|g\|_{C[a,b]} = E$, 存在 $a \leqslant x_0 < x_1 < \cdots < x_{n+1} \leqslant b$ 使得 $g(x_i) = \pm(-1)^i E$, 则称其为等高振荡最值点组, 公式最前面的 $\pm$ 表示第一个点是最大值点还是最小值点.

证明 充分性 使用反证法进行证明. 不失一般性, 设 $\{x_i\}_{i=0}^{n+1}$ 为 $f - p_n^*$ 的交错点组. 假设 p_n^* 不是最佳一致逼近, 不妨设 $q \in \mathbb{P}_n$ 为最佳一致逼近多项式, 即有 $\|f - q\|_{C[a,b]} < \|f - p_n^*\|_{C[a,b]}$. 定义差函数 $g = p_n^* - q$, 由于 $q \in \mathbb{P}_n$, 则 $g \in \mathbb{P}_n$.

不妨设 $f(x_0) - p_n^*(x_0) = \|f - p_n^*\|_{C[a,b]}$, 则 $f(x_i) - p_n^*(x_i) = (-1)^i \|f - p_n^*\|_{C[a,b]}$, 从而

$$g(x_i) = p_n^*(x_i) - q(x_i) = f(x_i) - q(x_i) - (-1)^i \|f - p_n^*\|_{C[a,b]}.$$

于是

i 是偶数: $g(x_i) = -\|f - p_n^*\|_{C[a,b]} - [q(x_i) - f(x_i)] \leqslant \|f - q\|_{C[a,b]} - \|f - p_n^*\|_{C[a,b]} < 0,$

i 是奇数: $g(x_i) = \|f - p_n^*\|_{C[a,b]} + [q(x_i) - f(x_i)] \geqslant -\|f - q\|_{C[a,b]} + \|f - p_n^*\|_{C[a,b]} > 0,$

从而 $\exists x_i^* \in (x_i, x_{i+1})$, 使得 $g(x_i^*) = 0$, 其中 $i = 0, 1, \cdots, n$. 因此 $g(x) = 0$, 产生矛盾, 由此得证.

必要性　仍然使用反证法. 定义误差函数

$$e(x) = f(x) - p_n^*(x), E = \|f - p_n^*\|_{C[a,b]}.$$

记 $\max_x e(x) = E_1, \min_x e(x) = -E_2,$ 若 $E_1 \neq E_2,$ 不妨令 $E = E_1 > E_2,$ 则我们可以构造 $p(x) = p_n^*(x) + \dfrac{1}{2}(E_1 - E_2),$ 其满足

$$\max_x f(x) - p(x) = \frac{1}{2}(E_1 + E_2),$$
$$\min_x f(x) - p(x) = -\frac{1}{2}(E_1 + E_2),$$

可以发现此时 $p(x)$ 是更好的逼近, 和 p_n^* 为最佳一致逼近矛盾, 因此

$$\max_x f(x) - p_n^*(x) = E,$$
$$\min_x f(x) - p_n^*(x) = -E.$$

记

$$x_0 = \arg\min x, \quad \text{s.t.} \quad |e(x)| = E,$$
$$x_1 = \arg\min x, \quad \text{s.t.} \quad x \geqslant x_0, e(x) = -e(x_0),$$
$$\cdots,$$
$$x_i = \arg\min x, \quad \text{s.t.} \quad x \geqslant x_{i-1}, e(x) = -e(x_{i-1}).$$

可得 $x_0 < x_1 < \cdots < x_i,$ 满足交错点组的性质 (等高振荡最值), 读者可结合图 8.2 理解:

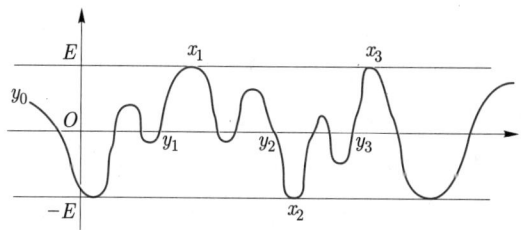

图 8.2　交错点组示意图

不失一般性我们可以假设 $e(x_0) = -E.$ 下证 $i \geqslant n + 1.$ 假设 $i \leqslant n,$ 并且 $\{x : x \geqslant x_i, e(x) = -e(x_i)\} = \varnothing.$ 我们选取

$$y_i \in [x_{i-1}, x_i], \quad y_i = \arg\max y, \quad \text{s.t.} \quad e(y) = 0.$$

则可得 $x_0 < y_1 < x_1 < y_2 < x_2 < \cdots < y_i < x_i.$ 补充定义 $y_0 = a, y_{i+1} = b,$ 并且不妨设 $e(x_0) = -E.$ 则 $\forall x \in [y_0, y_1], e(x)$ 都没有取到最大值 $E.$ 而 $\forall x \in [y_1, y_2], e(x)$ 都没有取到最小值 $-E.$ 以此思路, 我们可以得到存在 $i+1$ 个正实数 $\varepsilon_0, \varepsilon_1, \cdots, \varepsilon_i$ 满足:

偶数项情形: $\forall x \in [y_{2k}, y_{2k+1}], e(x) \leqslant E - \varepsilon_{2k}$,

奇数项情形: $\forall x \in [y_{2k-1}, y_{2k}], e(x) \geqslant -E + \varepsilon_{2k-1}$.

定义 $\omega(x) = (y_1 - x)(y_2 - x) \cdots (y_i - x) \in \mathbb{P}_n$, 只需选择 $p(x) = p^*(x) - t\omega(x) \in \mathbb{P}_n$, 其中

$$t = \frac{\varepsilon}{2\|\omega\|_{C[a,b]}}, \quad \varepsilon = \min_{0 \leqslant s \leqslant i} \varepsilon_s.$$

记 $f(x) - p(x)$ 为 $\tilde{e}(x)$, 接下来说明 $p(x)$ 是一个更好的逼近函数.

首先考虑偶数项情形, 由于

$$\forall x \in [y_{2k}, y_{2k+1}], \quad e(x) \leqslant E - \varepsilon_{2k},$$

故

$$\forall x \in [y_{2k}, y_{2k+1}], \quad \tilde{e}(x) \leqslant E - \varepsilon_{2k} + \frac{1}{2}\varepsilon \leqslant E - \frac{1}{2}\varepsilon.$$

$\forall x \in (y_{2k}, y_{2k+1})$ 有

$$\tilde{e}(x) = e(x) + t \cdot (-1)^{2k}(x - y_1) \cdots (x - y_{2k})(y_{2k+1} - x) \cdots (y_i - x) > e(x) \geqslant -E,$$

而 $\tilde{e}(y_{2k}) = e(y_{2k}) = 0$, $\tilde{e}(y_{2k+1}) = e(y_{2k+1}) = 0$, 从而 $\forall x \in [y_{2k}, y_{2k+1}]$, 有 $-E < \tilde{e}(x) < E$.

奇数项情形可以完全类似处理, 最终我们发现 $\forall x \in [a,b]$, $-E < \tilde{e}(x) < E$.

综上所述, 我们最终得到 $\|\tilde{e}\|_{C[a,b]} < E$, 得到矛盾. 故假设不成立, 因此 $i \geqslant n+1$, 即至少有 $n+2$ 个等高振荡最值点, 定理得证. □

例 8.2.1 我们对 $|x|$ 进行最佳一致逼近, 观察等高振荡最值点的个数.

解 我们分别画出原函数 f 和最佳一致逼近多项式 p_n^* 以及误差曲线 $f - p_n^*$ 的图. 当 $n = 2$ 时, 见图 8.3.

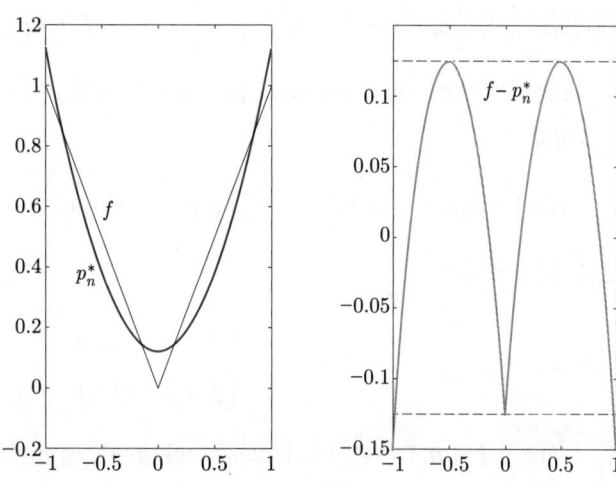

图 8.3 示意图 ($n = 2$)

此时, 等高振荡最值点的个数为 5.

当 $n = 4$ 时, 见图 8.4.

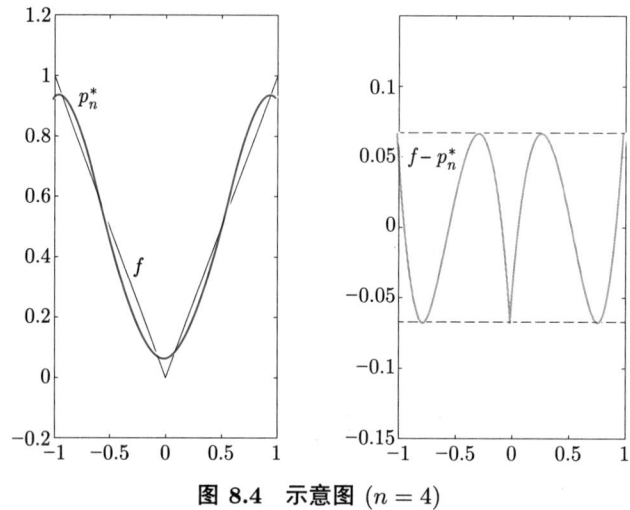

图 8.4 示意图 $(n = 4)$

此时, 等高振荡最值点的个数为 7.

根据 Chebyshev 振荡定理, 我们可以立即得到最佳一致逼近的唯一性.

推论 8.2.1 (唯一性)　最佳一致逼近是唯一的.

证明　本推论的证明基于 Chebyshev 振荡定理. 我们首先定义 $E = \min\limits_{p \in \mathbb{P}_n} \|f - p\|_{C[a,b]}$. 令 $p(x)$ 和 $q(x)$ 分别为两个最佳一致逼近多项式, 即

$$\|p(x) - f(x)\|_{C[a,b]} = E = \|q(x) - f(x)\|_{C[a,b]}.$$

考虑它们的平均函数 $h(x) = \dfrac{1}{2}(p(x) + q(x))$, 由范数的三角不等式可得

$$\|h(x) - f(x)\|_{C[a,b]} \leqslant \frac{1}{2}\|p(x) - f(x)\|_{C[a,b]} + \frac{1}{2}\|q(x) - f(x)\|_{C[a,b]} = E.$$

即 $h(x)$ 也是最佳一致逼近多项式. 由 Chebyshev 振荡定理可以得到 $\{x_i\}_{i=0}^{n+1}$ 为 $f(x) - h(x)$ 的交错点组, 不妨设

$$f(x_i) - h(x_i) = (-1)^i E, \quad i = 0, 1, \cdots, n+1.$$

根据无穷范数的定义, 这意味着

$$f(x_i) - \frac{1}{2}(p(x_i) + q(x_i)) = (-1)^i E \quad \Rightarrow \quad \begin{cases} f(x_i) - p(x_i) & = (-1)^i E, \\ f(x_i) - q(x_i) & = (-1)^i E. \end{cases}$$

因此, 我们有 $p(x_i) = q(x_i)$, $i = 0, 1, \cdots, n+1$, 即两个最佳一致逼近多项式在 $n+2$ 个交错点处相等. 由多项式零点数目可知 $p(x) = q(x)$, 即最佳一致逼近是唯一的.　　□

在完成 Chebyshev 振荡定理后, 我们可以完成前面遗留的两个命题 (Marcinkiewicz 定理和 Chebyshev 多项式满足首一最小范数性) 的证明. 首先来证明 Marcinkiewicz 定理, 即

推论 8.2.2 对于任意连续函数和任意正常数 ε, 存在一系列节点 x_n 使得其插值多项式 p_n 满足: $\|p_n - f\|_{C[a,b]} \leqslant \varepsilon$.

证明 令 $E_n = \min\limits_{p \in \mathbb{P}_n} \|f - p_n\|_{C[a,b]}$, 且 p_n^* 为最佳一致逼近多项式. 根据 Weierstrass 第一逼近定理我们知道 $E_n \to 0$. 下面我们说明 p_n^* 一定是插值多项式. 因为 p_n^* 是最佳一致逼近, 由 Chebyshev 振荡定理得到存在至少 $n+2$ 个等高振荡最值点. 不难看出在任意两个相邻的等高振荡最值点之间一定存在一个零点, 于是至少存在 $n+1$ 个点使得 $p_n^*(x)$ 和 $f(x)$ 取值相等, 这就意味着 p_n^* 一定是插值多项式, 证毕. $\square$

紧接着我们来证明在所有的首一多项式中, 具有最小范数的多项式必为 Chebyshev 多项式 (相差一个常数倍).

推论 8.2.3 令 $\mathcal{V} = \{p \in \mathbb{P}_n : p - x^n \in \mathbb{P}_{n-1}\}$, 则我们有

$$\frac{1}{2^{n-1}}T_n = \arg\min_{p \in \mathcal{V}} \|p\|_{C[-1,1]}.$$

证明 我们考察如下的最佳一致逼近问题: 多项式 x^n 在空间 $\mathbb{P}_{n-1}$ 上的最佳一致逼近. 令

$$p_{n-1}^* = \arg\min_{p \in \mathbb{P}_{n-1}} \|x^n - p\|_{C[-1,1]},$$

且 $r^*(x) = x^n - p_{n-1}^*$. 由 Chebyshev 振荡定理知 $r^*(x)$ 存在至少 $n+1$ 个等高振荡最值点是 p_{n-1}^* 为最佳一致逼近的充分必要条件. 从 Chebyshev 多项式的定义我们立刻发现 $\frac{1}{2^{n-1}}T_n$ 存在 $n+1$ 个等高振荡最值点, 即

$$\frac{1}{2^{n-1}}T_n = r^*(x) = x^n - p_{n-1}^*.$$

于是对于任意的 $q(x) \in \mathcal{V}$, 我们都有

$$\|q(x)\|_{C[-1,1]} = \|x^n - q_{n-1}(x)\|_{C[-1,1]} \geqslant \|x^n - p_{n-1}^*\|_{C[-1,1]} = \left\|\frac{1}{2^{n-1}}T_n\right\|_{C[-1,1]}. \quad \square$$

根据 Chebyshev 振荡定理, 我们可以得知最佳一致逼近一定是某种插值函数, 但我们却无法确定这些插值点的具体位置. 虽然前面我们已经给出了 Marcinkiewicz 定理的证明, 但是计算最佳一致逼近仍然是一项非常困难的任务.

下面我们介绍一个经典的算法: Remez 算法, 来计算多项式的最佳一致逼近问题. Remez 算法的基本思想是基于 Chebyshev 振荡定理的, 即通过迭代法找到 $n+2$ 个等高振荡最值点组, 从而找到最佳一致逼近多项式. 算法的基本步骤如下:

1. 给定交错点组的初始猜测 (通常是 Chebyshev 点).

2. 对于给定的点组 $\{x_i\}_{i=0}^{n+1}$, 找出多项式 $p_n(x) \in \mathbb{P}_n$ 和实数 E, 使得 $p_n(x_i) - f(x_i) = (-1)^i E$.

3. 更新节点组: 在每个 x_i 的附近用一个 $f(x) - p_n(x)$ 局部极小值点或者局部极大值点 $\hat{x_i}$ 来代替 (正值用极大, 负值用极小), 这样可以保证每个新的节点的误差都大于等于 E (通常可以采用 Newton 法或者任何其他求极值的方法).

4. 计算残差 $|f(\hat{x_i}) - p_n(\hat{x_i})|$, 如果最大残差和最小残差的距离小于给定值, 则停止迭代, 否则返回第 2 步重新迭代.

命题 8.2.1 (Remez 算法第 2 步适定性)　对于任意给定的 $n+2$ 个单调递增点组 $\{x_i\}_{i=0}^{n+1}$, 存在唯一的 $p_n(x) \in \mathbb{P}_n$ 和实数 E, 满足 $p_n(x_i) - f(x_i) = (-1)^i E$, 因此 Remez 算法的第 2 步总是可以找到一组满足要求的多项式 $p_n(x)$ 和实数 E.

证明　我们可以通过构造两个插值多项式来证明此定理. 首先令 $p_n^1(x)$ 为前 $n+1$ 个点的插值多项式满足 $p_n^1(x_i) = f(x_i)$, 令 $p_n^2(x)$ 为在前 $n+1$ 个点取值为 $(-1)^i$ 的插值多项式, 则我们可以将要求的多项式表示为

$$p_n(x) = p_n^1(x) + E p_n^2(x),$$

其中 E 是一个实数. 显然, $p_n(x)$ 满足条件 $p_n(x_i) - f(x_i) = (-1)^i E$, $i = 0, 1, \cdots, n$. 将最后一个点的条件代入后, 我们有

$$p_n^1(x_{n+1}) + p_n^2(x_{n+1})E = f(x_{n+1}) + (-1)^{n+1}E.$$

因此求解上述方程我们得到

$$E = \frac{f(x_{n+1}) - p_n^1(x_{n+1})}{p_n^2(x_{n+1}) + (-1)^n}.$$

最后我们需要解释 E 的定义是有意义的, 即分母非零. 注意到 $p_n^2(x)$ 在区间 (x_0, x_n) 内已经变号 n 次, 即 $p_n^2(x_{n+1})$ 和 $p_n^2(x_n)$ 同号, 即 $|p_n^2(x_{n+1}) + (-1)^n| \geqslant 1$, 这证明了 Remez 算法的第 2 步是可行的.　$\square$

Remez 算法的思想十分巧妙, 它充分利用了多项式的特性, 但是算法的具体实现比较复杂, 对于有兴趣进一步了解该算法的读者, 我们推荐阅读参考文献 [20, 25, 31], 这些资料对 Remez 算法的细节和理论分析进行了深入的探讨.

最佳一致逼近虽然在理论上可以得到最小误差多项式 (在连续范数的意义下), 但是其计算过程比较复杂, 因为 Remez 算法中需要多次求解局部极值. 另一方面, 在实际应用中我们只需要得到一个不错的逼近函数, 是否真正最佳通常没有很大的影响. 下面我们介绍的接近最优逼近 (near best approximation) 就是一种较为实用的逼近方法, 其核心思想是在采用插值的方式来进行逼近, 同时让插值节点的 Lebesgue 常数尽可能地

小. 事实上对于在给定节点上的插值多项式, 其和最佳一致逼近多项式之间我们有如下的估计.

定理 8.2.2 假设插值点集 $X \subseteq [a,b]$, p_n 是 n 次插值多项式, $f \in C[a,b]$. 则有

$$\|f - p_n\|_{C[a,b]} \leqslant (\Lambda_n(X) + 1)E_n^*(f, X),$$

其中 $E_n^*(f, X)$ 为 f 的 n 次最佳一致逼近多项式误差, $\Lambda_n(X)$ 为节点组 X 的 Lebesgue 常数.

证明 首先由三角不等式可知 $\|f - p_n\|_{C[a,b]} \leqslant \|f - p_n^*\|_{C[a,b]} + \|p_n - p_n^*\|_{C[a,b]}$, 其中 p_n^* 是 f 的 n 次最佳一致逼近多项式.

接下来我们只需要证明 $\|p_n - p_n^*\|_{C[a,b]} \leqslant \Lambda_n(X)\|f - p_n^*\|_{C[a,b]}$ 即可得到定理. 注意到 $p_n - p_n^*$ 是 $f - p_n^*$ 的插值多项式, 因此根据 Lebesgue 常数的定义, 我们有 $\|p_n - p_n^*\|_{C[a,b]} \leqslant \Lambda_n(X)\|f - p_n^*\|_{C[a,b]}$, 将其代入前面的不等式即可得证. □

上述定理告诉我们, 对于在给定插值点上进行插值, 所得到的插值多项式和最佳一致逼近多项式之间的差别完全可以由插值节点上的 Lebesgue 常数来控制. 而我们在上一章中知道对于在区间 $[-1, 1]$ 上的任意点组 X, 其 Lebesgue 常数 $\Lambda_n(X)$ 的下界可以表示为

$$\Lambda_n(X) \geqslant \frac{2}{\pi} \ln(n+1) + c,$$

其中常数 $c = \frac{2}{\pi}\left(\gamma + \ln\frac{4}{\pi}\right) \approx 0.52124\cdots$, γ 为 Euler 常数. 而对于 Chebyshev 点和等距点, 它们的 Lebesgue 常数有不同的估计. 其中 Chebyshev 点的 Lebesgue 常数 $\Lambda_n(C)$ 的上界为

$$\Lambda_n(C) \leqslant \frac{2}{\pi} \ln(n+1) + 1,$$

等距点的 Lebesgue 常数 $\Lambda_n(E)$ 的下界为

$$\Lambda_n(E) \geqslant \frac{2^{n-2}}{n^2}.$$

这些事实说明了如果采用 Chebyshev 点进行插值, 我们的确可以得到几乎最佳一致逼近多项式, 特别地, 当 $n = 10^6$ 时, 这两者也只差不到十倍 $(9.79\cdots)$. 因此采用 Chebyshev 点进行插值和最佳一致逼近具有相似的效果. 但是如果采用等距节点进行插值, 其和最佳一致逼近多项式之间的误差是随着节点数目的增加指数上升的.

例 8.2.2 现在我们来观察对 $|x|$ 进行插值时, 最佳一致逼近和 Chebyshev 点插值得到的误差.

解 我们依次取 $n = [0, 2, 4, 10, 20, 40, 100, 200]$, 观察 Chebyshev 点插值 $\|f - p_n\|_\infty$ 和最佳一致逼近 $\|f - p_n^*\|_\infty$ 的大小, 见图 8.5.

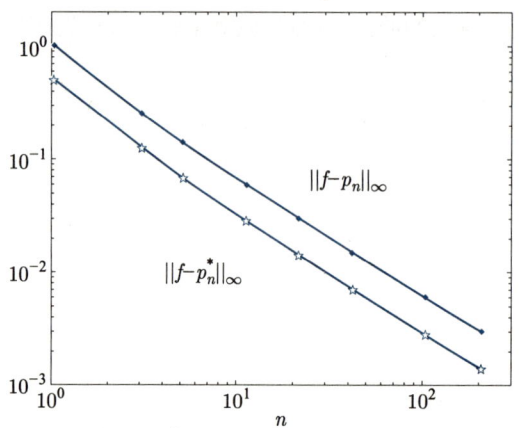

图 8.5 最佳一致逼近和 Chebyshev 插值的误差图

我们计算出两者的比值 $\dfrac{\|f-p_n\|_\infty}{\|f-p_n^*\|_\infty}$ 如表 8.1 所示:

表 8.1 误 差 比 值

n	比值
0	2.000 00
2	2.000 00
4	2.102 34
10	2.126 77
20	2.129 68
40	2.130 37
100	2.130 56
200	2.130 59

从 Chebyshev 振荡定理中我们知道存在 $n+2$ 个等高振荡最值点是最佳一致逼近的充分必要条件, 下面的定理描述了如果我们手上只有 $n+2$ 个振荡点, 则得到的多项式和最佳一致逼近多项式之间也有一个接近最优的性质, 具体而言有如下的估计:

定理 8.2.3 设 $f \in C[a,b]$, $p_n(x)$ 是 n 次多项式. 如果存在 $n+2$ 个单调递增点 $\{x_i\}_{i=0}^{n+1}$, 使得 $p_n(x) - f(x)$ 在这些点上的符号变号, 那么有

$$\|f-p_n\|_{C[a,b]} \leqslant CE_n^*,$$

其中 $C = \dfrac{\|f-p_n\|_{C[a,b]}}{\min\limits_i |f(x_i) - p_n(x_i)|} \geqslant 1$, E_n^* 为 n 次多项式最佳一致逼近误差.

证明 证明思路主要是验证下面这个不等式:

$$\min_i |f(x_i) - p_n(x_i)| \leqslant E^*.$$

首先记 $p_n(x) - f(x)$ 在 $x_0, x_1, \cdots, x_{n+1}$ 上的取值分别为 $\lambda_0, -\lambda_1, \cdots, (-1)^{n+1}\lambda_{n+1}$, 其

中不妨设 $\lambda_i > 0, i = 0, 1, \cdots, n+1$. 接下来我们用反证法, 假设下式成立:

$$\min_i \lambda_i > E_n^* = \|f - p_n^*\|_{C[a,b]},$$

其中 p_n^* 表示 n 次最佳一致逼近多项式. 考虑 $h(x) := p_n(x) - p_n^*(x)$, 有

$$\text{当 } i \text{ 为奇数时}: p_n(x_i) - p_n^*(x_i) \geqslant \lambda_i - E_n^* > 0,$$

$$\text{当 } i \text{ 为偶数时}: p_n(x_i) - p_n^*(x_i) \leqslant \lambda_i - E_n^* < 0.$$

即 $h(x)$ 在点列 $\{x_i\}_{i=0}^{n+1}$ 上的取值依次变号, 由介值定理可知 $h(x)$ 在 (x_0, x_{n+1}) 内至少有 $n+1$ 个零点, 按照定义我们知道 $h(x)$ 是一个 n 次多项式, 于是 $p_n(x) - p_n^*(x)$ 和 $\min\limits_i \lambda_i > E_n^*$ 得到矛盾, 从而我们有

$$\min_i \lambda_i \leqslant E_n^*,$$

即可得定理成立. $\qquad\square$

8.3 最佳平方逼近

这一节中我们主要考虑最佳平方逼近和它的离散版本. 具体而言, 我们考虑带权的 L_ω^2 空间, 其中 $\mathbb{P}_n$ 可以看成其上的有限维子空间. 令度量误差的方式为

$$\text{dist}(f, p) = \int_a^b \rho(x)|f(x) - p(x)|^2 \mathrm{d}x,$$

则由下面的证明, 我们发现最佳平方逼近问题等价于其在多项式空间的投影. 利用带权范数 L_ω^2 的定义, 我们得到最佳平方逼近的表达方式即为求解 $\min p \in \mathbb{P}_n \|f - p\|_{L_\omega^2}^2$. 这个问题的存在唯一性相对较为简单, 下面的定理不仅给出了最佳平方逼近的存在唯一性, 还给出了可用的算法进行求解.

> **定理 8.3.1** 对于任意的 $f \in L_\omega^2$, 存在唯一的最佳平方逼近元 $p_n \in \mathbb{P}_n$, 且它可以表示为 $\{\phi_i\}_{i=0}^n$ 的线性组合 $p_n = \sum\limits_{i=0}^n c_i \phi_i$, 其中 $\{\phi_i\}_{i=0}^n$ 为 $\mathbb{P}_n$ 的一组基函数, 系数 c_i 是线性方程组 $Mc = f$ 的解, 这里 M 是 $\{\phi_i\}_{i=0}^n$ 的 Gram 矩阵: 即 $M_{ij} = \langle \phi_i, \phi_j \rangle_\omega$; $f_i = \langle f, \phi_i \rangle_\omega$.

> **注 8.3.1** 在最佳平方逼近的问题中, 系数 c_i 也称为投影系数, 它表示 f 在 $\{\phi_i\}_{i=0}^n$ 张成的有限维子空间 $\mathbb{P}_n$ 中的投影.

证明 我们令 $p_n = \sum\limits_{i=0}^n c_i \phi_i$, 则通过简单的计算可以得到

$$\|f - p_n\|_{L_\omega^2}^2 = \left\| f - \sum_{i=0}^{n} c_i \phi_i \right\|_{L_\omega^2}^2$$

$$= \sum_{i,j} c_i c_j \langle \phi_i, \phi_j \rangle_\omega - 2 \sum_i c_i \langle \phi_i, f \rangle_\omega + \langle f, f \rangle_\omega$$

$$= c^{\mathrm{T}} M c - 2 c^{\mathrm{T}} f + \text{const.}$$

因此, 我们需要求解以下二次型问题:

$$\min c^{\mathrm{T}} M c - 2 c^{\mathrm{T}} f.$$

由于 M 是对称的, 我们只需要证明它是正定的即可. 对于任意非零向量 $v \in \mathbb{R}^{n+1}$, 我们有

$$v^{\mathrm{T}} M v = \sum_{i,j} v_i v_j \langle \phi_i, \phi_j \rangle_\omega = \left\langle \sum_{i=0}^{n} v_i \phi_i, \sum_{j=0}^{n} v_j \phi_j \right\rangle_\omega > 0.$$

因此 M 是对称正定的, 从而求解二次型的优化问题等价于线性方程组 $Mc = f$ (参考数值线性代数部分最速下降法和共轭梯度法部分), 证毕. □

我们注意到最佳平方逼近有正交性质, 即残差垂直于 $\mathbb{P}_n$. 对于数值求解最佳平方逼近, 一个关键的步骤是基函数的选择, 从而构建合理的 Gram 矩阵. 以区间 $[0,1]$ 上带着权函数 1 的最佳平方逼近为例, 如果我们将基函数选成标准的单项式基底 x^i, 则 Gram 矩阵 $M_{ij} = \int_0^1 x^{i+j} \mathrm{d}x = \dfrac{1}{i+j+1}$, 这个矩阵是著名的 Hilbert 矩阵, 其奇异值具有快速衰减的性质, 类似多项式插值的 Vandermonde 矩阵, Hilbert 矩阵的数值稳定性也非常可疑, 这是由于采用了单项式基底这类数值相关性非常强的基底. 为了避免因为基底选择造成的数值不稳定性, 我们可以选择正交多项式作为求解的基底. 另外一方面, 如果我们所选取的基底 ϕ_i 正好在 L_ω^2 中正交, 那么 Gram 矩阵 M 是一个对角矩阵, 从而最佳平方逼近多项式可以显式给出:

$$p_n^* = \sum_{i=0}^{n} \frac{\langle f, \phi_i \rangle_\omega}{\langle \phi_i, \phi_i \rangle_\omega} \phi_i. \tag{8.1}$$

这一结论可以描述为下面的定理

定理 8.3.2 设 $\phi_i(x)$ 是区间 $[-1,1]$ 上的正交多项式序列, 对于任意 $f(x) \in L_\omega^2$, 定义其 Fourier 截断函数 $f_n(x) = \sum_{k=0}^{n} \tilde{f}_k \phi_k(x)$, 其中 $\tilde{f}_k = \dfrac{\langle f, \phi_k \rangle_\omega}{\langle \phi_k, \phi_k \rangle_\omega}$, 则 f_n 满足最佳平方逼近性质: 即 $f_n = \underset{p \in \mathbb{P}_n}{\mathrm{argmin}} \|f - p\|_{L_\omega^2}$.

如果我们让多项式的次数持续增长, 并引入类似 Fourier 级数的表示符号, 我们可以形式上用广义 Fourier 展开来表达任意的平方可积函数:

$$f \sim \sum_{i=0}^{\infty} \frac{\langle f, \phi_i \rangle_\omega}{\langle \phi_i, \phi_i \rangle_\omega} \phi_i. \tag{8.2}$$

注 8.3.2 事实上方程 (8.2)在 L_ω^2 空间中可以写成等号, 即

$$\lim_{n\to\infty} \|f - f_n\|_{L_\omega^2} = 0.$$

这一结论的证明超过本课程的范畴, 我们简略给出证明的思路, 有兴趣的读者可以自行完成或者参阅调和分析或实分析等相关教科书.

(1) 证明在 $L_\omega^2(a,b)$ 空间中, 多项式函数可以逼近任意连续函数 (Weierstrass 第一逼近定理的直接推论);

(2) 证明在 $L_\omega^2(a,b)$ 空间中, 分片线性连续函数可以逼近任意分片常数函数 (构造性证明);

(3) 证明在 $L_\omega^2(a,b)$ 空间中, 分片常数函数可以逼近任意平方可积函数 (构造性证明);

(4) 通过 (1)—(3) 的证明, 得到稠密性, 然后由最佳平方逼近的定义可以得到收敛性;

(5) 收敛性的证明并不依赖正交多项式基底, 因为 f_n 是最佳平方逼近多项式, 其可以在不同的基底下进行表达. 另外, 我们可以证明 Parseval 等式 (即勾股定理的推广): 即在正交多项式基底下有

$$\|f\|_{L_\omega^2}^2 = \sum_{i=1}^{\infty} \left\| \frac{\langle f, \phi_i \rangle_\omega}{\langle \phi_i, \phi_i \rangle_\omega} \phi_i \right\|_{L_\omega^2}^2.$$

如果我们在区间 $[-1,1]$ 上选择权重函数 $\omega(x) = \dfrac{1}{\sqrt{1-x^2}}$, 并且将多项式基底选为在 L_ω^2 中的正交多项式: Chebyshev 多项式, 则采用 (8.2)中的记号, 我们有

$$f = \sum_{i=0}^{\infty} \frac{\langle f, T_i \rangle_\omega}{\langle T_i, T_i \rangle_\omega} T_i,$$

且其最佳平方逼近多项式 f_n 为 Chebyshev 截断多项式:

$$f_n = \sum_{i=0}^{n} \frac{\langle f, T_i \rangle_\omega}{\langle T_i, T_i \rangle_\omega} T_i.$$

和上一章中基于 Chebyshev 点插值得到的插值多项式类似,Chebyshev 截断多项式逼近函数的误差也和函数的光滑性密切相关. 函数越光滑, 收敛速度越快. 具体而言有如下的定理, 其证明可以参考 [30].

定理 8.3.3 若 $f \in C[-1,1]$ 为 s 次可导的函数, 其中第 s 阶的导数可以是分片定义的, 且其 s 阶导数具有有界变差, 变差为 V. 我们有

$$\|f - f_n\|_{C[-1,1]} \leqslant \frac{2V}{\pi s(n-s)^s},$$

其中 f_n 为 f 的 Chebyshev 截断多项式. 如果 f 在 $[-1,1]$ 上实解析, 则存在 $\rho > 1$ 使得

$$\|f - f_n\|_{C[-1,1]} \leqslant C\rho^{-n}.$$

我们比较上述定理 8.3.3 和上一章的定理 7.2.5 后可以发现, Chebyshev 截断近似多项式和 Chebyshev 点插值得到的插值多项式具有非常类似的逼近结果. 作为推论, 我们立刻可以证明, 对于任意的 Lipschitz 连续函数 $f(x)$, 我们可以证明它的 Chebyshev 展开绝对一致收敛于自身, 即 $f(x) = \sum_{k=0}^{\infty} a_k T_k$, 其中 $a_k = \dfrac{1}{2\pi} \langle f, T_k \rangle_\omega$ (a_0 需要乘 2).

前面章节中所提到的最佳一致逼近或者最佳平方逼近, 都建立在复杂函数已知的前提下, 但是在实际应用中, 如果已经知道该函数的表达式, 则不一定需要做逼近 (因为已经可以求出所有点的函数值). 在工程应用中, 比较实用和常见的例子是: 如果函数 $f(x)$ 只能在某些离散点上进行测量, 如何构造一个简单的函数去近似未知函数 $f(x)$, 从而可以给出 $f(x)$ 在所有未知点处函数值的近似.

如果我们使用多项式空间来近似未知函数, 采用某种基底 $\{\phi_i(x)\}_{i=0}^n$, 未知多项式表示为 $p_n(x) = \sum_{i=0}^n c_i \phi_i(x)$, 则在所有离散测量点 $\{x_i\}_{i=0}^m$ ($m > n$) 上形成了超定线性方程组

$$\sum_{i=0}^n c_i \phi_i(x_j) = f(x_j), \quad j = 0, 1, \cdots, m.$$

这样的超定线性方程组可以使用最小二乘法 (或者加权最小二乘法) 进行求解, 这就给出了一种简单的求解方法. 下面我们从另外一个角度来理解离散最佳平方逼近. 首先令多项式为 $p(x) = \sum_{i=0}^n c_i \phi_i(x)$, 给定权重系数 $\{\omega_i\}_{i=0}^m$, 定义离散最佳平方逼近问题

$$\min_{p \in \mathbb{P}_n} \sum_{i=0}^m \omega_i \left| p(x_i) - f(x_i) \right|^2.$$

类似最佳平方逼近的计算公式, 我们可以得到离散最佳逼近问题可以转化为 $Mc = b$ 的格式, 其中离散 Gram 矩阵 M 和右端项 b 分别为

$$M_{jk} = \sum_{i=0}^m \omega_i \phi_j(x_i) \phi_k(x_i), \quad b_k = \sum_{i=0}^m \omega_i \phi_k(x_i) f_i,$$

然后求解该线性方程组即可得到系数. 在一定的假设下如何选择合适的权重 ω_i 和测量点位置都是值得考虑的问题, 另外在一些特定的情形下, 离散最佳平方逼近可以修改为离散最佳一致逼近或者离散最佳 L^1 逼近, 但是数值求解算法会比较复杂.

8.4 知识拓展

这一章主要研究了光滑函数或者平方可积函数的最佳逼近问题, 特别地, 在最佳平方逼近的框架下, 可以通过引入正交多项式基底, 将问题转化为广义 Fourier 展开并得到其收敛性. 而这样的收敛性对光滑函数而言可以证明其在不同函数空间下的收敛速度. 我们在这里列一些正交多项式的其他逼近性质 (包括 Chebyshev 多项式和 Legendre 多项式等).

我们先回顾一下第一类 Chebyshev 点和第二类 Chebyshev 点 (也称为 Chebyshev-Lobatto 点)$(x_j, \bar{x}_j)$ 的定义:

$$x_j = -\cos\frac{(2j+1)\pi}{2(n+1)}, \bar{x}_j = -\cos\frac{j\pi}{n},$$

其中 $n+1$ 为节点个数, $j = 0, 1, \cdots, n$.

对于第一类和第二类 Chebyshev 点的插值逼近, 我们在 $L^2_\omega(-1,1)$ 可以得到以下结论 (这里 $\omega = \dfrac{1}{\sqrt{1-x^2}}$, 证明参考 [26] 第 434 页):

$$\left\|f - p_n^{CL}\right\|_\omega \leqslant Cn^{-s}\|f\|_{s,\omega}; \quad \left\|f - p_n^C\right\|_\omega \leqslant Cn^{-s}\|f\|_{s,\omega},$$

其中, p_n^{CL} 和 p_n^C 分别表示使用 Chebyshev-Lobatto 点和 Chebyshev 点插值所得的 n 次插值多项式, ω 是权重函数, $\|f\|_{s,\omega}$ 表示具有 s 阶导数和权重函数 ω 的函数 f 的 L^2 范数, 其中 $s = 0$ 或者 $\omega = 1$ 时可以省略, C 是一个正常数. 我们在上一章中给出了插值多项式在连续函数模下的估计, 上面这个定理说明了 L^2_ω 度量下结论是类似的.

接下来我们考虑 Legendre 多项式, 以及与其相关的 Legendre 点 (Legendre 多项式的零点) 和 Legendre-Lobatto 点 (Legendre 多项式的极值点) 的插值. 根据 [26] 第 437 页的结论, 我们可以得到如下结论:

$$\left\|f - p_n^{LL}\right\| + n^{-\frac{1}{2}}\left\|f - p_n^{LL}\right\|_{C[a,b]} \leqslant Cn^{-s}\|f\|_s;$$
$$\left\|f - p_n^L\right\| + n^{-\frac{1}{2}}\left\|f - p_n^L\right\|_{C[a,b]} \leqslant Cn^{-s}\|f\|_s,$$

其中 p_n^{LL} 和 p_n^L 分别表示使用 Legendre-Lobatto 点和 Legendre 点进行的插值. 这个结论告诉我们 Legendre 点或者 Legendre-Lobatto 点进行插值能够得到和 Chebyshev 点类似的效果. 此外我们还可以使用 DLT (discrete Legendre transform) 来计算 Legendre-Lobatto 点的插值函数和 Legendre 截断函数, 这为 Legendre 多项式的计算提供了更大的灵活性.

8.5 习题

1. 证明 Chebyshev 多项式 $T_n(x)$ 满足微分方程

$$(1 - x^2)T''(x) - xT'(x) + n^2 T_n(x) = 0.$$

2. 求 $f(x) = x^4 + 2x^3 - 1$ 在区间 $[0,1]$ 上的三次最佳一致逼近多项式.

3. 求 $f(x) = |x|$, 在区间 $[-1,1]$ 上求关于 $\Phi = \mathrm{span}\{1, x^2, x^4\}$ 的最佳平方逼近.

4. 求 $f(x)$ 在指定区间上对于 $\Phi = \mathrm{span}\{1, x\}$ 的最佳平方逼近多项式:

(1) $f(x) = \dfrac{1}{x}, [1,3]$; (2) $f(x) = \mathrm{e}^x, [0,1]$;

(3) $f(x) = \sin \pi x, [0,1]$; (4) $f(x) = \ln x, [1,2]$.

5. 如果权函数 $\rho(x)$ 是偶函数, 则其产生的正交多项式 $p_n(x)$ 有如下性质: n 为偶数时 p_n 是偶函数, n 为奇数时 p_n 是奇函数.

6. 如果 $f(x) \in C[-1,1]$ 为偶函数, 证明其最佳一致逼近多项式 p_n^* 总是偶函数, 并进一步证明 $p_{2m}^* = p_{2m+1}^*$, 其中 $m = 0, 1, \cdots$. (提示: 利用最佳一致逼近的唯一性; 分析在对称区间中多项式函数成为偶函数的充分必要条件).

7. 证明或举出反例: 如果 $f(x) \in C[-1,1]$ 为偶函数, 则其和最佳一致逼近多项式 p_n^* 的差 $r_n = f - p_n^*$ 总是在零点取到最值.

8. 最佳一致逼近多项式构成了一个连续函数空间到多项式空间的映射, 证明该映射是非线性的.

9. 上机测试通过求解 Hilbert 矩阵得到最佳平方逼近解的误差, 并利用 Hilbert 矩阵奇异值的分布来进行合理解释.

10. 给定连续函数 $f \in C[0,1]$, 将区间 $[0,1]$ 均匀等分为 m 份, 节点为 $x_{im} = \dfrac{i}{m}$, $i = 0, 1, \cdots, m$. 考虑如下离散最佳平方逼近问题 (其中 $m \geqslant n$):

$$E_{nm} = \min_{p \in \mathbb{P}_n} \sum_{i=0}^{m} \omega_i \left| p(x_i) - f(x_i) \right|^2.$$

(1) 证明 $\lim\limits_{m \to \infty} E_{nm}$ 存在, 并计算出极限 E_n;

(2) 证明 $\lim\limits_{n \to \infty} E_n$ 存在并计算出极限.

第九章

数值微分与数值积分

在许多科学工程计算的问题中, 经常会需要计算导数或者积分. 但是直接测量导数或者积分一般来说很难做到, 需要在仅仅测量函数值的前提下使用数值方法近似导数或者积分, 这就是本章的主要内容.

9.1 数值微分

在很多工程问题中, 实际测量时只能测量函数值, 但是在设计算法时需要用到导数甚至高阶导数值, 因此这个时候需要通过函数在某些点的函数值, 给出该函数的一阶导数甚至高阶导数的近似值. 一个典型的例子是第二章中 Newton 法求解非线性方程需要计算函数的导数值, 而割线法就可以理解为使用两个点的函数值来近似该点的导数值.

我们首先从导数的定义出发, 给出最基本的几种差分方法来近似一阶导数. 差分法是实际中运用最广泛的方法, 按照所选取的近似点的位置, 分为向前、向后以及中心差分法, 选取 $h > 0$ 为一个小的正数, 则有

(1) **向前差分法**:
$$f'(x) \approx \frac{f(x+h) - f(x)}{h}; \tag{9.1}$$

(2) **向后差分法**:
$$f'(x) \approx \frac{f(x-h) - f(x)}{-h}; \tag{9.2}$$

(3) **中心差分法**:
$$f'(x) \approx \frac{f(x+h) - f(x-h)}{2h}. \tag{9.3}$$

定理 9.1.1 对于向前和向后差分法, 当 $f(x) \in C^2[a,b]$ 时, 可以得到一阶导数的误差估计
$$\left| \frac{f(x+h) - f(x)}{h} - f'(x) \right| \leqslant \frac{h}{2} \|f''\|_{C[a,b]}, \tag{9.4}$$
$$\left| \frac{f(x-h) - f(x)}{-h} - f'(x) \right| \leqslant \frac{h}{2} \|f''\|_{C[a,b]}; \tag{9.5}$$

对于中心差分法, 当 $f(x) \in C^3[a,b]$ 时, 可以得到一阶导数的误差估计
$$\left| \frac{f(x+h) - f(x-h)}{2h} - f'(x) \right| \leqslant \frac{h^2}{6} \|f^{(3)}\|_{C[a,b]}. \tag{9.6}$$

证明 对于向前和向后差分法, 首先进行 Taylor 展开, 可以得到:
$$f(x+h) = f(x) + hf'(x) + \frac{h^2}{2} f''(\xi), \tag{9.7}$$

$$f(x-h) = f(x) - hf'(x) + \frac{h^2}{2}f''(\eta), \tag{9.8}$$

则有

$$\frac{f(x+h)-f(x)}{h} - f'(x) = \frac{h}{2}f''(\xi), \tag{9.9}$$

$$\frac{f(x-h)-f(x)}{-h} - f'(x) = -\frac{h}{2}f''(\eta). \tag{9.10}$$

由上面的等式可知, 当 $f(x) \in C^2[a,b]$ 时, 我们有

$$\left| \frac{f(x+h)-f(x)}{h} - f'(x) \right| \leqslant \frac{h}{2}\|f''\|_{C[a,b]}, \tag{9.11}$$

$$\left| \frac{f(x-h)-f(x)}{-h} - f'(x) \right| \leqslant \frac{h}{2}\|f''\|_{C[a,b]}. \tag{9.12}$$

对于中心差分法, 进行 Taylor 展开, 可以得到:

$$f(x+h) = f(x) + hf'(x) + \frac{h^2}{2}f''(x) + \frac{h^3}{3!}f^{(3)}(\xi), \tag{9.13}$$

$$f(x-h) = f(x) - hf'(x) + \frac{h^2}{2}f''(x) - \frac{h^3}{3!}f^{(3)}(\eta). \tag{9.14}$$

结合上述两个等式可得到:

$$\frac{f(x+h)-f(x-h)}{2h} - f'(x) = \frac{h^2}{6}\frac{f^{(3)}(\xi)+f^{(3)}(\eta)}{2}. \tag{9.15}$$

即当 $f(x) \in C^3[a,b]$ 时,

$$\left| \frac{f(x+h)-f(x-h)}{2h} - f'(x) \right| \leqslant \frac{h^2}{6}\|f^{(3)}\|_{C[a,b]}. \tag{9.16}$$

$\square$

注意到虽然中心差分的右端项用的是 $\|f^{(3)}\|_{C[a,b]}$, 但是这个误差几乎等于 $|f^{(3)}(x)|$, 向前和向后差分也有类似的结果. 上述定理我们能看出向前和向后差分都是一阶收敛、中心差分具有二阶收敛性, 通常会有更高的精度 (在同样的网格尺寸下).

下面我们用一个简单的例子来验证向前差分和中心差分的收敛阶.

例 9.1.1　我们用差分方法估计目标函数 $f(x) = e^x$ 在 $x = 0$ 处的导数值, 已知精确解 $f'(0) = 1$. 下面我们探索不同差分方法的误差随着 h 变化的趋势.

解　具体见图 9.1, 我们设定 $h = 10^i$, 这里 $i \in \{0, 1, \cdots, 16\}$. 注意误差是由绝对值函数度量的, 这里的横坐标和纵坐标都取了 log 规模.

从图 9.1 中很明显地看到, 当网格尺寸 h 不是非常小时, 误差严格按照线性、二次收敛 (分别对应于向前差分、中心差分), 但是当网格尺寸减小到一定程度后, 误差反而会增加.

为什么会发生这种现象? 因为在实际的数值计算中, 舍入误差是不可避免的, 这就意

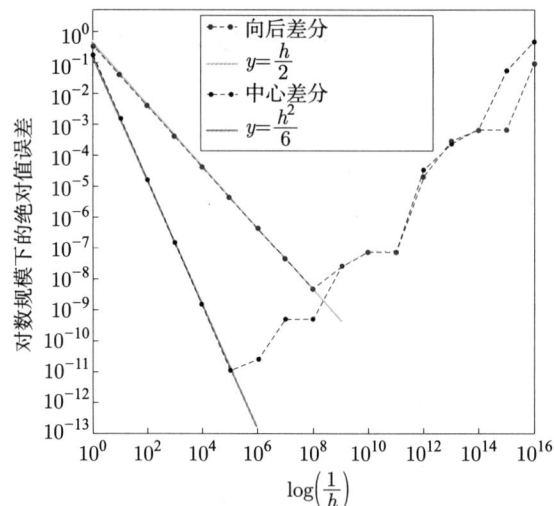

图 9.1　向后差分法与中心差分法的误差分析

味着我们实际参与计算的数值并不是精确的 $f(x)$, 而是它的一个扰动. 我们假设数据的扰动大小为 δ, 即

$$|f^\delta(x) - f(x)| \leqslant \delta,$$

则采用向前差分法估计一阶导数时, 真正的误差变为

$$\left| \frac{f^\delta(x+h) - f^\delta(x)}{h} - f'(x) \right| = \left| \frac{f^\delta(x+h) - f^\delta(x)}{h} - \frac{f(x+h) - f(x)}{h} + \frac{h}{2} f''(\xi) \right|$$

$$\leqslant \frac{1}{h} \left(|f^\delta(x+h) - f(x+h)| + |f^\delta(x) - f(x)| \right) + \frac{h}{2} |f''(\xi)|$$

$$\leqslant \frac{2\delta}{h} + \frac{h}{2} |f''(\xi)|.$$

其中第一项称为传播误差, 第二项为逼近误差, 定理 9.1.1 仅考虑了逼近误差的估计. 注意到这个例子中舍入误差 $\delta \approx$ 1e-16, 而当 $h \approx$ 1e-8 时, 逼近误差和传播误差相当, 在网格尺寸大于 1e-8 时, 逼近误差占主导地位, 总误差是精确的线性递减; 但是当网格尺寸小于 1e-8 后, 传播误差占据主导地位, 这时候就取决于舍入误差的大小, 所以总体误差上升但是并没有严格地线性增长. 其中最优的网格尺寸是 $h \approx 2\sqrt{\dfrac{\delta}{|f''(\xi)|}}$, 但因为 $f''(\xi)$ 一般是未知的, 因此这一估计式并不能真正用于计算.

再以中心差分格式为例:

$$\frac{f(x-h) - f(x-h)}{2h} - f'(x) = \frac{h^2}{6} f^{(3)}(\xi). \tag{9.17}$$

在数据带有扰动时, 用中心差分法估计一阶导数时产生的误差变为

$$\left| \frac{f^\delta(x+h) - f^\delta(x-h)}{2h} - f'(x) \right| \leqslant \frac{\delta}{h} + \frac{h^2}{6} |f^{(3)}(\xi)|. \tag{9.18}$$

当网格尺寸取值为 $h \approx \left(\frac{6\delta}{|f^{(3)}(\xi)|} \right)^{\frac{1}{3}} = O(\delta^{\frac{1}{3}})$ 时, 中心差分法的最优误差为 $O(\delta^{\frac{2}{3}})$.

注意到对于任意的数值微分格式 (包括我们下面章节中所提到的所有数值微分算法), 均具有上面类似的结论, 即在测量数据带有误差 (如舍入误差) 的前提下网格尺寸并不能无限制减少, 并且网格尺寸太小会导致算法的结果发散. 这是因为在连续层面上, 微分运算对 L^∞ 扰动是不适定的, 在 L^∞ 下任意微小的扰动可能会造成目标函数不可导, 或者导函数任意大等后果, 这是一个典型的不适定问题. 这时候数值微分格式可以看成是一种离散正则化方法, 而网格尺寸即正则化参数的选择需要非常仔细地设计. 这部分内容的详细讨论超出了本书的范畴, 有兴趣的读者可以参阅反问题的正则化方法等相关专业文献.

向前、向后、中心差分都是非常简单自然的数值微分格式, 但是如何系统地获取任意精度的数值微分方法, 又如何给出任意阶导数的数值微分近似格式呢? 一个自然的推广是采用差分模板来构造恰当的差分格式. 具体而言, 我们预先给定 $f(x)$ 附近若干个点的值 (如 $f(x-2h)$, $f(x-h)$, $f(x)$, $f(x+h)$, $f(x+2h)$ 这五个点), 然后我们将这些点进行合适的加权求和, 可以得到恰当的数值微分格式, 为了确定数值格式, 我们可以采用待定系数法. 还是以五个点为例, 我们对每个点进行 Taylor 展开 (对 $i = -2, -1, 0, 1, 2$) 有

$$f(x+ih) = f(x) + ihf'(x) + \frac{(ih)^2}{2}f^2(x) + \frac{(ih)^3}{3!}f^3(x) +$$
$$\frac{(ih)^4}{4!}f^4(x) + \frac{(ih)^5}{5!}f^5(x) + O(h^6).$$

如果我们希望用这五个点的组合得到能近似 $f'(x)$ 的最高阶的格式, 令其为 $\sum_{i=-2}^{2} a_i f(x - ih)$, 分别匹配系数后, 得到 (五个自由度匹配五个方程)

$$\sum_{i=-2}^{2} a_i = 0,$$

$$\sum_{i=-2}^{2} (ih)a_i = 1,$$

$$\sum_{i=-2}^{2} \frac{(ih)^2}{2}a_i = 0,$$

$$\sum_{i=-2}^{2} \frac{(ih)^3}{3!}a_i = 0,$$

$$\sum_{i=-2}^{2} \frac{(ih)^4}{4!}a_i = 0.$$

通过求解上面的方程组, 可以得到

$$(a_{-2}, a_{-1}, a_0, a_1, a_2) = \frac{1}{h}\left(\frac{1}{12}, -\frac{2}{3}, 0, \frac{2}{3}, -\frac{1}{12}\right),$$

代入到 h^5 的公式中, 得到该数值微分格式的误差阶为

$$\frac{1}{h}\left(\frac{f(x-2h)}{12} - \frac{2f(x-h)}{3} + \frac{2f(x+h)}{3} - \frac{f(x+2h)}{12}\right) = f'(x) + O(h^4).$$

利用差分模板的方法, 可以统一给出各种数值微分的格式, 即使是不等距节点上进行测量也可以给出恰当的估计式.

我们利用差分模板可以给出估计二阶导数的中心差分格式 (具体过程留给读者自行完成), 并且可以给出误差阶的估计:

$$f''(x) \approx \frac{f(x+h) + f(x-h) - 2f(x)}{h^2}. \tag{9.19}$$

命题 9.1.1   二阶导数的中心差分格式的误差估计: 当 $f(x) \in C^4[a,b]$ 时,

$$\left|\frac{f(x+h) + f(x-h) - 2f(x)}{h^2} - f''(x)\right| \leqslant \frac{h^2}{12}\|f^{(4)}\|_{C[a,b]}. \tag{9.20}$$

证明   首先进行 Taylor 展开, 可以得到:

$$f(x+h) = f(x) + hf'(x) + \frac{h^2}{2}f''(x) + \frac{h^3}{3!}f^{(3)}(x) + \frac{h^4}{4!}f^{(4)}(\xi), \tag{9.21}$$

$$f(x-h) = f(x) - hf'(x) + \frac{h^2}{2}f''(x) - \frac{h^3}{3!}f^{(3)}(x) + \frac{h^4}{4!}f^{(4)}(\eta), \tag{9.22}$$

将两个等式相加

$$f(x+h) + f(x-h) = 2f(x) + h^2 f''(x) + \frac{h^4}{12}\frac{f^{(4)}(\xi) + f^{(4)}(\eta)}{2}. \tag{9.23}$$

则有

$$\left|\frac{f(x+h) + f(x-h) - 2f(x)}{h^2} - f''(x)\right| \leqslant \frac{h^2}{12}\|f^{(4)}\|_{C[a,b]}. \tag{9.24}$$

$\square$

下面这个推论是显然的, 我们将在下一节中利用这一结论给出数值微分的一种隐式求解方法.

推论 9.1.1   当 $f(x) \in C^5[a,b]$ 时,

$$\left|\frac{f'(x+h) + f'(x-h) - 2f'(x)}{h^2} - f^{(3)}(x)\right| \leqslant \frac{h^2}{12}\|f^{(5)}\|_{C[a,b]}. \tag{9.25}$$

在实际的问题中, 有时候不仅仅需要估计某一个单点的导数, 而需要同时计算出多个点的导数值, 甚至是给出任意点的导数值, 而且在可能的情况下, 给出较高的数值精度, 我们下面介绍一种隐式求解方法. 首先假设我们能够给出区间 $[a,b]$ 上等距剖分的 $n+1$ 个点上的函数值 $f(x_i), i = 0, 1, \cdots, n$, 其中 $x_i = a + ih, h = \dfrac{b-a}{n}$. 由 Taylor 展开我

们得到

$$f(x+h) = f(x) + hf'(x) + \frac{h^2}{2}f''(x) + \frac{h^3}{3!}f^{(3)}(x) + \frac{h^4}{4!}f^{(4)}(x) + \frac{h^5}{5!}f^{(5)}(x) + \cdots,$$
(9.26)

$$f(x-h) = f(x) - hf'(x) + \frac{h^2}{2}f''(x) - \frac{h^3}{3!}f^{(3)}(x) + \frac{h^4}{4!}f^{(4)}(x) - \frac{h^5}{5!}f^{(5)}(x) + \cdots,$$
(9.27)

对上述两个等式进行相减后得到

$$\frac{f(x+h) - f(x-h)}{2h} = f'(x) + \frac{h^2}{3!}f^{(3)}(x) + \frac{h^4}{5!}f^{(5)}(x) + \frac{h^6}{7!}f^{(7)}(x) + \cdots. \quad (9.28)$$

一个显然的事实是如果我们能够给出 $f^{(3)}(x)$ 好的估计, 则可以对中心差分格式进行矫正得到更高精度的估计方法. 当然一般来说 $f^{(3)}(x)$ 不可能显式给出, 我们利用公式 (9.25), 可以发现

$$f^{(3)}(x) = \frac{f'(x+h) + f'(x-h) - 2f'(x)}{h^2} + O(h^2). \quad (9.29)$$

将其代入 (9.28) 式, 可以得到

$$\frac{f(x+h) + f(x-h)}{2h} - f'(x) - \frac{f'(x+h) + f'(x-h) - 2f'(x)}{6} = O(h^4). \quad (9.30)$$

于是对于 $x = x_i, i = 1, 2, \cdots, n-1$, 由前面给出的结论可知:

$$\frac{f(x_{i+1}) + f(x_{i-1})}{2h} - f'(x_i) - \frac{f'(x_{i+1}) + f'(x_{i-1}) - 2f'(x_i)}{6} = O(h^4). \quad (9.31)$$

令 $m_i \approx f'(x_i)$, 且其满足如下线性方程组

$$\begin{cases} m_0 + 4m_1 + m_2 = \dfrac{3}{h}(f(x_2) - f(x_0)), \\ m_1 + 4m_2 + m_3 = \dfrac{3}{h}(f(x_3) - f(x_1)), \\ \cdots\cdots\cdots\cdots \\ m_{n-2} + 4m_{n-1} + m_n = \dfrac{3}{h}(f(x_n) - f(x_{n-2})). \end{cases} \quad (9.32)$$

上面的线性方程组有 $n+1$ 个未知数, 但是只有 $n-1$ 个方程. 假设我们在边界上可以做更多的测量, 从而给出 $f'(a)$ 和 $f'(b)$ 的两个好的近似 m_0 和 m_n, 那么可以求解方程组给出所有节点上的近似 $m_i \approx f'(x_i)$. 如果 $m_0 - f'(a) = O(h^4)$, $m_n - f'(b) = O(h^4)$, 则不难证明 $m_i = f'(x_i) + O(h^4)$.

　　如何证明上面这个结论? 如果我们仔细观察上面的线性方程组, 会发现这种隐式求导方法等价于先使用固支边界条件进行三次样条插值然后求导. 那么只需要利用线性方程组的强对角占优性质 (参考定理 7.5.2 的证明过程), 可以得到 $m_i = f'(x_i) + O(h^4)$.

　　上述这种隐式处理方法事实上给出了许多问题的数值算法一种统一的思路. 考虑这

样的问题: 如果给出了 $f(x)$ 在若干点上的函数值 $\{f(x_i)\}_{i=0}^n$, 则需要计算出某些和 f 相关的数值 $H(f)$(例如 f 的微分, 或者其积分值). 我们采用隐式处理方式, 即由 $\{f(x_i)\}_{i=0}^n$ 给出 $f(x)$ 的一个很好的近似 $p(x)$(如多项式逼近、样条插值或逼近等), 然后对 $p(x)$ 直接计算出 $H(p)$ (因为 p 有很好的参数化表示, 这个任务通常较为简单), 并用 $H(p)$ 代替 $H(f)$. 具体流程可以参考图 9.2, 这一思路在数值积分部分也将再次体现出来, 而且这一想法在其他不同的任务中也可以进行参考.

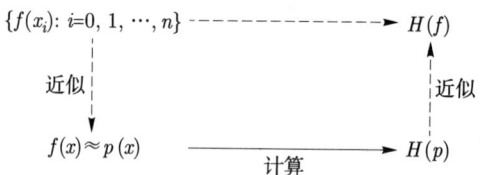

图 9.2   隐式数值算法的统一理解

我们可以给出一个很简单的例子来对比一下显式差分法; 给定边界导数真值的隐式差分法以及用 Lagrange 插值直接求导的隐式法. 我们还给出了对函数用 Lagrange 插值得到的结果.

例 9.1.2 设待求函数为 $f = \dfrac{4}{1+x^2}$, 上述三种方法如图 9.3, Lagrange 插值拟合函数如图 9.4.

在这一节中, 我们将介绍数值数学中一种重要的方法: Richardson 外推. Richardson 外推的基本思想是, 如果知道一种相对简单的数值方法的误差渐近展开式, 我们可以通过简单的组合 (称其为外推) 从而得到更高阶的数值算法. 具体做法如下, 假设我们所代求的量 L 在某一个网格尺寸 h 下有近似值 L_h, 且误差估计为

$$L_h - L = C_1 h^{\alpha_1} + C_2 h^{\alpha_2} + C_3 h^{\alpha_3} + \cdots, \tag{9.33}$$

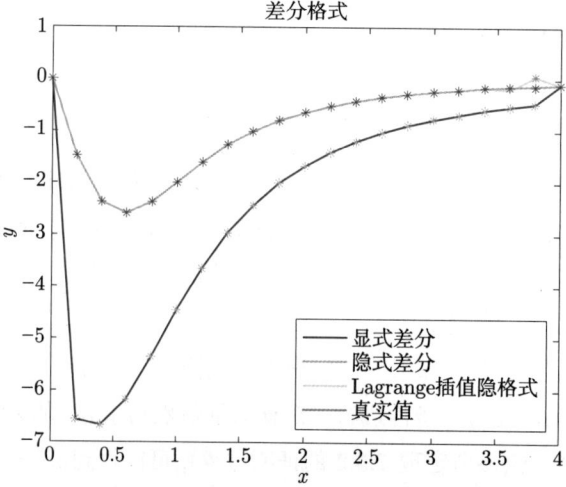

图 9.3   三种差分格式

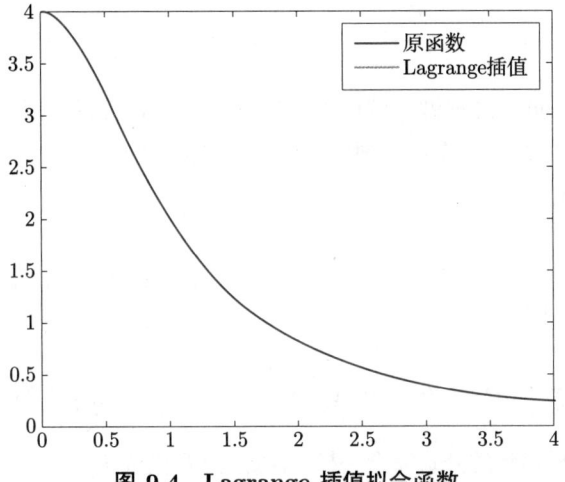

图 9.4　Lagrange 插值拟合函数

其中 $0 < \alpha_1 < \alpha_2 < \cdots$ 为已知的收敛阶, C_i 为和网格尺寸无关的未知常数 (如依赖 f 某些高阶导数值). 将网格尺寸减小一半来计算 $L_{\frac{h}{2}}$, 使用 (9.33) 估计得到

$$L_{\frac{h}{2}} - L = C_1 \frac{h}{2^{\alpha_1}} + C_2 \frac{h}{2^{\alpha_2}} + C_3 \frac{h}{2^{\alpha_3}} + \cdots.$$

将上式乘 2^{α_1} 后减去 (9.33) 得到

$$\frac{2^{\alpha_1} L_{\frac{h}{2}} - L_h}{2^{\alpha_1} - 1} - L = C_2^1 h^{\alpha_2} + C_3^1 h^{\alpha_3} + \cdots,$$

其中 $C_2^1 = C_2(2^{\alpha_1 - \alpha_2} - 1)$. 于是通过简单的加权求和, 我们就得到了更高阶的数值格式: 从 α_1 阶到 α_2 阶. 而且这一过程可以继续, 例如令 $L_h^1 = \dfrac{2^{\alpha_1} L_{\frac{h}{2}} - L_h}{2^{\alpha_1} - 1}$, 这就是一个新的计算格式, 而且也有类似的误差分析, 再次外推后可以将误差从 α_2 阶提升到 α_3 阶.

　　要特别注意的是使用 Richardson 外推对问题本身没有明显的限制, 不过最重要的一点是要对已有算法有非常精确的误差估计. 下面我们以中心差分为例, 看看怎么从中心差分这一简单的算法出发, 通过 Richardson 外推得到更高精度的方法. 首先通过 Taylor 展开, 当 $f(x)$ 具有足够的光滑性时, 我们有

$$\frac{f(x+h) - f(x-h)}{2h} - f'(x) = C_1 h^2 + C_2 h^4 + C_3 h^6 + \cdots.$$

记

$$E_{0h} = \frac{f(x+h) - f(x-h)}{2h}, \quad E_{0\frac{h}{2}} = \frac{f\left(x + \dfrac{h}{2}\right) - f\left(x - \dfrac{h}{2}\right)}{h},$$

则由于 $\alpha_1 = 2$, 我们使用 Richardson 外推得到

$$\frac{4E_{0\frac{h}{2}} - E_{0h}}{3} = f'(x) + C_2^1 h^4 + C_3^1 h^6 + \cdots. \tag{9.34}$$

记上式记为 E_{1h}, 同理可计算 $E_{1\frac{h}{2}}$. 而对于 E_{1h}, 利用 $\alpha_2 = 4$, 可以得到

$$\frac{2^4 E_{1\frac{h}{2}} - E_{1h}}{2^4 - 1} = f'(x) + C_3^2 h^6 + C_4^2 h^8 + \cdots. \tag{9.35}$$

将上式记为 E_{2h}, 并重复这种做法就可以得到高精度近似, 而计算代价较小的数值格式. 我们回过头来看一下 E_{1h} 的表达式到底是什么. 按照定义

$$\begin{aligned}
E_{1h} &= \frac{4E_{0\frac{h}{2}} - E_{0h}}{3} \\
&= \frac{1}{3}\left[4\frac{f(x+\frac{h}{2}) - f(x-\frac{h}{2})}{h} - \frac{f(x+h) - f(x-h)}{2h} \right] \\
&= \frac{1}{6h}\left[-f(x+h) + 8f\left(x+\frac{h}{2}\right) - 8f\left(x-\frac{h}{2}\right) + f(x-h) \right],
\end{aligned}$$

这一格式和差分模板得到的公式完全一样 (需要把 $2h$ 换成 h).

最后作为 Richardson 外推的一个练习, 读者可以尝试使用外推方法利用割圆法的计算结果作为基准, 从而给出计算圆周率的一个高精度计算格式.

9.2 Newton-Cotes 求积公式

这一节和下一节我们都讨论数值积分的任务: 即根据一些点上所测量得到的函数值, 来估计函数在区间上的定积分. 虽然对于任何连续函数来说, 我们可以通过 Newton-Leibniz 公式计算出不定积分, 然后在两个端点算差得到定积分的数值, 但是在具体操作上会面临如下几个困难: 首先即使被积函数是初等函数, 具有简单的表达式, 其不定积分不一定是初等函数 (绝大部分初等函数的原函数都不是初等函数), 导致积分虽然有一个形式上的表达式, 但是事实上并不能简单地代入公式进行计算, 一个常见的例子是椭圆积分. 另外在实际问题中常常没办法精确知道被积函数的具体表达式, 只能通过测量得到一些点上的函数值, 这就意味着不能使用 Newton-Leibniz 公式, 只能通过某种数值方法来估算定积分的数值, 这就是数值积分的由来. 在这里我们主要考虑有限区间上的积分, 无限区间上的积分将在 Gauss 型积分中略微提及.

一般来说, 我们希望计算 $f(x)$ 在区间 $[a,b]$ 上的定积分, 令

$$I(f) = \int_a^b f(x)\mathrm{d}x.$$

数值积分的方法是我们在区间 $[a,b]$ 上选择若干求积点, 计算这些求积点对应的函数值, 然后选择适当的求积系数使得求积公式具有如下形式

$$\int_a^b f(x)\mathrm{d}x = I(f) \approx I_n(f) = \sum_{i=0}^n c_i f(x_i), \tag{9.36}$$

其中 x_i 为求积节点, c_i 为求积系数, $i = 0, 1, \cdots, n$. 下面给出两种常见的积分公式.

(1) 中点公式:

$$R = (b - a)f\left(\frac{a+b}{2}\right),$$

即取区间 $[a, b]$ 中点 $c = \dfrac{a+b}{2}$ 的函数值 $f(c)$ 来近似平均函数值 $f(\xi)$.

(2) 梯形公式:

$$T = \frac{b-a}{2}\left(f(a) + f(b)\right), \tag{9.37}$$

即取两个端点函数值 $f(a)$ 与 $f(b)$ 的算术平均值作为平均函数值 $f(\xi)$ 的近似值.

虽然数值积分格式的黄金标准应该是估计 $I_n - I$ 的大小, 但是因为直接估计其误差比较困难, 而且有可能因为不知道被积函数的某些特性导致估计不准确.

为了在某种意义下度量数值积分格式的准确性, 我们考虑被积函数是多项式空间的情况, 并引入代数精度的概念.

定义 9.2.1 若某个求积公式对于次数小于等于 k 的多项式均能准确成立, 但对于 $k+1$ 次多项式不准确成立, 即 $I_n(x^i) = I(x^i), i = 0, 1, \cdots, k$, $I_n(x_{k+1}) \neq I(x_{k+1})$, 则称求积公式 I_n 具有 k 次代数精度.

由代数精度的定义我们可以知道, 如果求积公式 (9.36) 具有 n 阶代数精度, 则意味着它对于 $f(x) = x^i, i = 0, 1, \cdots, n$ 都能准确成立, 此时若有已知的 $n+1$ 个求积节点 x_i, $i = 0, 1, \cdots, n$ 以及函数在这些节点上的值, 则理论上可通过求解如下方程组来确定唯一的求积系数 c_i:

$$\begin{bmatrix} 1 & 1 & \cdots & 1 \\ x_0 & x_1 & \cdots & x_n \\ \vdots & \vdots & & \vdots \\ x_0^k & x_1^k & \cdots & x_n^k \end{bmatrix} \begin{bmatrix} c_0 \\ c_1 \\ \vdots \\ c_k \end{bmatrix} = \begin{bmatrix} b - a \\ \dfrac{1}{2}(b^2 - a^2) \\ \vdots \\ \dfrac{1}{k+1}(b^k - a^k) \end{bmatrix}.$$

很显然这个矩阵是 Vandermonde 矩阵, 当 $k = n$ 时具有唯一的解. 但是一方面这个求解并没有很显然的表达式, 另外从数值上来看求解 Vandermonde 矩阵是一个极其不稳定的任务. 我们下面通过插值的方法来给出计算求积系数的公式.

假设在区间 $[a, b]$ 上给定一组节点

$$a \leqslant x_0 < x_1 < \cdots < x_n \leqslant b$$

且已知函数 $f(x)$ 在这些节点上的值, 做 $f(x)$ 在节点 $\{x_i\}_{i=0}^n$ 上的插值函数 $p_n(x)$, 取 $I_n = \displaystyle\int_a^b p_n(x)\mathrm{d}x$ 作为积分 $I = \displaystyle\int_a^b f(x)\mathrm{d}x$ 的近似值, 则式中求积系数 c_i 可以通过对 Lagrange 插值基函数 $l_i(x)$ 积分求出

$$
\begin{aligned}
I_n &= \int_a^b p_n(x)\mathrm{d}x \\
&= \int_a^b \sum_{i=0}^n f(x_i)l_i(x)\mathrm{d}x \\
&= \sum_{i=0}^n f(x_i) \int_a^b l_i(x)\mathrm{d}x \\
&= \sum_{i=0}^n c_i f(x_i).
\end{aligned}
\tag{9.38}
$$

这样构造出的求积公式称为插值型求积公式. 由插值余项定理可知, 插值型求积公式的余项为

$$
R[f] = I - I_n = \int_a^b \frac{f^{(n+1)}(\xi)}{(n+1)!} \omega(x)\mathrm{d}x.
\tag{9.39}
$$

式中 ξ 与变量 x 有关, $\omega(x) = (x-x_0)(x-x_1)\cdots(x-x_n)$. 如果求积公式 (9.38) 是插值型的, 由 (9.39) 可知, 当 $f(x)$ 的次数小于等于 n 时, 余项 $R[f]$ 等于 0, 这表明该求积公式至少具有 n 次代数精度. 事实上我们可以证明如下定理

定理 9.2.1 给定互不相同的节点 $\{x_i\}_{i=0}^n$, 只有选择求积系数 $c_i = \displaystyle\int_a^b l_i(x)\mathrm{d}x$, 即插值型求积公式, 所得到的求积公式具有最高的代数精度, 且代数精度至少为 n.

证明只需上面的计算过程加上 Vandermonde 矩阵的可逆性即可. 如果我们采用示意图 9.2 中的解释, 插值型求积公式可以理解为采用插值多项式 p_n 来近似原来的被积函数 f.

例 9.2.1 验证求积公式

$$
I(f) = I_2(f) + R(\rho, f) = \frac{b-a}{6}\left(f(a) + 4f\left(\frac{a+b}{2}\right) + f(b)\right) + R(\rho, f)
$$

具有 3 次代数精度.

解 当 $f(x) = 1$ 时, $I(f) = \displaystyle\int_a^b 1\mathrm{d}x = b - a$, 而

$$
I_2(f) = \frac{b-a}{6}(1 + 4 + 1) = b - a,
$$

有 $R(\rho, 1) = 0$. 当 $f(x) = x$ 时, $I(f) = \dfrac{b^2 - a^2}{2}$, 而

$$
I_2(f) = \frac{b-a}{6}(a + 2(a+b) + b) = \frac{b^2 - a^2}{2},
$$

有 $R(\rho, x) = 0$. 当 $f(x) = x^2$ 时, $I(f) = \dfrac{b^3 - a^3}{3}$, 而

$$
I_2(f) = \frac{b-a}{6}(a^2 + (a+b)^2 + b^2) = \frac{b^3 - a^3}{3},
$$

有 $R(\rho, x^2) = 0.$ 当 $f(x) = x^3$ 时, $I(f) = \dfrac{b^4 - a^4}{4}$, 而

$$I_2(f) = \frac{b-a}{6}\left(a^3 + \frac{(a+b)^3}{2} + b^3\right) = \frac{b^4 - a^4}{4},$$

有 $R(\rho, x^3) = 0.$ 当 $f(x) = x^4$ 时, $I(f) = \dfrac{b^5 - a^5}{5}$, 而

$$I_2(f) = \frac{b-a}{6}\left(a^4 + \frac{(a+b)^4}{4} + b^4\right) \neq I(f),$$

即 $R(\rho, x^4) \neq 0.$ 因此可知该求积公式具有 3 次代数精度.

如果我们将插值节点采用等距划分的节点 $x_i = a + ih, h = \dfrac{b-a}{n}, i = 0, 1, \cdots, n,$ 则对应的插值型求积公式称为 Newton-Cotes 公式. 由于节点事先固定, Newton-Cotes 公式的求积系数可以预先计算好, 在使用的时候直接利用查表法得到求积系数然后简单求和.

接下来我们给出一般 Newton-Cotes 求积公式的推导过程. 假设对积分区间 $[a, b]$ 进行 n 等分, 令求积节点为 $\{x_i\}_{i=0}^{n}$, 相邻节点的区间长度为 $h = \dfrac{b-a}{n}$. 通过引入变量替换 $x = a + th$, 则有 $t = \dfrac{b-a}{h}, t \in [0, n]$. 由 Lagrange 插值基函数可知

$$\begin{aligned}
l_k(x) = l_k(a + th) &= \prod_{i=0, i\neq k}^{n} \frac{x - x_i}{x_k - x_i} = \prod_{i=0, i\neq k}^{n} \frac{t - i}{k - i} \\
&= \frac{(-1)^{n-k}}{k!(n-k)!} \prod_{i=0, i\neq k}^{n} (t - i).
\end{aligned} \tag{9.40}$$

因此由 (9.38) 可知

$$\begin{aligned}
c_k &= \int_a^b l_k(x)\mathrm{d}x \\
&= \int_0^n \frac{(-1)^{n-k}}{k!(n-k)!} \prod_{i=0, i\neq k}^{n} (t - i)\mathrm{d}(ht) \\
&= \frac{b-a}{n} \frac{(-1)^{n-k}}{k!(n-k)!} \int_0^n \prod_{i=0, i\neq k}^{n} (t - i)\mathrm{d}t.
\end{aligned}$$

我们将

$$C_{nk} = \frac{(-1)^{n-k}}{k!(n-k)!} \int_0^n \prod_{i=0, i\neq k}^{n} (t - i)\mathrm{d}t, \quad k = 0, 1, \cdots, n$$

称为 Newton-Cotes 求积系数, 称如下形式的求积公式为 Newton-Cotes 公式:

$$I_n = (b - a) \sum_{k=0}^{n} C_{nk} f(x_k). \tag{9.41}$$

注意到当 $n = 1$ 时, Newton-Cotes 公式即为本节一开始给出的梯形公式.

当 $n = 2$ 时, Newton-Cotes 公式又称为 Simpson 公式, 其表达式为

$$I_2 = \frac{b-a}{6}\left(f(a) + 4f\left(\frac{a+b}{2}\right) + f(b)\right),$$

即取 $x_0 = a, x_1 = \dfrac{a+b}{2}, x_2 = b$ 为求积节点并作二次插值多项式. 我们可以利用上面给出的 Newton-Cotes 公式直接计算出节点的 Cotes 求积系数再将系数代入公式 (9.41) 中即可得到 Simpson 公式.

由定理 9.2.1 可知, Newton-Cotes 公式至少具有 n 次代数精度. 下面的定理给出了 Newton-Cotes 积分精确的误差估计, 并从中发现 Newton-Cotes 公式的代数精度当 n 为偶数时会提高一阶.

定理 9.2.2 令 $h = \dfrac{b-a}{n}$, $f(x)$ 具有足够的光滑性. 令 Newton-Cotes 的数值积分和精确积分的数值分别为 I_n 和 I, 则 Newton-Cotes 求积公式 $I_n = \sum\limits_{i=0}^{n} c_i f(x_i)$ 的余项估计为

$$I - I_n = \begin{cases} \dfrac{h^{n+2}}{(n+1)!} \displaystyle\int_0^n t(t-1)\cdots(t-n)\mathrm{d}t f^{(n+1)}(\eta), & n \text{ 为奇数}, \\[4mm] \dfrac{h^{n+3}}{(n+2)!} \displaystyle\int_0^n t^2(t-1)\cdots(t-n)\mathrm{d}t f^{(n+2)}(\eta), & n \text{ 为偶数}, \end{cases}$$

其中 $\eta \in [0, n]$.

证明 因为 Nowton-Cotes 公式为插值型求积公式, 利用高阶差商等式可知其余项为

$$R(f) = I(f) - I_n(f) = \int_a^b [f(x) - P_n(x)]\mathrm{d}x = \int_a^b f[x_0, x_1, \cdots, x_n, x]\omega_{n+1}(x)\mathrm{d}x,$$

其中 $\omega_{n+1}(x) = \prod\limits_{i=0}^{n}(x - x_i)$. 定义 $\Omega(x) = \displaystyle\int_a^x \omega_{n+1}(t)\mathrm{d}t$, 即 $\Omega(x)$ 为 $\omega_{n+1}(t)$ 的原函数, 则我们不难证明如下两个性质 (具体证明留作习题).

(1) 当 n 为偶数时, 通过对称性我们可以知道 $\Omega(a) = \Omega(b) = 0, \Omega(x) > 0, \forall x \in (a, b)$.

(2) 当 n 为奇数时, $\Omega(a) = 0, \Omega(x) < 0, \forall x \in (a, b)$.

下面我们分别考虑奇数和偶数的情况. 当 n 为偶数时, 有

$$\int_a^b \omega_{n+1}(x)f[x_0, x_1, \cdots, x_n, x]\mathrm{d}x = \int_a^b f[x_0, x_1, \cdots, x_n, x]\mathrm{d}\Omega(x)$$

$$= \Omega(x)f[x_0, x_1, \cdots, x_n, x]\big|_a^b - \int_a^b \Omega(x)\mathrm{d}f[x_0, x_1, \cdots, x_n, x].$$

然后我们需要用到高阶差商的一些重要性质, 证明留作习题.

(1) 如果 f 有足够的光滑性, 则 $f[x_0, x_1, \cdots, x_n, x]$ 和 $\dfrac{\mathrm{d}}{\mathrm{d}x}f[x_0, x_1, \cdots, x_n, x]$ 也是连续函数.

(2) $\dfrac{\mathrm{d}}{\mathrm{d}x}f[x_0, x_1, \cdots, x_n, x]|_{x=\xi} = \dfrac{f^{(n+2)}(\eta(\xi))}{(n+2)!}$, 其中 ξ 和 $\eta(\xi)$ 是区间 $[a, b]$ 中的两个点.

于是利用积分中值定理可以得到

$$R(f) = -\int_a^b \Omega(x)\mathrm{d}f[x_0, x_1, \cdots, x_n, x]$$

$$= -\frac{\mathrm{d}}{\mathrm{d}x}f[x_0, x_1, \cdots, x_n, x]|_{x=\xi}\int_a^b \Omega(x)\mathrm{d}x$$

$$= -\frac{f^{(n+2)}(\eta(\xi))}{(n+2)!}\int_a^b \Omega(x)\mathrm{d}x.$$

而

$$\int_a^b \Omega(x)\mathrm{d}x = x\Omega(x)|_a^b - \int_a^b x\omega_{n+1}(x)\mathrm{d}x.$$

最后使用变量代换可以得到误差估计.

下面考虑 n 为奇数的情况. 记 $\omega_n(x) = \prod\limits_{i=0}^{n-1}(x - x_i)$, 我们将积分区域分为两部分可以计算出

$$\int_a^b \omega_{n+1}(x)f[x_0, x_1, \cdots, x_n, x]\mathrm{d}x = \int_a^{b-h} \omega_{n+1}(x)f[x_0, x_1, \cdots, x_n, x]\mathrm{d}x +$$

$$\int_{b-h}^b \omega_{n+1}(x)f[x_0, x_1, \cdots, x_n, x]\mathrm{d}x.$$

因为第二个积分中 ω_{n+1} 在区间 $[b-h, b]$ 上不变号, 由积分中值定理可得

$$\int_{b-h}^b \omega_{n+1}(x)f[x_0, x_1, \cdots, x_n, x]\mathrm{d}x = f[x_0, x_1, \cdots, x_n, \xi]\int_{b-h}^b \omega_{n+1}(x)\mathrm{d}x$$

$$= \frac{f^{(n+1)}(\eta_1)}{(n+1)!}\int_{b-h}^b \omega_{n+1}(x)\mathrm{d}x.$$

最后这一步使用了高阶差分的性质:

$$f[x_0, x_1, \cdots, x_n, x] = \frac{f^{(n+1)}(\xi(x))}{(n+1)!}, \quad \xi(x) \in (a, b).$$

下面我们处理第一个积分区域, 主要利用 n 为偶数的结论.

$$\int_a^{b-h} \omega_{n+1}(x)f[x_0, x_1, \cdots, x_n, x]\mathrm{d}x$$

$$= \int_a^{b-h} \omega_n(x)(f[x_0, x_1, \cdots, x_{n-1}, x] - f[x_0, x_1, \cdots, x_{n-1}, x_n])\mathrm{d}x$$

$$= \int_a^{b-h} \omega_n(x)f[x_0, x_1, \cdots, x_{n-1}, x]\mathrm{d}x$$

$$= -\frac{f^{(n+1)}(\eta_2)}{(n+1)!} \int_a^{b-h} \Omega_n(x)\mathrm{d}x.$$

下面我们来验证 $\int_a^{b-h} \Omega_n(x)\mathrm{d}x = -\int_a^{b-h} \omega_{n+1}(x)\mathrm{d}x.$ 注意到 $\omega_{n+1}(x) = (x-b)\dfrac{\mathrm{d}}{\mathrm{d}x}\Omega_n(x)$, 于是有

$$\int_a^{b-h} \omega_{n+1}(x)\mathrm{d}x = \int_a^{b-h} (x-b)\frac{\mathrm{d}}{\mathrm{d}x}\Omega_n(x)\mathrm{d}x$$

$$= (x-b)\Omega_n(x)\big|_a^{b-h} - \int_a^{b-h} \Omega_n(x)\mathrm{d}x$$

$$= -\int_a^{b-h} \Omega_n(x)\mathrm{d}x.$$

然后利用导函数的介值性, 我们可以得到

$$\int_a^b \omega_{n+1}(x)f[x_0, x_1, \cdots, x_n, x]\mathrm{d}x = \frac{f^{(n+1)}(\eta)}{(n+1)!} \int_a^b \omega_{n+1}(x)\mathrm{d}x.$$

最后作 $x = a + th$ 的变量代换即可得到结果. □

作为推论, 我们可以得到下面估计式.

推论 9.2.1 对于 $n = 1, 2$, 我们有梯形公式的误差为 $\dfrac{h^3}{12}f''(\xi)$, Simpson 公式的误差为 $\dfrac{h^5}{90}f^{(4)}(\xi)$.

例 9.2.2 用 Simpson 求积公式计算积分 $\int_{0.4}^{0.6} \dfrac{1}{x+1}\mathrm{d}x$ 的近似值并估计误差.

解 已知 $n = 2$, 则有 $h = \dfrac{b-a}{2} = 0.1$. 根据 Simpson 求积公式可以得到积分的近似值

$$I_2(f) = \frac{0.6-0.4}{6}\left(\frac{1}{1+0.4} + 4 \times \frac{1}{1+\frac{1}{2}(0.4+0.6)} + \frac{1}{1+0.6}\right) \approx 0.133\,531\,7.$$

按照定理 9.2.1 给出的公式计算余项估计;

$$f^{(4)}(x) = \frac{24}{(x+1)^5},$$

$$|R(1, f)| = \left|-\frac{h^5}{90}f^{(4)}(\eta)\right| = \frac{h^5}{90}\frac{24}{(\eta+1)^5} \leqslant \frac{24}{90} \times 0.1^5 \approx 0.27 \times 10^{-5}.$$

为了应用 Newton-Cotes 积分公式, 我们需要计算出积分系数. 表 9.1 给出了 $n = 1$ 到 $n = 8$ 的 Cotes 公式求积系数.

在实际问题中, 高阶 Newton-Cotes 公式并不实用. 这里的不实用可以从两个方面来理解, 首先按照示意图 9.2 的解释, Newton-Cotes 积分格式等价于先对 $f(x)$ 在等距节点上进行多项式插值, 然后用插值多项式的积分来替代原始函数的积分. 而我们知道等距节点上多项式插值没有稳定性, 如 Runge 现象或者舍入误差被放大 Lebesgue 常数倍等. 另

外一个方面, 我们也会发现 Cotes 求积系数在高阶多项式中出现了负数, 这就意味着在计算有误差的情况下, 误差可能会被放大 (这一现象和插值多项式对舍入误差敏感相互联系, 都是数值稳定性的问题).

表 9.1　Cotes 求积公式系数

n	C_{nk}								
1	$\dfrac{1}{2}$	$\dfrac{1}{2}$							
2	$\dfrac{1}{6}$	$\dfrac{4}{6}$	$\dfrac{1}{6}$						
3	$\dfrac{1}{8}$	$\dfrac{3}{8}$	$\dfrac{3}{8}$	$\dfrac{1}{8}$					
4	$\dfrac{7}{90}$	$\dfrac{16}{45}$	$\dfrac{2}{15}$	$\dfrac{16}{45}$	$\dfrac{7}{90}$				
5	$\dfrac{19}{288}$	$\dfrac{25}{96}$	$\dfrac{25}{144}$	$\dfrac{25}{144}$	$\dfrac{25}{96}$	$\dfrac{19}{288}$			
6	$\dfrac{41}{840}$	$\dfrac{9}{35}$	$\dfrac{9}{280}$	$\dfrac{34}{105}$	$\dfrac{9}{280}$	$\dfrac{9}{35}$	$\dfrac{41}{840}$		
7	$\dfrac{751}{17\,280}$	$\dfrac{3\,577}{17\,280}$	$\dfrac{1\,323}{17\,280}$	$\dfrac{2\,989}{17\,280}$	$\dfrac{2\,989}{17\,280}$	$\dfrac{1\,323}{17\,280}$	$\dfrac{3\,577}{17\,280}$	$\dfrac{751}{17\,280}$	
8	$\dfrac{989}{28\,350}$	$\dfrac{5\,888}{28\,350}$	$\dfrac{-928}{28\,350}$	$\dfrac{10\,496}{28\,350}$	$\dfrac{-4\,540}{28\,350}$	$\dfrac{10\,496}{28\,350}$	$\dfrac{-928}{28\,350}$	$\dfrac{5\,888}{28\,350}$	$\dfrac{989}{28\,350}$

$\cdots$

为了得到稳定有效的数值积分格式, 我们在下面的章节中分别考虑了复化 Newton-Cotes 积分 (采用分段 Lagrange 插值函数替代原先的被积函数) 和 Gauss 型积分 (选择恰当的插值点使得多项式插值是一个好的近似函数).

实际应用中, 数值积分的节点 x_i 可能无法自由选择 (例如最常见的给定等距节点), 而我们已知高次多项式插值得到的 Newton-Cotes 积分没有稳定性, 所以我们需要寻找更加稳定、精确的数值积分格式. 为了得到高效的数值积分公式, 我们先对积分区间分段, 在每个区间中使用低阶多项式插值, 然后再进行积分, 这就是复化方法. 从 Riemann 积分的定义 (分割 – 求和 – 取极限) 中我们可以自然地理解复化方法, 注意到复化方法的代数精度并没有改变, 但是误差的大小会依赖分段的大小而发生相应的变化. 下面我们主要在等距节点上考虑几种基本的复化计分方法.

设将积分区间 $[a, b]$ 等距划分为 n 个子区间, 区间长度为 $h = \dfrac{b-a}{n}$, 节点为 $x_i = a + ih, i = 0, 1, \cdots, n$. 接着我们在每个子区间上使用低阶的 Newton-Cotes 公式来计算积分值 I_i, 然后用 $\displaystyle\sum_{i=0}^{n} I_i$ 来作为函数积分 I 的近似值, 最后得到的公式就是复化 Newton-Cotes 公式. 几个不同阶数的复化求积公式如下:

(1) 复化梯形公式

$$T_n = \sum_{i=0}^{n-1} \frac{h}{2} \left[f(x_i) + f(x_{i+1}) \right]$$

$$= \frac{h}{2} \left[f(a) + 2 \sum_{i=1}^{n-1} f(x_i) + f(b) \right], \tag{9.42}$$

其余项估计为

$$|I(f) - T_n(f)| \leqslant \sum_{i=0}^{n-1} |I(f) - T_n^i(f)| \leqslant \sum_{i=0}^{n-1} \frac{h^3}{12} \|f''\|_\infty = \frac{(b-a)^3}{12n^2} \|f''\|_\infty.$$

(2) 复化 Simpson 公式

记子区间 $[x_i, x_{i+1}]$ 的中点为 $x_{i+\frac{1}{2}}$,

$$S_n = \sum_{k=0}^{n-1} \frac{h}{6} \left[f(x_i) + 4f\left(x_{i+\frac{1}{2}}\right) + f(x_{i+1}) \right]$$

$$= \frac{h}{6} \left[f(x_0) + 4 \sum_{k=0}^{n-1} f\left(x_{k+\frac{1}{2}}\right) + 2 \sum_{k=1}^{n-1} f(x_k) + f(x_n) \right], \tag{9.43}$$

其余项估计为

$$|I(f) - S_n(f)| \leqslant \sum_{i=0}^{n-1} |I(f) - T_n^i(f)| \leqslant \sum_{i=0}^{n-1} \frac{h^5}{2\,880} \|f^{(4)}\|_\infty = \frac{(b-a)^5}{2\,880n^4} \|f^{(4)}\|_\infty$$

例 9.2.3 用复化 Simpson 求积公式计算 $\displaystyle\int_0^4 \mathrm{e}^x \mathrm{d}x$ 的近似值.

解   令 $n = 2$, 则有 $h = \dfrac{b-a}{n} = 2$, 由复化 Simpson 求积公式可知

$$S_2(f) = \frac{1}{3} \left(\mathrm{e}^0 + 4\mathrm{e} + 2\mathrm{e}^2 + 4\mathrm{e}^3 + \mathrm{e}^4 \right) \approx 54.436\,606.$$

令 $n = 3$, 则有 $h = \dfrac{b-a}{n} = \dfrac{4}{3}$, 由复化 Simpson 求积公式可知

$$S_3(f) = \frac{2}{9} \left(\mathrm{e}^0 + 4\mathrm{e}^{\frac{2}{3}} + 2\mathrm{e}^{\frac{4}{3}} + 4\mathrm{e}^2 + 2\mathrm{e}^{\frac{8}{3}} + 4\mathrm{e}^{\frac{10}{3}} + \mathrm{e}^4 \right) \approx 54.035\,836.$$

对于复化梯形公式, 我们有非常精细的误差估计: Euler-MacLaurin 公式, 这一公式也是应用 Richardson 外推得到 Romberg 算法的基础.

定理 9.2.3 (Euler-MacLaurin 公式)   令 $f(x) \in C^{2k+2}[a,b], h = \dfrac{b-a}{m}$, 使用梯形公式逼近积分, 其误差可以表示为

$$R(f) = I(f) - I_n(f) = \sum_{i=1}^{k} \frac{B_{2i}}{(2i)!} h^{2i} f^{(2i-1)} \Big|_a^b + \frac{B_{2k+2}}{(2k+2)!} h^{2k+2} (b-a) f^{(2k+2)}(\eta), \tag{9.44}$$

这里 $\eta \in (a,b), B_{2j} = (-1)^{j-1} \left[\displaystyle\sum_{n=1}^{\infty} \frac{2}{(2n\pi)^{2j}} \right] (2j)!$ 为 Bernoulli 数.

Euler-MacLaurin 公式的证明可以参考 [32]. 该公式给出了复化梯形的渐近误差展开, 这可以用来构造外推型算法.

从 Euler-MacLaurin 公式中我们有一个重要的推论: 如果函数 f 是周期的, 则复化梯形公式的误差完全取决于其光滑性, 光滑性越高, 误差阶越高; 如果函数 f 是解析的, 则复化梯形公式可以达到谱精度.

另外复化中点公式 (虽然我们没有给出其详细的表达式) 和复化梯形公式具有类似的结论, 证明过程也完全类似, 可以参考 [18].

Romberg 算法是一种结合了复化梯形求积公式和 Richardson 外推公式的算法. 首先回顾在前面的小节给出的复化梯形求积公式:

$$T_n = \frac{b-a}{2n}\left[f(a) + 2\sum_{i=1}^{n-1}f(x_i) + f(b)\right], \tag{9.45}$$

其余项估计为

$$I(f) - T_n(f) = C_1 n^{-2} + C_2 n^{-4} + C_3 n^{-6} + \cdots.$$

我们记 $T_n^{(1)} = T_n$, 即通过复化梯形公式直接计算得到的数值. 然后应用 Richardson 外推方法,

$$T_n^{(2)} = \frac{4T_{2n}^{(1)} - T_n^{(1)}}{4 - 1},$$

$$T_n^{(3)} = \frac{4^2 T_{2n}^{(2)} - T_n^{(2)}}{4^2 - 1},$$

$$T_n^{(4)} = \frac{4^3 T_{2n}^{(3)} - T_n^{(3)}}{4^3 - 1},$$

$$\cdots,$$

持续上述过程, 我们可以得到误差为 $\int_a^b f(x)\mathrm{d}x - T_n^{(k)} = O(n^{-2k})$.

在实际计算过程中, 我们可以根据误差的需要确定迭代的次数, 从而进一步确定计算复化梯形公式的点数, 具体计算过程可以参考表 9.2.

表 9.2 Romberg 方法的计算结果

h	$T_n^{(1)}$				
$\dfrac{h}{2}$	$T_{2n}^{(1)}$	$T_n^{(2)}$			
$\dfrac{h}{2^2}$	$T_{4n}^{(1)}$	$T_{2n}^{(2)}$	$T_n^{(3)}$		
$\vdots$	$\vdots$	$\vdots$	$\vdots$		
$\dfrac{h}{2^k}$	$T_{2^k n}^{(1)}$	$T_{2^{k-1}n}^{(2)}$	$T_{2^{k-2}n}^{(3)}$	$\cdots$	$T_n^{(k+1)}$

在本节的最后, 我们给出应用复化 Newton-Cotes 公式中的梯形公式和 Romberg 算法 (给定分点后只进行一步 Richardson 外推) 来计算积分的例子

例 9.2.4 取待求积分 $I(f) = \displaystyle\int_{-1}^{1} \frac{4}{1+x^2} \mathrm{d}x(= 2\pi)$, 依次取节点数为 $n + 1 = 3, 4, \cdots, 7$, 计算出 $|I(f) - T_n(f)|$ 如表 9.3.

表 9.3   两种求积公式的计算误差

节点数 $(n+1)$	3	4	5	6	7
Newton-Cotes	2.832×10^{-1}	1.499×10^{-1}	8.3185×10^{-2}	5.3321×10^{-2}	3.7031×10^{-2}
Romberg	1.3672×10^{-2}	1.1684×10^{-3}	1.2538×10^{-4}	1.4565×10^{-5}	1.7565×10^{-6}

9.3   Gauss 型积分

前面的章节中我们主要考虑给定求积节点 $\{x_i\}_{i=0}^{n}$ 的时候, 如何选择合适的求积系数 c_i 使得数值积分格式能够具有较好的逼近性. 这一逼近性可以从积分误差来理解 (如复化梯形公式), 也可以从具有最高的代数精度来理解 (如 Newton-Cotes 积分). 有没有可能通过选择合适的求积节点, 使得数值积分格式能够同时具备较高的代数精度和数值精度, 而且具有良好的数值稳定性? 这类求积节点和对应的求积系数是存在的, 这一节就要推导这类数值积分格式, 称为 Gauss 积分格式.

为了推导格式的可行性, 我们将目标聚焦于代数精度: 即假设 $f(x)$ 在区间 $[a, b]$ 上的近似求积公式为 $\displaystyle\sum_{i=0}^{n} c_i f(x_i)$, 通过调整节点 x_i 和节点系数 c_i, 求积公式具有最高的代数精度, 为了简单起见, 不妨设积分区间 $[a, b] = [-1, 1]$.

我们从 $n = 0$ 开始, 这时候 $I_0(f) = c_0 f(x_0)$. 数值积分格式中有两个自由度 (c_0, x_0), 可以期待当 $f(x)$ 为常函数和线性函数时都精确成立, 即

$$f(x) \equiv 1, \quad c_0 f(x_0) = \int_{-1}^{1} 1 \mathrm{d}x = 2 \Rightarrow c_0 = 2.$$

$$f(x) = x, \quad c_0 f(x_0) = \int_{-1}^{1} 1x \mathrm{d}x = 0 \Rightarrow x_0 = 0.$$

于是数值积分格式为 $I_0(f) = 2f(0)$, 这时候等价于中点格式.

下一步考虑 $n = 1$ 时, $I_1(f) = c_0 f(x_0) + c_1 f(x_1)$, 数值积分格式中有四个自由度. 自然地, 我们可以期待当 f 为不超过 3 次多项式时, 积分都精确成立, 即

$$\begin{cases} f(x) = 1, & c_0 f(x_0) + c_1 f(x_1) = c_0 + c_1 = 2, \\ f(x) = x, & c_0 f(x_0) + c_1 f(x_1) = c_0 x_0 + c_1 x_1 = 0, \\ f(x) = x^2, & c_0 f(x_0) + c_1 f(x_1) = c_0 x_0^2 + c_1 x_1^2 = \dfrac{2}{3}, \\ f(x) = x^3, & c_0 f(x_0) + c_1 f(x_1) = c_0 x_0^3 + c_1 x_1^3 = 0. \end{cases}$$

通过初等数学的技巧, 不难得到

$$\begin{cases} c_0 = c_1 = 1, \\ x_0 = -\dfrac{1}{\sqrt{3}}, \\ x_1 = \dfrac{1}{\sqrt{3}}. \end{cases}$$

于是 $I_1(f) = f\left(-\dfrac{1}{\sqrt{3}}\right) + f\left(\dfrac{1}{\sqrt{3}}\right)$, 这一积分格式并不显然. 这种求解方法当 n 逐渐增加时, 需要求解规模庞大的非线性方程组, 其难度会快速增长, 事实上 $n = 2$ 已经很难通过初等方法计算得到.

为了得到一般的 n 的积分点和积分系数, 我们首先回顾上一节的知识: 为了保证数值求积格式具有最高的代数精度, 其必须是插值型求积公式, 这时候代数精度至少为 n. 于是在给定求积节点 $\{x_i\}_{i=0}^n$ 后, 求积系数必须由 Lagrange 基底的积分给出, 即 $c_i = \displaystyle\int_{-1}^1 l_i(x)\mathrm{d}x$, 这样剩下的任务就是确定求积节点 x_i. 从自由度上看, 求积节点加上求积系数一共 $2n+2$ 个自由度, 找到具有 $2n+1$ 次代数精度的方案是很自然和现实的. 接下来我们希望选取一组合适的插值点 $\{x_i\}_{i=0}^n$, 使求积公式具有 $2n+1$ 次代数精度, 即

$$\int_{-1}^1 f(x)\mathrm{d}x = \sum_{i=0}^n c_i f(x_i), \quad \forall f(x) \in \mathbb{P}_{2n+1}. \tag{9.46}$$

对于 $f(x) \in \mathbb{P}_{2n+1}$, 令 $p_n(x)$ 为其在 $\{x_i\}_{i=0}^n$ 上的插值多项式, 于是由插值型积分公式的代数精度至少为 n 得到

$$\int_{-1}^1 p_n(x)\mathrm{d}x = \sum_{i=0}^n c_i p_n(x_i) = \sum_{i=0}^n c_i f(x_i),$$

于是我们的目标变成了

$$\int_{-1}^1 p_n(x)\mathrm{d}x = \int_{-1}^1 f(x)\mathrm{d}x.$$

注意到 $f(x) - p_n(x)$ 是一个不超过 $2n+1$ 次的多项式, 并且 $\{x_i\}_{i=0}^n$ 是它的零点. 于是我们有

$$f(x) - p_n(x) = q_n(x)\omega_{n+1}(x),$$

其中 $\omega_{n+1}(x) = (x-x_0)(x-x_1)\cdots(x-x_n)$, $q_n(x) \in \mathbb{P}_n$. 这样我们的目标再次改变为

$$\int_{-1}^{1} q_n(x)\omega_{n+1}(x)\mathrm{d}x = 0.$$

由 q_n 的任意性, 我们发现 ω_{n+1} 须正交于 $\mathbb{P}_n$. 这是完全可能做到的, 因为 $n+1$ 次 Legendre 正交多项式就满足这个性质并且其根均位于 $(-1, 1)$. 综上所述, 我们可以得到下面的定理:

定理 9.3.1 若选取 $\{x_i\}_{i=0}^n$ 为 $n+1$ 次 Legendre 正交多项式的零点, 且 $\{c_i\}_{i=0}^n$ 选取为 Newton-Cotes 系数, 则数值积分具有 $2n+1$ 次代数精度, 即

$$\int_a^b f(x)\mathrm{d}x = \sum_{i=0}^n c_i f(x), \quad f(x) \in \mathbb{P}_{2n+1}. \tag{9.47}$$

称这种形式的求积公式为 Gauss 型求积公式.

在讨论 Gauss 积分的误差之前, 我们先考虑数值稳定性. 为了证明数值稳定性, 我们只需要证明求积系数均为正值即可.

推论 9.3.1 Gauss 型求积公式 $\sum_{i=0}^n c_i f(x)$ 的系数 $\{c_j\}_{i=1}^n$ 均为大于零的正数.

证明 不失一般性, 只需要证明 $c_0 > 0$. 令 $f(x) = \left[\prod_{j=1}^n (x - x_j)\right]^2$, 则有

$$f(x_i) = \begin{cases} 0, & i \neq 0, \\ \prod_{j=1}^n (x_0 - x_j)^2, & i = 0. \end{cases}$$

因为 $f(x) \in \mathbb{P}_{2n-2}$, 则求积公式对 $f(x)$ 精确成立, 即有

$$\int_a^b \prod_{j=1}^n (x - x_j)^2 \mathrm{d}x = I(f) = \sum_{i=1}^n c_i f(x_i) = c_k \prod_{j=1, j\neq k}^n (x_k - x_j)^2.$$

由

$$\prod_{j=1, j\neq k}^n (x_k - x_j)^2 > 0$$

以及

$$\int_a^b \prod_{j=1}^n (x - x_j)^2 \mathrm{d}x > 0,$$

可知 $c_0 > 0$. □

因为 Gauss 积分所有的求积系数均为正数, 很容易说明测量误差不会在数值计算中被放大, 从而说明了 Gauss 积分的数值稳定性.

在定理 9.3.1 中, 我们考虑的是有限区间上通常的数值积分, 所采用的积分点为 Legendre 多项式的零点, 这样的数值积分格式通常也称为 Gauss-Legendre 积分. 关于 Gauss-

Legendre 积分的误差估计, 利用上一章知识拓展中的结论, 再使用 Cauchy-Schwarz 不等式很容易说明

$$|I(f) - I_n(f)| \leqslant C \frac{\|f\|_s}{n^s}, \tag{9.48}$$

其中 $\|f\|_s = \sqrt{\sum_{i=0}^{s} \|f^{(i)}\|^2}$.

9.4 知识拓展

上一章中我们主要介绍了有限区间内正常定积分的计算, 得到的 Gauss 积分格式为 Gauss-Legendre 求积公式. 事实上我们可以考虑比较一般的带权的积分, 即

$$\int_a^b \rho(x) f(x) \mathrm{d}x \approx \sum_{i=0}^{n} c_i f(x_i). \tag{9.49}$$

通过完全类似的推导, Gauss 求积公式可以推广到带权的求积公式, 即

$$\int_a^b \rho(x) f(x) \mathrm{d}x = \sum_{i=0}^{n} c_i f(x). \tag{9.50}$$

如果积分区域为 $[-1, 1]$, 权函数 $\rho(x) = \dfrac{1}{\sqrt{1 - x^2}}$, 可以发现求积节点为 Chebyshev 多项式的零点, 这个积分称为 Gauss-Chebyshev 积分. 另外半无界区间或者无界区间上的反常积分也可以通过改写为恰当的带权积分来进行数值逼近, 即

$$\int_a^{+\infty} \rho(x) f(x) \mathrm{d}x = \sum_{i=0}^{n} c_i f(x), \quad \int_{-\infty}^{+\infty} \rho(x) f(x) \mathrm{d}x = \sum_{i=0}^{n} c_i f(x). \tag{9.51}$$

根据权函数的不同, 可以采用 Laguerre 多项式或者 Hermite 多项式的零点作为积分点, 对应的求积公式为 Gauss-Laguerre 积分或者 Gauss-Hermite 积分.

由于正交多项式的零点不在边界上, 所得到的 Gauss 积分的求积点也都不在边界上. 在很多实际问题里, 边界上的函数值可以非常方便地得到精确值, 为了合理利用这一信息, 我们有两种 Gauss-Legendre 积分的变形: Gauss-Legendre-Lobatto 积分和 Gauss-Legendre-Radau 型积分. 其中 Gauss-Legendre-Lobatto 型积分要求使用两个边界点, 形式为

$$I_n(f) = c_0 f(a) + \sum_{i=1}^{n-1} c_i f(x_i) + c_n f(b). \tag{9.52}$$

而 Gauss-Legendre-Radau 型积分只要求使用左右边界点中的任意一个即可 (称为 Left-

Radau 和 Right-Radau), 其形式为

$$I_n(f) = c_0 f(a) + \sum_{i=1}^{n} c_i f(x_i), \quad I_n(f) = \sum_{i=0}^{n-1} c_i f(x_i) + c_n f(b). \tag{9.53}$$

为了得到 Gauss-Legendre-Lobatto 积分或者 Gauss-Legendre-Radau 积分的积分点, 我们需要重新建立多项式空间 $\mathbb{P}_n$ 的子空间, 如

$$\mathbb{P}_{n0} = \{p(x) \in \mathbb{P}_n : p(a) = p(b) = 0\}$$

上的正交多项式基底. 具体的构造过程可以先从简单的单项式组合满足边界条件得到一组基底出发通过 Gram-Schmidt 正交化过程获得, 也可以将 Legendre 多项式进行线性组合后满足边界条件得到, 具体的过程读者可以查阅更加专业的书籍或者自行尝试完成. Gauss-Legendre-Lobatto 积分或者 Gauss-Legendre-Radau 积分具有和 Gauss-Legendre 积分类似的精度和性质.

9.5 习题

1. 设 $f(x) = \mathrm{e}^x$.

(1) 步长分别为 $h = 0.1, h = 0.01$ 和 $h - 0.001$, 分别利用向前差分法、向后差分法和中心差分法计算 $f'(2.3)$ 的近似值. 精度为小数点后 8 位或 9 位.

(2) 与值 $f'(2.3) = \mathrm{e}^{2.3}$ 进行比较.

(3) 计算中心差分法的误差估计, 其中使用

$$|f^{(3)}(c)| \leqslant \mathrm{e}^{2.4} \approx 11.023\,176\,38$$

2. 设 $f(x) = \sin(x)$, x 用弧度表示.

(1) 步长分别为 $h = 0.1$ 和 $h = 0.001$, 利用二阶导数的中心差分格式计算 $f'(0.8)$ 的近似值. 精度为小数点后 8 位或 9 位.

(2) 与值 $f'(0.8) = \cos(0.8)$ 进行比较.

(3) 计算二阶导数的中心差分格式的误差估计, 其中使用

$$|f^{(4)}(c)| \leqslant \sin(1.0) \approx 0.841\,470\,984\,8.$$

3. 利用梯形公式以及 Simpson 公式求

$$\int_1^2 \ln x \,\mathrm{d}x$$

的近似值. 将近似值与真实值比较. 如果可能, 求两种做法下的最大误差界限.

4. 若函数 $f(x)$ 在 $[a, b]$ 上可积, 试证明: 复化梯形公式以及复化 Simpson 求积公式的值, 当 $n \to \infty$ 时收敛于积分值 $\int_a^b f(x)\mathrm{d}x$.

5. 应用 Simpson 公式来推导关于在矩形 $a \leqslant x \leqslant b, c \leqslant y \leqslant d$ 上的二重积分

$$\int_a^b \mathrm{d}x \int_c^d f(x, y)\mathrm{d}y.$$

6. 确定求积系数 A_1, A_2 和求积节点 x_1, x_2, 使求积公式

$$\int_0^1 \frac{1}{\sqrt{x}} f(x)\mathrm{d}x = A_1 f(x_1) + A_2 f(x_2) + R(x), \quad R(x) \text{ 为误差估计}$$

成为 Gauss 型求积公式.

7. Archimedes 通过计算直径为 1 的圆的内接和外切正多边形的周长来近似 π. 一个内接 n 边形的周长按照 $p_n = n \sin \frac{\pi}{n}$ 计算, 外切的按照 $q_n = n \tan \frac{\pi}{n}$ 计算, 这些值分别提供了 π 值的下界和上界.

(1) 通过对 sin 和 tan 函数进行 Taylor 展开, 证明 p_n 和 q_n 可以分别表示成如下形式:

$$p_n = a_0 + a_1 h^2 + a_2 h^4 + \cdots$$

和

$$q_n = b_0 + b_1 h^2 + b_2 h^4 + \cdots,$$

其中 $h = \frac{1}{n}$. a_0 和 b_0 的具体值是多少?

(2) 若算出 $p_6 = 3.0000$, $p_{12} = 3.1058$, 试使用 Richardson 外推公式给出一个对 π 的更好的近似. 类似地, 若给定 $q_6 = 3.4641$, $q_{12} = 3.2154$, 使用 Richardson 外推公式给出一个对 π 的更好的近似.

8. 验证求积公式

$$\int_{-\infty}^{+\infty} \mathrm{e}^{-x^2} f(x)\mathrm{d}x \approx \frac{\sqrt{\pi}}{6} \left(f\left(-\sqrt{\frac{3}{2}}\right) + 4f(0) + f\left(\sqrt{\frac{3}{2}}\right) \right) + R(x), \quad R(x) \text{ 为误差估计}$$

对所有次数不超过 5 次的代数多项式精确成立.

9. 试证明定理 9.2.2 中的几个小引理:

(1) 我们已经给出 $\Omega(x)$ 的定义, 即 $\Omega(x) = \int_a^x w_{n+1}(t)\mathrm{d}t$, 请证明 $\Omega(x)$ 的如下两个性质:

- 当 n 为偶数时, 通过对称性我们可以知道 $\Omega(a) = \Omega(b) = 0, \Omega(x) > 0, \forall x \in (a, b)$.
- 当 n 为奇数时, $\Omega(a) = 0, \Omega(x) < 0, \forall x \in (a, b]$.

(2) 利用高阶差商的性质, 证明:

- 如果 f 有足够的光滑性, 则 $f[x_0, \cdots, x_n, x]$ 和 $\frac{\mathrm{d}}{\mathrm{d}x} f[x_0, \cdots, x_n, x]$ 也是连续函数.
- $\frac{\mathrm{d}}{\mathrm{d}x} f[x_0, \cdots, x_n, x]|_{x=\xi} = \frac{f^{(n+2)}(\eta(\xi))}{(n+2)!}$, 其中 ξ 和 $\eta(\xi)$ 是区间 $[a, b]$ 上的两个点.

第十章

快速 Fourier 变换

在很多实际的问题中 (例如信号处理) 都需要用到 Fourier 变换或者其离散形式: 离散 Fourier 变换 (discrete Fourier transform, 简称 DFT), 如何能够非常高效地计算离散 Fourier 变换是极其重要的问题, 目前最常见的计算方法称为快速 Fourier 变换 (fast Fourier transform, 简称 FFT). 本章将简单介绍 Fourier 变换、其离散形式以及最基本的 FFT 算法.

Fourier 变换在物理上可以认为是从时域 (或信号域) 到频率域的变换, 从数学上来看是从 L^2 空间到自身的一个线性变换, 其公式为

$$\hat{f}(\eta) = \int_{-\infty}^{\infty} f(x)\mathrm{e}^{-2\pi \mathrm{i}x\eta}\mathrm{d}x.$$

并且其逆变换公式为

$$f(x) = \int_{-\infty}^{\infty} \hat{f}(\eta)\mathrm{e}^{2\pi \mathrm{i}x\eta}\mathrm{d}\eta.$$

在实际问题中常用的是其离散形式 DFT, 是从 $\mathbb{C}^N$ 到自身的一个线性映射 $X \to \hat{X}$:

$$\hat{x}_k = \sum_{n=0}^{N-1} x_n\mathrm{e}^{-2\pi \mathrm{i}kn/N}, \quad k = 0, 1, \cdots, N-1,$$

以及其逆变换为

$$x_n = \frac{1}{N}\sum_{k=0}^{N-1} \hat{x}_k\mathrm{e}^{2\pi \mathrm{i}kn/N}, \quad n = 0, 1, \cdots, N-1.$$

其实部和虚部分别对应于离散余弦变换 (discrete cosine transform, 简称 DCT) 和离散正弦变换 (discrete sine transform, 简称 DST). FFT 就是计算 DFT 的快速算法, 其基本想法是通过重排运算顺序, 减少重复的运算, 从而达到加速计算的效果.

10.1　卷积与 Fourier 变换

定义 10.1.1　设 $f(x) \in L^1(-\infty, +\infty)$, 则 $f(x)$ 的 Fourier 变换为

$$\hat{f}(k) = \int_{-\infty}^{+\infty} f(x)\mathrm{e}^{-\mathrm{i}kx}\mathrm{d}x.$$

如果 $f(x) \in L^1(-\infty, +\infty) \cap L^2(-\infty, +\infty)$, 则 $\hat{f}(k)$ 有 Fourier 逆变换

$$f(x) = \frac{1}{2\pi}\int_{-\infty}^{+\infty} \hat{f}(k)\mathrm{e}^{\mathrm{i}kx}\mathrm{d}x.$$

定义 10.1.2　设 $f(x)$ 和 $g(x) \in L^1(-\infty, +\infty)$, 则二者的卷积为

$$(f * g)(x) = \int_{-\infty}^{+\infty} f(x-y)g(y)\mathrm{d}y.$$

Fourier 变换有如下基本性质:

(1) 求导变系数

$$(\widehat{f'(x)})(k) = \mathrm{i}k\hat{f}(k);$$

(2) 平移性质

$$(\widehat{f(x-a)})(k) = \mathrm{e}^{-\mathrm{i}ka}\hat{f}(k);$$

(3) 卷积变乘积

$$(\widehat{f * g})(k) = \hat{f}(k)\hat{g}(k);$$

(4) Parseval 等式

$$\int_{-\infty}^{+\infty} |f(x)|^2\mathrm{d}x = \frac{1}{2\pi}\int_{-\infty}^{+\infty} |\hat{f}(k)|^2\mathrm{d}k.$$

上式又称为能量恒等式, 说明 Fourier 变换是 $L^2(-\infty, +\infty)$ 上的等距变换 (相差 $\frac{1}{\sqrt{2\pi}}$).

10.2 离散 Fourier 变换与逆变换

定义 10.2.1 向量 $x = (x_0, x_1, \cdots, x_{N-1})$ (N 为正整数) 的离散 Fourier 变换 (DFT) 定义为

$$\hat{x}_m = \sum_{n=0}^{N-1} x_n \omega_N^{nm}, \quad m = 0, 1, \cdots, N-1.$$

其中 ω_N 代表 N 次单位根 $\mathrm{e}^{-\frac{2\pi\mathrm{i}}{N}}$, 其整数次幂也称为旋转因子.

若定义如下 Fourier 矩阵, 则 DFT 也可表示为 $\hat{x} = Fx$.

$$F = \begin{bmatrix} 1 & 1 & \cdots & 1 \\ 1 & \omega_N & \cdots & \omega_N^{N-1} \\ \vdots & \vdots & & \vdots \\ 1 & \omega_N^{N-1} & \cdots & \omega_N^{(N-1)^2} \end{bmatrix}.$$

可验证 F 可逆且 $\frac{1}{\sqrt{N}}F$ 为酉矩阵, 并定义 x 的 Fourier 逆变换 (IDFT) 为

$$\check{x} = F^{-1}x.$$

$$F^{-1} = \frac{1}{N} \begin{bmatrix} 1 & 1 & \cdots & 1 \\ 1 & \omega_N^{-1} & \cdots & \omega_N^{-(N-1)} \\ \vdots & \vdots & & \vdots \\ 1 & \omega_N^{-(N-1)} & \cdots & \omega_N^{-(N-1)^2} \end{bmatrix}.$$

定义 10.2.2 向量 x 和 y 的 (循环) 卷积定义为

$$(x * y)_m = \sum_{n=0}^{N-1} x_{m-n} y_n, \quad m = 0, 1, \cdots, N-1.$$

这里当 $m - n < 0$ 时, 补充定义 $x_{m-n} = x_{m-n+N}$.

定理 10.2.1 向量 x 和 y 的卷积与它们的 Fourier 变换满足如下等式:

$$(\widehat{x * y})_k = \hat{x}_k \hat{y}_k, \quad k = 0, 1, \cdots, N-1.$$

证明

$$\begin{aligned} (\widehat{x * y})_k &= \sum_{n=0}^{N-1} (x * y)_n \omega_N^{nk} = \sum_{n=0}^{N-1} \left(\sum_{m=0}^{N-1} x_{n-m} y_m \right) \omega_N^{nk} \\ &= \sum_{n=0}^{N-1} \left(\sum_{m=0}^{N-1} x_{n-m} y_m \omega_N^{nk} \right) = \sum_{m=0}^{N-1} \left(\sum_{n=0}^{N-1} x_{n-m} y_m \omega_N^{nk} \right) \\ &= \sum_{m=0}^{N-1} \left(\sum_{n=0}^{N-1} x_{n-m} \omega_N^{(n-m)k} \right) y_m \omega_N^{mk}. \end{aligned}$$

其中,

$$\sum_{n=0}^{N-1} x_{n-m} \omega_N^{(n-m)k} = \hat{x}_k, \quad m = 0, 1, \cdots, N-1.$$

故

$$(x * y)_k = \sum_{m=0}^{N-1} \hat{x}_k y_m \omega_N^{mk} = \hat{x}_k \sum_{m=0}^{N-1} y_m \omega_N^{mk} = \hat{x}_k \hat{y}_k, \quad k = 0, 1, \cdots, N-1. \qquad \square$$

10.3 快速 Fourier 变换

如果简单地将离散 Fourier 变换看做一次矩阵乘向量, 则所需的计算次数 (加减乘除) 显然为 $O(N^2)$. 但由于 Fourier 矩阵的特殊性 (仅由 N 次单位根构成), 人们发展出多种算法以实现 DFT 的快速计算 (即快速 Fourier 变换, FFT), 可以将其计算量降低到 $O(N(\log N))$. Cooley-Tukey 算法 (又称蝶形算法) 是其中最基础的.

最原始的蝶形算法只适用于计算长度为较小质数幂次 (例如 2^k、3^k、5^k) 的 DFT, 它们的原理基本相同. 下面我们以 $N = 2^k$ 为例对其进行说明. 为简化记号, 定义多项式:

$$P(t) = x_0 + x_1 t + \cdots + x_{N-1} t^{N-1},$$

则

$$P(\omega_N^m) = \hat{x}_m, \quad m = 0, 1, \cdots, N-1.$$

注意到 $P(t)$ 可分解为如下两项:

$$P(t) = (x_0 + x_2 t^2 + \cdots + x_{N-2} t^{N-2}) + t(x_1 + x_3 t^2 + \cdots + x_{N-1} t^{N-2}).$$

因此, 若记 $P_e(t)$ 和 $P_o(t)$ 分别为 $P(t)$ 的偶数次幂项和奇数次幂项, 即

$$P_e(t) = x_0 + x_2 t + \cdots + x_{N-2} t^{\frac{N}{2}-1},$$
$$P_o(t) = x_1 + x_3 t + \cdots + x_{N-1} t^{\frac{N}{2}-1},$$

则有

$$P(t) = P_e(t^2) + t P_o(t^2).$$

那么当 $m = 0, 1, \cdots, \dfrac{N}{2} - 1$ 时,

$$\hat{x}_m = P_e(\omega_N^{2m}) + \omega_N^m P_o(\omega_N^{2m}),$$
$$\hat{x}_{m+\frac{N}{2}} = P_e(\omega_N^{2(m+\frac{N}{2})}) + \omega_N^{m+\frac{N}{2}} P_o(\omega_N^{2(m+\frac{N}{2})}).$$

由 N 次单位根的性质,

$$\omega_N^{2m} = \omega_{\frac{N}{2}}^m, \quad \omega_N^{m+\frac{N}{2}} = -\omega_N^m, \quad \omega_N^{2m+N} = \omega_{\frac{N}{2}}^m.$$

上述两个等式可以化简为

$$\hat{x}_m = P_e(\omega_{\frac{N}{2}}^m) + \omega_N^m P_o(\omega_{\frac{N}{2}}^m),$$
$$\hat{x}_{m+\frac{N}{2}} = P_e(\omega_{\frac{N}{2}}^m) - \omega_N^m P_o(\omega_{\frac{N}{2}}^m).$$

容易验证 $P_e(\omega_{\frac{N}{2}}^m)$ 和 $P_o(\omega_{\frac{N}{2}}^m)$ 分别对应 $x_e = (x_0, x_2, \cdots, x_{N-2})$ 以及 $x_o = (x_1, x_3, \cdots, x_{N-1})$ 的 DFT 的第 m 个元素 $(\hat{x}_e)_m$ 和 $(\hat{x}_o)_m$, 所以上式表明: 长度为 $N = 2^k$ 的向量 x 的 DFT 可以归结为两个长度为 $\dfrac{N}{2}$ 的子向量 x_e 和 x_o 的 DFT, 再加上少量加法以及旋转因子的乘法.

更重要的是: 由于 $\dfrac{N}{2}$ 仍为 2 的幂次, 故上述操作可以递归地进行下去 (也即: 将长度为 $\dfrac{N}{2}$ 的 DFT 归结为两个长度为 $\dfrac{N}{4}$ 的 DFT), 最终归结为长度为 1 的 DFT, 此时不需要任何计算.

下面分析该算法的计算量: 记 M_k 和 A_k 为 $N = 2^k$ 的 FFT 的乘法与加减次数, 则

$$M_k = 2M_{k-1} + 2^{k-1}, \quad M_0 = 0;$$
$$A_k = 2A_{k-1} + 2^k, \quad A_0 = 0.$$

化简得

$$M_k = k2^{k-1} = \frac{N}{2}\log_2 N;$$

$$A_k = k2^k = N\log_2 N.$$

由此可见上述 Cooley-Tukey 算法将一次 DFT 的计算量显著降低至 $O(N\log_2 N)$.
为了处理 N 为任意正整数的情况, Bluestein 提出的算法将 DFT 转化为卷积的计算.
对于任意非负整数 m, n, 存在关系式:

$$nm = \frac{n^2 + m^2 - (m-n)^2}{2}.$$

于是对 $m = 0, 1, \cdots, N-1$, $\hat{x}_m$ 又可表示为

$$\hat{x}_m = \sum_{n=0}^{N-1} x_n \omega_N^{nm} = \omega_N^{\frac{m^2}{2}} \sum_{n=0}^{N-1} (x_n \omega_N^{\frac{n^2}{2}}) \omega_N^{\frac{-(m-n)^2}{2}} = \omega_{2N}^{m^2} \sum_{n=0}^{N-1} (x_n \omega_{2N}^{n^2}) \omega_{2N}^{-(m-n)^2}.$$

下面记:

$$p = (x_0 \omega_{2N}^0, x_1 \omega_{2N}^1, x_2 \omega_{2N}^4, x_3 \omega_{2N}^9, \cdots, x_{N-1} \omega_{2N}^{(N-1)^2});$$
$$q = (\hat{x}_0 \omega_{2N}^0, \hat{x}_1 \omega_{2N}^{-1}, \hat{x}_2 \omega_{2N}^{-4}, \hat{x}_3 \omega_{2N}^{-9}, \cdots, \hat{x}_{N-1} \omega_{2N}^{-(N-1)^2});$$
$$w = (\omega_{2N}^0, \omega_{2N}^{-1}, \omega_{2N}^{-4}, \omega_{2N}^{-9}, \cdots, \omega_{2N}^{-(N-1)^2}).$$

若 N 为偶数, 则

$$\omega_{2N}^{-(n+N)^2} = \omega_{2N}^{-n^2}, \quad n = 1-N, 2-N, \cdots, -1.$$

此时 $q = w * p$.
但若 N 为奇数, 则

$$\omega_{2N}^{-(n+N)^2} = -\omega_{2N}^{-n^2}, \quad n = 1-N, 2-N, \cdots, -1.$$

此时 $q = w * p$ 不成立.

然而, 为了利用长度为 2 的幂次的 Cooley-Tukey 算法, 同时也为了上述卷积关系式
得以成立, 可以对 p 和 w 进行如下填充操作使其长度变为某个 2 的幂次:

$$p_1 = (p, 0, 0, \cdots, 0),$$
$$w_1 = (w, 0, 0, \cdots, 0, \omega_{2N}^{-(N-1)^2}, \cdots, \omega_{2N}^{-9}, \omega_{2N}^{-4}, \omega_{2N}^{-1}),$$

则 $w_1 * p_1$ 的前 N 个分量即为 q. 此卷积可以由离散卷积定理转化为二者的 DFT, 于是 q
连同 $\hat{x}$ 便能通过 FFT 算法快速计算. 值得一提的是, 从 w_1 的填充方式可以看出 w_1 和
p_1 填充的元素个数至少是 $N-1$.

卷积的计算涉及离散 Fourier 逆变换 (IDFT), 由定义

$$\check{x}_m = \frac{1}{N} \sum_{n=0}^{N-1} x_n \omega_N^{-nm} = \left(\sum_{n=0}^{N-1} \frac{1}{N} (x_n)^* \omega_N^{nm} \right)^*,$$

得对一个向量做 IDFT 就相当于对其共轭除以 N 的结果做 DFT 之后再取共轭. 这样, IDFT 的快速计算就也可以直接通过使用 FFT 算法来实现, 其中角标 $*$ 表示复数的共轭.

显然 Bluestein 算法的计算量仍为 $O(N \log_2 N)$.

定理 10.3.1 若向量 x 的元素均为实数, 则 $\hat{x}$ 具有如下性质:

$$\hat{x}_{N-m} = (\hat{x}_m)^*, \quad m = 1, 2, \cdots, N-1.$$

证明

$$
\begin{aligned}
\hat{x}_{N-m} &= \sum_{n=0}^{N-1} x_n \omega_N^{n(N-m)} = \sum_{n=0}^{N-1} x_n \omega_N^{-nm} \\
&= \sum_{n=0}^{N-1} x_n (\omega_N^{nm})^* = \left(\sum_{n=0}^{N-1} x_n \omega_N^{nm} \right)^* = (\hat{x}_m)^*.
\end{aligned}
$$

$\square$

这一性质使得在实际计算时, 只需存储 $\hat{x}$ 的前 $\dfrac{N}{2} + 1$ 个元素, 从而节省存储空间.

对于实向量 x, 还有一些与 DFT 紧密相关的变换: 离散余弦变换 (DCT) 与离散正弦变换 (DST), 它们同样在图像处理等领域应用广泛 (例如 JPG 格式使用 DCT 对图片进行压缩), 这两类变换的结果仍为实向量且均可以借助 FFT 算法快速实现.

10.4 习题

1. 对向量 x, 证明: 对于任意整数 n, 若定义向量 a 和 b 的元素为 $a_k = x_k \cos \left(\dfrac{2\pi kn}{N} \right)$ 和 $b_k = \hat{x}_{k+n} + \hat{x}_{k-n} (k = 0, 1, \cdots, N-1)$, 则 $\hat{a} = \dfrac{1}{2} b$ (其中 x_k 和 $\hat{x}_k$ 对下标以 N 为周期).

2. 设 A 是如下形式的循环矩阵:

$$A = \begin{bmatrix} 2 & -1 & & & -1 \\ -1 & 2 & -1 & & \\ & -1 & 2 & & \\ & & & \ddots & \ddots \\ -1 & & & -1 & 2 \end{bmatrix}.$$

证明: Fourier 矩阵 F 的每一列均为 A 的特征向量.

3. 对向量 a, 证明: 若定义向量 b 和 c 的元素为 $b_k = \hat{a}_{k+1} - \hat{a}_k$ (这里定义 $\hat{a}_N = \hat{a}_0$) 和 $c_k = a_k (\mathrm{e}^{-\frac{2\pi ki}{N}} - 1) (k = 0, 1, \cdots, N-1)$, 则 $b = \hat{c}$.

第十一章

常微分方程初值问题的求解

常微分方程 (组) 可以用来模拟许多科学、工程或经济领域中出现的问题. 在很多情况下, 难以求得其精确解, 所以很有必要利用高效可靠的数值方法来求其近似解. 本章考虑如下初值问题: 给定初值 $u(0)$ 和 $T > 0$, 求 $u(t)$ 满足

$$u'(t) = \frac{\mathrm{d}u}{\mathrm{d}t} = f(t, u(t)), \quad 0 \leqslant t \leqslant T, \tag{11.1}$$

其中 f 有 $m(m \geqslant 1)$ 个分量, 一般是 t 和 u 的非线性函数. 为了简单起见, 这里考虑初值为 $t = 0$, 但后面的方法和理论可以很容易推广到初值非零的情形. 当 f 与 t 无关时, 我们称 (11.1) 是自治的. 当然, 对非自治问题, 通过引入新的变量 $u_{m+1} = t$ 及方程 $u'_{m+1} = 1$ 就可以将其化为自治问题. 我们知道, 高阶常微分方程也可以通过引入中间变量化为上面的一阶常微分方程组. 另外, 本章的方法和理论适用于常微分方程组的情形 $(m > 1)$, 但很多情形都可以当作标量情形 $(m = 1)$ 来理解. 下面, 为了记号简单, 如非特别说明, 我们假设初值问题 (11.1) 是定义在复向量空间 $\mathbb{C}^m$ 上的, 当然后面的理论对 $\mathbb{R}^m$ 上的初值问题也成立.

设 $|\cdot|$ 为 $\mathbb{C}^m$ 上的某种范数, 如无特别说明可以是任一确定的范数, 比如 l^2 范数 $|v| = \left(\sum_{i=1}^m |v_i|^2 \right)^{\frac{1}{2}}$ 或 l^∞ 范数 $|v| = \max_{1 \leqslant i \leqslant m} |v_i|$, 等等. 关于初值问题 (11.1) 的解的存在唯一性, 有如下定理[1]:

定理 11.0.1 假设 $f(t, u)$ 关于 (t, u) 在区域 $\mathcal{D} = \{0 \leqslant t \leqslant T, |u| < \infty\}$ 上连续, 且关于 u 是 Lipschitz 连续的, 即存在常数 $L > 0$ 使得

$$|f(t, u) - f(t, v)| \leqslant L |u - v| \quad \forall (t, u), (t, v) \in \mathcal{D}. \tag{11.2}$$

则对任意给定的初值 $u(0)$, 初值问题 (11.1) 存在唯一解 $u(t)$ 且在区间 $[0, T]$ 上连续可微.

事实上, 在定理 11.0.1 的条件下, 我们可以证明初值问题 (11.1) 的适定性 (well-posedness): 即除了解的存在唯一性, 还满足解对初值和右端的连续依赖性 (见习题 1).

下面, 我们将介绍求解初值问题的 Euler 方法、Runge-Kutta 方法和一类线性多步法的构造及相应理论, 并讨论刚性初值问题的求解.

11.1 Euler 方法

本节将介绍两种 Euler 方法, 即向前和向后 Euler 方法, 其命名取决于用向前还是向后差商近似精确解对 t 的导数. 为了求解 (11.1), 我们首先将区间 $[0, T]$ 分成 $N(N \geqslant 1)$ 份:

$$0 = t_0 < t_1 < \cdots < t_{N-1} < t_N = T,$$

即从 t_0 出发, "走 N 步" 到达 T, 我们称之为区间 $[0, T]$ 的一个剖分或网格. 记 $\tau_n =$

$t_n - t_{n-1}$ 为第 n 步的步长, 令 $\tau = \max\limits_{1 \leqslant n \leqslant N} \tau_n$.

向前 Euler 方法

注意到 $u'(t_{n-1}) \approx \dfrac{u(t_n) - u(t_{n-1})}{\tau_n}$, 即用向前差商近似导数, 对初值问题 (11.1) 的解有

$$\frac{u(t_n) - u(t_{n-1})}{\tau_n} \approx f(t_{n-1}, u(t_{n-1})),$$

将上式的约等号改为等号, 并将 $u(t_n)$ 改成其近似值, 记为 u_n, 则得到如下的**向前 Euler 方法**: 给定初值 u_0, 求 u_n.

$$\frac{u_n - u_{n-1}}{\tau_n} = f(t_{n-1}, u_{n-1}), \quad n = 1, 2, \cdots, N, \tag{11.3}$$

或为了便于计算, 改写为

$$u_n = u_{n-1} + \tau_n f(t_{n-1}, u_{n-1}), \quad n = 1, 2, \cdots, N. \tag{11.4}$$

这里 u_0 是 $u(0)$ 的近似, 当然一般取 $u_0 = u(0)$. 注意到, 当已知 u_{n-1} 时, 代入上式右端可以直接计算出 u_n, 所以向前 Euler 方法是一种**显格式**.

例 11.1.1 考虑如下简单的标量方程:

$$u' = \lambda u, \quad t \geqslant 0, \quad u(0) = u_0, \tag{11.5}$$

其中 λ 是一个常数. 这个方程虽然简单, 但很有代表性. 事实上, 一般的初值问题 (11.1) 通过线性化, 往往可以近似为线性常微分方程组 $u' = Au$. 如果系数矩阵可以对角化, 即存在可逆矩阵 Q 和对角矩阵 $\Lambda = \mathrm{diag}(\lambda_1, \lambda_2, \cdots, \lambda_m)$, 使得 $Q^{-1}AQ = \Lambda$, 则通过变量替换 $w = Q^{-1}u$, 可以将 $u' = Au$ 化为 $w' = \Lambda w$. 显然, 其每个分量满足形如 (11.5) 的方程. 既然 λ 经常用来代表特征值, 所以允许 λ 取成复数. 易知 (11.5) 的精确解

$$u(t) = u_0 \mathrm{e}^{\lambda t}. \tag{11.6}$$

显然, 当 $\mathrm{Re}\,\lambda > 0$ 时, $|u(t)|$ 随着 t 的增大而呈指数速度增加; 当 $\mathrm{Re}\,\lambda \gg 1$ 时, 问题 (11.5) 会变得极度不稳定, 我们一般不考虑此种情形; 当 $\mathrm{Re}\,\lambda < 0$ 时, $|u(t)|$ 指数衰减; 当 $|\mathrm{Im}\,\lambda| \gg 1$ 时, 解会变得高度振荡.

下面考虑 (11.5) 的向前 Euler 方法. 为简单起见, 只考虑 λ 为实数且 $\lambda \gg 1$ 的情形, 还假设网格是等距的, 即 $\tau_n \equiv \tau$. 易知向前 Euler 方法所得近似解为

$$u_n = u_0(1 + \lambda \tau)^n. \tag{11.7}$$

易知

$$\mathrm{e}^{\frac{x}{1+x}} \leqslant 1 + x \leqslant \mathrm{e}^x, \quad x > -1. \tag{11.8}$$

故当 $\lambda\tau > -1$ 时, u_n 的误差

$$|u(t_n) - u_n| = |u_0| \left| e^{\lambda t_n} - (1 + \lambda\tau)^n \right| \leqslant |u_0| \left| e^{\lambda t_n} - e^{\frac{\lambda t_n}{1+\lambda\tau}} \right|$$

$$= |u_0| \, \tau \frac{\lambda^2 t_n}{1 + \lambda\tau} e^{\lambda t_n \frac{1+\lambda\xi}{1+\lambda\tau}},$$

这里我们用到了 Lagrange 中值定理, 其中 $\xi \in (0, \tau)$.

(1) 可以看出对固定的 λ, 向前 Euler 方法开始几步的近似解具有二阶精度, 即当 $t_n = O(\tau)$ 时, $|u(t_n) - u_n| = O(\tau^2)$; 但在 $[0, T]$ 上整体是一阶收敛的, 即 $|u(t_n) - u_n| = O(\tau)$, $\forall 0 \leqslant t_n \leqslant T$.

(2) 当 $T\lambda \ll -1$ 时, 精确解 $u(t)$ 在区间 $[0, T]$ 上递减且快速指数衰减. 所以, 对数值解, 至少要求 $|u_n| = |1 + \lambda\tau| |u_{n-1}| < |u_{n-1}|$, 即 $\tau < \dfrac{2}{-\lambda}$, 这对网格步长的要求就太严格了.

下面考虑一般情形下的误差估计. 将初值问题 (11.1) 的精确解代入 Euler 方法 (11.3), 两边作差所得残量记为

$$R_\tau^n = \frac{u(t_n) - u(t_{n-1})}{\tau_n} - f(t_{n-1}, u(t_{n-1})). \tag{11.9}$$

我们称 R_τ^n 为向前 Euler 方法第 n 步的**相容性误差**. 称 $\tau_n R_\tau^n$ 为向前 Euler 方法第 n 步的**局部截断误差**. 显然局部截断误差是将精确解代入 Euler 方法的公式 (11.4) 所得两边的差. 当然, 我们真正关心的是数值解与精确解之间的误差, 即 $|u(t_n) - u_n|$, 我们称之为**整体误差**, 或简称**误差**.

对于初值问题 (11.1) 的某种数值方法, 如果存在 $p > 0$ 使得其相容性误差满足 $R_\tau^n = O(\tau^p)$, 那么我们称该数值方法是 p **阶相容**的.

引理 11.1.1 设初值问题 (11.1) 的解二阶导数连续, 则向前 Euler 方法是一阶相容的, 且

$$|R_\tau^n| \leqslant \int_{t_{n-1}}^{t_n} |u''(s)| \, \mathrm{d}s = O(\tau), \quad n = 1, 2, \cdots, N. \tag{11.10}$$

证明 由 (11.9) 及 (11.1), 得

$$R_\tau^n = \frac{u(t_n) - u(t_{n-1})}{\tau_n} - u'(t_{n-1}).$$

由积分型余项的 Taylor 公式

$$\varphi(t) = \sum_{j=0}^{k} \frac{\varphi^{(j)}(a)}{j!} (t - a)^j + \int_a^t \varphi^{(k+1)}(s) \frac{(t - s)^k}{k!} \mathrm{d}s \tag{11.11}$$

知

$$u(t_n) = u(t_{n-1}) + \tau_n u'(t_{n-1}) + \int_{t_{n-1}}^{t_n} u''(s)(t_n - s) \mathrm{d}s,$$

从而

$$|R_\tau^n| \leqslant \frac{1}{\tau_n} \int_{t_{n-1}}^{t_n} |u''(s)| (t_n - s) \mathrm{d}s \leqslant \int_{t_{n-1}}^{t_n} |u''(s)| \, \mathrm{d}s.$$

引理得证. □

下面的**离散 Gronwall 不等式**在初值问题数值格式的理论分析中经常用到:

引理 11.1.2 (离散 Gronwall 不等式) 设数列 $\beta_n \geqslant 0$, $\alpha_n, \xi_n \in \mathbb{R}$, α_n 单调不减, 且

$$\xi_n \leqslant \alpha_n + \sum_{0 \leqslant j \leqslant n-1} \beta_j \xi_j, \quad n = 0, 1, \cdots.$$

则

$$\xi_n \leqslant \alpha_n \mathrm{e}^{\beta_0 + \beta_1 + \cdots + \beta_{n-1}}.$$

证明 记 $w_0 = 0, w_n = \beta_0 \xi_0 + \beta_1 \xi_1 + \cdots + \beta_{n-1} \xi_{n-1}, n \geqslant 1$, 则

$$\xi_n \leqslant \alpha_n + w_n,$$

$$\begin{aligned}
w_n &= w_{n-1} + \beta_{n-1} \xi_{n-1} \\
&\leqslant (1 + \beta_{n-1}) w_{n-1} + \beta_{n-1} \alpha_{n-1} \\
&\leqslant (1 + \beta_{n-1})(1 + \beta_{n-2}) w_{n-2} + \alpha_{n-1} \beta_{n-1} + \alpha_{n-2} \beta_{n-2} (1 + \beta_{n-1}) \\
&\leqslant \cdots \\
&\leqslant \alpha_{n-1} \beta_{n-1} + \alpha_{n-2} \beta_{n-2} (1 + \beta_{n-1}) + \cdots + \alpha_0 \beta_0 (1 + \beta_1) \cdots (1 + \beta_{n-1}),
\end{aligned}$$

从而由 α_n 单调不减得

$$\begin{aligned}
\xi_n &\leqslant \alpha_n (1 + \beta_{n-1} + \beta_{n-2}(1 + \beta_{n-1}) + \cdots + \beta_0 (1 + \beta_1) \cdots (1 + \beta_{n-1})) \\
&= \alpha_n (1 + \beta_0)(1 + \beta_1) \cdots (1 + \beta_{n-1}),
\end{aligned}$$

再由不等式 $1 + x \leqslant \mathrm{e}^x$ 即得证明. □

为了从局部截断误差估计推导近似解的误差 $|u(t_n) - u_n|$, 我们先讨论向前 Euler 方法关于初值和右端扰动的稳定性估计.

引理 11.1.3 设 u_n 是 (11.4) 的解, f 满足 Lipschitz 条件 (11.2), v_n 是如下扰动格式的解:

$$v_n = v_{n-1} + \tau_n f(t_{n-1}, v_{n-1}) + \tau_n r_n, \quad n = 1, 2, \cdots, N, \tag{11.12}$$

其中 $r_n \in \mathbb{C}^m$, 则

$$|v_n - u_n| \leqslant \mathrm{e}^{L t_n} \left(|v_0 - u_0| + \sum_{j=1}^{n} \tau_j |r_j| \right). \tag{11.13}$$

证明 记 $y_n = v_n - u_n$. (11.12) 和 (11.4) 两式相减得

$$|y_n| = |y_{n-1} + \tau_n(f(t_{n-1}, v_{n-1}) - f(t_{n-1}, u_{n-1})) + \tau_n r_n|$$

$$\leqslant (1 + \tau_n L)|y_{n-1}| + \tau_n |r_n|,$$

$$|y_{n-1}| \leqslant (1 + \tau_{n-1} L)|y_{n-2}| + \tau_{n-1}|r_{n-1}|,$$

$$\cdots,$$

$$|y_1| \leqslant (1 + \tau_1 L)|y_0| + \tau_1|r_1|,$$

两边相加得

$$|y_n| \leqslant (|y_0| + \tau_1|r_1| + \cdots + \tau_n|r_n|) + \sum_{j=0}^{n-1} L\tau_{j+1}|y_j|,$$

从而由离散 Gronwall 不等式得

$$|y_n| \leqslant (|y_0| + \tau_1|r_1| + \cdots + \tau_n|r_n|)\mathrm{e}^{L(\tau_1 + \tau_2 + \cdots + \tau_n)}.$$

得证. $\qquad\square$

由上面的稳定性估计和局部相容性误差估计, 我们可以得到向前 Euler 方法的误差估计:

定理 11.1.1 设 u_n 是 (11.4) 的解, $u(t)$ 是初值问题 (11.1) 的解, 其二阶导数连续, f 满足 Lipschitz 条件 (11.2), 则

$$|u(t_n) - u_n| \leqslant \mathrm{e}^{Lt_n}\left(|u(0) - u_0| + \tau \int_{t_0}^{t_n}|u''(s)|\,\mathrm{d}s\right), \quad n = 0, 1, \cdots, N. \qquad (11.14)$$

证明 将 (11.9) 改写为

$$u(t_n) = u(t_{n-1}) + \tau_n f(t_{n-1}, u(t_{n-1})) + \tau_n R_\tau^n.$$

由引理 11.1.3 得

$$|u(t_n) - u_n| \leqslant \mathrm{e}^{Lt_n}\left(|u(t_0) - u_0| + \sum_{j=1}^{n}\tau_j|R_\tau^j|\right). \qquad (11.15)$$

故由引理 11.1.1 可得证明. $\qquad\square$

注 11.1.1 (1) 若初始近似 $|u(0) - u_0| = O(\tau)$, 由 (11.14), 对 $0 \leqslant n \leqslant N$, 一致成立 $|u(t_n) - u_n| = O(\tau)$, 故向前 Euler 方法是一阶收敛的, 且收敛阶与相容性误差的阶是一样的, 但比局部截断误差低一阶.

(2) 当初始近似 $|u(0) - u_0| = O(\tau^2)$ 时, 初始几步的近似误差可以达到 $O(\tau^2)$, 比如,

$$|u(t_1) - u_1| \leqslant C\tau^2 + C\tau\int_{t_0}^{t_1}|u''(s)|\,\mathrm{d}s$$

$$\leqslant C\tau^2(1 + \max_{[t_0, t_1]}|u''(s)|) = O(\tau^2).$$

而整体误差 $|u(t_n) - u_n| = O(\tau)$ 可以看做是局部截断误差累积的结果.

(3) 如果把估计 (11.14) 应用到测试问题 (11.5) (不妨设 $\lambda \in \mathbb{R}$, $\tau_n \equiv \tau$), 那么有

$$|u(t_n) - u_n| \leqslant \tau \mathrm{e}^{|\lambda| t_n} |u_0| |\lambda| (\mathrm{e}^{|\lambda| t_n} - 1)$$
$$= |u_0| \tau \lambda^2 t_n \mathrm{e}^{|\lambda| t_n} \frac{\mathrm{e}^{|\lambda| t_n} - 1}{|\lambda| t_n}.$$

同例 11.1.1 的分析结果相比, 定理 11.1.1 只有在 $|\lambda|$ 不大时, 给出了满意的估计; 在 $\lambda \ll -1$ 时, 严重过估计了.

例 11.1.2 用向前 Euler 方法求解如下初值问题:

$$u' = \frac{3t^5}{u}, \quad t \in [0,1], \quad u(0) = 1, \tag{11.16}$$

其精确解为 $u(t) = \sqrt{1 + t^6}$. 表 11.1 列出了用向前 Euler 方法求解上面的初值问题, 分别取步长 $\tau = \frac{1}{2}, \frac{1}{4}, \cdots, \frac{1}{256}$, 在 $t = 1$ 处的误差和收敛阶. 可以看出向前 Euler 方法是 1 阶收敛的.

表 11.1 向前 Euler 方法求解问题 (11.16) 在 $t = 1$ 处的误差和收敛阶

步长	$\frac{1}{2}$	$\frac{1}{4}$	$\frac{1}{8}$	$\frac{1}{16}$	$\frac{1}{32}$	$\frac{1}{64}$	$\frac{1}{128}$	$\frac{1}{256}$
误差	3.67e-1	2.16e-1	1.10e-1	5.50e-2	2.75e-2	1.38e-2	6.88e-3	3.44e-3
收敛阶	–	0.76	0.98	1.00	1.00	1.00	1.00	1.00

向后 Euler 方法

在 t_n 处用向后差商 $u'(t_n) \approx \dfrac{u(t_n) - u(t_{n-1})}{\tau_n}$ 近似初值问题 (11.1), 可得到如下的**向后 Euler 方法**:

$$\frac{u_n - u_{n-1}}{\tau_n} = f(t_n, u_n), \quad n = 1, 2, \cdots, N, \tag{11.17}$$

或改写为

$$u_n = u_{n-1} + \tau_n f(t_n, u_n), \quad n = 1, 2, \cdots, N. \tag{11.18}$$

注意到, 当知道 u_{n-1} 时, 如果 f 关于 u_n 非线性, 求 u_n 需要解一个非线性方程 (组), 所以向后 Euler 方法是一种隐格式, 可以用迭代法 (比如 Newton 法) 来求解.

例 11.1.3 考虑在等距网格上用向后 Euler 方法 (11.18) 求解测试问题 (11.5). 设 $\lambda \tau \neq 1$, 易知向后 Euler 方法所得近似解为

$$u_n = u_0(1 - \lambda\tau)^{-n}. \tag{11.19}$$

由 (11.8) 得:

$$e^x \leqslant (1-x)^{-1} \leqslant e^{\frac{x}{1-x}}, \quad \forall x < 1.$$

故 $\lambda\tau < 1$ 时, u_n 的误差为

$$|u(t_n) - u_n| = |u_0| \left| e^{\lambda t_n} - (1 - \lambda\tau)^{-n} \right| \leqslant |u_0| \left| e^{\frac{\lambda t_n}{1 - \lambda\tau}} - e^{\lambda t_n} \right|$$

$$= |u_0| \, \tau \frac{\lambda^2 t_n}{1 - \lambda\tau} e^{\lambda t_n \frac{1 - \lambda\xi}{1 - \lambda\tau}},$$

其中 $\xi \in (0, \tau)$.

(1) 同向前 Euler 方法一样, 对固定的 λ, 向后 Euler 方法在 $[0, T]$ 上整体是一阶收敛的, 即 $|u(t_n) - u_n| = O(\tau)$, $\forall 0 \leqslant t_n \leqslant T$.

(2) 当 $T\lambda \ll -1$ 时, 对向后 Euler 方法, $|u_n| = (1 - \lambda\tau)^{-1} |u_{n-1}| < |u_{n-1}|$ 恒成立, 不需要对网格步长加任何条件, 且数值解也是呈快速指数减少的. 所以, 相比显式的向前 Euler 方法, 隐式的向后 Euler 方法更适合求解带有快速衰减解分量的问题.

向后 Euler 方法的相容性误差为

$$R_\tau^n = \frac{u(t_n) - u(t_{n-1})}{\tau_n} - f(t_n, u(t_n)). \tag{11.20}$$

类似于向前 Euler 方法的分析, 对向后 Euler 方法, 我们可以证明如下的一阶相容性、稳定性和误差估计, 详细证明留作习题 2.

引理 11.1.4 设初值问题 (11.1) 的解二阶导数连续, 则向后 Euler 方法是一阶相容的, 且

$$|R_\tau^n| \leqslant \int_{t_{n-1}}^{t_n} |u''(s)| \, \mathrm{d}s = O(\tau), \quad n = 1, 2, \cdots, N. \tag{11.21}$$

引理 11.1.5 设 u_n 是 (11.18) 的解, f 满足 Lipschitz 条件 (11.2), v_n 是如下扰动格式的解:

$$v_n = v_{n-1} + \tau_n f(t_n, v_n) + \tau_n r_n, \quad n = 1, 2, \cdots, N, \tag{11.22}$$

其中 $r_n \in \mathbb{C}^m$. 假设 $\tau \leqslant \dfrac{1}{2L}$, 则

$$|v_n - u_n| \leqslant e^{2L t_n} \left(|v_0 - u_0| + 2 \sum_{j=1}^{n} \tau_j |r_j| \right) \tag{11.23}$$

定理 11.1.2 设 u_n 是 (11.18) 的解, $u(t)$ 是初值问题 (11.1) 的解, 其二阶导数连续, f 满足 Lipschitz 条件 (11.2), $\tau \leqslant \dfrac{1}{2L}$, 则

$$|u(t_n) - u_n| \leqslant e^{2Lt_n} \left(|u(0) - u_0| + 2\tau \int_{t_0}^{t_n} |u''(s)| \, ds \right), \quad n = 0, 1, \cdots, N. \quad (11.24)$$

注 11.1.2 (1) 显然, 向后 Euler 方法也是一阶收敛的格式.

(2) 如果将此定理应用到例 11.1.3, 会发现, 对不太大的 λ, 可以给出满意的结果. 当 $\lambda \ll -1$ 时, 显然过估计了, 这是由于相应的 Lipschitz 常数 $L = |\lambda| \gg 1$. 此时, 一种有意思的对比是: 隐式欧拉法的理论结果定理 11.1.2 需要 $|\lambda|\tau$ 足够小, 但实际上不需要 (见例 11.1.3); 显式欧拉法的理论结果定理 11.1.1 不需要 $|\lambda|\tau$ 足够小, 但实际计算时需要 (见例 11.1.1).

例 11.1.4 用向后 Euler 方法求解初值问题 (11.16), 表 11.2 列出了分别取步长 $\tau = \frac{1}{2}, \frac{1}{4}, \cdots, \frac{1}{256}$, 在 $t = 1$ 处的误差和收敛阶. 可以看出向后 Euler 方法是也是 1 阶收敛的.

表 11.2 向后 Euler 方法求解问题 (11.16) **在** $t = 1$ **处的误差和收敛阶**

步长	$\frac{1}{2}$	$\frac{1}{4}$	$\frac{1}{8}$	$\frac{1}{16}$	$\frac{1}{32}$	$\frac{1}{64}$	$\frac{1}{128}$	$\frac{1}{256}$
误差	4.40e-1	2.20e-1	1.10e-1	5.50e-2	2.75e-2	1.38e-2	6.88e-3	3.44e-3
收敛阶	–	1.00	1.00	1.00	1.00	1.00	1.00	1.00

11.2 Runge-Kutta 方法

上一节介绍的 Euler 方法只有一阶收敛, 本节介绍一类求解常微分方程初值问题 (11.1) 的数值方法, 即 Runge-Kutta 方法, 包含许多实用的高阶格式, 对光滑解可以有更快的收敛速度, 允许更大的步长, 相对于低阶方法可以有效减少计算量.

Runge-Kutta 方法举例

我们先从另一个角度看看向前和向后 Euler 方法的构造. 将初值问题 (11.1) 在区间 $[t_{n-1}, t_n]$ 上积分, 改写成如下积分形式:

$$u(t_n) = u(t_{n-1}) + \int_{t_{n-1}}^{t_n} f(t, u(t)) dt. \quad (11.25)$$

显然, 向前 Euler 方法 (11.4) 也可以认为是用左矩形数值积分公式近似上式右端的积分项构造出来的. 同样, 向后 Euler 方法 (11.18) 是通过使用右矩形数值积分公式近似积分项得到的.

梯形方法

上面两个数值积分公式只有 0 次的代数精度. 如果用代数精度为 1 次的梯形数值积分公式近似, 就可以得到更高精度的数值方法. 我们有

$$u(t_n) \approx u(t_{n-1}) + \frac{\tau_n}{2} \left(f(t_{n-1}, u(t_{n-1})) + f(t_n, u(t_n)) \right),$$

从而可得到如下的**梯形方法**:

$$u_n = u_{n-1} + \frac{\tau_n}{2} (f(t_{n-1}, u_{n-1}) + f(t_n, u_n)), \quad n = 1, 2, \cdots, N. \tag{11.26}$$

该方法是一种隐式的 Runge-Kutta 方法. 其相容性误差为

$$R_\tau^n = \frac{u(t_n) - u(t_{n-1})}{\tau_n} - \frac{f(t_{n-1}, u(t_{n-1})) + f(t_n, u(t_n))}{2}. \tag{11.27}$$

类似引理 11.1.1 可以证明:

$$|R_\tau^n| \leqslant \frac{\tau_n}{8} \int_{t_{n-1}}^{t_n} |u'''(s)| \, ds = O(\tau^2), \quad n = 1, 2, \cdots, N. \tag{11.28}$$

即梯形方法是 2 阶相容的. 进一步还可以证明梯形方法是 2 阶收敛的 (见习题 3).

下面, 为了计算方便, 将梯形方法改造为显格式. 我们以 u_{n-1} 为初值, 用向前 Euler 方法迭代一步得到 $u(t_n)$ 的近似, 然后代入梯形方法 (11.26) 的右端替换 u_n, 即得所谓**显式梯形方法** (也称为**改进的 Euler 方法**):

$$\hat{u}_n = u_{n-1} + \tau_n f(t_{n-1}, u_{n-1}), \tag{11.29}$$

$$u_n = u_{n-1} + \frac{\tau_n}{2} (f(t_{n-1}, u_{n-1}) + f(t_n, \hat{u}_n)), \quad n = 1, 2, \cdots, N. \tag{11.30}$$

注意到 u_{n-1} 具有 2 阶精度, 由注 11.1.1(2), $\hat{u}_n$ 应该也有 2 阶精度, 用它来 "预估" u_n, 然后代入梯形方法 (11.26) 的右端替换 u_n "校正" 一下, 应该不影响方法的 2 阶精度. 可以证明, 显式梯形方法是一种 2 阶的显式 Runge-Kutta 方法. 事实上, 我们刚刚简单展示了一种求解隐式方法的常用技术, 即**预估–校正**方法, 即为了求解某隐格式, 先用恰当的显格式预估初值, 再用隐格式校正迭代. 当然校正步可能需要多次迭代达到满意精度. 具体地说, 如果 u_{n-1} 是隐式的梯形方法 (11.26) 的第 $n-1$ 步的解, 那么以向前 Euler 方法预估初值得到 $\hat{u}_n$, "校正" 步 (11.30) 做多次迭代 (即得到 u_n 后赋值给 $\hat{u}_n$ 代入 (11.30) 右端再算出新的 u_n, 如此往复), 就可以得到梯形方法第 n 步的近似解. 由于预估的初值一般很好, 所以一般校正迭代很少几次就会满足要求.

显然, 显式梯形方法每步迭代需要计算两个 f 函数值. 这个例子也很好展示了 Runge-Kutta 方法的构造思想: 通过增加区间 $[t_{n-1}, t_n]$ 中计算 f 函数值的次数来构造高阶数值方法.

中点方法

类似于梯形方法的构造, 如果我们用同样 1 次代数精度的中点数值积分公式近似 (11.25) 右端的积分, 那么可以得到如下的**中点方法**:

$$u_n = u_{n-1} + \tau_n f\left(t_{n-\frac{1}{2}}, \frac{u_{n-1}+u_n}{2}\right), \quad n=1,2,\cdots,N, \tag{11.31}$$

其中 $t_{n-\frac{1}{2}} = \frac{1}{2}(t_{n-1}+t_n)$. 中点方法也是一种 2 阶的隐式 Runge-Kutta 方法.

同样, 我们可以利用向前 Euler 方法构造**显式中点方法**:

$$\hat{u}_{n-\frac{1}{2}} = u_{n-1} + \frac{\tau_n}{2}f(t_{n-1}, u_{n-1}), \tag{11.32}$$

$$u_n = u_{n-1} + \tau_n f(t_{n-\frac{1}{2}}, \hat{u}_{n-\frac{1}{2}}), \quad n=1,2,\cdots,N. \tag{11.33}$$

这也是一种 2 阶的显式 Runge-Kutta 方法.

经典 4 阶 Runge-Kutta 方法

著名的经典 4 阶 Runge-Kutta 方法是一种显格式, 与 3 次代数精度的 Simpson 数值积分公式有关. 我们有

$$u(t_n) \approx u(t_{n-1}) + \frac{\tau_n}{6}\left(f(t_{n-1}, u(t_{n-1})) + 4f(t_{n-\frac{1}{2}}, u(t_{n-\frac{1}{2}})) + f(t_n, u(t_n))\right).$$

构造上式后面两项的显式逼近并不是一件容易的事情. **经典 4 阶 Runge-Kutta 方法**可表示为如下形式:

$$U_1 = u_{n-1},$$

$$U_2 = u_{n-1} + \frac{\tau_n}{2}f(t_{n-1}, U_1),$$

$$U_3 = u_{n-1} + \frac{\tau_n}{2}f(t_{n-\frac{1}{2}}, U_2),$$

$$U_4 = u_{n-1} + \tau_n f(t_{n-\frac{1}{2}}, U_3),$$

$$u_n = u_{n-1} + \frac{\tau_n}{6}(f(t_{n-1}, U_1) + 2f(t_{n-\frac{1}{2}}, U_2) + 2f(t_{n-\frac{1}{2}}, U_3) + f(t_n, U_4)), \quad n=1,2,\cdots,N. \tag{11.34}$$

例 11.2.1　分别用梯形方法、显式梯形方法、中点方法、显式中点方法和经典 4 阶 Runge-Kutta 方法求解初值问题 (11.16), 取步长 $\tau = \frac{1}{2}, \frac{1}{4}, \cdots, \frac{1}{256}$, 计算在 $t=1$ 处的误差和收敛阶, 所得结果见表 11.3. 可以看出前 4 种方法 2 阶收敛, 经典 4 阶 Runge-Kutta 方法确实是 4 阶收敛的.

表 11.3　几种方法求解初值问题 (11.16) 在 $t = 1$ 处的误差和收敛阶.

步长	梯形法		显式梯形法		中点法		显式中点法		4 阶 RK 法	
	误差	阶	误差	阶	误差	阶	误差	阶	误差	阶
$\frac{1}{2}$	1.20e-1	–	3.34e-1	–	1.05e-1	–	6.54e-2	–	8.55e-3	–
$\frac{1}{4}$	3.04e-2	1.99	7.11e-2	2.23	2.73e-2	1.94	6.30e-3	3.38	7.49e-4	3.51
$\frac{1}{8}$	7.60e-3	2.00	1.57e-2	2.18	6.88e-3	1.99	1.01e-3	2.64	4.96e-5	3.92
$\frac{1}{16}$	1.90e-3	2.00	3.68e-3	2.09	1.73e-3	2.00	2.08e-4	2.28	3.11e-6	3.99
$\frac{1}{32}$	4.75e-4	2.00	8.92e-4	2.05	4.32e-4	2.00	4.73e-5	2.14	1.94e-7	4.00
$\frac{1}{64}$	1.19e-4	2.00	2.19e-4	2.02	1.08e-4	2.00	1.13e-5	2.07	1.21e-8	4.00
$\frac{1}{128}$	2.97e-5	2.00	5.44e-5	2.01	2.70e-5	2.00	2.76e-6	2.03	7.55e-10	4.00
$\frac{1}{256}$	7.42e-6	2.00	1.35e-5	2.01	6.74e-6	2.00	6.82e-7	2.02	4.72e-11	4.00

一般 Runge-Kutta 方法

对正整数 o, 求解常微分方程 (组) 初值问题 (11.1) 的一般的 s 级 Runge-Kutta 方法可以表示如下:

$$U_i = u_{n-1} + \tau_n \sum_{j=1}^{s} a_{ij} f(t_{n-1} + c_j \tau_n, U_j), \quad 1 \leqslant i \leqslant s, \tag{11.35}$$

$$u_n = u_{n-1} + \tau_n \sum_{i=1}^{s} b_i f(t_{n-1} + c_i \tau_n, U_i). \tag{11.36}$$

这里 U_i 是 $u(t_n + c_i \tau_n)$ 的近似, 所以我们总是要求 (11.35) 中的线性组合系数满足.

$$\sum_{j=1}^{s} a_{ij} = c_i, \quad 1 \leqslant i \leqslant s. \tag{11.37}$$

显然, 当且仅当 $a_{ij} = 0 \ (j \geqslant i)$ 时, 上述 Runge-Kutta 方法是显式的.

为了简单和直观起见, Runge-Kutta 方法可以用如下的 Butcher 表来表示:

$$\frac{c \ \big| \ A}{\ \big| \ b^{\mathrm{T}}} = \begin{array}{c|cccc} c_1 & a_{11} & a_{12} & \cdots & a_{1s} \\ c_2 & a_{21} & a_{22} & \cdots & a_{1s} \\ \vdots & \vdots & \vdots & & \vdots \\ c_s & a_{s1} & a_{s2} & \cdots & a_{ss} \\ \hline & b_1 & b_2 & \cdots & b_s \end{array}$$

例 11.2.2 向前和向后 Euler 方法都是 1 级 1 阶 Runge-Kutta 方法:

$$
\begin{array}{c|c}
0 & 0 \\
\hline
 & 1
\end{array}
\qquad
\begin{array}{c|c}
1 & 1 \\
\hline
 & 1
\end{array}
$$

例 11.2.3 下表给出了一族单参数的 **2 级 2 阶显式 Runge-Kutta 方法**. $\alpha = 1$ 时就是显式梯形方法 (11.29) — (11.30); $\alpha = \dfrac{1}{2}$ 时就是显式中点方法 (11.32) — (11.33).

$$
\begin{array}{c|cc}
0 & 0 & 0 \\
\alpha & \alpha & 0 \\
\hline
 & 1 - \dfrac{1}{2\alpha} & \dfrac{1}{2\alpha}
\end{array}
$$

例 11.2.4 下表给出了一族单参数的 **3 级 3 阶显式 Runge-Kutta 方法**.

$$
\begin{array}{c|ccc}
0 & 0 & 0 & 0 \\
\dfrac{2}{3} & \dfrac{2}{3} & 0 & 0 \\
\dfrac{2}{3} & \dfrac{2}{3} - \dfrac{1}{4\alpha} & \dfrac{1}{4\alpha} & 0 \\
\hline
 & \dfrac{1}{4} & \dfrac{3}{4} - \alpha & \alpha
\end{array}
$$

例 11.2.5 表 11.4 给出了一种特殊的 3 级 3 阶显式 Runge-Kutta 方法, 具有所谓的 "保强稳定 (strong stability preserving)" 的性质 (见习题 7), 在计算流体等领域有广泛应用, 记为 **SSPRK(3,3) 方法**, 也常被称为 **"Shu-Osher" 方法** [16].

表 11.4   SSPRK(3,3) 方法

$$
\begin{array}{c|ccc}
0 & 0 & 0 & 0 \\
1 & 1 & 0 & 0 \\
\dfrac{1}{2} & \dfrac{1}{4} & \dfrac{1}{4} & 0 \\
\hline
 & \dfrac{1}{6} & \dfrac{1}{6} & \dfrac{2}{3}
\end{array}
$$

类似地, 经典 4 阶 Runge-Kutta 方法 (11.34) 也可以 Butcher 表来表示, 我们留作习题 6.

下面, 再介绍几类隐式 Runge-Kutta 方法.

一种构造办法是所谓的**配置法**. 为描述简单, 仅考虑标量方程 $u' = f(t, u)$, 方程组的情形可以类似推导. 首先, 取 $0 \leqslant c_1 < c_2 < \cdots < c_s \leqslant 1$, 得 s 个不同的配置点

$t^i = t_{n-1} + c_i \tau_n$, 并构造 $[t_{n-1}, t_n]$ 上的次数 $\leqslant s$ 的插值多项式 $\phi(t)$ 满足:

$$\phi(t_{n-1}) = u_{n-1},$$
$$\phi'(t^i) = f(t^i, \phi(t^i)), \quad i = 1, 2, \cdots, s.$$

然后令 $u_n = \phi(t_n)$ 就可以得到一种 Runge-Kutta 方法. 事实上, 记 $U_i = \phi(t^i)$, 则由 Lagrange 插值公式得

$$\phi'(t_{n-1} + \tau_n r) = \sum_{j=1}^{s} L_j(r) f(t^j, U_j),$$

其中 $L_j(r) = \prod_{i=1, i \neq j}^{s} \dfrac{r - c_i}{c_j - c_i}$. 故

$$U_i = \phi(t^i) = \phi(t_{n-1}) + \tau_n \int_0^{c_i} \phi'(t_{n-1} + \tau_n r) \mathrm{d}r$$

$$= u_{n-1} + \tau_n \sum_{j=1}^{s} \int_0^{c_i} L_j(r) \mathrm{d}r f(t^j, U_j),$$

$$u_n = \phi(t_n) = u_{n-1} + \tau_n \sum_{i=1}^{s} \int_0^1 L_i(r) \mathrm{d}r f(t^i, U_i).$$

所以, 令

$$a_{ij} = \int_0^{c_i} L_j(r) \mathrm{d}r, \quad b_i = \int_0^1 L_i(r) \mathrm{d}r, \tag{11.38}$$

即得 Runge-Kutta 方法 (11.35)—(11.36). 也就是说, 给定 c, 通过配置法构造的 Runge-Kutta 方法的 A 和 b 由 (11.38) 即可决定. 可以看出, s 级配置 Runge-Kutta 方法至少是 s 阶方法 (见习题 9). 一种直观的配置点的取法是借助已知的数值积分公式, 直接取配置点为其积分节点.

例 11.2.6 (Gauss 方法) 配置点取为 Gauss 型数值积分公式的积分节点, 是给定级数时最高阶的 Runge-Kutta 方法, s 级 Gauss 方法是 $2s$ 阶方法. 表 11.5 给出了 $s = 1, 2$ 的 Gauss 方法, 其中 1 级 2 阶 Gauss 方法就是中点方法 (11.31).

表 11.5 1 级 2 阶和 2 级 4 阶 Gauss 方法

$$s = 1, p = 2: \quad \begin{array}{c|c} \frac{1}{2} & \frac{1}{2} \\ \hline & 1 \end{array} \quad ; \quad s = 2, p = 4: \quad \begin{array}{c|cc} \frac{3-\sqrt{3}}{6} & \frac{1}{4} & \frac{3-2\sqrt{3}}{12} \\ \frac{3+\sqrt{3}}{6} & \frac{3+2\sqrt{3}}{12} & \frac{1}{4} \\ \hline & \frac{1}{2} & \frac{1}{2} \end{array}$$

例 11.2.7 (Radau 方法)   配置点取为 Radau 型数值积分公式 (一个积分节点取为区间端点的最高代数精度的数值积分公式) 的积分节点, s 级 Radau 方法是 $2s-1$ 阶方法, 其中 1 级 Radau 方法就是向后 Euler 方法 (11.18). 表 11.6 给出了 $s = 2$ 的 Radau 方法.

表 11.6   2 级 3 阶 Radau 方法

$\dfrac{1}{3}$	$\dfrac{5}{12}$	$-\dfrac{1}{12}$
1	$\dfrac{3}{4}$	$\dfrac{1}{4}$
	$\dfrac{3}{4}$	$\dfrac{1}{4}$

最后, 我们给出 Runge-Kutta 方法的另外两种表示. 首先, 用函数值作为中间变量, 可以将一般的 s 级 Runge-Kutta 方法 (11.35) — (11.36)改写为

$$K_i = f\left(t_{n-1} + c_i\tau_n, u_{n-1} + \tau_n \sum_{j=1}^{s} a_{ij}K_j\right), \quad 1 \leqslant i \leqslant s, \tag{11.39}$$

$$u_n = u_{n-1} + \tau_n \sum_{i=1}^{s} b_i K_i. \tag{11.40}$$

这种形式更适合程序实现.

其次, 为了简单起见, 仅考虑显式 Runge-Kutta 方法, 即 $a_{ij} = 0, j \geqslant i$. 将 (11.35) — (11.36) 写成向前 Euler 方法的线性组合, 可以将 (11.35) — (11.36) 改写为

$$U_0 = u_{n-1}, \tag{11.41}$$

$$U_i = \sum_{j=0}^{i-1}\left(\alpha_{ij}U_j + \tau_n\beta_{ij}f(t_{n-1} + c_j\tau_n, U_j)\right), \quad 1 \leqslant i \leqslant s, \tag{11.42}$$

$$u_n = U_s, \tag{11.43}$$

其中 α_{ij} 满足相容性条件 $\displaystyle\sum_{j=0}^{i-1} \alpha_{ij} = 1$. 这个 Runge-Kutta 方法的表达形式通常称为 Shu-Osher 表式. 我们通常要求 $\alpha_{ij} > 0, \beta_{ij} \geqslant 0$, 此时 (11.42)是若干向前 Euler 方法的凸组合.

误差计算与步长控制

我们知道, 初值问题 (11.1) 的解随着 t 的发展, 很可能在某些区间变化较快, 而在其他区间变化较慢, 此时如果用等步长的数值方法求解, 往往效率不高. 接下来, 为了

Runge-Kutta 方法的程序实现, 我们介绍自动选取步长的方法以保证计算的可靠性和有效性.

为此我们需要可计算的误差估计技术, 即后验误差估计技术. 注意到整体误差可以看做是每一步局部截断误差的积累 (见 (11.15)). 一种很自然的想法是通过控制局部截断误差 $\tau_n R_\tau^n$ 来控制整体误差. 但局部截断误差的定义依赖于精确解, 不容易计算. 所以我们引入如下局部误差的概念: 记 $u^{n-1}(t, v)$ 是从 $t = t_{n-1}$ 出发以 v 为初值, 初值问题 (11.1) 的解, 即

$$(u^{n-1}(t, v))' = f(t, u^{n-1}(t, v)), \quad u^{n-1}(t_{n-1}, v) = v,$$

这里 $'$ 表示对 t 求偏导数. 设 u_n 是某数值方法在 $t_n (1 \leqslant n \leqslant N)$ 处所得的近似解, 则该数值方法在 t_n 处的**局部误差**定义为

$$l_\tau^n = u^{n-1}(t_n, u_{n-1}) - u_n, \tag{11.44}$$

即为 u_n 与从 t_{n-1} 出发以 u_{n-1} 为初值的初值问题 (11.1) 的解在 t_n 处的值之间的误差. 在适当条件下, 可以证明局部误差通常与局部截断误差同阶, 即一个 p 阶方法的局部误差 $l_\tau^n = O(\tau_n^{p+1})$. 而且, 整体误差也可以看做是局部误差的积累 (见习题 12). 我们可以通过选取步长控制局部误差来控制整体误差. 当然, 我们不需要精确计算 l_τ^n. 稍后我们将简介两种实用的估计办法, 可以计算出局部误差 l_τ^n 的近似 $\hat{l}_\tau^n = l_\tau^n + O(\tau_n^{p+2})$, 所以 $\lim\limits_{\tau \to 0^+} \dfrac{\hat{l}_\tau^n}{l_\tau^n} = 0$, 即 $\hat{l}_\tau^n$ 对 l_τ^n 的近似是渐近精确的.

一旦算出 $\hat{l}_\tau^n$, 我们就可以用它来控制步长的选取: 给定局部误差限 TOL, 如果 $\hat{l}_\tau^n >$ TOL, 则需要选取更小的步长 $\tilde{\tau}_n$ 重新计算, 注意到 $\dfrac{l_{\tilde{\tau}}^n}{l_\tau^n} \approx \left(\dfrac{\tilde{\tau}_n}{\tau_n}\right)^{p+1}$, 我们可以选取步长 $\tilde{\tau}_n$ 满足

$$\left(\frac{\tilde{\tau}_n}{\tau_n}\right)^{p+1} \hat{l}_\tau^n \approx \alpha \text{TOL},$$

其中 α 是一个保险的比例系数 (比如 $\alpha = 0.9$), 重复此过程直到找到满足条件的步长; 如果 $\hat{l}_\tau^n \leqslant$ TOL, 则此步长可接受, 我们也可以用上面的公式预测下一步的步长.

嵌套 Runge-Kutta 方法

第一种近似计算局部误差的想法是用高一阶 (即 $p+1$ 阶) 的 Runge-Kutta 方法, 以 u_{n-1} 为初值迭代一步计算 $u^{n-1}(t_n, u_{n-1})$ 的近似, 记为 $\tilde{u}_n$, 则 $|u^{n-1}(t_n, u_{n-1}) - \tilde{u}_n| = O(\tau_n^{p+2})$. 所以可以用 $\tilde{u}_n$ 代替 $u^{n-1}(t_n, u_{n-1})$ 计算局部误差得

$$\hat{l}_\tau^n = \tilde{u}_n - u_n. \tag{11.45}$$

上式给出了局部误差 l_τ^n 的可计算的渐近精确的估计. 为了减少误差估计带来的额外计算量, 我们希望找到一对 Runge-Kutta 方法, 使得低阶的方法可以嵌入到高阶的方法中, 这

样可以共享函数值的计算. 设

$$\begin{array}{c|c} c & A \\ \hline & b^{\mathrm{T}} \end{array}$$

为一个 p 阶的 Runge-Kutta 方法, 其所嵌入的 $p+1$ 方法为

$$\begin{array}{c|c} c & A \\ \hline & \hat{b}^{\mathrm{T}} \end{array}$$

则这一对 Runge-Kutta 方法记为

$$\begin{array}{c|c} c & A \\ \hline & b^{\mathrm{T}} \\ \hline & \hat{b}^{\mathrm{T}} \end{array}$$

最简单的嵌套 Runge-Kutta 方法的例子是向前 Euler 方法嵌入到改进的 Euler 方法:

$$\begin{array}{c|cc} 0 & 0 & 0 \\ 1 & 1 & 0 \\ \hline & 1 & 0 \\ \hline & \dfrac{1}{2} & \dfrac{1}{2} \end{array}$$

可能最著名的嵌套公式是 **Fehlberg4(5) 对**, 如表 11.7 所示.

表 11.7 Fehlberg4(5) 对

0	0	0	0	0	0	0
$\dfrac{1}{4}$	$\dfrac{1}{4}$	0	0	0	0	0
$\dfrac{3}{8}$	$\dfrac{3}{32}$	$\dfrac{9}{32}$	0	0	0	0
$\dfrac{12}{13}$	$\dfrac{1\,932}{2\,197}$	$-\dfrac{7\,200}{2\,197}$	$\dfrac{7\,296}{2\,197}$	0	0	0
1	$\dfrac{439}{216}$	-8	$\dfrac{3\,680}{513}$	$-\dfrac{845}{4\,104}$	0	0
$\dfrac{1}{2}$	$-\dfrac{8}{27}$	2	$-\dfrac{3\,544}{2\,565}$	$\dfrac{1\,859}{4\,104}$	$-\dfrac{11}{40}$	0
	$\dfrac{25}{216}$	0	$\dfrac{1\,408}{2\,565}$	$\dfrac{2\,197}{4\,104}$	$-\dfrac{1}{5}$	0
	$\dfrac{16}{135}$	0	$\dfrac{6\,656}{12\,825}$	$\dfrac{28\,561}{56\,430}$	$-\dfrac{9}{50}$	$\dfrac{2}{55}$

这是一个 6 级 5 阶的方法嵌套了一个 5 级 4 阶方法. 每步只需多计算一个函数值就可以得到局部误差的后验估计.

外推法

第二种近似计算局部误差的想法很简单, 就是将当前解与两倍步长的解相减, 并利用 Richardson 外推法估计局部误差. p 阶 Runge-Kutta 方法的局部误差一般可写为

$$l_\tau^n = u^{n-1}(t_n, u_{n-1}) - u_n = \psi(t_n, u(t_n))\tau_n^{p+1} + O(\tau_n^{p+2}), \tag{11.46}$$

其中 ψ 称为误差主项函数. 例如, 容易验证, 对向前 Euler 方法有 $\psi = \dfrac{1}{2}(f_t + f_u f)$. 显然, 如果 ψ 关于第 2 个变量 Lipschitz 连续, 则上式中的 $u(t_n)$ 可以换为任意的与其相距 $O(\tau_n)$ 的 v.

为简单起见, 不妨设 $\tau_{n-1} = \tau_n$, 则 u_n 为数值方法从 u_{n-2} 按步长 τ_n 迭代 2 步的近似解. 从 u_{n-2} 出发用同样数值方法按步长 $2\tau_n$ 迭代 1 步, 计算得到的近似解记为 $\tilde{u}_n$. 下面用 $\tilde{u}_n - u_n$ 估计局部误差 l_τ^n. 为了推导, 引入中间变量 $\hat{u}_n$, 其为从 $u^{n-2}(t_{n-1}, u_{n-2})$ 出发按步长 τ_n 迭代 1 步的近似解, 如图 11.1.

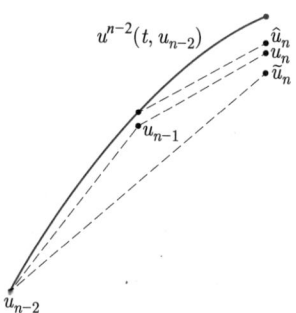

图 11.1   外推法示意图

一般有

$$\hat{u}_n - u_n = (1 + O(\tau))(u^{n-2}(t_{n-1}, u_{n-2}) - u_{n-1}).$$

从而由 (11.46)得

$$u^{n-2}(t_n, u_{n-2}) - \tilde{u}_n = (2\tau_n)^{p+1}\psi + O(\tau_n^{p+2}),$$
$$u^{n-2}(t_n, u_{n-2}) - u_n = u^{n-2}(t_n, u_{n-2}) - \hat{u}_n + \hat{u}_n - u_n$$
$$= 2(\tau_n^{p+1}\psi + O(\tau_n^{p+2})).$$

上面两式相减得

$$u_n - \tilde{u}_n = 2(2^p - 1)\tau_n^{p+1}\psi + O(\tau_n^{p+2}) = 2(2^p - 1)l_\tau^n + O(\tau_n^{p+2}),$$

故得局部误差的如下渐近精确的估计:

$$\hat{l}_\tau^n = \frac{u_n - \tilde{u}_n}{2(2^p - 1)}. \tag{11.47}$$

需要注意的是, 如果 $\tau_{n-1} \neq \tau_n$, 则上面的公式需要适当修改.

上面是通过加倍步长和外推法来估计局部误差, 文献中常常采用步长减半的技巧, 显然, 计算量会大一些, 但更简单, 这里就不详细介绍了, 感兴趣的同学可以自己推导. 同前面的嵌套方法相比, 外推法通常可以给出局部误差更准确的估计, 但每步的计算量比前者更大, 当然, 外推法更具一般性, 不需要嵌套的公式. 另外, 外推法技巧还可以用于估计整体误差 (参见 [34]).

11.3　相容性、稳定性、收敛性

事实上, 我们前面讲过的 Runge-Kutta 方法是一种**单步法**, 即 t_n 处的近似解 u_n 完全由前一步的近似解 u_{n-1} 确定. 本节考虑一般单步法的相容性、稳定性和收敛性的关系, 并给出误差估计. 所得结论当然可以应用到 Runge-Kutta 方法. 求解初值问题 (11.1) 的一般**显式单步法**可表示为

$$u_n = u_{n-1} + \tau_n \psi(t_{n-1}, u_{n-1}, \tau_n), \tag{11.48}$$

其中增量函数 ψ 一般与 f 有关. 一般**隐式单步法**可表示为

$$u_n = u_{n-1} + \tau_n \psi(t_{n-1}, u_{n-1}, u_n, \tau_n). \tag{11.49}$$

我们先推导显式单步法的理论. 由于隐式单步法的理论可类似推导, 仅给出结论而将其证明留作习题.

一般显式单步法

为简单起见, 记 $\mathscr{F}$ 为所有满足定理 11.0.1 的条件的右端函数 f 的集合.

下面将 11.1 节关于向前 Euler 方法 (11.4) 的分析推广到一般的显式单步法. 既然本节考虑单步法一般的理论框架, 我们希望设计的单步法对一类初值问题有效, 比如满足定理 11.0.1 条件的所有初值问题.

我们先引入**相容性误差**的概念:

$$R_\tau^n := \frac{u(t_n) - u(t_{n-1})}{\tau_n} - \psi(t_{n-1}, u(t_{n-1}), \tau_n), \tag{11.50}$$

其中 $u(t)$ 是初值问题 (11.1)的精确解. 我们称 $\tau_n R_\tau^n$ 为单步法 (11.48)第 n 步的**局部截断误差**. 我们称单步法 (11.48)是**相容的**, 如果 $\forall f \in \mathscr{F}$ 有,

$$\psi(t, u, 0) = f(t, u), \quad \forall t \in [0, T], \ |u| < +\infty. \tag{11.51}$$

容易证明 (参见下面定理 11.3.1(3) 的证明): 如果 $\psi(t, u(t), \tau)$ 在 $\tau = 0$ 处一致右连续, 那么相容性蕴含着 $R_\tau^n = o(1)$. 如果存在 $p > 0$ 使得 $R_\tau^n = O(\tau^p)$, 那么我们称单步法 (11.48) 是 p **阶相容**的.

下面, 给出**收敛性**的定义. 我们称单步法 (11.48) 是收敛的, 如果 $\forall f \in \mathcal{F}$ 有,

$$\lim_{\tau \to 0^+} \max_{0 \leqslant n \leqslant N} |u(t_n) - u_n| = 0. \tag{11.52}$$

然后, 我们定义稳定性. 我们称单步法 (11.48) 是 **0-稳定**的, 如果 $\forall f \in \mathcal{F}$, 存在常数 $\tau_0, C_0 > 0$, 使得对任意如下扰动格式:

$$v_n = v_{n-1} + \tau_n \psi(t_{n-1}, v_{n-1}, \tau_n) + \tau_n r_n, \quad n = 1, 2, \cdots, N, \tag{11.53}$$

其中 $r_n \in \mathbb{C}^m$, 当 $0 < \tau \leqslant \tau_0$ 时, 有稳定性估计:

$$|v_n - u_n| \leqslant C_0 \left(|v_0 - u_0| + \sum_{j=1}^n \tau_j |r_j| \right), \quad n = 1, 2, \cdots, N. \tag{11.54}$$

需要说明的是这里的常数 τ_0, C_0 关于 f 不是一致的, 不同的 f 对应的 τ_0, C_0 可能不同. 之所以称为 0-稳定, 是因为它刻画了与初始扰动有关的稳定性, 也是为了和其他稳定性概念区分开, 比如后面 11.4 节讨论的 A-稳定. 由引理 11.1.3 知向前 Euler 方法是 0-稳定的.

下面的定理说明在适当条件下 0-稳定性自然成立, 而且收敛性与相容性等价.

定理 11.3.1　假设 $\lim_{\tau \to 0} |u(0) - u_0| = 0$, 存在 $\alpha_0 > 0$, 使得 ψ 在 $D = \{(t, v, \tau) : t \in [0, T], |v| < \infty, \tau \in [0, \alpha_0]\}$ 上连续, 且关于第 2 个变量 Lipschitz 连续: 存在常数 $\hat{L} > 0$ 使得

$$|\psi(t, u, \tau) - \psi(t, v, \tau)| \leqslant \hat{L} |u - v|, \quad \forall 0 \leqslant t \leqslant T, |u|, |v| < \infty. \tag{11.55}$$

则

(1) 单步法 (11.48) 是 0-稳定的, 且 $\tau_0 = +\infty, C_0 = e^{\hat{L}T}$.

(2) 成立如下误差估计:

$$|u(t_n) - u_n| \leqslant e^{\hat{L}T} \left(|u(0) - u_0| + \sum_{j=1}^n \tau_j |R_\tau^n| \right), \quad n = 1, 2, \cdots, N. \tag{11.56}$$

(3) 单步法收敛性与相容性等价.

证明　(1) 0-稳定性的证明类似于引理 11.1.3 的证明, 我们留作习题 13.

(2) 由 (11.50),

$$u(t_n) = u(t_{n-1}) + \tau_n \psi(t_{n-1}, u(t_{n-1}), \tau_n) + \tau_n R_\tau^n, \quad n = 1, 2, \cdots, N,$$

结合 0-稳定性即得 (2) 成立.

(3) 首先, 假设相容性 (11.51) 成立. 由 (11.50),

$$R_\tau^n = u'(\xi_n) - u'(t_{n-1}) + \psi(t_{n-1}, u(t_{n-1}), 0) - \psi(t_{n-1}, u(t_{n-1}), \tau_n),$$

其中 $\xi_n \in (t_{n-1}, t_n)$. 记 M 为 $|u(t)|$ 在 $[0, T]$ 上的最大值. 由 u 连续可微 (见定理 11.0.1) 及 ψ 的连续性知, $u'(t)$ 在 $[0, T]$ 上一致连续, $\psi(t, v, \tau)$ 在 $D_M = \{(t, v, \tau) : t \in [0, T], |v| \leqslant M, \tau \in [0, \alpha_0]\}$ 上一致连续, 故

$$\lim_{\tau \to 0^+} \max_{1 \leqslant n \leqslant N} |R_\tau^n| = 0, \tag{11.57}$$

从而由 (11.56) 知收敛性成立.

其次, 假设收敛性成立. 为了证明相容性, 我们记 $g(t, v) = \psi(t, v, 0)$ 并引入辅助问题:

$$\tilde{u}'(t) = g(t, \tilde{u}), \quad t \in [0, T], \quad \tilde{u}(0) = u_0. \tag{11.58}$$

由已知, g 关于 t 连续、关于 v 满足 Lipschitz 条件, 故由定理 11.0.1, $\tilde{u}$ 存在唯一且连续可微. 我们把单步法 (11.48) 看做 (11.58) 的近似, 计算相应的相容性误差

$$\tilde{R}_\tau^n := \frac{\tilde{u}(t_n) - \tilde{u}(t_{n-1})}{\tau_n} - \psi(t_{n-1}, \tilde{u}(t_{n-1}), \tau_n).$$

类似于 (11.57), 可得

$$\lim_{\tau \to 0^+} \max_{1 \leqslant n \leqslant N} |\tilde{R}_\tau^n| = 0.$$

另外, 显然 (2) 对 $\tilde{u}$ 也成立, 即

$$|\tilde{u}(t_n) - u_n| \leqslant e^{\hat{L}T} \left(|\tilde{u}(0) - u_0| + \sum_{j=1}^n \tau_j |\tilde{R}_\tau^n| \right), \quad n = 1, 2, \cdots, N.$$

从而 u_n 也收敛于 $\tilde{u}(t_n)$, 即

$$\lim_{\tau \to 0^+} \max_{0 \leqslant n \leqslant N} |\tilde{u}(t_n) - u_n| = 0.$$

由 (11.52) 及网格剖分的任意性得 $\tilde{u}(t) = u(t), t \in [0, T]$, 故 $f(t, u(t)) = g(t, u(t))$. 再由初值 u_0 的任意性知相容性 (11.51) 成立. 证毕.　$\square$

显然, 由 (11.56) 知, 在定理的条件下, 如果单步法 (11.48) 是 $p(p > 0)$ 阶相容的且 $|u(0) - u_0| = O(\tau^p)$, 那么该单步法是 p 阶收敛的. 为了估计单步法的误差, 需要验证 ψ 的连续性条件和单步法的相容性并估计相容性误差.

例 11.3.1 考虑改进的 Euler 方法 (11.29)—(11.30) 的误差估计. 显然, 此时

$$\psi(t, u, \tau) = \frac{1}{2}(f(t, u) + f(t + \tau, u + \tau f(t, u))).$$

假设 f 满足 Lipschitz 条件 (11.2), 则

$$|\psi(t, u, \tau) - \psi(t, v, \tau)| \leqslant \frac{L}{2}(|u - v| + |u - v + \tau(f(t, u) - f(t, v))|)$$

$$\leqslant L\,|u - v| + \frac{L\tau}{2}L\,|u - v|.$$

不妨设 $L\tau \leqslant 2$, 则改进的 Euler 方法满足 Lipschitz 条件 (11.55), 且 $\hat{L} = 2L$. 另外, 显然 ψ 满足相容性条件 (11.51). 下面考虑相容性误差. 由 (11.28), (11.2) 和 (11.10), 我们有

$$|R_\tau^n| = \left|\frac{u(t_n) - u(t_{n-1})}{\tau_n} - \frac{1}{2}f(t_{n-1}, u(t_{n-1})) - \right.$$

$$\left. \frac{1}{2}f(t_n, u(t_{n-1}) + \tau_n f(t_{n-1}, u(t_{n-1})))\right|$$

$$= \left|\frac{u(t_n) - u(t_{n-1})}{\tau_n} - \frac{1}{2}(u'(t_{n-1}) + u'(t_n)) + \right.$$

$$\left. \frac{1}{2}\left(f(t_n, u(t_n)) - f(t_n, u(t_{n-1}) + \tau_n f(t_{n-1}, u(t_{n-1})))\right)\right|$$

$$\leqslant \left|\frac{u(t_n) - u(t_{n-1})}{\tau_n} - \frac{1}{2}(u'(t_{n-1}) + u'(t_n))\right| +$$

$$\frac{L}{2}\left|u(t_n) - u(t_{n-1}) - \tau_n f(t_{n-1}, u(t_{n-1}))\right|$$

$$\leqslant \frac{\tau_n}{8}\int_{t_{n-1}}^{t_n}|u'''(s)|\,\mathrm{d}s + \frac{L}{2}\tau_n\int_{t_{n-1}}^{t_n}|u''(s)|\,\mathrm{d}s.$$

代入 (11.56)得, 对 $n = 1, 2, \cdots, N$, 成立

$$|u(t_n) - u_n| \leqslant \mathrm{e}^{2LT}\left(|u(0) - u_0| + \tau^2\int_{t_0}^{t_n}\left(\frac{1}{8}|u'''(s)| + \frac{L}{2}|u''(s)|\right)\mathrm{d}s\right).$$

所以, 如果 $|u(0) - u_0| = O(\tau^2)$, 那么改进的 Euler 方法是 2 阶收敛的.

一般隐式单步法

本小节只给出隐式单步法 (11.49) 的收敛性理论, 而略去证明.

隐式单步法 (11.49) 的**相容性误差**的定义为

$$R_\tau^n = \frac{u(t_n) - u(t_{n-1})}{\tau_n} - \psi(t_{n-1}, u(t_{n-1}), u(t_n), \tau_n), \tag{11.59}$$

其中 $u(t)$ 是初值问题 (11.1) 的精确解. 我们称 $\tau_n R_\tau^n$ 为单步法 (11.49) 第 n 步的**局部截断误差**. 隐式单步法 (11.49) 的**收敛性**的定义与显式单步法的相同, 见 (11.52). 其**相容性**和 0-稳定的定义与显式单步法的类似. 我们称单步法 (11.49) 是**相容的**, 如果 $\forall f \in \mathcal{F}$ 有,

$$\psi(t, u, u, 0) = f(t, u), \quad \forall t \in [0, T], \ |u| < +\infty. \tag{11.60}$$

我们称隐式单步法 (11.49) 是 **0-稳定**的, 如果 $\forall f \in \mathcal{F}$, 存在常数 $\tau_0, C_0 > 0$, 使得对任意如下扰动格式:

$$v_n = v_{n-1} + \tau_n \psi(t_{n-1}, v_{n-1}, v_n, \tau_n) + \tau_n r_n, \quad n = 1, 2, \cdots, N, \tag{11.61}$$

其中 $r_n \in \mathbb{C}^m$, 当 $0 < \tau \leqslant \tau_0$ 时, 有稳定性估计:

$$|v_n - u_n| \leqslant C_0 \left(|v_0 - u_0| + \sum_{j=1}^{n} \tau_j |r_j| \right), \quad n = 1, 2, \cdots, N. \tag{11.62}$$

同样, 对隐式单步法 (11.49), 在适当条件下, 0-稳定性也自然成立, 而且收敛性与相容性等价. 即有如下定理, 其证明留作习题 14.

定理 11.3.2 假设 $\lim\limits_{\tau \to 0} |u(0) - u_0| = 0$, 存在 $\alpha_0 > 0$, 使得 ψ 在 $D = \{(t, v, \hat{v}, \tau) : t \in [0, T], |v|, |\hat{v}| < \infty, \tau \in [0, \alpha_0]\}$ 上连续, 且关于第 2 个和第 3 个变量是 Lipschitz 连续的, 即存在常数 $\hat{L} > 0$ 使得

$$\left| \psi(t, u, \hat{u}, \tau) - \psi(t, v, \hat{v}, \tau) \right| \leqslant \frac{\hat{L}}{2} (|u - v| + |\hat{u} - \hat{v}|), \quad \forall 0 \leqslant t \leqslant T, \ |u|, |v|, |\hat{u}|, |\hat{v}| < \infty, \tag{11.63}$$

则

(1) 隐式单步法 (11.49) 是 0-稳定的, 且 $\tau_0 = \dfrac{1}{\hat{L}}, C_0 = 2\mathrm{e}^{2\hat{L}T}$.

(2) 成立如下误差估计:

$$|u(t_n) - u_n| \leqslant 2\mathrm{e}^{2\hat{L}T} \left(|u(0) - u_0| + \sum_{j=1}^{n} \tau_j |R_\tau^n| \right), \quad n = 1, 2, \cdots, N. \tag{11.64}$$

(3) 隐式单步法收敛性与相容性等价.

11.4 刚性问题的求解

我们知道测试方程 (11.5), 即 $u' = \lambda u$, 具有广泛的代表性. 当 $T \operatorname{Re} \lambda \ll -1$ 时, 其精确解 $u(t) = u(0)\mathrm{e}^{\lambda t}$ 在区间 $[0, T]$ 上会随着 t 的增加而快速指数衰减. 这就是一个刚性初值问题的最简单的例子. 一般地, 如果初值问题 (11.1) 的解可以分解为一个快速指数衰减的部分和一个相对缓变的部分的和, 则称其在区间 $[0, T]$ 上为**刚性问题**. 许多应用问题都会涉及刚性常微分方程 (组), 比如, 如果一个化学反应系统中某些化学反应比其他的快得多, 那么会导致刚性问题; 设计控制器时, 常常需要将一个系统迅速带回到稳定态, 也是刚性问题的来源; 再比如发展型偏微分方程的空间半离散往往就是刚性的常微分方程组; 等等. 如例 11.1.1 和例 11.1.3 所述, 用显格式求解刚性问题, 往往需要很小的网格

步长, 隐格式则对步长的要求比较宽松, 一般更适合求解刚性问题.

绝对稳定区域与 A-稳定

正如例 11.1.1 所述, 当 $\mathrm{Re}\,\lambda < 0$ 时, 测试问题 (11.5) 的解满足 $|u(t)|$ 关于 t 单调递减, 即 $|u(t_n)| < |u(t_{n-1})|$, 我们希望数值方法也满足这个性质, 即

$$|u_n| < |u_{n-1}|, \tag{11.65}$$

称之为**绝对稳定性**. 为记号简单, 设 $t_n - t_{n-1} = \tau$. 为了刻画和比较刚性问题对不同数值方法的步长的要求, 我们引入绝对稳定区域的概念: 当用一个数值方法求解测试问题 (11.5) 时, 使得绝对稳定性条件 (11.65) 成立的所有复 z-平面上的点 $z = \tau\lambda$ 的集合, 称为该方法的**绝对稳定区域**.

例 11.4.1 对向前 Euler 方法, $u_n = (1 + \tau\lambda)u_{n-1}$, 得绝对稳定性条件:

$$|1 + \tau\lambda| < 1, \tag{11.66}$$

故其绝对稳定区域为复 z-平面上以 -1 为心、1 为半径的开圆盘 (如图 11.2 左). 例如对 $\lambda < 0$, 需要 $\tau < \dfrac{2}{-\lambda}$ 来保证绝对稳定性 (也见例 11.1.1).

对向后 Euler 方法, $u_n = (1 - \tau\lambda)^{-1}u_{n-1}$, 得绝对稳定性条件:

$$\frac{1}{|1 - \tau\lambda|} < 1, \tag{11.67}$$

得其绝对稳定区域为复 z-平面上以 1 为心、1 为半径的闭圆盘的补集 (如图 11.2 右). 例如对 $\mathrm{Re}\,\lambda < 0$, 向后 Euler 方法无条件绝对稳定性 (也见例 11.1.3).

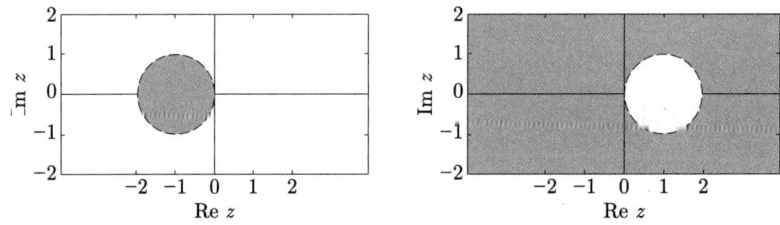

图 11.2 向前 Euler 方法 (左) 和向后 Euler 方法 (右) 的绝对稳定区域

例 11.4.2 下面考虑 p 级 p 阶显式 Runge-Kutta 方法的绝对稳定区域. 易知

$$u_n = R(z)u_{n-1}, \quad R(z) := 1 + zb^{\mathrm{T}}(I - zA)^{-1}\mathbf{1},$$

其中, $z = \tau\lambda$, $\mathbf{1}$ 表示 p 维列向量. 注意到 A 是 p 阶严格下三角形矩阵, 当 $j \geqslant p$ 时, $A^j = 0$, 从而

$$R(z) = 1 + zb^{\mathrm{T}}(I + zA + \cdots + z^{p-1}A^{p-1})\mathbf{1}.$$

注意到 p 阶方法相容性误差

$$R_\tau^n = \frac{u(t_n) - R(z)u(t_{n-1})}{\tau} = \frac{(e^z - R(z))u(t_{n-1})}{\tau} = O(\tau^p),$$

由 e^z 的 Taylor 展开及 $R(z)$ 是 z 的 p 次多项式知

$$R(z) = 1 + z + \frac{z^2}{2} + \cdots + \frac{z^p}{p!},$$

所以 p 级 p 阶显式 Runge-Kutta 方法的绝对稳定区域由下面不等式给出:

$$\left| 1 + z + \frac{z^2}{2} + \cdots + \frac{z^p}{p!} \right| < 1. \tag{11.68}$$

对于给定的 p, 虽然 p 级 p 阶显式 Runge-Kutta 方法可能有很多, 但它们的绝对稳定区域都是相同的. 图 11.3 给出了当 $p = 1, 2, 3, 4$ 时, p 级 p 阶显式 Runge-Kutta 方法的绝对稳定区域为按阴影部分颜色从深到浅所示的单连通区域, 都是有界的. 其中 $p = 1$ 就是向前 Euler 方法的绝对稳定区域, p 越大, 相应的绝对稳定区域越大, 但不都是依次嵌套的.

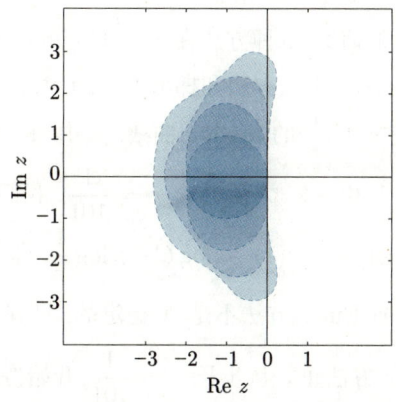

图 11.3 p 级 p 阶显式 Runge-Kutta 方法的绝对稳定区域

例 11.4.3 考虑中点方法 (11.31) 的绝对稳定区域. 此时

$$u_n = \frac{2 + \tau\lambda}{2 - \tau\lambda} u_{n-1},$$

所以其绝对稳定区域满足

$$\frac{|2 + z|}{|2 - z|} < 1, \tag{11.69}$$

这正好就是复 z-平面的左半平面 $z : \operatorname{Re} z < 0$ (如图 11.4).

为了更好地刻画一个数值方法求解刚性问题的能力, 我们引入 A-稳定的概念. 我们称一个数值方法是 **A-稳定**的, 如果其绝对稳定区域包含复平面 $z = \tau\lambda$ 的整个左半平面. 也就是说, 一个 A-稳定的方法, 对所有满足 $|u(t)|$ 关于 t 单调递减的测试问题 (11.5),

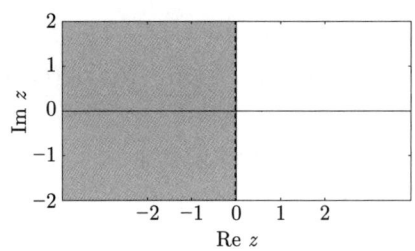

图 11.4　中点方法的绝对稳定区域

对任意步长 $\tau > 0$ 都能保持这一单调性质, 即满足 (11.65). 就 Runge-Kutta 方法而言, 所有的显式方法都不是 A-稳定的 (因为 $R(z)$ 是 z 的有限次多项式, 见例 11.4.2, 故 $\displaystyle\lim_{\operatorname{Re} z \to -\infty} |R(z)| = +\infty$); 我们前面介绍的所有隐式方法都是 A-稳定的, 包括梯形方法、Gauss 方法和 Radau 方法.

例 11.4.4　考虑如下刚性模型问题:

$$u'(t) = \lambda(u(t) - g(t)) + g'(t), \quad u(0) = g(0), \tag{11.70}$$

取 $\lambda = -200, g(t) = \cos(\pi t)$. 显然, 其精确解 $u(t) = g(t) = \cos(\pi t)$, 且初值任意小扰动一下都会快速趋于 $g(t)$. 我们研究 4 种方法在 $t = 1$ 处的误差, 包括显式的向前 Euler 方法、隐式的向后 Euler 方法、中点方法和梯形方法. 计算结果如图 11.5 所示, 给出了 4 种方法在 $t = 1$ 处的误差关于 $\dfrac{1}{\tau}$ 的 log-log 曲线, 其中 "F" "B" "M" "T" 分别代表这 4 种方法, 虚线斜率分别是 -1 和 -2, 大圆点处 $\tau = \dfrac{1}{101}$. 我们知道对 p 阶方法, 应该有 $|u_N - u(1)| \approx C\tau^p$, 从而 $\log|u_N - u(1)| \approx \log C - p \log \dfrac{1}{\tau}$, 即在 log-log 坐标下误差曲线接近斜率为 $-p$ 的直线. 向前 Euler 方法不是 A-稳定的, 只有 $\tau < \dfrac{2}{-\lambda} = \dfrac{1}{100}$ 时是绝对稳定的. 事实上, 向前 Euler 方法正好从步长 $\tau = \dfrac{1}{101}$ 开始按斜率 -1 下降, 即按 $O(\tau)$

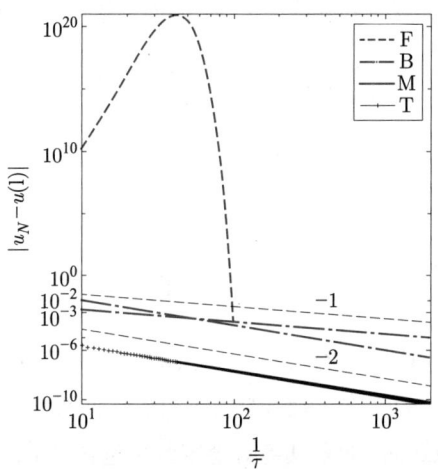

图 11.5　例 11.4.4 的计算结果示意图

收敛, 对更大的步长向前 Euler 方法不稳定, 甚至误差可以超过 10^{20}. 其他 3 种隐格式都是 A-稳定的, 数值结果显示, 其误差也确实是从大步长就开始下降, 且向后 Euler 方法 1 阶收敛, 中点方法和梯形方法都是 2 阶收敛的.

实际计算时, 我们往往事先给定误差限, 比如要求 $|u_N - u(1)| < 0.01$ 就可以了. 向前 Euler 方法为了满足稳定性要求, 不得不要求步长足够小, 即 $\tau < \dfrac{1}{100}$, 但此时的误差约为 2.11×10^{-4} 远小于需要的精度. 事实上, 文献中往往如下定义**刚性**初值问题: "我们称一个初值问题在 $[0, T]$ 上是刚性的, 如果为了使其向前 Euler 方法保持稳定的步长所得近似解的精度远小于所需精度". 可以看出, 问题的刚性依赖于给定的误差限和计算区间的长度.

另外, 我们还注意到虽然梯形方法和中点方法都是 2 阶的, 但对这个刚性问题, 梯形方法表现要好得多, 关于这个现象的一个解释, 我们留作习题 15.

单边 Lipschitz 条件

我们知道, 隐式方法适合求解刚性问题, 但 11.1 节和 11.3 节的收敛性理论需要 f 和 ψ 满足 Lipschitz 条件, 且所得误差界指数依赖于 Lipschitz 常数, 但刚性初值问题的 Lipschitz 常数一般很大, 比如测试问题 (11.5) 当 $T \operatorname{Re} \lambda \ll -1$ 时是刚性的, 而 $f = \lambda u$ 的 Lipschitz 常数为 $L = |\lambda| \gg 1$, 所以前面的理论不太适合于刚性初值问题的数值方法.

下面, 我们引入比 Lipschitz 连续更弱的广义 "单边 Lipschitz 条件" 的概念, 并给出其在误差估计中的应用. 记 $(\cdot, \cdot)$ 为 $\mathbb{C}^m$ 空间上的 l^2 内积. 本节假设 $|\cdot|$ 为 l^2 范数, 并假设初值问题 (11.1) 的右端满足: 存在 $\mathbb{C}^m$ 上的范数 $\|\cdot\|$ 和常数 $\gamma, L_1, L_2 \geqslant 0$ 使得, 对任意 $(t, u), (t, v) \in \mathcal{D}, w \in \mathbb{C}^m$, 成立

$$\operatorname{Re}(f(t, u) - f(t, v), u - v) \leqslant -\gamma \|u - v\|^2 + L_1 |u - v|^2, \tag{11.71}$$

$$|(f(t, u) - f(t, v), w)| \leqslant L_2 \|u - v\| \|w\|. \tag{11.72}$$

注 11.4.1 (1) 显然, 在实数域情形, (11.71) 左边的 Re 可以去掉. 当 $\gamma = 0$ 时, (11.71) 就是通常的 "**单边 Lipschitz 条件**". 之所以称之为 "单边" 的, 是因为, 比如在一维 $(m = 1)$ 实数域情形, 通常的 Lipschitz 条件 (11.2) 可改写为

$$-L(u - v) \leqslant f(t, u) - f(t, v) \leqslant L(u - v), \quad \forall u > v,$$

两边的不等式都成立, 而单边 Lipschitz 条件等价于

$$f(t, u) - f(t, v) \leqslant L_1(u - v), \quad \forall u > v,$$

只有一边的不等式成立. 这里的条件 (11.71) 是通常单边 Lipschitz 条件的推广, 可称之为广义 "单边 Lipschitz 条件". 事实上, 这个条件相当于将 f 分解为一个刚性部分和一个非刚性部分来分别刻画.

(2) 由于有限维空间任意两个范数等价, 所以条件 (11.72) 和通常的 Lipschitz 条件 (11.2) 也等价. 但这里我们要争取选取适当的范数 $\|\cdot\|$ 使得常数 $\gamma, L_1, L_2 \geqslant 0$ 与初值问题的刚性无关.

例 11.4.5　对模型问题 (11.70), $f(t, u) = \lambda(u - g) + g'$, 当 $\mathrm{Re}\,\lambda < 0$ 时, 有

$$\mathrm{Re}(f(t, u) - f(t, v), u - v) = \mathrm{Re}\,\lambda\,|u - v|^2,$$

$$|(f(t, u) - f(t, v), w)| = |\lambda|\,|u - v|\,|w|.$$

这样, 我们取范数 $\|v\| = |\mathrm{Re}\,\lambda|^{\frac{1}{2}}\,|v|$, 则对

$$\gamma = 1, \quad L_1 = 0, \quad L_2 = \frac{|\lambda|}{|\mathrm{Re}\,\lambda|}, \tag{11.73}$$

条件 (11.71)—(11.72) 成立. 显然, 只要存在常数 $c_0 > 0$ 使得 $|\mathrm{Im}\,\lambda| \leqslant c_0 |\mathrm{Re}\,\lambda|$, 那么这些常数就与问题的刚性无关.

例 11.4.6　一类刚性初值问题的著名来源是发展型偏微分方程的空间半离散. 考虑如下一维抛物方程初边值问题:

$$\begin{cases} u_t(t, x) = u_{xx}(t, x), & 0 \leqslant t \leqslant T, 0 < x < 1, \\ u(t, 0) = u(t, 1) = 0, & 0 \leqslant t \leqslant T, \\ u(0, x) \text{ 给定}, & 0 < x < 1. \end{cases} \tag{11.74}$$

将区间 $[0, 1]$ n 等分, 记分点为: $0 = x_0 < \cdots < x_i = ih < \cdots < x_n = 1$, 其中空间离散步长 $h = \dfrac{1}{n}$. 在内点 x_i 处, 利用二阶中心差商 (的 2 倍) 近似二阶导数, 即 $u_{xx}(t, x_i) \approx \dfrac{u(t, x_{i+1}) - 2u(t, x_i) + u(t, x_{i-1})}{h^2}$, 得抛物问题 (11.74) 的空间半离散 (参见 12.1 节):

$$u_i'(t) = \frac{1}{h^2}(u_{i+1}(t) - 2u_i(t) + u_{i-1}(t)),$$

$$u_0(t) = u_n(t) = 0, \quad u_i(0) = u(0, x_i), \quad 1 \leqslant i \leqslant n - 1,$$

即为常微分方程组初值问题, 可简写为

$$u_t = -Au, \quad 0 \leqslant t \leqslant T, \tag{11.75}$$

其中 $u = (u_1, u_2, \cdots, u_{n-1})^{\mathrm{T}}$,

$$A = \frac{1}{h^2} \begin{bmatrix} 2 & -1 & & & \\ -1 & 2 & -1 & & \\ & \ddots & \ddots & \ddots & \\ & & -1 & 2 & -1 \\ & & & -1 & 2 \end{bmatrix}.$$

容易验证对称矩阵 A 的 $n-1$ 对特征值、特征向量为

$$\lambda_j = \frac{4}{h^2} \sin^2 \frac{j\pi h}{2}, \quad \phi_j = (\sin j\pi h, \sin j\pi 2h, \cdots, \sin j\pi(n-1)h)^{\mathrm{T}}, \quad j = 1, 2, \cdots, n-1.$$

所以 A 是对称正定矩阵. 注意到, 当步长 h 很小, 即网格很密时, $-A$ 的最大特征值 $-\lambda_1 = -\frac{4}{h^2} \sin^2 \frac{\pi h}{2} \approx -\pi^2$, 最小特征值 $-\lambda_{n-1} = -\frac{4}{h^2} \sin^2 \frac{\pi(n-1)h}{2} = -\frac{4}{h^2} \cos^2 \frac{\pi h}{2} \approx -\frac{4}{h^2} \ll 0$, 所以, 当网格很密, 即 h 很小时, 抛物问题的空间半离散 (11.75) 是典型的刚性问题.

定义范数 $\|v\| = (Av, v)^{\frac{1}{2}}$. 则 $f(t, u) = -Au$ 满足:

$$(f(t, u) - f(t, v), u - v) = -\|u - v\|^2,$$

$$|(f(t, u) - f(t, v), w)| = |(A(u - v), w)| \leqslant \|u - v\| \, \|w\|,$$

从而条件 (11.71)—(11.72)成立, 且其中的常数

$$\gamma = 1, \quad L_1 = 0, \quad L_2 = 1, \tag{11.76}$$

与问题的刚性无关. 而如果采用经典的 Lipschitz 条件 (11.2), 那么其中的常数 $L \sim h^{-2}$.

下面, 我们以中点方法为例, 在条件 (11.71)—(11.72)下给出误差分析. 记 $\|\cdot\|_*$ 为范数 $\|\cdot\|$ 关于 l^2 内积的对偶范数, 即

$$\|v\|_* = \sup_{0 \neq w \in \mathbb{C}^m} \frac{(v, w)}{\|w\|}.$$

首先, 我们有如下 "0-稳定性" 结果:

引理 11.4.1　设 u_n 是中点方法 (11.31) 的解, f 满足广义单边 Lipschitz 条件 (11.71) 且 $\gamma > 0$, v_n 是如下扰动格式的解:

$$v_n = v_{n-1} + \tau_n f\left(t_{n-\frac{1}{2}}, \frac{v_{n-1} + v_n}{2}\right) + \tau_n r_n, \quad n = 1, 2, \cdots, N, \tag{11.77}$$

其中 r_n 给定. 假设 $\tau \leqslant \dfrac{1}{2L_1}$, 则

$$|v_n - u_n| \leqslant \mathrm{e}^{2L_1 t_n} \left(|v_0 - u_0| + \gamma^{-\frac{1}{2}} \left(\sum_{j=1}^{n} \tau_j \|r_j\|_*^2\right)^{\frac{1}{2}}\right). \tag{11.78}$$

证明　记 $y_n = v_n - u_n$. (11.77) 和 (11.31) 两式相减得

$$y_n - y_{n-1} = \tau_n f\left(t_{n-\frac{1}{2}}, \frac{v_{n-1}+v_n}{2}\right) - \tau_n f\left(t_{n-\frac{1}{2}}, \frac{u_{n-1}+u_n}{2}\right) + \tau_n r_n,$$

两边与 $\dfrac{y_n + y_{n-1}}{2}$ 做 l^2 内积并利用 (11.71) 得

$$\frac{1}{2}\left(|y_n|^2 - |y_{n-1}|^2\right) \leqslant \tau_n\left(-\gamma\left\|\frac{y_n+y_{n-1}}{2}\right\|^2 + L_1\left|\frac{y_n+y_{n-1}}{2}\right|^2\right) + \tau_n \|r_n\|_* \left\|\frac{y_n+y_{n-1}}{2}\right\|$$

$$\leqslant L_1 \tau_n \frac{|y_n|^2 + |y_{n-1}|^2}{2} + \frac{\gamma^{-1}}{4}\tau_n \|r_n\|_*^2,$$

故

$$\left(1 - L_1\tau_n\right)|y_n|^2 \leqslant \left(1 + L_1\tau_n\right)|y_{n-1}|^2 + \frac{\gamma^{-1}}{2}\tau_n \|r_n\|_*^2.$$

当 $\tau \leqslant \dfrac{1}{2L_1}$ 时,

$$|y_n|^2 \leqslant \left(1 + 4L_1\tau_n\right)|y_{n-1}|^2 + \gamma^{-1}\tau_n \|r_n\|_*^2.$$

上式对 n 从 1 到 n 求和得:

$$|y_n|^2 \leqslant |y_0|^2 + \gamma^{-1}\sum_{j=1}^{n}\tau_j\|r_j\|_*^2 + 4L_1\sum_{j=0}^{n-1}\tau_j|y_j|^2,$$

从而由离散 Gronwall 不等式可得 (11.78). 证毕.　　　　　　　　　　　□

其次, 给出如下的相容性误差的估计:

$$R_\tau^n = \frac{u(t_n) - u(t_{n-1})}{\tau_n} - f\left(t_{n-\frac{1}{2}}, \frac{u(t_{n-1}) + u(t_n)}{2}\right). \tag{11.79}$$

引理 11.4.2　假设 (11.72) 成立并且初值问题 (11.1) 的解三阶导数连续, 则

$$\|R_\tau^n\|_* \leqslant \frac{\tau_n^{\frac{3}{2}}}{8}(1 + 16L_2^2)^{\frac{1}{2}}\left(\int_{t_{n-1}}^{t_n}(\|u''(s)\|^2 + \|u'''(s)\|_*^2)\mathrm{d}s\right)^{\frac{1}{2}} \tag{11.80}$$

$$= O(\tau^2), \quad n = 1, 2, \cdots, N.$$

证明　由 (11.1)

$$\left(R_\tau^n, w\right) = \left(\frac{u(t_n) - u(t_{n-1})}{\tau_n} - u'(t_{n-\frac{1}{2}}), w\right) +$$

$$\left(f(t_{n-\frac{1}{2}}, u(t_{n-\frac{1}{2}})) - f\left(t_{n-\frac{1}{2}}, \frac{u(t_{n-1}) + u(t_n)}{2}\right), w\right)$$

$$= I + II.$$

由积分型余项的 Taylor 公式 (11.11) 得 (记 $a = t_{n-\frac{1}{2}}$)

$$u\left(a \pm \frac{\tau_n}{2}\right) = u(a) \pm \frac{\tau_n}{2}u'(a) + \frac{\tau_n^2}{8}u''(a) + \frac{1}{2}\int_a^{a \pm \frac{\tau_n}{2}} u'''(s)\left(a \pm \frac{\tau_n}{2} - s\right)^2 \mathrm{d}s,$$

从而

$$|I| \leqslant \frac{\tau_n}{8} \int_{t_{n-1}}^{t_n} \|u'''(s)\|_* \, \mathrm{d}s \, \|w\| \leqslant \frac{\tau_n^{\frac{3}{2}}}{8} \left(\int_{t_{n-1}}^{t_n} \|u'''(s)\|_*^2 \, \mathrm{d}s \right)^{\frac{1}{2}} \|w\|.$$

另外, 由 (11.72) 及

$$u\left(a \pm \frac{\tau_n}{2}\right) = u(a) \pm \frac{\tau_n}{2} u'(a) + \int_a^{a \pm \frac{\tau_n}{2}} u''(s) \left(a \pm \frac{\tau_n}{2} - s\right) \mathrm{d}s,$$

得

$$\begin{aligned}
|II| &\leqslant L_2 \left\| \frac{u(t_{n-1}) + u(t_n)}{2} - u(t_{n-\frac{1}{2}}) \right\| \|w\| \\
&\leqslant L_2 \frac{\tau_n}{2} \int_{t_{n-1}}^{t_n} \|u''(s)\| \, \mathrm{d}s \, \|w\| \\
&\leqslant L_2 \frac{\tau_n^{\frac{3}{2}}}{2} \left(\int_{t_{n-1}}^{t_n} \|u''(s)\|^2 \, \mathrm{d}s \right)^{\frac{1}{2}} \|w\|.
\end{aligned}$$

结合 I 和 II 的估计及 Cauchy-Schwarz 不等式即得 (11.80). 引理得证. □

由上面的稳定性估计和相容性误差估计, 我们可以得到中点方法的适用于刚性初值问题的误差估计:

定理 11.4.1　设 u_n 是 (11.31) 的解, $u(t)$ 是初值问题 (11.1) 的解, 其三阶导数连续, f 满足条件 (11.71)—(11.72), 设 $\tau \leqslant \dfrac{1}{2L_1}$ 且 $\gamma > 0$, 则对 $n = 0, 1, \cdots, N$,

$$|u(t_n) - u_n| \leqslant \mathrm{e}^{2L_1 t_n} \left(|u(0) - u_0| + \tau^2 \frac{(1 + 16L_2^2)^{\frac{1}{2}}}{8\gamma^{\frac{1}{2}}} \left(\int_{t_0}^{t_n} (\|u''(s)\|^2 + \|u'''(s)\|_*^2) \mathrm{d}s \right)^{\frac{1}{2}} \right). \tag{11.81}$$

证明　将 (11.79) 改写为

$$u(t_n) = u(t_{n-1}) + \tau_n f\left(t_{n-\frac{1}{2}}, \frac{u(t_{n-1}) + u(t_n)}{2}\right) + \tau_n R_\tau^n.$$

由引理 11.4.1 和 11.4.2 可得证明. □

可以看出, 如果 $|u(0) - u_0| = O(\tau^2)$, 那么中点方法 2 阶收敛. 并且如果 γ^{-1}, L_1, L_2 与初值问题的刚性无关, 那么误差估计 (11.81) 中的常数也与问题的刚性无关. 显然, 当 $L_1 = 0$ 时, 步长限制条件 $\tau = \dfrac{1}{2L_1}$ 可以去掉. 比如, 对模型问题 (11.70) (见例 11.4.5), $u(t) = g(t)$, 当 $\lambda \leqslant -1$ 时, 可得估计

$$|u(t_n) - u_n| \leqslant C |\lambda|^{\frac{1}{2}} \tau^2,$$

其中 C 与 λ 无关. 类似地, 可以将定理 11.4.1 应用到例 11.4.6, 得到具体的估计, 我们留作习题 17. 另外, 关于向后 Euler 方法的误差分析, 我们留作习题 16.

BDF 方法

为叙述简单, 考虑等距网格剖分, 即 $\tau_n \equiv \tau$. 我们知道, Euler 方法的构造思想是用差商近似初值问题 (11.1) 左端的导数; 梯形方法的思想是用数值积分近似初值问题的积分形式 (11.25) 右端的积分; 一般 Runge-Kutta 方法的思想是通过增加每步计算函数值的次数来提高精度. 与这几种思想不同, BDF (backward differential formula) 方法 (也称为 Gear 方法) 的构造思想是: 利用精确解在当前步和前几步的值做插值多项式, 再用其导数近似初值问题 (11.1) 左端的导数所得到的数值方法.

具体说来, 给定 $k \geqslant 1$, 利用 $k+1$ 个函数值 $u(t_n), u(t_{n-1}), \cdots, u(t_{n-k})$ 做 Lagrange 插值得 k 次多项式 $L_k(t)$, 再用 $L_k'(t_n)$ 近似 (11.1) 中的导数得:

$$L_k'(t_n) \approx f(t_n, u(t_n)).$$

记 $\hat{t} = \dfrac{t - t_n}{\tau}$. 由 Newton 向后插值公式知

$$L_k(t) = L_k(t_n + \tau\hat{t}) = u(t_n) + \sum_{j=1}^{k} \frac{\nabla^j u(t_n)}{j!}\hat{t}(\hat{t}+1)\cdots(\hat{t}+j-1),$$

$$L_k'(t_n) = \sum_{j=1}^{k} \frac{\nabla^j u(t_n)}{j\tau},$$

其中向后差分 $\nabla^0 v_n = v_n, \nabla^j v_n = \nabla^{j-1} v_n - \nabla^{j-1} v_{n-1}, j \geqslant 1$. 故得如下 **BDF 方法**:

$$\sum_{j=1}^{k} \frac{\nabla^j u_n}{j} = \tau f(t_n, u_n), \tag{11.82}$$

可改写为 u_n 的系数为 1 的等价形式: $\alpha_0 = 1$,

$$\sum_{j=0}^{k} \alpha_j u_{n-j} = \tau \beta_0 f(t_n, u_n). \tag{11.83}$$

表 11.8 列出了 $k = 1, 2, \cdots, 6$ 的 BDF 方法. 显然, $k = 1$ 就是向后 Euler 方法. 当 $k > 1$ 时, 第 n 步近似解 u_n 的计算依赖于其前 k 步的近似解, 所以与单步法不同, BDF 方法是一种 (k 步的) 线性多步法. 之所以称为 "线性", 是因为公式 (11.83) 的两边分别是近似解和 f 的函数值的线性组合. 线性多步法与单步法相比, 每步往往需要更少次数的 f 函数值的计算, 更容易构造高阶方法, 但变步长不如单步法灵活.

由于 k 次插值多项式的导数 $L_k'(t_n)$ 对 $u'(t_n)$ 的近似具有 k 阶精度, 可以证明, BDF 方法 (11.83) 是 k 阶收敛的.

至于 A-稳定性, 当 $k = 1$ 时, BDF 方法当然是 A-稳定的. 可以证明当 $k = 2$ 时, BDF 方法也是 A-稳定的, 但当 $k \geqslant 3$ 时, BDF 方法都不是 A-稳定的. 对 $3 \leqslant k \leqslant 6$, BDF 方法的绝对稳定区域在复 z-平面上都包含某个以原点为顶点, 关于负实半轴对称的

表 11.8   1—6 阶的 BDF 方法

k	β_0	α_0	α_1	α_2	α_3	α_4	α_5	α_6
1	1	1	-1					
2	$\dfrac{2}{3}$	1	$-\dfrac{4}{3}$	$\dfrac{1}{3}$				
3	$\dfrac{6}{11}$	1	$-\dfrac{18}{11}$	$\dfrac{9}{11}$	$-\dfrac{2}{11}$			
4	$\dfrac{12}{25}$	1	$-\dfrac{48}{25}$	$\dfrac{36}{25}$	$-\dfrac{16}{25}$	$\dfrac{3}{25}$		
5	$\dfrac{60}{137}$	1	$-\dfrac{300}{137}$	$\dfrac{300}{137}$	$-\dfrac{200}{137}$	$\dfrac{75}{137}$	$-\dfrac{12}{137}$	
6	$\dfrac{60}{147}$	1	$-\dfrac{360}{147}$	$\dfrac{450}{147}$	$-\dfrac{400}{147}$	$\dfrac{225}{147}$	$-\dfrac{72}{147}$	$\dfrac{10}{147}$

扇形区域 (k 越大时越小), 见图 11.6. 对 $k \geqslant 7$, BDF 方法的绝对稳定区域甚至不包含整个负实半轴. 所以, $k(1 \leqslant k \leqslant 6)$ 步的 BDF 方法适合于求解适当类型的刚性初值问题, 例如一维抛物问题的空间半离散 (11.75), 其系数矩阵特征值都在负实半轴.

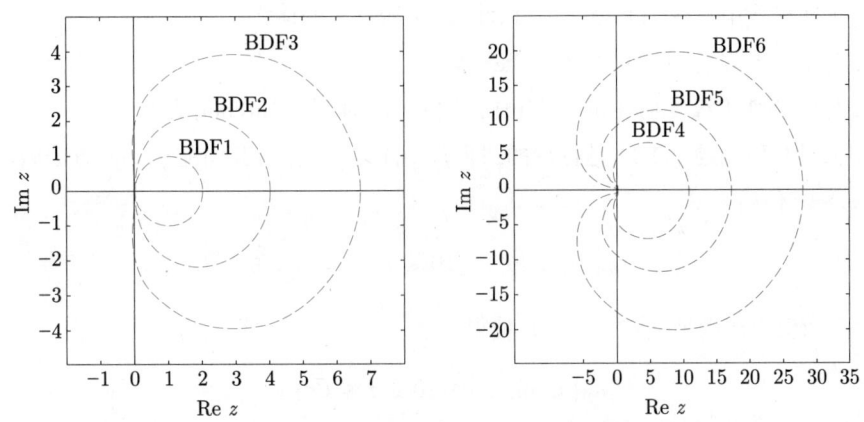

图 11.6 k 阶 BDF 方法的绝对稳定区域为所标曲线的外部区域

另外, k 步 BDF 方法需要已知 $u_0, u_1, \cdots, u_{k-1}$ 才能启动, u_0 可以取为初值问题 (11.1)的初值 $u(0)$. 当 $k > 1$ 时, 为了不影响 k 步 BDF 方法的 k 阶精度, $u_1, u_2, \cdots, u_{k-1}$ 可以用 $k-1$ 阶的单步法计算. 当然, 实际编程时, 前几步可以从低阶的 BDF 方法启动, 每一步控制局部误差, 逐渐达到高阶计算.

11.5   习题

1. 在定理 11.0.1 的条件下, 证明:

(1) 设 $u(t)$ 和 $\hat{u}(t)$ 是初值问题 (11.1) 的两个解 (初值不同), 则

$$|u(t) - \hat{u}(t)| \leqslant \mathrm{e}^{Lt} \, |u(0) - \hat{u}(0)| . \tag{11.84}$$

(2) 如果 $\hat{u}(t)$ 满足如下右端扰动的初值问题

$$\hat{u}' = f(t, \hat{u}) + r(t, \hat{u}),$$

其中 r 在 $\mathcal{D}$ 上有界: $|r| \leqslant \delta$, 则

$$|u(t) - \hat{u}(t)| \leqslant \mathrm{e}^{Lt} \, |u(0) - \hat{u}(0)| + \frac{\delta}{L}(\mathrm{e}^{Lt} - 1). \tag{11.85}$$

2. 对向后 Euler 方法 (11.18), 证明引理 11.1.4 —11.1.5 和定理 11.1.2.

3. 设 u_n 是梯形方法 (11.26) 的解, $u(t)$ 是初值问题 (11.1) 的解, 其三阶导数连续, $u_0 = u(0)$, f 满足 Lipschitz 条件 (11.2), $\tau \leqslant \dfrac{1}{L}$, 则

$$|u(t_n) - u_n| \leqslant C\tau^2 \mathrm{e}^{2Lt_n} \int_{t_0}^{t_n} |u'''(s)| \, \mathrm{d}s, \quad n = 0, 1, \cdots, N. \tag{11.86}$$

即梯形方法是 2 阶收敛的格式.

4. 证明显式中点法 (11.32) —(11.33) 是 2 阶相容的格式.

5. 写出梯形方法 (11.26)的 Butcher 表.

6. 写出经典 4 级 4 阶 Runge-Kutta 方法 (11.34) 的 Butcher 表.

7. 假设初值问题 (11.1) 是自治的, 即 $f(t, u) = f(u)$, 且其向前 Euler 方法满足: 存在 $\tau_{FE} > 0$, 使得

$$|v + \tau f(v)| \leqslant |v|, \quad \forall 0 \leqslant \tau \leqslant \tau_{FE}, \ v \in \mathbb{C}^m.$$

如果一个数值方法满足: 存在 $\mathcal{C} > 0$, 使得

$$|u_n| \leqslant |u_{n-1}|, \quad 0 \leqslant \tau \leqslant \mathcal{C}\tau_{FE},$$

那么, 我们称该方法是保强稳定 (SSP) 的, 且其 SSP 系数是 $\mathcal{C}$.

将 SSPRK(3,3) 方法 (见表 11.4) 改写为 (11.41) —(11.43) 的形式, 并证明它是保强稳定的, 且其 SSP 系数是 1.

8. 用 SSPRK(3,3) 方法 (见表 11.4) 求解初值问题 (11.16) 并验证方法的收敛阶.

9. 证明 s 级配置 Runge-Kutta 方法至少是 s 阶相容的方法.

10. 将经典 4 级 4 阶 Runge-Kutta 方法 (11.34) 写为 (11.39) —(11.40) 的形式.

11. 用 Fehlberg4(5) 方法 (见表 11.7) 中的 4 阶方法求解初值问题 (11.16), 用其中的 5 阶方法计算 4 阶方法的局部误差.

12. 设 u_n 是某数值方法在 t_n 处的近似解, l_τ^n 为其在 t_n 处的局部误差, 在定理 11.0.1 的条件下证明:

$$|u(t_n) - u_n| \leqslant \mathrm{e}^{Lt_n}(|u(0) - u_0| + |l_\tau^1| + |l_\tau^2| + \cdots + |l_\tau^n|).$$

13. 证明定理 11.3.1(1).

14. 证明定理 11.3.2.

15. 对模型问题 (11.70) 推导中点方法和梯形方法的局部截断误差并讨论问题刚性即 $\lambda \ll 0$ 的影响.

16. 在条件 (11.71)—(11.72) 下给出向后 Euler 方法 (11.18) 的误差估计.

17. 将定理 11.4.1 应用到例 11.4.6, 推导中点方法的误差估计.

18. 用两步 BDF 方法求解例 11.4.4 中的模型问题 (11.70).

19. 推导变步长的两步 BDF 方法.

第十二章

微分方程边值问题的求解

微分方程边值问题是科学与工程计算中的重要数学模型. 本章以一维的两点边值问题和二维的 Poisson 方程为例简介其数值求解方法, 包括差分法, 一维问题的打靶法和二维问题的有限元方法.

12.1   两点边值问题

本节介绍两点边值问题的差分法, 其构造思想是用差商近似代替微商. 考虑如下**线性两点边值问题**:

$$Lu := -u'' + qu' + ru = f, \quad a < x < b, \tag{12.1}$$

$$u(a) = \alpha, \quad u(b) = \beta. \tag{12.2}$$

假设 $q, r, f \in C[a,b]$, α, β 是给定的常数. 例如著名的 Bessel 函数 $J_n(x)$ 和 $Y_n(x)$ 就满足 $q = -\dfrac{1}{x}, r = \dfrac{n^2}{x^2} - 1, f = 0$ 时的方程 (12.1).

边界条件 (12.2) 给定了两个端点的函数值, 称为 **Dirichlet 边界条件**, 或**第一类边界条件**. 常用的边界条件还有

$$u'(a) = \alpha_1, \quad u'(b) = \beta_1, \tag{12.3}$$

称为**第二类边界条件**或 **Neumann 边界条件**; 和

$$u'(a) = \alpha_0 u(a) + \alpha_1, \quad u'(b) = \beta_0 u(b) + \beta_1, \tag{12.4}$$

称为**第三类边界条件**或 **Robin 边界条件**. 显然当 $\alpha_0 = \beta_0 = 0$ 时第三类边界条件就退化为第二类边界条件.

差分方法

离散格式

先考虑 (12.1)—(12.2) 的差分离散. 另外两种边界条件随后考虑.

取正整数 n, 及 $n+1$ 个点

$$a = x_0 < x_1 < x_2 < \cdots < x_{n-1} < x_n = b,$$

将区间 $[a,b]$ 分为 n 个小区间, 称为区间 $[a,b]$ 的一个**网格剖分** (如图 12.1), 点 x_i 称为节点. 记 $h_i = x_i - x_{i-1}$ 为第 i 个小区间 $[x_{i-1}, x_i]$ 的长度. 记 $x_{i-\frac{1}{2}} = \dfrac{x_{i-1} + x_i}{2}$. 定义 $h = \max\limits_{1 \leqslant i \leqslant n} h_i$, 称为网格步长. 若 $h_i \equiv h = \dfrac{1}{n}$, 则称该剖分为等距网格.

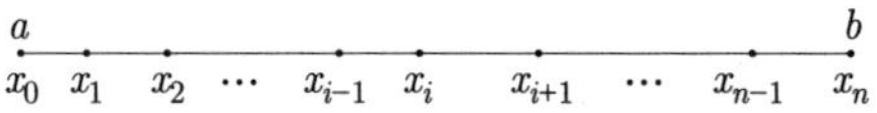

图 12.1 区间 $[a, b]$ 的一个网格剖分

首先考虑**等距网格情形**. 由于现在考虑的是第一类边界条件, 我们希望得到精确解 $u(x)$ 在内部节点 x_i 处的近似值, 记为 u_i. 我们可以用一阶中心差商近似一阶导数 $u'(x_i)$, 用二阶中心差商 (的二倍) 近似二阶导数 $u''(x_i)$:

$$u'(x_i) \approx \frac{u(x_{i+1}) - u(x_{i-1})}{2h}, \tag{12.5}$$

$$u''(x_i) \approx \frac{1}{h}\left(\frac{u(x_{i+1}) - u(x_i)}{h} - \frac{u(x_i) - u(x_{i-1})}{h}\right). \tag{12.6}$$

且由 Taylor 展开易知, 如果 u 充分光滑, 那么上面两个近似都是 2 阶的, 即近似误差为 $O(h^2)$. 将差商近似 (12.5)—(12.6) 代入 (12.1) 得

$$-\frac{u(x_{i+1}) - 2u(x_i) + u(x_{i-1})}{h^2} + q(x_i)\frac{u(x_{i+1}) - u(x_{i-1})}{2h} + r(x_i)u(x_i) \approx f(x_i),$$

$$i = 1, 2, \cdots, n-1.$$

然后, 将上面近似公式中的精确解的值 $u(x_j)$ 换为其近似值 u_j, 将约等号换为等号, 则得如下**中心差分格式**:

$$L_h u_i := -\frac{u_{i+1} - 2u_i + u_{i-1}}{h^2} + q(x_i)\frac{u_{i+1} - u_{i-1}}{2h} + r(x_i)u_i$$

$$= f(x_i), \quad i = 1, 2, \cdots, n-1, \tag{12.7}$$

$$u_0 = \alpha, \quad u_n = \beta. \tag{12.8}$$

求解上面的线性方程组就可以得到近似解 $u_i, i = 0, 1, \cdots, n$. 中心差分格式对等距网格可以达到 2 阶精度, 但对非等距网格一般只有 1 阶精度.

下面考虑**一般网格情形**. 先考虑 2 阶导数的近似. 注意到 $u'(x_{i+\frac{1}{2}}) \approx \frac{u(x_{i+1}) - u(x_i)}{h_{i+1}}$, $u'(x_{i-\frac{1}{2}}) \approx \frac{u(x_i) - u(x_{i-1})}{h_i}$, $x_{i+\frac{1}{2}} - x_{i-\frac{1}{2}} = \frac{h_i + h_{i+1}}{2}$, 类似于 (12.6), 我们用 $\frac{2}{h_i + h_{i+1}}\left(\frac{u(x_{i+1}) - u(x_i)}{h_{i+1}} - \frac{u(x_i) - u(x_{i-1})}{h_i}\right)$ 近似 u''. 但在非等距网格情形, 通过 Taylor 展开, 发现它对 $u''(x_i)$ 的近似一般只是一阶的. 与直觉不一样的是, 它对 $u''\left(\frac{x_{i+\frac{1}{2}} + x_{i-\frac{1}{2}}}{2}\right)$ 的近似一般也只是一阶的. 通过待定参数法, 可以发现存在一点 $\bar{x}_i \in (x_{i-1}, x_{i+1})$ (正好是 x_{i-1}, x_i, x_{i+1} 这三个节点的算数平均, 如图 12.2), 使得它对 $u''(\bar{x}_i)$ 的近似是二阶的, 具体结论如下面引理所述, 其证明留作习题 1.

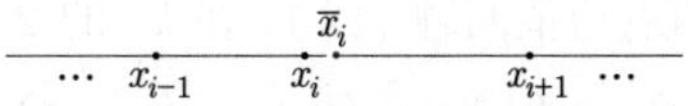

图 12.2 $\bar{x}_i = \frac{1}{3}(x_{i-1} + x_i + x_{i+1})$

引理 12.1.1 记 $\bar{x}_i = \frac{1}{3}(x_{i-1} + x_i + x_{i+1})$, 设 $u \in C^4[x_{i-1}, x_{i+1}]$, 则存在 $\xi_i \in (x_{i-1}, x_{i+1})$, 使得

$$\frac{2}{h_i + h_{i+1}}\left(\frac{u(x_{i+1}) - u(x_i)}{h_{i+1}} - \frac{u(x_i) - u(x_{i-1})}{h_i}\right) = u''(\bar{x}_i) + \frac{1}{36}(h_i^2 + h_i h_{i+1} + h_{i+1}^2)u''''(\xi_i).$$

$$(12.9)$$

所以, 为了得到 2 阶的格式, 我们需要在点 $\bar{x}_i$ 处离散两点边值问题 (12.1). 为此, 我们还需要近似 $u'(\bar{x}_i)$ 和 $u(\bar{x}_i)$. 下面, 我们先利用两个差商 $\frac{u(x_{i+1}) - u(x_i)}{h_{i+1}}$ 和 $\frac{u(x_i) - u(x_{i-1})}{h_i}$ 的线性组合, 通过待定系数法, 找到 $u'(\bar{x}_i)$ 的 2 阶近似. 即找系数 γ 使得

$$\gamma\frac{u(x_{i+1}) - u(x_i)}{h_{i+1}} + (1 - \gamma)\frac{u(x_i) - u(x_{i-1})}{h_i} = u(\bar{x}_i) + O(h^2).$$

由 Taylor 展开有, 对 $j = i - 1, i, i + 1$,

$$u(x_j) = u(\bar{x}_i) + (x_j - \bar{x}_i)u'(\bar{x}_i) + \frac{1}{2}(x_j - \bar{x}_i)^2 u''(\bar{x}_i) + \frac{1}{6}(x_j - \bar{x}_i)^3 u'''(\tilde{\eta}_j),$$

所以, γ 满足

$$\gamma\frac{(x_{i+1} - \bar{x}_i)^2 - (x_i - \bar{x}_i)^2}{h_{i+1}} + (1 - \gamma)\frac{(x_i - \bar{x}_i)^2 - (x_{i-1} - \bar{x}_i)^2}{h_i} = 0.$$

解得 $\gamma = \dfrac{h_i + 2h_{i+1}}{3(h_i + h_{i+1})}$. 故得如下引理:

引理 12.1.2 设 $u \in C^3[x_{i-1}, x_{i+1}]$, 则存在 $\eta_i \in (x_{i-1}, x_{i+1})$, 使得

$$\frac{h_i + 2h_{i+1}}{3(h_i + h_{i+1})}\frac{u(x_{i+1}) - u(x_i)}{h_{i+1}} + \frac{2h_i + h_{i+1}}{3(h_i + h_{i+1})}\frac{u(x_i) - u(x_{i-1})}{h_i}$$

$$= u'(\bar{x}_i) + \frac{1}{18}(h_i^2 + h_i h_{i+1} + h_{i+1}^2)u'''(\eta_i). \qquad (12.10)$$

需要说明的是, 待定系数法也是一种构造差分格式的常用方法 (参见 [33]). 显然上面两个引理给出的近似公式, 在等距网格情形就分别化为 (12.6) 和 (12.5).

另外, 由 Taylor 展开易得 $u(\bar{x}_i)$ 的如下 2 阶近似:

引理 12.1.3 设 $u \in C^2[x_{i-1}, x_{i+1}]$, 则存在 $\theta_i \in (x_{i-1}, x_{i+1})$, 使得

$$\frac{-h_{i+1}^3 u(x_{i-1}) + (h_i + h_{i+1})^3 u(x_i) - h_i^3 u(x_{i+1})}{3h_i h_{i+1}(h_i + h_{i+1})} = u(\bar{x}_i) - \frac{1}{18}(h_i^2 + h_i h_{i+1} + h_{i+1}^2)u''(\theta_i).$$

$$(12.11)$$

当然, $u(\bar{x}_i)$ 的 2 阶近似不是唯一的, 由待定系数法和 Taylor 展开易得 $u(\bar{x}_i)$ 其他的 2 阶近似, 比如见习题 2.

由 (12.9) — (12.11), 得两点边值问题 (12.1) 在 $\bar{x}_i$ 的 2 阶近似:

$$\frac{-2}{h_i + h_{i+1}}\left(\frac{u(x_{i+1}) - u(x_i)}{h_{i+1}} - \frac{u(x_i) - u(x_{i-1})}{h_i}\right) +$$

$$\frac{\bar{q}_i(h_i + 2h_{i+1})}{3(h_i + h_{i+1})} \frac{u(x_{i+1}) - u(x_i)}{h_{i+1}} + \frac{\bar{q}_i(2h_i + h_{i+1})}{3(h_i + h_{i+1})} \frac{u(x_i) - u(x_{i-1})}{h_i} +$$

$$\frac{\bar{r}_i(-h_{i+1}^3 u(x_{i-1}) + (h_i + h_{i+1})^3 u(x_i) - h_i^3 u(x_{i+1}))}{3h_i h_{i+1}(h_i + h_{i+1})} \approx \bar{f}_i, \tag{12.12}$$

其中 $\bar{q}_i = q(\bar{x}_i), \bar{r}_i = r(\bar{x}_i), \bar{f}_i = f(\bar{x}_i)$. 从而得到两点边值问题 (12.1)—(12.2) 的**一般网格上的 2 阶差分离散**:

$$L_h u_i := a_i u_{i-1} + b_i u_i + c_i u_{i+1} = \bar{f}_i, \quad i = 1, 2, \cdots, n-1, \tag{12.13}$$

$$u_0 = \alpha, \quad u_n = \beta, \tag{12.14}$$

其中

$$a_i = -\frac{6 + \bar{q}_i(2h_i + h_{i+1}) + \bar{r}_i h_{i+1}^2}{3h_i(h_i + h_{i+1})}, \tag{12.15}$$

$$c_i = -\frac{6 - \bar{q}_i(h_i + 2h_{i+1}) + \bar{r}_i h_i^2}{3h_{i+1}(h_i + h_{i+1})}, \tag{12.16}$$

$$b_i = -a_i - c_i + \bar{r}_i. \tag{12.17}$$

可以看出, 将 (12.14) 代入 (12.13) 就可以得到关于未知数 $u_1, u_2, \cdots u_{n-1}$ 的三对角方程组, 可以用追赶法快速求解.

需要说明的是, 一般教材中仅介绍如何在 x_i 处做差分离散, 在非等距网格上一般只能给出 1 阶格式.

误差估计

我们先引入局部截断误差的定义, 再利用极值原理估计整体误差.

差分格式 (12.13) 的**局部截断误差** (或相容性误差) 即为将精确解代入后两端的差:

$$R_i = L_h u(x_i) - \bar{f}_i, \quad i = 1, 2, \cdots, n-1. \tag{12.18}$$

关于局部截断误差我们有如下估计:

引理 12.1.4 设两点边值问题 (12.1)—(12.2) 的精确解 $u \in C^4[a, b]$, 则

$$\max_{1 \leqslant i \leqslant n-1} |R_i| \leqslant Ch^2 \|u''\|_{C^2}, \tag{12.19}$$

其中常数 C 依赖于 q, r 在 $[a, b]$ 上的最大值.

证明 显然, R_i 就是 (12.12) 两边的差. 由引理 12.1.1—12.1.3 得

$$|R_i| \leqslant (h_i^2 + h_i h_{i+1} + h_{i+1}^2) \left(\frac{1}{36} |u''''(\xi_i)| + \frac{|\bar{q}_i|}{18} |u'''(\eta_i)| + \frac{|\bar{r}_i|}{18} |u''(\theta_i)| \right),$$

得证. □

我们知道, 如果 $v \in C[a, b] \cap C^2(a, b)$ 且 $-v''(x) < 0, x \in (a, b)$, 那么 v 是下凸函数, 从而 v 在 $[a, b]$ 上的最大值一定在边界取到, 这一性质就是椭圆方程极值原理的一个

最简单的例子. 对于差分格式 (12.13) 也有类似的性质, 称为**离散极值原理** (参见 [34]):

引理 12.1.5 假设

$$a_i, c_i < 0, \quad -a_i - c_i \leqslant b_i, \quad 1 \leqslant i \leqslant n-1, \tag{12.20}$$

一网格函数 e_i 满足

$$L_h e_i \leqslant 0, \quad 1 \leqslant i \leqslant n-1, \tag{12.21}$$

则 e_i 的非负的最大值一定在边界点取到, 即如果 $\max\limits_{0 \leqslant i \leqslant n} e_i \geqslant 0$, 那么

$$\max_{0 \leqslant i \leqslant n} e_i = \max\{e_0, e_n\}.$$

从而对任一满足 (12.20)—(12.21) 的网格函数 e_i 有

$$\max_{0 \leqslant i \leqslant n} e_i \leqslant \max\{|e_0|, |e_n|\}.$$

证明 记 $M = \max\limits_{0 \leqslant i \leqslant n} e_i \geqslant 0$. 如果存在 $1 \leqslant i_0 \leqslant n-1$ 使得 $e_{i_0} = M$, 那么由 $L_h e_{i0} = a_{i_0} e_{i_0-1} + b_{i_0} e_{i_0} + c_{i_0} e_{i_0+1} \leqslant 0$, 知 $e_{i_0-1} = e_{i_0+1} = M$, 否则, 比如说 $e_{i_0-1} < M$, 则 $L_h e_{i0} > a_{i_0} M + b_{i_0} M + c_{i_0} M$ 得 $L_h e_{i0} > 0$, 矛盾. 同样 $e_{i_0 \pm 1}$ 的邻居值也是 M, 递推下去知 $e_i \equiv M$. 证毕. $\square$

推论 12.1.1 假设条件 (12.20) 成立, 则差分格式 (12.13)—(12.14) 存在唯一解.

证明 只需证明相应的齐次问题 ($u_0 = u_n = 0, \bar{f}_i \equiv 0$) 只有平凡解. 由 $L_h u_i = 0 \, (1 \leqslant i \leqslant n-1)$, 对 $e_i = u_i$ 和 $e_i = -u_i$ 分别利用引理 12.1.5, 得 $\max\limits_{0 \leqslant i \leqslant n} u_i \leqslant 0$, $\max\limits_{0 \leqslant i \leqslant n} (-u_i) \leqslant 0$, 故 $u_i \equiv 0$. 证毕. $\square$

利用极值原理, 对任意网格函数, 我们可以得到如下估计:

引理 12.1.6 假设 (12.20) 成立, 且存在非负网格函数 ϕ_i 满足 $L_h \phi_i \leqslant -1$. 那么对任意网格函数 e_i 有

$$\max_{0 \leqslant i \leqslant n} |e_i| \leqslant \max\{|e_0|, |e_n|\} + C \max_{1 \leqslant i \leqslant n-1} |L_h e_i|,$$

其中 $C = \max\{\phi_0, \phi_n\}$.

证明 令

$$v_i = e_i + \phi_i \max_{1 \leqslant i \leqslant n-1} |L_h e_i|.$$

从而

$$L_h v_i = L_h e_i + L_h \phi_i \max_{1 \leqslant i \leqslant n-1} |L_h e_i| \leqslant 0, \quad 1 \leqslant i \leqslant n-1.$$

由极值原理得 $\max\limits_{0 \leqslant i \leqslant n} v_i \leqslant \max\{|v_0|, |v_n|\}$, 故

$$\max_{0 \leqslant i \leqslant n} e_i \leqslant \max_{0 \leqslant i \leqslant n} v_i \leqslant \max\{|e_0|, |e_n|\} + C \max_{1 \leqslant i \leqslant n-1} |L_h e_i|.$$

由网格函数 e_i 的任意性知上面的估计换成 $-e_i$ 也成立, 即

$$\max_{0 \leqslant i \leqslant n} (-e_i) \leqslant \max\{|e_0|, |e_n|\} + C \max_{1 \leqslant i \leqslant n-1} |L_h e_i|.$$

结合上面两个估计即得证明. □

对于最简单的两点边值问题, 即 $q = r = 0$, 可以取 $\phi_i = \phi(x_i), \phi = \dfrac{1}{2}\left(x - \dfrac{a+b}{2}\right)^2$, 易知此时 $L\phi = L_h\phi = -1$. 对一般情形 ϕ_i 的取法见下面定理的证明. 结合引理 12.1.4 和 12.1.6, 我们有如下误差估计:

定理 12.1.1 设 u 是初值问题 (12.1)—(12.2) 的精确解, u_i 是其差分离散 (12.13)—(12.14) 的解. 假设 $u \in C^4[a, b], r(x) \geqslant 0, x \in [a, b]$. 存在 $h_0 > 0$ 与 $|q|, r$ 在 $[a, b]$ 上的最大值及 a, b 有关, 使得当 $0 < h \leqslant h_0$ 时, 如下**误差估计**成立:

$$|u(x_i) - u_i| \leqslant Ch^2 \|u''\|_{C^2}, \quad 0 \leqslant i \leqslant n. \tag{12.22}$$

证明 记 $Q = \max\limits_{x \in [a,b]} |q(x)|, R = \max\limits_{x \in [a,b]} r(x)$. 我们先验证引理 12.1.6 的条件. 由 (12.15)—(12.17) 易知: 当

$$hQ < 2 \tag{12.23}$$

时条件 (12.20) 成立. 另外, 取 $\phi(x) = e^{\lambda(x-a)}$ 代入 (12.1) 得

$$L\phi = (-\lambda^2 + q(x)\lambda + r(x))e^{\lambda(x-a)},$$

取 λ 使得 $-\lambda^2 + q(x)\lambda + r(x) \leqslant -2$, 令 $\lambda = \dfrac{Q}{2} + \dfrac{1}{2}\sqrt{Q^2 + 4(R+2)}$ 即可. 此时有 $L\phi \leqslant -2$. 令 $\phi_i = \phi(x_i)$, 由引理 12.1.4 得

$$|L_h\phi(x_i) - (L\phi)(\bar{x}_i)| \leqslant Ch^2 \|\phi''\|_{C^2},$$

故存在 $h_0 > 0$ 使得当 $0 < h \leqslant h_0$ 时, $L_h\phi_i \leqslant -1, 1 \leqslant i \leqslant n-1$, 且 (12.23) 同时成立. 这样就验证了引理 12.1.6 的条件.

记 $e_i = u(x_i) - u_i$, 则 $e_0 = e_n = 0, L_h e_i = L_h u(x_i) - \bar{f}_i = R_i, 1 \leqslant i \leqslant n-1$. 从而将引理 12.1.4 代入引理 12.1.6 即得证明. □

上面定理说明差分格式 (12.13) 是 2 阶收敛的, 即使是在非等距网格上也是如此.

例 12.1.1 用差分法 (12.13)—(12.14) 求解如下两点边值问题:

$$-u'' - \frac{u'}{x} + \frac{u}{(2x)^2} = \frac{\pi^2 \sin(\pi x)}{\sqrt{2x}} - \frac{15}{4}, \quad \frac{1}{4} < x < 1, \tag{12.24}$$

$$u\left(\frac{1}{4}\right) = \frac{17}{16}, \quad u(1) = 1, \tag{12.25}$$

其精确解为 $u(x) = \dfrac{\sin(\pi x)}{\sqrt{2x}} + x^2$. 初始网格如图 12.3 所示, 初始网格步长 $h_0 = 0.09$.

图 12.3 初始非等距网格: $x_{2j} = 0.25 + 0.15j$, $x_{2j-1} = 0.19 + 0.15j$, $j = 1, 2, 3, 4, 5$

表 12.1 列出了用差分法 (12.13)—(12.14) 求解两点边值问题 (12.24)—(12.25) (从初始网格出发二等分加密 7 次) 在网格节点的最大模误差 $\max\limits_{0 \leqslant i \leqslant n} |u(x_i) - u_i|$ 和收敛阶. 可以看出差分法 (12.13)—(12.14) 是 2 阶收敛的.

表 12.1 差分法求解问题 (12.24)—(12.25) **的最大模误差和收敛阶.**

步长	h_0	$\dfrac{h_0}{2}$	$\dfrac{h_0}{4}$	$\dfrac{h_0}{8}$	$\dfrac{h_0}{16}$	$\dfrac{h_0}{32}$	$\dfrac{h_0}{64}$	$\dfrac{h_0}{128}$
误差	2.03e-3	5.37e-4	1.38e-4	3.48e-5	8.76e-6	2.20e-6	5.50e-7	1.38e-7
收敛阶	–	1.92	1.97	1.98	1.99	2.00	2.00	2.00

其他边界条件

由于第二类边界条件 (12.3) 是第三类边界条件 (12.4) 的特例, 我们仅介绍后者的离散方法. 为了不影响整体格式的 2 阶收敛性, 我们希望得到 (12.4) 的 2 阶离散公式. 关键是得到边界点导数值的 2 阶差商近似. 下面以左端点 $u'(a)$ 的计算为例介绍.

一种方法是待定系数法, 即由 $u(x_0), u(x_1), u(x_2)$ 的线性组合得到 $u'(a)$ 的 2 阶近似公式, 从而得到 (12.4) 差分离散, 我们留作习题 3.

另一种方法是所谓的虚拟网格方法. 即先增加虚拟网格点 $x_{-1} = -h_1$ (见图 12.4), 这样就可以利用中心差商离散 $u'(a)$ 了, 得到 (12.4) 在左端点的离散:

$$\frac{u_1 - u_{-1}}{2h_1} = \alpha_0 u_0 + \alpha_1, \tag{12.26}$$

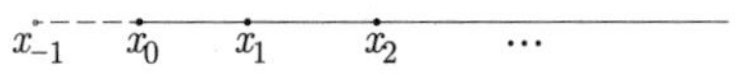

图 12.4 虚拟点 x_{-1}

但 u_{-1} 是多出来的自由度, 类似 (12.7), 我们在 x_0 点再列一个中心差分方程:

$$-\frac{u_1 - 2u_0 + u_{-1}}{h_1^2} + q(a)\frac{u_1 - u_{-1}}{2h_1} + r(a)u_0 = f(a).$$

解出

$$u_1 - u_{-1} = \frac{2(u_1 - u_0) - h_1^2 r(a) u_0 + h_1^2 f(a)}{1 + h_1 q(a)/2},$$

代入到 (12.26) 得第三类边界条件 (12.4) 在左端点的差分离散:

$$\frac{-2}{2h_1 + h_1^2 q(a)} u_1 + \left(\frac{2 + h_1^2 r(a)}{2h_1 + h_1^2 q(a)} + \alpha_0 \right) u_0 = \frac{h_1^2 f(a)}{2h_1 + h_1^2 q(a)} - \alpha_1. \tag{12.27}$$

由推导过程易知, 上式的局部截断误差也是 $O(h^2)$. 类似可得在右端点处的差分离散:

$$\frac{-2u_{n-1}}{2h_n - h_n^2 q(b)} + \left(\frac{2 + h_n^2 r(b)}{2h_n - h_n^2 q(b)} - \beta_0 \right) u_n = \frac{h_n^2 f(b)}{2h_n - h_n^2 q(b)} + \beta_1. \tag{12.28}$$

关于其推导过程和局部截断误差估计, 我们留作习题 4.

打靶法

打靶法的思想是把两点边值问题转化为常微分方程组初值问题迭代求解, 这样就可以利用常微分方程组初值问题的解法 (包括高阶方法) 和程序求解两点边值问题. 我们以第一类边界条件为例介绍打靶法, 即考虑求解两点边值问题 (12.1) — (12.2), 为了读者方便, 列在下面:

$$Lu : -u'' + qu' + ru = f, \quad a < x < b,$$
$$u(a) = \alpha, \quad u(b) = \beta.$$

给定 ξ, η, 记 $u(x; \xi, \eta)$ 为下面初值问题的解

$$u'' = F(x, u, u') := qu' + ru - f, \ a \leqslant x \leqslant b, \tag{12.29}$$
$$u(a; \xi, \eta) = \xi, \ u'(a; \xi, \eta) = \eta. \tag{12.30}$$

其中 $'$ 表示对 x 求导数. 上面 2 阶常微分方程初值问题可以通过引入中间变量 $(v = u')$ 化为 1 阶常微分方程组求解. 显然, 我们只需令 $\xi = \alpha$ 并找参数 $\eta = s$ 使得 $u(b; \alpha, s) = \beta$, 那么 $u(x; \alpha, s)$ 就是两点边值问题 (12.1) — (12.2) 的解, 即我们只需求 s 使得

$$\phi(s) := u(b; \alpha, s) - \beta = 0. \tag{12.31}$$

我们可以用以前学过的迭代法求解 (12.31), 比如 Newton 法: 给出初始猜测 s_0, 则

$$s_{n+1} = s_n - \frac{\phi(s_n)}{\phi'(s_n)}, \quad n = 0, 1, 2, \cdots. \tag{12.32}$$

$\phi(s)$ 的计算需要求解一次初值问题, 下面考虑 $\phi'(s)$ 的计算. 记 $v(x; s) = \partial_3 u(x; \alpha, s)$, 则 $\phi'(s) = v(b; s)$. (12.29) — (12.30) 两边对 $\eta = s$ 求偏导数得

$$v'' = F_3'(x, u, u')v' + F_2'(x, u, u')v := qv' + rv, \ a \leqslant x \leqslant b, \tag{12.33}$$
$$v(a; s) = 0, \ v'(a; s) = 1. \tag{12.34}$$

注意到我们考虑的是线性问题, 所以上面初值问题的解 v 与参数 s 无关. 而且, 显然 Newton 法一步迭代就可以得到 (12.31) 的解, 即 $u(x; \alpha, s_1)$ 就是两点边值问题 (12.1) — (12.2) 的解. 需要注意的是, 由线性叠加原理, 为了得到 $u(x; \alpha, s_1)$, 不需要再求解一次初值问题 (12.29) — (12.30), 因为显然有

$$u(x; \alpha, s_1) = u(x; \alpha, s_0) + (s_1 - s_0)v(x; s_0).$$

总结一下, 用**打靶法**求解线性两点边值问题 (12.1)—(12.2) 的流程如下:

1. 给定 s_0, 解初值问题 (12.29)—(12.30) 得到 $u(x; \alpha, s_0)$;

2. 解初值问题 (12.33)—(12.34) 得到 $v(x; s_0)$;

3. 计算 $s_1 = s_0 - \dfrac{u(b; \alpha, s0) - \beta}{v(b; s_0)}$;

4. 得到两点边值问题的解 $u(x) = u(x; \alpha, s_0) + (s_1 - s_0)v(x; s_0)$.

我们可以把上面流程形象地类比为射击打靶 (参见图 12.5): $u(a) = \alpha$ 是子弹射出的位置, $u(x)$ 是弹道曲线, $u(b) = \beta$ 是靶心, 但不知道射击的初始角度. 先按方向 $u'(a) = s_0$ 开一枪, 一般打不中靶心, 但回来计算调整一下, 按方向 s_1 射出, 就可以打中靶心了. 这就是 "打靶法" 名称的由来.

同差分法相比, 线性两点边值问题的打靶法把边值问题化为两个初值问题来求解, 好处是可以利用初值问题已有的算法 (包括高阶算法) 来求解, 或把现成的求解初值问题的软件 (比如自适应变阶变步长求解器) 作为黑匣子直接调用, 简化编程. 注意到 $v(x; s)$ 与源项 f 无关, 当需要求解一族只有源项不同的两点边值问题时, v 只需算一次, 然后重复利用即可.

例 12.1.2　用打靶法求解两点边值问题 (12.24)—(12.25). 初始网格与例 12.1.1 的相同 (见图 12.3), 初始网格步长 $h_0 = 0.09$. 取 $s_0 = 0$. 用经典 4 阶 Runge-Kutta 方法 (11.34) 求解打靶法中的初值问题. 图 12.5 给出了二等分加密 2 次后的打靶曲线: $u(x; \alpha, s_0)$ 没有打中 $u(b) = \beta$, 调整一次打靶方向后 $u(x; \alpha, s_1)$ 就和精确解几乎重合了, 正中靶心.

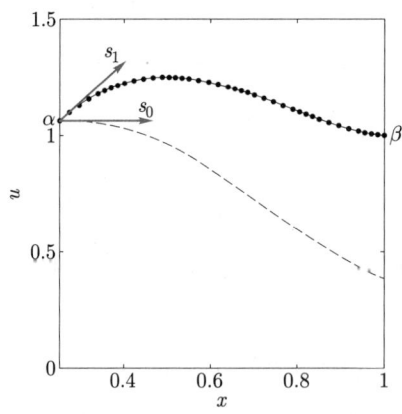

图 12.5　打靶曲线: 虚线 $u(x; \alpha, s_0)$, 实线 $u(x; \alpha, s_1)$, 点代表精确解

表 12.2 列出了用打靶法求解两点边值问题 (12.24)—(12.25) (二等分加密 7 次) 在网格节点的最大模误差和收敛阶. 可以看出结合经典 4 阶 Runge-Kutta 方法的打靶法也是 4 阶收敛的.

对于第三类边界条件 (12.4), 我们只需令 $\phi(s) = u'(b; s, \alpha_0 s + \alpha_1) - \beta_0 u(b; s, \alpha_0 s + \alpha_1) - \beta_1$ 设计打靶法, 具体推导过程留作习题 6.

当然, 打靶法也可以用来求解非线性两点边值问题, 即 $F(x, u, u')$ 关于 u 或 u' 非线性 (参见 [1, 32, 34]), 此时 v 与 s 有关, Newton 迭代也不会一步收敛, 需要多次调整 "射击方向", 使得离 "靶心" 越来越近, 当然还要设置终止条件, 比如 $|\phi(s_{n+1})| < $ TOL.

表 12.2 用结合经典 4 阶 Runge-Kutta 方法的打靶法求解问题 (12.24)—(12.25) 的最大模误差和收敛阶

步长	h_0	$\dfrac{h_0}{2}$	$\dfrac{h_0}{4}$	$\dfrac{h_0}{8}$	$\dfrac{h_0}{16}$	$\dfrac{h_0}{32}$	$\dfrac{h_0}{64}$	$\dfrac{h_0}{128}$
误差	1.82e-5	1.12e-6	6.81e-8	4.19e-9	2.60e-10	1.62e-11	1.01e-12	6.39e-14
收敛阶	–	4.03	4.03	4.02	4.01	4.01	4.00	3.98

12.2 二维 Poisson 方程

假设 $\Omega \subset \mathbb{R}^2$ 是多边形区域, $\Gamma = \partial\Omega$, 考虑如下带 Dirichlet 边界条件的 Poisson 方程:

$$\begin{cases} -\Delta u = -u_{xx} - u_{yy} = f, & (x, y) \in \Omega, \\ u = 0, & (x, y) \in \Gamma. \end{cases} \tag{12.35}$$

矩形网上的五点差分格式

假设 $\Omega = (a, b) \times (c, d)$ 是矩形. 我们将给出上面问题的五点差分离散并用离散的极值原理证明其误差估计.

五点差分格式

首先引入网格剖分. 取正整数 m, n, 令 $h_1 = \dfrac{b-a}{m}, h_2 = \dfrac{d-c}{n}$. 用两族与坐标轴平行的直线

$$x = ih_1, \quad i = 0, 1, \cdots, m,$$
$$y = jh_2, \quad j = 0, 1, \cdots, n,$$

将矩形 Ω 分为 mn 个边长为 h_1, h_2 的小矩形. 图 12.6 给出了一个网格示意图. 两族直线的交点 (ih, jh) 称为节点, 记为 (x_i, y_j). 记

$$\mathcal{N}_h^I = \{ (x_i, y_j) : 1 \leqslant i \leqslant m - 1, 1 \leqslant j \leqslant n - 1 \}$$

为 Ω 内部节点的集合.

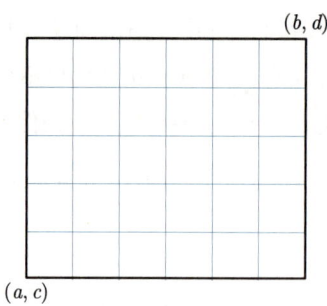

图 12.6 网格剖分, $m = 6, n = 5$

差分法的思想是用差商代替微商. 我们知道

$$\frac{\mathrm{d}^2 v(x)}{\mathrm{d}x^2} \approx \frac{v(x-h) - 2v(x) + v(x+h)}{h^2}.$$

事实上, 由 Taylor 展开可得:

$$\frac{v(x-h) - 2v(x) + v(x+h)}{h^2} = \frac{\mathrm{d}^2 v(x)}{\mathrm{d}x^2} + \frac{h^2}{12}\frac{\mathrm{d}^4 v(\xi)}{\mathrm{d}x^4}, \quad \xi \in (x-h, x+h). \quad (12.36)$$

我们有

$$u_{xx}(x_i, y_j) \approx \frac{u(x_{i-1}, y_j) - 2u(x_i, y_j) + u(x_{i+1}, y_j)}{h_1^2},$$

$$u_{yy}(x_i, y_j) \approx \frac{u(x_i, y_{j-1}) - 2u(x_i, y_j) + u(x_i, y_{j+1})}{h_2^2}.$$

记 u_{ij} 为 $u(x_i, y_j)$ 的近似, $f_{ij} = f(x_i, y_j)$. 我们得到 Poisson 方程在内部节点 (x_i, y_j) 的离散化

$$-\Delta_h u_{ij} := -\frac{u_{i-1,j} - 2u_{ij} + u_{i+1,j}}{h_1^2} - \frac{u_{i,j-1} - 2u_{ij} + u_{i,j+1}}{h_2^2} = f_{ij},$$

$$1 \leqslant i \leqslant m-1, 1 \leqslant j \leqslant n-1. \quad (12.37)$$

在边界节点满足:

$$u_{ij} = 0, \quad i = 0 \text{ 或 } j = 0 \text{ 或 } i = m \text{ 或 } j = n. \quad (12.38)$$

由于差分方程 (12.37) 中只出现在 (x_i, y_j) 及其四个邻点的 u 的近似值, 故称为五点差分格式.

例 12.2.1 对正方形区域上的正方形网格剖分, 即当 $m = n, h_1 = h_2$ 时, 五点差分格式可以写为

$$\begin{cases} \frac{1}{h^2}(4u_{ij} - u_{i-1,j} - u_{i+1,j} - u_{i,j-1} - u_{i,j+1}) = f_{ij}, \quad 1 \leqslant i, j \leqslant n-1, \\ u_{i0} = u_{in} = u_{0j} = u_{nj} = 0. \end{cases} \quad (12.39)$$

如果将未知数按先从左到右再从下到上的字典序排序, 即令

$$U = (u_{11}, \cdots, u_{1,n-1}, u_{21}, \cdots, u_{2,n-1}, \cdots, u_{n-1,1}, \cdots, u_{n-1,n-1})^{\mathrm{T}},$$

再类似定义右端向量 F, 则五点差分格式 (12.39) 可写为如下矩阵形式:

$$AU = F,$$

其中 $(n-1)^2$ 阶的系数矩阵 A 是如下由 $n-1$ 阶的单位矩阵 I 和三对角矩阵 K 构造而成的块三对角矩阵:

$$A = \frac{1}{h^2} \begin{bmatrix} K & -I & & & \\ -I & K & -I & & \\ & \ddots & \ddots & \ddots & \\ & & -I & K & -I \\ & & & -I & K \end{bmatrix}, \quad K = \begin{bmatrix} 4 & -1 & & & \\ -1 & 4 & -1 & & \\ & \ddots & \ddots & \ddots & \\ & & -1 & 4 & -1 \\ & & & -1 & 4 \end{bmatrix}.$$

由 (12.36) 易得: 存在 $\xi \in (x_{i-1}, x_{i+1}), \eta \in (y_{i-1}, y_{i+1})$ 使得

$$R_{ij} := f(x_i, y_j) + \Delta_h u(x_i, y_j) = \Delta_h u(x_i, y_j) - (\Delta u)(x_i, y_j) \tag{12.40}$$
$$= \frac{h_1^2}{12} u_{x^4}(\xi, y_j) + \frac{h_2^2}{12} u_{y^4}(x_i, \eta).$$

R_{ij} 称为差分法的**相容性误差**或**局部截断误差**.

极值原理

先回忆 Poisson 方程的极值原理.

引理 12.2.1 假设 $u \in C^2(\Omega) \cap C(\bar{\Omega})$ 且在 Ω 内满足

$$-\Delta u \leqslant 0, \tag{12.41}$$

那么

$$\max_{\bar{\Omega}} u = \max_{\Gamma} u.$$

引理 12.2.2 假设 $u \in C^2(\Omega) \cap C(\bar{\Omega})$, 那么存在常数 C 使得

$$\max_{\bar{\Omega}} |u| \leqslant \max_{\Gamma} |u| + C \sup_{\Omega} |\Delta u|.$$

证明 取函数 ϕ 使得在 Ω 中 $\phi \geqslant 0$ 且 $\Delta \phi \geqslant 1$. 比如取 $\phi(x, y) = \frac{1}{4}(x^2 + y^2)$. 定义函数

$$v = u + \phi \sup_{\Omega} |\Delta u|.$$

则在 Ω 内

$$\Delta v = \Delta u + \sup_{\Omega} |\Delta u| \Delta \phi \geqslant 0.$$

所以函数 v 在边界上 Γ 取得最大值, 从而

$$u \leqslant v \leqslant \max_{\Gamma} v \leqslant \max_{\Gamma} |u| + \sup_{\Omega} |\Delta u| \max_{\Gamma} \phi.$$

同理,

$$-u \leqslant \max_{\Gamma} |u| + \sup_{\Omega} |\Delta u| \max_{\Gamma} \phi.$$

取 $C = \max_{\Gamma} \phi$ 即得证明. $\quad\square$

再讨论五点差分格式的极值原理.

引理 12.2.3 假设网格函数 e_{ij} 满足

$$-\Delta_h e_{ij} \leqslant 0, \quad \forall (x_i, y_j) \in \Omega,$$

则

$$\max_{\Omega} e_{ij} = \max_{\Gamma} e_{ij}.$$

证明 显然, 对内部节点有

$$\left(\frac{2}{h_1^2} + \frac{2}{h_2^2} \right) e_{ij} = \frac{e_{i-1,j} + e_{i+1,j}}{h_1^2} + \frac{e_{i,j-1} + e_{i,j+1}}{h_2^2} - \Delta_h e_{ij}$$

$$\leqslant \frac{e_{i-1,j} + e_{i+1,j}}{h_1^2} + \frac{e_{i,j-1} + e_{i,j+1}}{h_2^2}.$$

假设 e_{ij} 的最大值 $e_{\max}$ 在某一个内部节点 (x_{i_0}, y_{j_0}) 取到, 那么其四个相邻的值 $e_{i_0 \pm 1, j_0}$, $e_{i_0, j_0 \pm 1}$ 也都是最大值. 否则

$$\left(\frac{2}{h_1^2} + \frac{2}{h_2^2} \right) e_{i_0 j_0} > \frac{e_{i_0-1,j_0} + e_{i_0+1,j_0}}{h_1^2} + \frac{e_{i_0,j_0-1} + e_{i_0,j_0+1}}{h_2^2},$$

矛盾. 即 $e_{i_0 \pm 1, j_0} = e_{i_0, j_0 \pm 1} = e_{i_0 j_0} = e_{\max}$ 都是最大值. 继续同样的论证可知, e_{ij} 在内部节点及其邻点上是常数. 得证. $\quad\square$

引理 12.2.4 设 e_{ij} 是任一网格函数. 存在常数 C 使得

$$\max_{\Omega} |e_{ij}| \leqslant \max_{\Gamma} |e_{ij}| + C \max_{\Omega} |\Delta_h e_{ij}|.$$

证明 类似引理 12.2.2 的证明. 取函数 ϕ_{ij} 使得在 $\phi_{ij} \geqslant 0$ 且 $\Delta_h \phi_{i,j} \geqslant 1$. 比如取 $\phi_{ij} = \frac{1}{4}(x_i^2 + y_j^2)$ 即可. 定义函数

$$v_{ij} = e_{ij} + \max_{\Omega} |\Delta_h e_{ij}| \phi_{ij}.$$

则

$$\Delta_h v_{ij} = \Delta_h e_{ij} + \max_{\Omega} |\Delta_h e_{ij}| \Delta_h \phi_{ij} \geqslant 0, \quad \forall (x_i, y_j) \in \Omega.$$

所以由引理 12.2.3,

$$e_{ij} \leqslant v_{ij} \leqslant \max_{\Gamma} v_{ij} \leqslant \max_{\Gamma} |e_{ij}| + \max_{\Omega} |\Delta_h e_{ij}| \max_{\Gamma} \phi_{ij}.$$

同理,

$$-e_{ij} \leqslant \max_{\Gamma} |e_{ij}| + \max_{\Omega} |\Delta_h e_{ij}| \max_{\Gamma} \phi_{ij}.$$

取 $C = \max\limits_{\Gamma} \phi_{ij}$ 即得证明. $\qquad\qquad\qquad\qquad\qquad\qquad\qquad\qquad\qquad\square$

误差估计

定理 12.2.1 设 $u(x,y)$ 是 (12.35) 的解, u_{ij} 是五点差分格式 (12.37)—(12.38) 的解. 记 $h = \max\{h_1, h_2\}$. 则

$$|u_{ij} - u(x_i, y_j)| \leqslant Ch^2 |u|_{C^4}, \quad \forall (x_i, y_j) \in \bar{\Omega},$$

其中半范数 $|u|_{C^4}$ 是 u 的所有 4 阶偏导数绝对值的最大值.

证明 令 $e_{ij} = u_{ij} - u(x_i, y_j)$. 则由 (12.38), e_{ij} 在边界 Γ 上为零, 且由 (12.40) 知

$$-\Delta_h e_{ij} = f_{ij} + \Delta_h u(x_i, y_j) = R_{ij}.$$

从而, 由引理 12.2.4 及 (12.40) 式可得,

$$|e_{ij}| \leqslant C \max_{\Omega} |R_{ij}| \leqslant Ch^2 |u|_{C^4}.$$

证毕. $\qquad\qquad\qquad\qquad\qquad\qquad\qquad\qquad\qquad\qquad\qquad\qquad\qquad\qquad\square$

Neumann 边界条件

设 $\Omega = (a,b) \times (c,d)$, $\Gamma_N = \{(a,y) : c < y < d\}$, $\Gamma_D = \partial\Omega \setminus \Gamma_N$, 考虑如下模型问题:

$$\begin{cases} -\Delta u = f, & (x,y) \in \Omega, \\ \dfrac{\partial u}{\partial n} = g, & (x,y) \in \Gamma_N, \\ u = 0, & (x,y) \in \Gamma_D. \end{cases} \qquad (12.42)$$

网格剖分同前. 在区域内部节点的离散化同样是五点差分公式 (12.37). 在 Γ_D 上取

$$u_{ij} = 0, \quad (x_i, y_j) \in \Gamma_D. \qquad (12.43)$$

下面给出 Γ_N 上 Neumann 边界条件的离散. 为了用中心差分离散 $\dfrac{\partial u}{\partial n}$, 在 Γ_N 的左边引入虚拟网格点 (x_{-1}, y_j), $1 \leqslant j \leqslant n-1$, 其中 $x_{-1} = a - h_1$. 在点 (x_0, y_j) 处列方程:

$$\frac{u_{-1,j} - u_{1,j}}{2h_1} = g_{0,j} := g(x_0, y_j),$$

$$-\frac{u_{-1,j} - 2u_{0,j} + u_{1,j}}{h_1^2} - \frac{u_{0,j-1} - 2u_{0,j} + u_{0,j+1}}{h_2^2} = f_{0,j}.$$

第 1 个方程加上第 2 个方程的 $\dfrac{h_1}{2}$ 倍, 即可消去 $u_{-1,j}$ 得到 Neumann 边界条件的离散化:

$$-\frac{u_{0,j} - u_{1,j}}{h_1} + \frac{h_1}{2}\frac{2u_{0,j} - u_{0,j-1} - u_{0,j+1}}{h_2^2} = \frac{h_1}{2}f_{0,j} + g_{0,j}, \tag{12.44}$$

$$1 \leqslant j \leqslant n - 1.$$

最后得问题 (12.42) 的离散化由 (12.37), (12.43) 和 (12.44) 组成. 关于这一离散格式的误差估计, 我们留作习题 8.

最后, 需要说明的是, 本节为了简单, 仅考虑了矩形区域等距网格上的离散, 关于一般矩形网格上的离散格式, 可以仿照 12.1 节一维的两点边值问题的差分法推导. 关于一般多边形区域或曲边界区域的处理, 可以参见 [33].

三角网上的有限元方法

与矩形网上的差分法相比, 三角网上的有限元方法可以方便地处理复杂区域和多种类型的边界条件. 我们知道差分法是从原始微分方程的微分形式出发, 用差商近似微商构造出来的. 下面介绍的有限元方法是从微分方程的所谓的变分形式出发来构造的.

变分形式

先考虑齐次 Dirichlet 边值问题 (12.35). 取充分光滑函数 v 乘 Poisson 方程的两端并在 Ω 上积分得:

$$-\iint_{\Omega} \Delta u v \mathrm{d}x\mathrm{d}y = \iint_{\Omega} f v \mathrm{d}x\mathrm{d}y. \tag{12.45}$$

为了对上式左端分部积分, 我们首先回忆, 由 Green 公式易知, 对充分光滑的向量值函数 F 有 $\iint_{\Omega} \nabla \cdot F \mathrm{d}x\mathrm{d}y = \int_{\Gamma} F \cdot n \mathrm{d}s$, 其中 n 是 Γ 的单位外法向量, 即 Gauss 公式对二维情形也成立. 取 $F = (\nabla u)v$ 并由

$$\nabla \cdot ((\nabla u)v) = (\nabla \cdot \nabla u)v + \nabla u \cdot \nabla v = \Delta u v + \nabla u \cdot \nabla v$$

得分部积分公式

$$-\iint_{\Omega} \Delta u v \mathrm{d}x\mathrm{d}y = \iint_{\Omega} \nabla u \cdot \nabla v \mathrm{d}x\mathrm{d}y - \int_{\Gamma} \frac{\partial u}{\partial n} v \mathrm{d}s, \tag{12.46}$$

也称为第一 Green 公式. 简记 $(u, v) = \iint_{\Omega} u v \mathrm{d}x\mathrm{d}y$. 容易验证 $(\cdot, \cdot)$ 满足内积的定义. 由 (12.45) — (12.46) 得

$$(\nabla u, \nabla v) - \int_\Gamma \frac{\partial u}{\partial n} v \mathrm{d}s = (f, v). \tag{12.47}$$

由于 u 满足 Dirichlet 边界条件, 所以我们假设 v 也满足边界条件 $v|_\Gamma = 0$, 从而得精确解 u 满足如下的变分形式:

$$a(u, v) := (\nabla u, \nabla v) = (f, v). \tag{12.48}$$

注意到这里的 $a(u, v)$ 关于每个变量都是线性的, 即固定 u 时关于 v 是线性的, 反之亦然, 所以称 a 是双线性的.

有限元方法

有限元方法的基本思想是: 利用分片多项式函数构造逼近空间, 离散微分方程的变分形式. 比如可以先把区域 Ω 分成一些小三角形的并, 如图 12.7 (左), 称为 Ω 的一个三角剖分, 记为 $\mathcal{M}_h$. 这些小三角形称为单元. 取 V_h 为 $\mathcal{M}_h$ 上的连续分片线性函数空间, 称为有限元函数空间, 即

$$V_h = \{v_h \in C(\bar{\Omega}) : v_h|_K \in P_1(K), \quad \forall K \in \mathcal{M}_h\}, \tag{12.49}$$

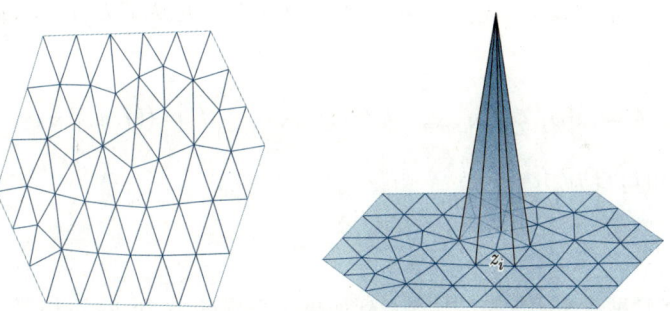

图 12.7 左: 三角剖分 $\mathcal{M}_h$, 右: z_i 点的节点基函数 $\phi_i(x, y)$

其中 $P_1(K)$ 为单元 K 上的次数 $\leqslant 1$ 的多项式函数空间. 为了近似求解齐次 Dirichlet 边值问题 (12.35), 令

$$V_h^0 = \{v_h \in V_h : v_h|_\Gamma = 0\},$$

在 V_h^0 上离散 (12.48), 则得如下求解问题 (12.35) 的有限元方法: 求 $u_h \in V_h^0$ 使得

$$a(u_h, v_h) = (f, v_h), \quad \forall v_h \in V_h^0. \tag{12.50}$$

有了有限元格式之后我们关心两个问题: 如何计算 u_h 和其误差估计.

有限元方程组

先考虑 u_h 的计算问题. 首先, u_h 来自有限维空间 V_h^0, 一个自然的想法是引入 V_h^0 的一组基函数并将 u_h 表示为其线性组合. 最简单的基底是所谓的节点基. 记 $\{z_1, z_2, \cdots,$

$z_N\}$ 为网格所有的位于区域 Ω 内部的单元顶点的集合, 定义 z_i 点的节点基函数 $\phi_i \in V_h$ 满足:

$$\phi_i(z_j) = \delta_{ij}, \quad i,j = 1,2,\cdots,N. \tag{12.51}$$

易知 ϕ_i 是分片线性的 "山" 形函数 (如图 12.7 (右)), 其支集为以 z_i 为顶点的几个小单元的并. 任意的分片线性函数 $v_h \in V_h^0$ 可表示为

$$v_h = v_1\phi_1 + v_2\phi_2 + \cdots + v_N\phi_N, \quad \text{其中 } v_i = v_h(z_i), \ i = 1,2,\cdots,N.$$

事实上, 上式两端都是三角网 $\mathcal{M}_h$ 上的分片线性函数, 由 "不共线三点确定一个平面" 知, 它们相等的充分必要条件是其在每个三角形顶点处的值都相等, 而这是显然的. 当然, 有限元解 u_h 也可以表示为

$$u_h = u_1\phi_1 + u_2\phi_2 + \cdots + u_N\phi_N, \quad \text{其中 } u_i = u_h(z_i), \ i = 1,2,\cdots,N. \tag{12.52}$$

在 (12.50) 中取 $v_h = \phi_i$ 并利用 $a(\cdot,\cdot)$ 的双线性性质得:

$$a(u_h,\phi_i) = a(\phi_1,\phi_i)u_1 + a(\phi_2,\phi_i)u_2 + \cdots + a(\phi_N,\phi_i)u_N = (f,\phi_i), \quad i = 1,2,\cdots,N,$$

即得到关于 N 个未知数 $u_1, u_2, \cdots, u_N$ 的 N 个方程所组成的方程组, 也称为有限元方程组. 简记

$$A = (a(\phi_j,\phi_i))_{N\times N}, \quad U = (u_i)_{N\times 1}, \quad F = ((f,\phi_i))_{N\times 1},$$

则有限元方程组可写为矩阵形式:

$$AU = F. \tag{12.53}$$

系数矩阵 A 通常被称为刚度矩阵. 注意到如果两个节点 z_i 和 z_j 不相邻, 那么它们对应的节点基函数 ϕ_i 和 ϕ_j 的支集不相交, 从而刚度矩阵 A 的 (i,j) 元 $a(\phi_j,\phi_i) = 0$, 所以 $N \times N$ 的刚度矩阵只有 $O(N)$ 个非零元, 是稀疏矩阵. 求解有限元方程组可以得到解向量 U, 再代入到 (12.52) 就可以得到有限元解.

下面考虑有限元解的存在唯一性, 只需证明刚度矩阵 A 是可逆的, 即证明右端 F 为零时, 有限元方程组只有零解, 或等价地, 证明当 $f = 0$ 时, 有限元格式 (12.50) 只有零解. 此时 $a(u_h,u_h) = (0,u_h) = 0$, 即 $\displaystyle\iint\limits_{\Omega} |\nabla u_h|^2 \mathrm{d}x\mathrm{d}y = 0$, 从而 $\nabla u_h \equiv 0$, 推出 u_h 在 Ω 上为常数, 又 $u_h|_\Gamma = 0$, 得 $u_h \equiv 0$. 所以刚度矩阵 A 可逆, 事实上, 容易证明本问题的 A 是对称正定矩阵.

误差估计

下面考虑误差估计的问题. 我们知道, 前面讲的差分法的误差估计利用的是极值原理. 有限元方法的误差估计一般采用所谓的 "能量方法". 先引入内积 $(\cdot,\cdot)$ 所对应的范数:

$$\|v\| = (v,v)^{\frac{1}{2}} = \left(\iint\limits_{\Omega} v^2 \mathrm{d}x\mathrm{d}y \right)^{\frac{1}{2}}.$$

则 Cauchy 不等式

$$\iint\limits_{\Omega} uv\mathrm{d}x\mathrm{d}y \leqslant \left(\iint\limits_{\Omega} u^2 \mathrm{d}x\mathrm{d}y \right)^{\frac{1}{2}} \left(\iint\limits_{\Omega} v^2 \mathrm{d}x\mathrm{d}y \right)^{\frac{1}{2}}$$

可简写为

$$(u,v) \leqslant \|u\|\|v\|.$$

在 Poisson 问题的具体应用中, $a(u,u)$ 往往表示某种能量 (比如位能), 所以对本问题 $\|\nabla v\| = a(v,v)^{\frac{1}{2}}$ 也被称为能量范数. 下面考虑有限元解在能量范数下的误差估计. 在变分形式 (12.48) 中取 $v = v_h$ 并与有限元格式 (12.50) 相减得:

$$a(u - u_h, v_h) = 0, \quad \forall v_h \in V_h^0. \tag{12.54}$$

对任意的 $v_h \in V_h^0$, 我们有

$$\begin{aligned}
\|\nabla(u - u_h)\|^2 &= a(u - u_h, u - u_h) \\
&= a(u - u_h, u - v_h) + a(u - u_h, v_h - u_h) \\
&= a(u - u_h, u - v_h) \\
&\leqslant \|\nabla(u - u_h)\|\|\nabla(u - v_h)\|.
\end{aligned}$$

两边消去 $\|\nabla(u - u_h)\|$ 并由 v_h 的任意性得:

引理 12.2.5 设 u 是问题 (12.35) 的解, u_h 是其有限元方法 (12.50) 解. 则

$$\|\nabla(u - u_h)\| = \inf_{v_h \in V_h^0} \|\nabla(u - v_h)\|. \tag{12.55}$$

此引理说明, 在能量范数下, 齐次 Dirichlet 边值问题 (12.35) 的有限元解就是在有限元空间中精确解的最佳逼近. 当然, 对一般椭圆问题, 其有限元解的能量范数误差一般小于等于最佳逼近误差的常数倍, 与最佳逼近误差具有相同的收敛阶. 最佳逼近误差不好直接估计, 一般转化为插值误差估计, 比如取如下定义的 Lagrange 插值: $I_h u \in V_h$ 满足

$$(I_h u)(z_i) = u(z_i), \quad 即 \quad I_h u = \sum_{i=1}^{N} u(z_i)\phi_i.$$

对任意单元 $K \in \mathcal{M}_h$, 记 $h_K = \mathrm{diam}\, K$, 记 $h = \max_{K \in \mathcal{M}_h} h_K$ 为网格步长. 在精确解 u 充分光滑的条件下可以证明 $\|\nabla(u - I_h u)\| = O(h)$. 事实上, 我们有

引理 12.2.6 设 $u \in C^2(\bar{\Omega})$. 则

$$\|\nabla(u - I_h u)\|_{C(\Omega)} \leqslant Ch|u|_{C^2(\Omega)},$$

其中常数 C 与网格单元的最小角有关.

证明 记 $\phi = u - I_h u$. 显然, 只需证明

$$\|\nabla\phi\|_{C(K)} \leqslant Ch_K|\phi|_{C^2(K)}, \quad \forall K \in \mathcal{M}_h. \tag{12.56}$$

记 $K = \triangle A_1 A_2 A_3$. 简记 $t_1 = \dfrac{\overrightarrow{A_1 A_3}}{|A_1 A_3|}, t_2 = \dfrac{\overrightarrow{A_2 A_3}}{|A_2 A_3|}$ 分别为边 $A_1 A_3$, $A_2 A_3$ 的单位方向向量, $\phi_{t_i} = \nabla\phi \cdot t_i$ 为 ϕ 沿方向 t_i 的方向导数, $i = 1, 2$. 由 $\phi(A_1) = \phi(A_3) = 0$ 及 Rolle 定理知, 存在点 $P_1 \in A_1 A_3$ 使得 $\phi_{t_1}(P_1) = 0$, 从而由 Lagrange 中值定理, 对任意点 $P \in K$ 有

$$|(\nabla\phi \cdot t_1)(P)| = |\phi_{t_1}(P) - \phi_{t_1}(P_1)| \leqslant Ch_K|\phi|_{C^2(K)}.$$

同理

$$|(\nabla\phi \cdot t_2)(P)| \leqslant Ch_K|\phi|_{C^2(K)}.$$

故可得 (12.56) 成立, 其中的常数 C 依赖于 t_1 和 t_2 的夹角. 证毕. $\square$

结合引理 12.2.5 和 12.2.6 我们有

$$\|\nabla(u - u_h)\| \leqslant \|\nabla(u - I_h u)\| \leqslant C\|\nabla(u - I_h u)\|_{C(\Omega)} \leqslant Ch|u|_{C^2(\Omega)}.$$

即有如下定理:

定理 12.2.2 设 $u \in C^2(\bar{\Omega})$. 则存在依赖于网格 $\mathcal{M}_h$ 最小角和 $|u|_{C^2(\Omega)}$ 的常数 C 使得

$$\|\nabla(u - u_h)\| \leqslant Ch.$$

这说明, 当精确解充分光滑时, 线性有限元解的梯度具有一阶的收敛速度.

Neumann 边界条件

下面考虑问题 (12.42), 只不过区域 Ω 允许取为一般的多边形, Γ_N 取为 $\partial\Omega$ 的一条边.

同样, 先推导 (12.42) 的变分形式. 由于 u 在 Γ_D 上满足 Dirichlet 边界条件, 我们在 (12.47) 中取 v 满足边界条件 $v|_{\Gamma_D} = 0$, 得精确解 u 满足如下变分形式:

$$a(u, v) = (f, v) + \langle g, v \rangle, \tag{12.57}$$

其中 $\langle g, v \rangle = \displaystyle\int_{\Gamma_N} gv\mathrm{d}s$. 令

$$V_h^D = \{v_h \in V_h : v_h|_{\Gamma_D} = 0\},$$

在 V_h^D 上离散 (12.57), 则得如下求解问题 (12.42) 的有限元方法: 求 $u_h \in V_h^D$ 使得

$$a(u_h, v_h) = (f, v_h) + \langle g, v_h \rangle, \quad \forall v_h \in V_h^D. \tag{12.58}$$

类似于 Dirichlet 边界条件情形, 我们可以写出有限元方法 (12.58) 的矩阵形式并推导其误差估计, 这里留作习题.

12.3 习题

1. 证明引理 12.1.1.

2. 设 $u \in C^2[x_{i-1}, x_{i+1}]$, 则存在 $\theta_i \in (x_{i-1}, x_{i+1})$, 使得

$$\frac{h_i}{3(h_i + h_{i+1})} u(x_{i-1}) + \frac{2}{3} u(x_i) + \frac{h_{i+1}}{3(h_i + h_{i+1})} u(x_{i+1})$$

$$= u(\bar{x}_i) + \frac{1}{18}(2h_i^2 - h_i h_{i+1} + 2h_{i+1}^2) u''(\theta_i).$$

3. 利用待定系数法, 推导用 $u(x_0), u(x_1), u(x_2)$ 的线性组合计算 $u'(a)$ 的 2 阶近似公式, 并给出第三类边界条件 (12.4) 的相应差分离散.

4. 推导 (12.28) 并给出其局部截断误差估计.

5. 用差分法求解两点边值问题 (12.24), 边界条件取为第二类边界条件.

6. 推导带第三类边界条件 (12.4) 的两点边值问题 (12.1) 的打靶法.

7. 用打靶法求解两点边值问题 (12.24), 边界条件取为第二类边界条件.

8. 给出问题 (12.42) 的离散格式 (12.37), (12.43)和 (12.44) 的误差估计. (提示: 对下面算子证明离散的极值原理

$$L_h u_{ij} := \begin{cases} -\Delta_h u_{ij}, & (x_i, y_j) \in \Omega \\ \dfrac{u_{0,j} - u_{1,j}}{h_1} + \dfrac{h_1}{2} \dfrac{2u_{0,j} - u_{0,j-1} - u_{0,j+1}}{h_2^2}, & (x_i, y_j) \in \Gamma_N. \end{cases})$$

9. 考虑 Poisson 方程 $-\Delta u = 1, x \in \Omega, u|_{\partial\Omega} = 0$, 其中 Ω 是单位正方形. 给定整数 $n \geqslant 2$. 先将 Ω 分成 n^2 个全等的小正方形, 再连接每个小正方形的左下至右上的对角线, 得到三角剖分 $\mathcal{M}_h$. 计算此网格上线性有限元方法的刚度矩阵.

10. 写出有限元方法 (12.58) 的矩阵形式.

11. 给出有限元方法 (12.58) 的误差估计.

参考文献

[1] Ascher, U.M., Petzold, L.R.. Computer Methods for Ordinary Differential Equations and Differential-Algebraic Equations. Philadelphia: Society for Industrial and Applied Mathematics, 1998.

[2] Broyden. The convergence of a class of double rand minimization algorithms 2. The new algorithm. J. Inst. Math. Appl., 1970, 6: 222–231.

[3] Burmeister. Die konvergenzordnung des Fletcher-Powell algorithmus. Math. Mech., 1973, 53: 693–699.

[4] Calamai, P.H., Moré, J.J.. Projected gradient methods for linearly constrained problems. Mathematical Programming, 1987, 39: 93–116.

[5] Cauchy, A.. Méthode générale pour la résolution des systèmes d' équation simultanées. Comptes Rendus de L'Académie Des Sciences, 1847, 25: 536–538.

[6] Courant, R.. Variational methods for the solution of problems of equilibrium and vibrations. Bull. Amer. Math. Soc., 1943, 49: 1–23.

[7] Davidon, W.C.. Variable metric method for minimization. SIAM Journal on Optimization, 1991, 1(1): 1–17.

[8] Fiacco, A.V., McCormick, G.P.. Nonlinear Programming: Sequential Unconstrained Minimization Techniques. New York: John Wiley, 1968.

[9] Fletcher, R.. A new approach to variable metric algorithms. Computer J., 1970, 13(3): 317–322.

[10] Fletcher, R.. An ideal penalty function for constrained optimization. IMA Journal of Applied Mathematics, 1975, 15(3): 319–342.

[11] Forsythe. On the asymptotic directions of the s-dimensional optimum gradient method. Numerische Mathematik, 1968, 11: 57–76.

[12] Gafni, E.M., Bertsekas, D.P.. Two-metric projection methods for constrained optimization. SIAM Journal on Control and Optimization, 1984, 22(6): 936–964.

[13] Goldfarb, D. A family of variable metric method derived by variational means. Math. Comput., 1970, 24(109): 23–26.

[14] Goldstein, A.A.. On steepest descent. SIAM J. Control, 1965, 3(1): 147–151.

[15] Goldstein, A.A., Price. J.F.. An effective algorithm for minimization. Numerische Mathematik, 1967, 10(13): 184–189.

[16] Gottlieb, S., Ketcheson, D., Shu, C.W.. Strong Stability Preserving Runge-Kutta and Multistep Time Discretizations. Singapore: World Scientific Publishing Company. 2011.

[17] Hestenes, M.R.. Multiplier and gradient methods. Journal of Optimization Theory and Applications, 1969, 4: 303–320.

[18] Isaacson, E., Keller, H.. Analysis of Numerical Methods. New York: Dover Publications, 1994.

[19] Ortega, R.. Iterative Solution of Nonlinear Equations in Several Variables. London: Academic Press, 1970.

[20] Pachón, R., Trefethen, N.. Barycentric- remez algorithms for best polynomial approximation in the chebfun system. Bit Numerical Mathematics, 2009, 49(4): 721–741.

[21] Perry, A.. A class of conjugate gradient algorithms with a two-step variable-metric memory. Evanston: Northwestern University Press, 1977.

[22] Powell, M.J.D.. On the convergence of the variable metric algorithm. J. Inst. Maths. Appl., 1971, 7: 21–36.

[23] Powell, M.J.D.. Restart procedure for the conjugate gradient method. Math. Prog., 1977, 12: 241–254.

[24] Powell, M.J.D.. A method for nonlinear constraints in minimization problems. Optimization, 1969, 283–298.

[25] Powell, M.J.D.. Approximation theory and methods. Cambridge: Cambridge University Press, 1981.

[26] Quarteroni, A., Sacco, R., Saleri, F.. Numerical mathematics. Berlin: Springer Science & Business Media, 2010.

[27] Rockafellar, R.T.. The multiplier method of Hestenes and Powell applied to convex programming. Journal of Optimization Theory and Applications, 1973, 12: 555–562.

[28] Schuller, S.J.. Über die konvergenzordnung gewisser rang-2-verfahren zur minimierung von funktionen. International Series of Numerical Mathematics, 1974, 23: 125–146.

[29] Shanno, D.F.. Conditioning of quasi-Newton methods for function minimization. Math. Comput., 1970, 24(111): 647–656.

[30] Trefethen, L.N.. Approximation Theory and Approximation Practice, Extended Edition. Philadelphia, SIAM, 2019.

[31] Veidinger, L.. On the numerical determination of the best approximations in the Chebyshev sense. Numerische Mathematik, 1960, 2: 99–105.

[32] 张平文, 李铁军. 数值分析. 北京: 北京大学出版社, 2007.

[33] 李荣华, 刘播. 微分方程数值解法. 4 版. 北京: 高等教育出版社, 2009.

[34] 黄云清, 舒适, 陈艳萍, 等. 数值计算方法. 2 版. 北京: 科学出版社, 2022.

[35] 徐树方, 高立, 张平文. 数值线性代数. 2 版. 北京: 北京大学出版社, 2013.

[36] Golub, G.H., Van Loan, C.F.. Matrix Computations. 4th edition. Baltimore: John Hopkins University Press, 2013.

郑重声明

高等教育出版社依法对本书享有专有出版权。任何未经许可的复制、销售行为均违反《中华人民共和国著作权法》，其行为人将承担相应的民事责任和行政责任；构成犯罪的，将被依法追究刑事责任。为了维护市场秩序，保护读者的合法权益，避免读者误用盗版书造成不良后果，我社将配合行政执法部门和司法机关对违法犯罪的单位和个人进行严厉打击。社会各界人士如发现上述侵权行为，希望及时举报，我社将奖励举报有功人员。

反盗版举报电话　　(010) 58581999　58582371
反盗版举报邮箱　　dd@hep.com.cn
　　通信地址　　北京市西城区德外大街4号
　　　　　　　　高等教育出版社知识产权与法律事务部
　　邮政编码　　100120

读者意见反馈

为收集对教材的意见建议，进一步完善教材编写并做好服务工作，读者可将对本教材的意见建议通过如下渠道反馈至我社。

　　咨询电话　　400-810-0598
　　反馈邮箱　　hepsci@pub.hep.cn
　　通信地址　　北京市朝阳区惠新东街4号富盛大厦1座
　　　　　　　　高等教育出版社理科事业部
　　邮政编码　　100029

防伪查询说明

用户购书后刮开封底防伪涂层，使用手机微信等软件扫描二维码，会跳转至防伪查询网页，获得所购图书详细信息。

　　防伪客服电话　　(010) 58582300

图书在版编目(CIP)数据

数值分析 / 包刚等编著 . -- 北京：高等教育出版
社，2025.6. -- ISBN 978-7-04-064383-1

Ⅰ. O241

中国国家版本馆 CIP 数据核字第 202558HB46 号

Shuzhi Fenxi

策划编辑	兰莹莹	出版发行	高等教育出版社
责任编辑	宋玉文	社　　址	北京市西城区德外大街4号
封面设计	王　洋	邮政编码	100120
版式设计	童　丹	购书热线	010-58581118
责任绘图	马天驰	咨询电话	400-810-0598
责任校对	刘娟娟	网　　址	http://www.hep.edu.cn
责任印制	赵义民		http://www.hep.com.cn
		网上订购	http://www.hepmall.com.cn
			http://www.hepmall.com
			http://www.hepmall.cn

印　　刷	北京盛通印刷股份有限公司
开　　本	787mm×1092mm　1/16
印　　张	22.5
字　　数	410千字
版　　次	2025年6月第1版
印　　次	2025年6月第1次印刷
定　　价	58.00元

本书如有缺页、倒页、脱页等质量问题，
请到所购图书销售部门联系调换

版权所有　侵权必究
物 料 号　64383-00

数学"101计划"已出版教材目录